E-Book inside

Liebe Käuferin, lieber Käufer,
Sie erhalten von uns als Zugabe kostenlos auch das E-Book
zu diesem Buch. Einmal gekauft – zweimal profitiert!

1. Öffnen Sie die **Webseite**
   https://www.gabal-verlag.de/ebookinside.

2. Geben Sie den untenstehenden **Download-Code** ein
   und füllen Sie das Formular aus.

3. Mit dem Klick auf den »Senden«-Button am Ende
   des Formulars erhalten Sie Ihren persönlichen
   Download-Link als **E-Mail**.

4. Beachten Sie bitte, dass der Code nur **einmal gültig** ist.
   Bitte speichern Sie das E-Book.

Ihr Download-Code: **H7WSY-EZ6ND-RC2RS**

Andreas Buhr
Business geht heute anders

»Wenn es in Zeiten digitaler Transformation Ihre Aufgabe ist, den Unternehmenserfolg zu steigern, dann ist *Business geht heute anders* das genau passende Buch für Sie. Andreas Buhr liefert einen kompletten Überblick und beschreibt konkret, was wann wie zu tun ist, um unternehmerisch erfolgreich zu bleiben. Sehr lesenswert.«
Markus Jerger, *Bundesgeschäftsführer Der Mittelstand BVMW, Bundesverband mittelständische Wirtschaft Unternehmerverband Deutschland e.v. und Geschäftsführer BVMW INTERNATIONAL GmbH*

»Andreas Buhr fasst in diesem Handbuch alle Bereiche für mehr Unternehmenserfolg praxisorientiert und verständlich zusammen. Jeder, der danach handelt, wird seine beruflichen Erfolge steigern. Erneut ein Meisterwerk. Ein Muss für jeden Unternehmer!«
Hans-Gerd Coenen, *CEO GHV Versicherung*

»Der Kunde ist der Einzige, der Geld in ein Unternehmen hineinbringt. Er ist der Schrittmacher aller Veränderungen im Tagesgeschäft. Und die Auswirkungen der Coronakrise wirken sich zusätzlich wie ein Katalysator auf alle weiteren Unternehmensbereiche aus. Andreas Buhr zeigt akribisch auf, was wie wann und auch warum schon heute getan werden muss, um morgen im Business vorn dabei zu sein. Großartig!«
Prof. Dr. Marco Schmäh, *ESB Reutlingen*

»Wenn es um den Auf- und Ausbau eines Business geht, dann ist die Zusammenarbeit mit Buhr & Team eine sehr, sehr gute Entscheidung und das Buch absolut lesenswert!«
Dipl.-Kfm. (FH) Jan Butze, *Geschäftsführender Gesellschafter, Dr. Butze GmbH & Co. KG*

ANDREAS BUHR

BUSINESS
GEHT HEUTE
ANDERS

**Buhrs beste Business-Hacks für
Unternehmer, Umdenker, Manager,
Macher und Visionäre**

Ich danke aus tiefstem Herzen:
Meiner Familie, Karin, Niko, Tom.
Meinem Team: Sebastian, Daniel, Nadine, Marlen, Christiane,
Valentina, Frauke, Alena, Esther, Nils, Marvin
Unseren Trainingsexperten www.buhr-team.com
Dem Aufsichtsrat: Marco, Cemal und Stefan ... und vor allem:
den Lesern. Sie sind es, für die ich schreibe: DU bist es!
DANKE!
Dein Andreas

Externe Links wurden bis zum Zeitpunkt der Drucklegung des Buches geprüft.
Auf etwaige Änderungen zu einem späteren Zeitpunkt hat der Verlag keinen Einfluss.
Eine Haftung des Verlags ist daher ausgeschlossen.

Bibliografische Information der Deutschen Nationalbibliothek

Die Deutsche Nationalbibliothek verzeichnet diese Publikation in der
Deutschen Nationalbibliografie; detaillierte bibliografische Informationen
sind im Internet über http://dnb.d-nb.de abrufbar.

ISBN 978-3-96739-030-8

Lektorat: Anna Ueltgesforth, Amorbach | www.arsvocis.com
Redaktionelle Unterstützung: text-ur agentur Dr. Gierke, Köln | www.text-ur.com,
    Ute Flockenhaus | www.uteflockenhaus.de
Umschlaggestaltung: Martin Zech Design, Bremen | www.martinzech.de
Autorenfoto: Jörg Brandt | http://joerg-brandt-photography.de/
Satz und Layout: Das Herstellungsbüro, Hamburg | www.buch-herstellungsbuero.de
Druck und Bindung: Salzland Druck, Staßfurt

Wir drucken in Deutschland.

www.gabal-verlag.de
www.gabal-magazin.de
www.facebook.com/Gabalbuecher
www.twitter.com/gabalbuecher
www.instagram.com/gabalbuecher

PEFC zertifiziert
Dieses Produkt stammt aus nachhaltig
bewirtschafteten Wäldern und kontrollierten
Quellen.

www.pefc.de

Inhalt

Hier geht's zum exklusiven Geheimkapitel

Vorwort

BOOM! – so hat es sich für viele Unternehmen angefühlt, als sich im Frühjahr 2020 die Coronapandemie um den Globus gefressen hat. Die einen haben das Ausmaß nicht erkannt und sind gescheitert. Schlecht vorbereitet, wenig resilient, in Schockstarre. Die anderen haben mit großem Boom! Widerstände durchbrochen. Sie sind die stillen Gewinner. Mit neuen Visionen und Ideen, Resilienz, Zuversicht, Erfinderfreude, Unternehmerkraft. Krise war immer. Veränderung ebenso. Zwar nehmen wir das Tempo, die Geschwindigkeit der Veränderung heute subjektiv als schneller wahr. Klar. Nur wird sie uns wohl kaum mehr langsamer vorkommen als heute. Wirtschaftskrise. Finanzkrise. Unternehmenskrise. Wertekrise. Coronakrise. Absatzkrise. **Die nächste Herausforderung steht unmittelbar bevor** – die Frage ist, wann genau sie uns trifft und was wir bis dahin gelernt haben und besser machen.

Denn wir müssen schneller lernen und schneller umsetzen; in der Gesellschaft, in der Wirtschaft, in den Unternehmen. Heißt: adaptiv sein und sich ständig auf neue Opportunities einlassen, ständig neue Räume öffnen und Ideen gestalten, aber auch ständig neue Risiken im Auge behalten. Survival of the Fittest. And the Fastest. Beispiel: Das Grünbuch »Öffentliche Sicherheit« warnte bereits 2015 intensiv u. a. vor den Auswirkungen einer Pandemie (→ **#Business_Hack_31**) hinsichtlich der Unvorbereitetheit von Gesundheitswesen, Regierung, Menschen, Logistik und Lieferketten, Unternehmen, mangelndem Risikomanagement der Wirtschaft. Geschehen ist in den fast fünf Jahren zwischen Grünbuch und Ausbruch der Coronapandemie wenig bis nichts.

Die Unternehmen und wir alle haben 2020 bitter lernen müssen. Versäumnisse sind im Business und der Unternehmensführung künftig nicht mehr tolerabel. Daher steht jetzt Business Continuity Management auf der Agenda von Unternehmen. Das neue Grünbuch (2020) identifiziert die nächsten Krisenfelder: Neben weiteren Pandemien vor allem (Horror-)Szenarien der Klimakatastrophe und der digitalen Kriminalität als Haupt-Risikobereiche der nächsten fünf Jahre. »Business – und damit Zukunft – geht heute anders« heißt dann vor allem auch, aus den bisherigen Versäumnissen und solchen plausiblen Szenarien zu lernen. Denn die nächste Wirtschaftskrise wird kommen. Die Klimakrise scheint unausweichlich, und sie wird weitere tiefe Krisen mit sich bringen. **Die Veränderung ist gekommen, um zu bleiben.** Der Wechsel gehört im Leben dazu. Und das auf allen Ebenen. Krise ist ein New (Un-)Normal geworden, und es liegt an uns, an jedem von uns, Wege zu finden, damit umzugehen. Gestaltungsmöglichkeiten auszuloten. Grenzen zu verschieben. Zu machen, nicht zu meckern. Energie nicht ins Leiden oder Resignieren, sondern ins Entwickeln und Umsetzen zu stecken. Denn es gibt viele – und vielleicht sogar immer mehr – Menschen wie DICH, liebe Leserin, lieber Leser. Menschen, die etwas unternehmen, entwickeln, vorantreiben wollen. Menschen, die sich zutrauen, heute und morgen ein Gestalter, ein Macher zu sein. Vorbild. Gründer. Lebensunternehmer. Menschen, die wissen: Business geht heute anders – und morgen noch sehr viel mehr. **Business geht heute anders: Zukunft braucht Herkunft. Sie wurzelt in Erfahrung und sie hat Disruption gelernt.**

Dieses Buch ist kein Corona- oder Post-Covid-19- und auch kein Krisenbuch, sondern der Versuch, Menschen wie DICH dabei zu unterstützen, ein Macher, ein (Lebens-)Unternehmer, eine Unternehmerin zu sein. Mit Erfahrungswissen, das in probate »Best-of-Strategien« geronnen ist. Und mit neuen Ansätzen und Impulsen, die dich schneller zum Ziel bringen können. Mit Inspirationen, die dich in eine neue Zukunft – auch eine neue Businesszukunft – schauen lassen.

Es heißt: Make up your mind! Entscheide dich, Gestalter zu werden, zu sein und zu bleiben – die fünf Teile des Buches begleiten dich dabei mit 91 Business-Hacks und Hunderten von Tipps, Beispielen, Tools, Übungen, Reflexionen.

Selbstführung geht heute anders

Gute Selbstführung steht am Beginn von allem. Nur wer sich selbst gut führen kann, kann andere gut führen. Kann ein gutes Leben führen, ein gutes Business aufbauen. Hat seine Aufgabe, seine Vision, seine Ziele im Leben gefunden. Und weiß, sie zu erreichen, kennt Tools und Instrumente, um sich selbst zu entwickeln und sich zur besten Führungspersönlichkeit zu machen, die in ihm steckt. **Der erfolgrei-**

che Umgang mit Veränderung ist der Schlüssel zu alldem. Wir haben die fünfstellige Postleizahl akzeptiert, wir schnallen uns seit 1970 in Autos an, wir gehen zum Rauchen nach draußen. Netflix hindert uns nicht daran, auch mal ins Kino zu gehen. Wir tragen Helme zum Skifahren und auf dem Bike. Und dann kamen AHA plus Corona-App und Lüften dazu. Und sonst so? Veränderungen gab es schon immer. Zu den Themen der erfolgreichen Selbstführung findest du Business-Hacks im Buchteil »Selbstführung geht heute anders«.

Unternehmer-Sein / Unternehmen geht heute anders

Wir leben längst im Zeitalter der Digitalisierung. Nach den fünf Kondratjew-Zyklen hat der sechste jetzt begonnen. In den letzten gerade 300 Jahren jagt eine Revolution die nächste: Um 1800 mit der Dampfmaschine, die den Start für die Industrialisierung gibt. 1850 – die Ära des Stahls und mit ihm der Eisenbahn. Nur etwa 50 Jahre später folgen bahnbrechende Erkenntnisse in der Elektrotechnik und der Chemie, 1950 Kernkraft und die ersten Computer. 1990 revolutionieren neue Informationstechnologien die Kommunikationsmöglichkeiten und führen zu einer noch engeren weltumspannenden Vernetzung. Und jetzt, genau jetzt leben wir in einer Revolution, die sich auf Bio- und Nanotechnologie, Gesundheit, Nachhaltigkeit, künstliche Intelligenz und viele weitere digitale Transformationen bezieht. Wer wirklich und nachhaltig etwas bewegen will, muss skalieren können. Muss einen Trend setzen, Game Changer sein. Muss viele werden. Muss viele andere Menschen finden, die in dieselbe Richtung schauen. Die mitmachen wollen. Die Mitarbeitende werden wollen. Muss dafür Führungspersönlichkeit werden, viele zusätzliche Kompetenzen erlernen. Produktiver, effizienter, resilienter werden. Verliebt sein in das Tun, das Umsetzen, verliebt ins Entwickeln von Produkten, ins Alles-immer-selbst-Machen. Und wer die Welt zu einem besseren Ort machen möchte, muss aufhören, bis an die eigene Ortsgrenze zu denken. Der muss loslassen, delegieren lernen und größer denken. Kannst du das, was du tust, überall in der Welt ebenso tun (lassen)? Kannst du das, was du tust, skalieren? Online? Wie genau? Hierfür findest du Tools, Tipps und Learning-Nuggets im Buchteil »Unternehmer-Sein / Unternehmen geht heute anders«.

Führung geht heute anders

Wenn du dich entschieden hast, vom Solo-Selbstständigen zum Unternehmer oder zur Führungskraft im Unternehmen zu werden, kommt es darauf an, das Richtige richtig und oft genug, konsequent und zum passenden Zeitpunkt zu tun. In diesem Buchteil findest du Hacks, Beispiele, Wordings und Übungen aus dem Bereich Führung, die sich seit Jahrzehnten bewährt haben. Denn Führungsmoden und -modelle ändern sich mit der Zeit, aber das Fundament, die Grundlagen wirklich ethischer, werteorientierter, menschenzentrierter und achtsamer Führung haben immer Bestand. **Der Mensch und die Beziehungen in Teams und Unternehmen sind das wohl einzig wirklich nachhaltig Unique.** PS: Weiterlesen kannst du übrigens in meinen Büchern → »Führungsprinzipien. Worauf es bei Führung wirklich ankommt« oder in → »Revolution? Ja, bitte« (beide GABAL Verlag).

Vertrieb geht heute anders

Eine bewährte Toolbox für dich als Vertriebsprofi hast du mit dem Buchteil »Vertrieb geht heute anders«. In diesen Business-Hacks findest du Informationen zu neuen Vertriebswegen und -möglichkeiten ebenso wie Führungsinstrumente im Vertrieb sowie Techniken und Wordings für den Einsatz in Vertrieb und Verkauf.

Natürlich findest du das ganze Wissen zu diesem Buchteil zusammengefasst in meinem Bestseller in 9. Auflage → »Vertrieb geht heute anders. Das Ende des Verkaufens« und auch in meinem Standardwerk → »Vertriebsführung. Aufbau, Führung und Entwicklung einer professionellen Vertriebsorganisation« (jeweils GABAL Verlag).

Zukunft geht heute anders

Was wäre Erfahrung wert, wenn sich daraus keine Lehren für die Zukunft ziehen ließen. Zukunftsentwicklungen im Geschäftsleben und in Unternehmen vollziehen sich heute so rasch, tiefgreifend und disruptiv, dass niemand sichere Voraussagen wagen kann. Aber wir können aus dem lernen, was heute aktuell und nahe Zukunft ist: aus den Bereichen Agilität, Resilienz, Digitalisierung und soziopolitische Entwicklungen. Denn einige Entwicklungen lassen sich meiner Meinung nach doch mit großer Sicherheit voraussagen, und sie werden sich auf das Business der späteren Zukunft auswirken. Beispiel 1: Die Ägide des älteren weißen Mannes geht dem Ende entgegen – es folgt das Zeitalter der jungen, multikulturellen, hochgebildeten, agilen, mobilen und motivierten Menschen. Männer wie Frauen wie Diverse. Ob in Politik, NGOs oder Unternehmen: Dem »New Feminism« und der Diversität gehört die Zukunft. In Deutschland ist nach vielen Jahren der Diskussion per Gesetz eine sogenannte »Frauenquote« eingeführt worden – und sicher unterstützt sie diesen Trend; auch wenn viele glauben, dass solche Quoten überflüssig sind, denn auch ohne sie erobern junge Frauen weltweit Wissenschaft und Lehre, Forschung und Entwicklung, Gründung und Führung von Unternehmen. Unter Hunderten oder Tausenden nur zwei genannt: Emanuelle Charpentier und Jennifer Doudna, die für ihre »Genschere« genannte Genom-Editing-Methode Crispr/Cas9 den Chemie-Nobelpreis 2020 gewonnen und der Welt eine revolutionäre Technologie geschenkt haben.

Beispiel 2: Die rasante Entwicklung der KI (Künstliche Intelligenz) und damit einhergehende Businessmodelle (wie z. B. im Bereich der »personalisierten Medizin«) sowie so Anwendungen in Unternehmen wie »Autonome Fabrik«, Predictive Analytics, ADM (Automated Decision Making, Automatisierte Entscheidungsfindung) und mehr, was allgemein unter »Data Disruption« zusammengefasst werden kann. Online und offline gehören und wachsen zusammen. Das gilt auch im »New Learning«, denn auch Lernen geht heute anders. Alles kann jederzeit von überall umfassend recherchiert, gelernt, geübt und trainiert werden. Die Welt ist hybrid geworden. Für jeden von uns.

Beispiel 3: Wir werden aufhören müssen, unseren Heimatplaneten auszubeuten, die Natur zu schänden, die Erde leer zu schaufeln, die Habitate leer zu essen, Mensch und Tier respektlos zu behandeln und die Ressourcen, wie Wasser, Luft, Elemente, zu verbrauchen. Bis die erste Milliarde Menschen auf der Erde lebten, hat es gut 100 000 Jahre gedauert. Die letzte Milliarde Menschen kam in den vergangenen 15 Jahren dazu. Das wissen wir – und endlich zeichnen sich für die Zukunft immer mehr spannende Visionen und technologische Entwicklungen der Circuit Economy (moderne Kreislaufwirtschaft), auch unter dem Stichwort »Cradle to Cradle« (Wiege zu Wiege) ab, die auch in funktionierende Geschäftsmodelle münden und damit die Unternehmenslandschaft verändern werden. Beispiel Aureus: Die

Solartechnik der Zukunft entsteht aus Feld- und Ernteabfällen und ermöglicht sogar vertikale Solaranlagen ohne den bisherigen Flächenverbrauch – bei einer mehrfach höheren Energieausbeute (stern.de, Zugriff 20.11.2020). Oder die Umwandlung von CO_2 in Schaumstoff und Fasern für die Bau- und Automotive Industrie, aber auch Konsumgüter. Wie Socken, womit die Firma Falke experimentiert. Oder der Hydrogenboom: Auf der Wasserstofftechnologie ruhen viele Hoffnungen der Zukunft (manager magazin, 12/2020). Das heißt: Sie ruhen nicht, sondern sie werden aktiv vorangetrieben.

Und daher findest du im fünften Buchteil auch zu den hier genannten Beispielen weitere inspirierende Ansätze, Informationen und Reflexionen, die dich in deiner Visionskraft unterstützen wollen. Große Umbrüche hat es bei uns schon gegeben: die Wiedervereinigung 1989, die Einführung des Euro final im Januar 2001, die Finanzkrise 2008 und nun Corona im Jahr 2020.

DU kannst diejenige oder derjenige sein, die oder der einen entscheidenden Unterschied macht. Der zu den Gewinnern dieser Umbrüche wird. Verantwortung beginnt bei jedem von uns.

Du kannst der Mensch sein, bei dem diese Saat auf fruchtbaren Boden fällt. Du kannst die Idee zu einer besseren Welt in dir tragen.

Trau dich, sie zu träumen. Zuzulassen. Zu entwickeln. Ideen zu einem Modell zu machen. Zu einem Businessmodell. Denn wir brauchen eine Revolution der »guten«, der ethisch motivierten Unternehmer und Unternehmen. Unternehmer und Unternehmen, die den Traum von einer besseren, gesünderen, saubereren, gerechteren Welt umsetzen. Und damit so viel Gewinn machen können, dass es mit großer Hebelwirkung vorangeht. Denn wenn viele Einzelne ein bisschen was besser machen, dann ist das schon toll. Aber wenn viele Einzelne plus viele große Unternehmen sehr viel mit großem Hebel besser machen, dann ist das: die Ecolution! Eine Revolution hin zum besseren Leben, besseren Sein, einer besseren Welt.

Sei DU dabei!

Denn »Business geht heute anders« heißt vor allem: mit Sinn. Mit Purpose. Mit Leidenschaft. Mit einer großen Vision zum Wohle aller! Wer die Antwort auf die Fragen »wozu«, »wofür«, »warum« und »wie genau« findet, der ist nicht mehr aufzuhalten.

Ja, das mag pathetisch klingen, aber in der Tat beschäftigt sich mehr als ein Business-Hack in diesem Buch mit der Frage, wie wir alle, wie du dazu beitragen kannst, dass die Welt ein besserer Ort wird.

Wie du am meisten von diesem Buch profitierst

Dieses Buch ist angelegt als ein Netzwerk von miteinander verknüpften Business-Hacks, Effizienzboostern, Wissenseinheiten und »Learning Nuggets«, die sich jeweils intensiv einer Kernproblematik oder besser: probaten Lösungsmodellen für die jeweilige Problematik oder Frage widmen. Und zwar ganz genau auf den Punkt – wie ein »Pitch mit Umsetzungstipps«. Dafür ist jeder Business-Hack, jeder Pitch in drei Abschnitten aufgebaut:

- Den Anfang bildet eine kleine Einführung in den Hack, oft eine kurze Story, eine echte Begebenheit aus dem (Business-)Leben, in der du deine Frage, deine Problemlage, deine Situation wiedererkennen wirst.
- Der mittlere Teil widmet sich der Erläuterung von Lösungsmodellen, von Verbesserungsansätzen und vor allem von Tipps, was richtig gut funktioniert, was dich möglichst schnell und smart voranbringt. Diese Tipps und Lösungen stammen aus der Erfahrung meiner eigenen fast vierzigjährigen unternehmerischen Tätigkeit, sie haben sich in dieser Zeit bewährt und sind heute (und wohl auch zukünftig) noch aktuell und nützlich als »kleine Abkürzungen zum Erfolg«, als »Hacks«. Wenn du magst, kannst du sie für dich nutzen und dir den Umweg über Versuch und Irrtum, Trial and Error, sparen. Denn wir haben gerade auch in den letzten Jahren eine Menge an Versuch und Irrtum hinter uns gebracht – und du magst davon profitieren, dass Fehler und Umleitungen aus den Hacks quasi schon »rausgerechnet« sind.
- Am Ende jedes Hacks oder jedes Boosters findest du jeweils Reflexionen, Übungen und Vertiefungen – manchmal auch Downloads –, die dich bei der Umsetzung, beim Transfer, unterstützen sollen. Ziel ist immer, dass du das Maximale aus jedem Thema herausholen kannst: für dich persönlich, für dein Team (wenn du Führungskraft bist) oder für dein Unternehmen.

Direkt ansteuern und Sprungmarken nutzen

Alle Hacks sind untereinander vernetzt, immer da, wo du entweder vertiefend zu einem Unterpunkt oder aber erweiternd auf verwandte Themen springen kannst, findest du eine Sprungmarke auf die jeweiligen weiteren Hacks im Text rsp. einen direkten Link im E-Book. Die Hashtags dienen der Direktansteuerung im Ebook und führen dich via Social Media zu Zusatzmaterialien. So zahlen die »Wissens-Nuggets« alle aufeinander ein – und zwar quer über die fünf Buchteile »Selbstführung geht heute anders«, »Unternehmer-Sein geht heute anders«, »Führung geht heute anders«, »Vertrieb geht heute anders« und »Zukunft geht heute anders« hinweg. So kannst du die Fragen rsp. »Learning Nuggets«, die dich gerade am meisten interessieren, über das Verzeichnis direkt ansteuern. Oder du kannst meine Gedankengänge abschreiten, iterativ vorgehen und dich lesend voranirren und dir – der Zufall sei dein Freund – neue Ideen und Inspirationen holen.

Was dieses Buch ist und für dich sein kann

Was dieses Buch nicht ist und nicht sein will: ein ziseliert ausgeführtes Lehrbuch, das von A bis Z das ganze Fachwissen zu den einzelnen »Disziplinen« wie Selbstführung, Führung, Vertrieb durchdekliniert. Dieses Buch ist kein Frontalunterricht und kein Ausbildungskurs in Sachen Persönlichkeitsentwicklung, Führung, Vertrieb, Management, Unternehmensführung oder Zukunftsideen – in jeder dieser Disziplinen gibt es genügend tiefgreifende und umfassende Fachbücher auf dem Markt. Viele Empfehlungen dazu findest du übrigens im Literaturverzeichnis im Anhang dieses Buches, das auch zu jedem dieser Bereiche weiterführende, neue, aufregende Bücher, Fachbeiträge, Studien auflistet. Weitere Vertiefungen und Transferunterstützungen liefern dir die Videos, zu denen du am Ende jedes Buchteils einen Link findest, sowie meine Videoreihen auf YouTube, meine Early-Bird-Videos auf Facebook und meine Videostreams auf LinkedIn und Instagram sowie mein regelmäßiger Podcast.

Dieses Buch ist eine Zusammenfassung für mehr Erfolg im Business. Was immer du brauchst, um dein Unternehmen voranzubringen, das findest du hier. Dieses Buch soll dir ein Freund und Helfer sein, ein schnelles Nachschlagewerk, eine Einladung zum Schmökern, eine

Inspiration für mehr Unternehmenserfolg. Eine Quelle an Ideen, Inspirationen und Reflexionen, die dich zum Weiterdenken und zum Entwickeln führen, ebenso wie an probaten Strategien, Learnings und Business-Hacks, die dir Orientierung geben und dich schneller und entschiedener machen können.

In diesem Buch habe ich unter dem Arbeitstitel meiner eigenen »Buhrs Business-Bibel« Learnings und Wissens-Nuggets gesammelt. Mag es deine Fundgrube für Impulse und vielleicht hier und da auch eine Initialzündung für dich sein.

Natürlich steht dir zur Vertiefung jedes Themas das ganze Repertoire zur Verfügung: die Online-Akademie, Live Onlinetrainings, Webinare, hybride Lehrmedien, Seminare, Trainings, Podcasts oder Coachings von unseren Experten der Buhr & Team Akademie für mehr Unternehmenserfolg. Manchmal kann ein Vortrag den nötigen Impuls auslösen. Was immer du brauchst, um dich selbst, dein Team, deine Mitarbeitenden, dein Unternehmen heute bereits so gut aufzustellen, dass du morgen vorne dabei bist.

Dafür bin ich immer für dich erreichbar: a.buhr@buhr-team.com

https://www.linkedin.com/in/andreasbuhr/
https://www.xing.com/profile/Andreas_Buhr/cv
https://www.youtube.com/c/AndreasBuhrExperte/
https://www.facebook.com/andreas.buhr.
unternehmer.redner.autor/
https://www.instagram.com/andreasbuhrofficial/
https://twitter.com/AndreasBuhr
Clubhouse – https://clubber.one/@andreasbuhr
https://open.spotify.com/show/62ixTfUEvQyLJrrlw1inbV

Dein Andreas

TEIL I

SELBST-FÜHRUNG

GEHT HEUTE

ANDERS

#BUSINESS_HACK_1

Sieben Schritte zur Selbstentwicklung

Lass uns einmal tief tauchen. Was ist der Kern vom Kern vom Kern von »mehr Erfolg im Business«? Was steckt dahinter? Im Wesentlichen: Wenn deine Persönlichkeit wächst, wenn deine Gedanken und Visionskräfte wachsen, wenn deine Kompetenzen wachsen, dann wächst auch dein Geschäft. Wenn du dich entwickelst – was häufig bedeutet, dass du freilegst und größer wirst in dem, was du vorher verwickelt oder eingewickelt hattest, dann werden auch deine Geschäftsideen freigelegt, dann werden auch sie größer. Klingt vielleicht banal, aber das ist es beileibe nicht, denn die meisten Menschen stecken in ihrem »eingewickelten Klein-Sein« fest oder in frühen Stufen der Ent-Wicklung. Damit aber legen sie nie den Kern ihres Wollens und Könnens frei, können in diesen Bereichen nicht bis kaum wachsen, verkümmern noch am Stamm.

Samy Molcho hat einmal gesagt: »Der Körper kann nur dahin gehen, wo der Geist schon mal war« – und da ist was dran. Denn dann kann Mentales Reales werden: Was du dir vorstellst, das kannst du verwirklichen.

Werde größer in deinen Kompetenzen und deiner Persönlichkeit

Nutze dafür die sieben Schlüssel für deine persönliche (Selbst-)Entwicklung, wie wir von Buhr & Team sie zusammenführen:

1. **Selbstbewusstheit:** Hier geht es darum, dir deiner selbst bewusst zu werden: Was und wer bist du, was kannst du besonders gut (Stärken), was nicht so sehr (Schwächen), wie findest du Lösungen dafür? Was macht dich aus, was ist charakteristisch für dich?

2. **Selbstbewusstsein:** Du weißt, was du dir zutrauen kannst und was nicht, welche Herausforderungen du annehmen willst, wie du diese Herausforderungen meisterst und wo du drüberstehst.

Zur Entwicklung dieses Selbst-Bewusstseins holst du regelmäßig Feedback ein, denn es geht nicht ums Abgehoben-Sein, sondern darum, dass du mit vollem Bewusstsein deinen Platz gefunden hast und weiter ausbaust.

3. **Selbstvertrauen:** Wer sich selbst vertraut, der kann auch anderen vertrauen. Und Vertrauenswürdigkeit ausstrahlen – man kann ihm oder ihr im Wortsinne trauen. Selbstvertrauen entsteht natürlich aus Selbstbewusst-heit und Selbstbewusst-sein – quasi intrapersonal – und dadurch, dass Menschen dir Vertrauen schenken. Vertrauen ist die Basis von allem – im privaten Leben wie auch im Business.

4. **Selbstverantwortung:** Ich sage dazu, es bedeutet, eine Antwort zu haben auf die Fragen, die dein Leben dir stellt. Wie es auch im Englischen heißt:»Responsibility« – da steckt das Wort»Response« drin; eben»eine Antwort haben«. Eine Antwort auf jede Situation, in die du geworfen wirst. Du bist zwar meist nicht verantwortlich für die (schlimme) Situation, aber dafür, wie du mit der Situation umgehst. Wie du die Herausforderung annimmst und angehst, mit geradem Rücken. Wer gelernt hat, nicht nach Schuld oder Schuldigen zu suchen, sondern eigenverantwortlich eine Situation anzunehmen und zu lösen, der behält die Deutungshoheit über diese Situation – und für sich selbst – bei sich. Der befindet sich für mich im Vorhof zur Freiheit.

5. **Selbstüberwindung:** Wer gelernt hat, sich selbst in die Verantwortung zu nehmen, der hat auch gelernt, sich selbst zu überwinden. Seine eigene Insel zu verlassen, große Schritte aus der Komfortzone zu machen. Stärker zu sein als die Erdanziehungskraft … diese Überwindungskraft kannst du trainieren wie einen Muskel. Die Prämie für dieses Training, das durchaus mühsam ist, ist das Herauskommen aus der Dämmerzone. Das ist Glück. Ist Erfolg.

6. **Selbstwirksamkeit:** Darunter versteht die kognitive Psychologie die innere Überzeugung eines Menschen, schwierige Herausforderungen aus eigener Kraft bewältigen zu können. Die innere gefühlte Gewissheit, über genügend Ressourcen zu verfügen, um es einfach schaffen zu können. Übrigens unabhängig davon,

ob das stimmt – aber mit schwachem Selbstwirksamkeitsgefühl fängst du erst gar keine Aufgabe an. Umgekehrt: Wenn du es dann doch geschafft hast, was gibt es dann Besseres als den Bewerkstelligungsstolz und Selbstwirksamkeitsstolz – das trägt dich im Leben wie im Business weiter. Über das nächste Schlagloch. Zum nächsten Erfolg. (→ **#Business_Hack_8**)

7. **Selbstbestimmtheit:** Verstanden als die Freiheit, dein Leben so zu führen, wie es zu dir passt. Es ist quasi die Krönung aus den sechs vorherigen Selbstentwicklungsaspekten, die darauf einzahlen, dass du eine Vision deines Lebens (vielleicht auch deine Lebensaufgabe) kennst und sie mit Bestimmtheit erreichen kannst.

Das sind sieben wirksame Schlüssel für (d)ein großartiges Leben. Warum aber nutzen sie dann nicht alle für sich? Weil Gewohnheit und Bequemlichkeit, Ängste und Sorgen, die mangelnde Entscheidung dafür dem entgegenstehen. Und ja, oft mangelt es an den beiden entscheidenden »Selbst-Grundlagen«: Selbst-Reflexion und Selbst-Erkenntnis.

VOM KNOW-HOW ZUM DO-HOW

Daher schlage ich dir vor, dass du die Gelegenheit jetzt nutzt, um die 7 Schlüssel für dich persönlich zu reflektieren. Was ist dir klar, was fehlt dir, wie kannst du das rsp. dich entwickeln?

_____

_____

_____

_____

PS: Vielleicht ist am Ende auch ein Gespräch mit einem Coach auf Augenhöhe ein guter Business-Hack für dich – mehr dazu in → **#Business_Hack_8**.

#BUSINESS_HACK_2

Make up your mind: machen statt meckern

Krise ist immer. Wirtschaftskrise. Finanzkrise. Unternehmenskrise. Wertekrise. Coronakrise. Absatzkrise. Klimakrise. Krise ist ein New Normal geworden, und es liegt an uns, Wege zu finden, damit umzugehen. Gestaltungsmöglichkeiten auszuloten. Grenzen zu verschieben. Zu machen, nicht zu meckern. Meckern ist Opferhaltung, machen ist Gestalterhaltung. Und auf dem Höhepunkt einer Krise ist es nur menschlich, aus der positiven Gestalterhaltung immer mal wieder in die passiv-larmoyante Opferhaltung zu kippen. Nur darf das kein Dauerzustand werden. Make up your mind! Entscheide dich, Gestalter zu sein und zu bleiben – oder (wieder) zu werden.

Eigenverantwortung annehmen

Machen statt meckern bedeutet nicht, wirtschaftliche Schwierigkeiten zu leugnen oder faktischen Herausforderungen naiv mit übertriebenem »positiven Denken« zu begegnen. Sprüche klopfen oder »Pfeifen im Walde« löst keine Probleme. Meckern schafft sogar zusätzliche Probleme, denn es baut Barrieren im Kopf auf. Barrieren, die Entscheidungsräume verschließen. Die den Blick für Optionen verstellen. Die Hemmschwellen vor Taten auftürmen. Erfolg aber ist, was auf das *erfolgt*, was wir in der Gegenwart denken, was wir jetzt tun.

Ob du also denkst, dass diese oder die nächste Krise dich oder dein Unternehmen kaputt machen wird, oder ob du denkst, dass jede Krise eine Aufforderung zum Tanz ist und dass die Starken aus ihr noch stärker herausgehen werden – du wirst immer recht haben. Denn deine Aufmerksamkeit und deine Energie folgen deinen Glaubenssätzen. Du hast also eine Verantwortung dafür, was du denkst, wie du es denkst und wie du dich äußerst. Denn deine Gedanken werden zu deiner Sprache, und deine Sprache wiederum wirkt als »Priming«, als »Voreinstellung« auf deine Gedanken – und im Übrigen auch auf die deiner Umwelt – zurück (und weil das so wichtig ist, findest du eine entsprechende Übung dazu am Ende dieses Business-Hacks). Ein sich selbst verstärkendes System des Schwarzsehens, des Jammerns, der Verantwortungsabgabe.

Umgekehrt ist die Akzeptanz der eigenen Verantwortung die Voraussetzung, um ins Handeln zu kommen.

- Handeln kann beispielsweise auf der persönlichen Ebene bedeuten, Resilienz und Ressourcen aufzubauen (→ **#Business_Hack_3**) und sich ganz bewusst aus dem Gefühl der Machtlosigkeit, der Opferhaltung, der Überwältigung durch eine Krise, des Jammerns zu befreien (→ **#Business_Hack_4**).

- Handeln kann auf der unternehmerischen Ebene bedeuten, der gesellschaftlichen Verantwortung des Unternehmers gerecht zu werden (→ **#Business_Hack_20**) oder das eigene Unternehmen kritisch zu überprüfen und resilienter aufzustellen (→ **#Business_Hack_31**) oder Zukunftsmärkte ins Visier zu nehmen (→ die #Business-Hacks aus dem Buchteil »Zukunft geht heute anders«).

Mindset und Persönlichkeitsstruktur lassen sich verändern

»Die Umstände sind dafür verantwortlich, die Krise ist schuld«, so argumentieren viele. Das ist Jammern und Meckern in Opferhaltung und mithin ein Problem des Mindsets. Die gute Nachricht dazu liest du weiter unten ausführlicher erläutert: Am Mindset können wir arbeiten und wir können unser Hirn sogar neu »verschalten«, alte Jammer-Denkmuster umprogrammieren und neue Verschaltungen, »Positiv-Schleifen«, etablieren. »What fires together, wires together« sagen die Amerikaner und meinen damit, dass wir Gedankenhygiene betreiben können, indem wir uns auf unterstützende Gedanken fokussieren und damit neue neuronale Vernetzungen verstärken können.

»Andreas, ich bin halt nicht so ein Optimist und Strahlemann, ich bin schon immer skeptischer und introvertierter gewesen«, solche Einwände höre ich öfter. Dazu ist zu sagen, dass die Persönlichkeitsstruktur wenig mit dem Mindset zu tun hat. Extrovertierte Typen können große Meckerer sein und beispielsweise in den Social Media mit einfachen Behauptungsmonologen ihre ganze Leserschaft emotional und motivatorisch runterziehen, während introvertierte Menschen oft still und leise einfach handeln, im Hintergrund Dinge ändern, statt darüber zu lamentieren.

Extraversion oder Intraversion haben keine Korrelation zum Meckern, Jammern oder zur Opferhaltung, das zeigt alleine schon das diagnostische Instrumentarium der *Großen Fünf* in der modernen Psychologie. Dabei handelt es sich um ein international anerkanntes Koordinatensystem, das durch entsprechende statistische Untersuchungen unterfüttert wurde. Auf der Basis dieser Matrix beruht die Persönlichkeit (→ **#Business_Hack_43**) eines Menschen auf fünf zentralen, in ihrer Ausprägung messbaren Charaktermerkmalen. Diese sogenannten *Big Five* sind 1. Extraversion, 2. Gewissenhaftigkeit, 3. Offenheit, 4. Neurotizismus und 5. Verträglichkeit.

Im Einzelnen lassen sich die Wesensmerkmale folgendermaßen beschreiben: Extravertierte Menschen zeichnen sich durch Aktivität und Geselligkeit aus, sie sind neugierig und bereit, neue Erfahrungen zu machen. Wer diese Veranlagung hat, wird sie sein Leben lang mehr oder weniger unverändert behalten. Die Gewissenhaftigkeit, verbunden mit Pflichtbewusstsein und Leistungsorientierung, nimmt dagegen im Alter zu; genauso wie die Verträglichkeit, die mit wachsendem Vertrauen und Mitmenschlichkeit einhergeht. Auch Menschen, die grundsätzlich allem Neuen offen gegenüberstehen, können mit der Zeit etwas von ihrer Jagdlust nach Veränderungen und Herausforderungen verlieren. Auch die psychische Instabilität, wissenschaftlich als Neurotizismus bezeichnet, lässt vielfach mit steigender Lebenserfahrung nach. Je mehr sich die menschliche Persönlichkeit festigt, desto stabiler wird auch die seelische Befindlichkeit. Zwischen 30 und 50 Jahren nimmt ebenfalls der Grad der Verträglichkeit zu. Dies liegt wahrscheinlich daran, dass mit dem Älterwerden oft auch die Fähigkeit steigt, andere besser zu verstehen. Das kann zu mehr Vertrauen oder eben auch zu Misstrauen führen. Je nach der gemachten Erfahrung. Man geht auf jeden Fall vorsichtig, bedacht und empfindsamer auf sein Gegenüber ein und leistet es sich mehr als in früheren Jahren, gutherzig zu sein.

Das Erstaunliche daran ist: Die Big Five verändern sich fast das ganze Leben hindurch – auf jeden Fall weit über das fünfzigste Lebensjahr hinaus. Und das gilt auch für unseren »Mind«, das Gehirn.

Neuroplastizität – gute Nachrichten vom Gehirn

Die Antwort auf die Frage, ob sich ein Mensch im reiferen Alter noch ändern kann, lautet: Ja, er kann. Es stimmt zwar, dass ein zwei Jahre altes Kind über rund doppelt so viele Synapsen im Gehirn verfügt wie ein Erwachsener – doch Neurologen haben inzwischen herausgefunden, dass sich in der Pubertät die Gehirnzellen nochmals kräftig vermehren. Selbst viele Jahre später ist das Gehirn in der Lage, Neuronen zu produzieren und sich zu verändern. Melitta Schachner, die am Hamburger Zentrum für Molekulare Neurobiologie forscht, hat festgestellt, dass die Fähigkeit der Nervenzellen, sich neu zu verschalten, ein ganzes Leben lang erhalten bleibt. Dabei richten sich die Zellen nach bestimmten molekularen Wegweisern, die es den rund 100 Milliarden Nervenzellen durch eine Art Routing ermöglichen, sich an 100 Billionen Schaltstellen miteinander zu vernetzen. Kurz: Der Mensch wird in den frühen Jahren seiner Kindheit wesentlich, aber durchaus nicht endgültig geprägt. Auch als Erwachsener hat jeder von uns die Möglichkeit, aufgrund neuer Erfahrungen und Erlebnisse seine Persönlichkeit weiterzuentwickeln. Auslöser für die neue Erkenntnis der Veränderbarkeit im Alter war übrigens eine Arbeit der Amerikaner *Brent Roberts* und *Wendy DelVecchio,* die schon vor Jahren erstmals neue Wege in der Persönlichkeitsentwicklung aufzeigte (→ Literaturverzeichnis). Die beiden Wissenschaftler wiesen anhand von 152 Längsschnittstudien mit mehr als 35 000 Teilnehmenden nach, dass die Persönlichkeitsstruktur im Alter von 30 Jahren noch sehr flexibel ist. Erst mit 50 sei ein Mensch charakterlich gefestigt und habe ausgeprägte individuelle Eigenschaften entwickelt. Diese Aussagen wurden seither durch Dutzende Untersuchungen bestätigt. Heute geht die Wissenschaft sogar davon aus, dass sich nicht nur unser Gehirn ein Leben lang verändert (»Neuroplastizität«), sondern wir unsere Persönlichkeit ein Leben lang verändern können. Du musst dich nur entscheiden.

Für das Machen.

Und dann trainieren.

VOM KNOW-HOW ZUM DO-HOW

Übung 1 hilft dir auf dem Weg vom Meckern in Opferhaltung zum Machen in Gestalterhaltung.

Die Gedanken einer passiven Lebenshaltung	Gedanken und Sprache der Gestalter	DEINE Sprache und Gedanken
So bin ich eben.	Ich kann mich auch anders verhalten.	
Es macht mich verrückt.	Ich bin für meine Gefühle verantwortlich. Was hat es also mit mir selbst zu tun, dass es mich verrückt macht?	
Das werden sie mir nicht erlauben.	Was kann ich tun, um sie zu überzeugen?	
Ich muss das tun.	Ich will das tun.	
Ich kann das nicht.	Will ich das überhaupt? Wenn ja, was brauche ich, um es zu schaffen? Ich beschaffe mir, was ich brauche.	
Es geht nicht.	Es geht. Ich werde herausfinden, wie.	
Eigentlich müsste man …	Es ist etwas zu tun. Wer tut es? Was davon kann und will ich übernehmen?	
Der andere ist schuld.	Ich habe einen Fehler gemacht. Ich lerne daraus!	

→

Übung 2: Im Krisenmodus ändern Macher und Gestalter die Blickrichtung und fragen nicht: Welchen Schaden können die Auswirkungen von starkem Wettbewerb, vom Wandel der Märkte, von Corona, von Klimawandel oder einer anderen Krise auf mein Unternehmen, auf mich haben? Macher und Gestalter stellen diese drei Fragen, die du jetzt auch für dich beantworten kannst:

Was können wir tun, um besser durch die Krise zu kommen?

_____

_____

Was können und werden wir aus der Krise lernen?

_____

_____

Was werden wir besser machen, um bessere Ergebnisse zu erzielen?

_____

_____

#BUSINESS_HACK_3

Persönliche Resilienz und Ressourcen aufbauen

Wer viel leistet, wer große Pläne und hehre Ziele hat, der braucht über eine manchmal sehr lange Strecke auch viel Kraft und eine starke intrinsische Motivation. Er oder sie muss also aus sich heraus für seine oder ihre Pläne und Ziele brennen. Muss sein »Wozu« kennen. Den Sinn und den Zweck (Purpose), was er oder sie damit erreichen will und warum (→ **#Business_Hack_24**). Er braucht Vertrauen in seine Selbstwirksamkeit (→ **#Business_Hack_1**). Er braucht Zuversicht: eine positive Grundeinstellung, dass sich schon alles irgendwie fügen wird. Und Geduld. Doch selbst wenn er oder sie, also du, über all diese Assets verfügt, kann es in Zeiten wie diesen hart werden, durchzuhalten. Fast unmöglich erscheinen. Denn die »Corona-Fatigue« laugt derzeit auch die besten unter uns aus. Macht Handeln schwieriger. Prozesse zäher. Erfordert immer noch mehr von dir.

Daher brauchst du gerade in schwierigen Zeiten wie diesen ein noch festeres Fundament der Selbstführung. Hier meine Impulse für dich dazu.

Fundament der Selbstführung: Einstellung, Resilienz, Ressourcen

Ein starkes Fundament der Selbstführung hat viel mit inneren Einstellungen und internalisierten Glaubenssätzen zu tun. Ganz zentral ist für mich die Einstellung: »Es darf mir leicht gelingen!« Denn viele Menschen scheitern beim Verfolgen ihrer großen Ziele an der eigenen Geringschätzung. Sie fühlen sich im tiefsten Inneren entweder nicht würdig oder nicht kompetent oder nicht einzigartig genug, als dass sie ihre Ziele auch erreichen könnten. Und daher torpedieren sie sich immer wieder unbewusst selbst. »Es darf mir leicht gelingen« nimmt überdies viel vom Kampf, verdrängt die Einstellung, ich muss den Weg von »Blut, Schweiß und Tränen« gehen, sonst steht mir das tolle Ergebnis irgendwie nicht richtig zu. Das aber führt schnell vom »Brennen für eine Sache« zum »Ausbrennen«. Für mich bedeutet das Ressourcenverschwendung. Die Einstellung »Es darf mir leicht gelingen« nimmt auch die Zwanghaftigkeit aus dem Verhalten oder dem Weg dorthin. Die Verbissenheit, dass es doch verdammt noch mal so zu gehen habe, wie man es sich nun gerade in den Kopf gesetzt hat und wie man es erwartet.

Das ist die zweite wichtige Einstellung: Hoffnung statt Erwartungen zu haben. Erwartungen zu haben, produziert immer wieder mal Enttäuschungen. Ent-täuschungen sind oft auch das Ende von Täuschungen. Oft ist das eine Selbsttäuschung, der wir uns hingeben oder die wir selbst aufbauen, in der Erwartung, damit ein bestimmtes Ergebnis »herbeizwingen« zu können. Ersetze das Prinzip Erwartung also durch das Prinzip Hoffnung.

Das Prinzip Hoffnung unterstützt unsere Fähigkeit, resilient zu sein rsp. die eigene Resilienz, also die seelische Robustheit, zu stärken. Denn in dem alten Spruch steckt mehr Wahrheit, als man meint: Die Hoffnung stirbt zuletzt. Und damit gibt uns Hoffnung immer auch Kraft, Zuversicht auf ein mögliches positives Ergebnis, eine mögliche überraschende Entwicklung, einen zukünftigen Wandel, der uns unseren Zielen und Wünschen näherbringt. Das ermöglicht uns, mit Dingen oder Vorgängen, die nicht sofort das erwünschte Ergebnis bringen oder sich als schwierig oder belastend erweisen, anders umzugehen. Sie umzudeuten. Stress als Einladung zur Aktivität zu verstehen. Herausforderungen zu sehen, statt angesichts von Problemen in Panik zu geraten. In Chancen zu denken und das Fenster in der Wand zu suchen, wenn die Tür mal zugeschlagen wurde. Robustheit (Resilienz) gegen Verdruss und Hoffnungslosigkeit.

Aus Resilienz erfolgt auch das Vermögen, optimistisch zu bleiben. Wenn du geistig, körperlich und seelisch resilient bleiben kannst, wirst du genügend Optimismus haben oder entwickeln, um auch Holperstrecken zu überstehen. Mit einer guten Resilienz hast du mehr Möglichkeiten, deine Emotionen besser zu managen (→ **#Business_Hack_4**).

Diese Resilienz kannst du entwickeln und stärken, indem du deine inneren Ressourcen, quasi deine inneren Kraftquellen, aufbaust. Mit Mentaltraining oder Entspannungstechniken. Mit Sport und guter Ernährung. Mit Achtsamkeit und Erholung. Mit Freude und Spaß. Mit liebevollen Beziehungen und wertvollen Freundschaften. Mit allem, was dir guttut!

Aufpowern statt auspowern heißt die Devise!

Viele gute Ideen und Impulse dafür findest du in den Business-Hacks:

→ **#Business_Hack_16** Unterstützende Routinen schaffen
→ **#Business_Hack_7** Umgib dich mit wert(e)vollen Menschen
→ **#Business_Hack_13** Erfülle dir deine Bucket List

VOM KNOW-HOW ZUM DO-HOW

Das Fundament der Selbstführung umfasst viele Aspekte, die hier nur angerissen werden können. Daher ein paar grundlegende Reflexionen und weitergehende Tipps.

Reflexion 1:

Welche inneren Einstellungen (wesentlichen Glaubenssätze) behindern oder fördern mich zur Zeit?

_____

_____

Reflexion 2:

Kann ich eine Einstellung wie »Es darf mir leicht gelingen!« für mich akzeptieren? Oder will ich sie für mich passend umformulieren?

_____

_____

→

Reflexion 3:

Was tue ich, um meine Resilienz, verstanden als geistige, körperliche und seelische Robustheit gegenüber Herausforderungen oder Stressoren, zu stärken und Ressourcen (innere Kraftquellen) aufzubauen? Notiere!

1. Geistig (z. B. Mentaltraining, Yoga, Meditation)

_____

2. Körperlich (z. B. Sport, Ernährung, Schlafmenge und -qualität, Erholung)

_____

3. Seelisch (z. B. liebevolle Beziehungen, Freundschaften, positive Annahmen über die Zukunft entwickeln)

_____

Tipp: Vielleicht magst du dich von einem Coach oder Mentor bei diesen wichtigen Schritten, beim Bau deines Fundaments der Selbstführung unterstützen lassen. Dann lies weiter im → **#Business_Hack_8**.

#BUSINESS_HACK_4

Emotionsmanagement – gehe bewusst mit (deinen) Gefühlen um

Vielleicht kennst du noch das berühmte »HB-Männchen« aus der Fernsehwerbung, das bei jedem kleinsten Problem vor Ärger in die Luft ging und Dampf abließ. Der Kerl war einfach nicht imstande, emotional intelligent mit sich umzugehen und seine Gefühle zu regulieren. Aber ehrlich: Haben wir nicht alle – und zwar geschlechterübergreifend – etwas von diesem Männchen in uns? Oder eher: etwas zu viel? Obwohl wir doch wissen, dass wir intelligent mit unseren Gefühlen umgehen sollten? Sowohl als privater Mensch als auch als Familienmitglied oder Teil einer sozialen Gruppe. Und natürlich auch als Kollege oder Kollegin im Job und als Gründer, Unternehmerin und als Führungspersönlichkeit. Denn meist geht es nicht nur um unser eigenes Emotionsmanagement, sondern auch um unsere emotionale Intelligenz im Umgang mit Dritten.

Emotionsmanagement ist nicht gleich Mood Management

Emotionsmanagement – der Begriff wird oft fälschlich mit Mood Management gleichgesetzt. Letzteres meint allerdings ein »Stimmungsmanagement« im Sinne der Beeinflussung oder Regulation von Stimmungen durch den Einsatz von medialen Angeboten (»Stimmungs-Regulations-Theorie«). Beim Emotionsmanagement aber geht es um Gefühle – und zwar weniger um die »Verwaltung von Gefühlen«, sondern um den bewussten Umgang damit. Es geht also erstens darum, die eigenen Gefühle und die der anderen zu erkennen, z.B. die des Gegenübers in einer Verhandlung, einem Mitarbeitergespräch (→ **#Business_Hack_45**), einer Kundenergründung (→ **#Business_Hack_75**), einem Teammeeting. Das kann bei anderen durchaus schon mal schwierig sein und bedarf je nach Pokerface und Persönlichkeitstyp (→ **#Business_Hack_43**) einer guten Aufmerksamkeit und Empathie. Zweitens geht es darum, die erkannten Gefühle bei anderen

Menschen anzuerkennen. Das will gelernt oder trainiert sein, denn der Mensch neigt dazu, die Gefühle seines Gegenübers nicht so ernst oder wichtig zu nehmen wie die eigenen. »Ich will einfach nur, dass die Leute funktionieren. Gefühle haben für mich am Arbeitsplatz nichts zu suchen. Schließlich zeige ich meine Gefühle auch nicht. Das mute ich den anderen auch nicht zu ... sonst würde ich den ganzen Tag nur rumbrüllen.« Diese Einstellung eines gestandenen Geschäftsführers, wie er sie mir gegenüber am Rande einer Fachtagung äußerte, klingt altmodisch, ist aber erfahrene Realität in vielen Firmen. Weiter hilft eine solche emotionale Ignoranz freilich nicht, weil es gerade die nicht erkannten oder nicht beachteten Gefühle von Mitarbeitern sind, die eine Führungskraft, ein Team, eine Abteilung scheitern lassen. »Mitarbeiter kommen wegen des Images und der Begehrlichkeit des Unternehmens – und sie verlassen sie wegen der miesen Beziehungsqualität zu ihrem Chef!« Diese Erfahrung bezieht sich nicht nur auf allgemeine Managementfehler, sondern vor allem auf empfundene emotionale Schwächen!

Also geht es drittens darum, die eigenen Emotionen und die des Gegenübers in einer guten Weise zu führen. Intelligent damit umzugehen. Empathisch zu sein. Ausgleich zu schaffen. Gefühle zu bemerken und zu verstehen.

Remote-Zeit verlangt von uns allen besseres Emotionsmanagement

Besonders anspruchsvoll sind diese drei Punkte in der Coronazeit und den Zeiten von zunehmender »Remote-Führung« (→ #Business_ Hack_85). Denn der digitalen Kommunikation über ein Videokonferenz- oder Kollaborationstool fehlt es oft an der Übertragung zarterer Gesten (z.B. mit den Händen, Fingern, die außerhalb des Sichtfensters sind), der minimalen Schwankungen in der Tonhöhe oder dem Tonfall, der Mikrogesten im Gesicht des Gegenübers, der Körperhaltung (in einem bestimmten Winkel vor die Kamera »gefesselt«) oder der Atmung (z.B. wird ein ärgerliches Auspusten je nach Mikrofonentfernung nicht übertragen). Diese vielen kleinen Gesten aber sind für uns Menschen wichtige, untrügliche und unwillkürliche – also vom Gegenüber willentlich kaum zu steuernde – Zeichen, die es uns ermöglichen, die Gefühle des Gesprächspartners zu dechiffrieren.

Prinzipiell ist es keine gute Idee, über geäußerte oder gezeigte Emotionen des Gegenübers einfach hinwegzugehen. Weder im privaten Umfeld noch im beruflichen. Und schon gar nicht als Führungskraft! Denn am Ende sind es die Emotionen, die die inneren Beweggründe und Motivatoren eines Menschen anzeigen – und wenn du als Führungskraft, Gründer, Chefin oder auch Verhandlungspartner glaubst, auf Dauer darüber hinwegreden zu können, wirst du vor allem eines erzeugen: massive Demotivation. Enttäuschung. Frust. Schließlich Ärger. Da baut sich dann auf Dauer das oben beschriebene »HB-Männchen« auf. Ein alter Hut, ich weiß. Du auch?

Der wichtigste Part des Emotionsmanagements ist daher für dich: Sei dir der Bedeutung der Emotionen, gerade auch der anderer Menschen jederzeit bewusst! Gefühle haben im Arbeitskontext oftmals einen »schlechten Ruf«, und »Emotionsmanagement« klingt wie ein vernachlässigbarer Faktor. In Wahrheit jedoch ist Emotionsmanagement ein Super-Business-Hack. Denn es macht dich selbst (gerade als Führungskraft) stabiler und glücklicher und bestärkt dich in deiner Selbstwirksamkeit (→ **#Business_Hack_1**). Und du erweist deinem Gegenüber, deinen Mitarbeitenden den Respekt, den sie spüren möchten, wenn sie motiviert zum Gelingen von Arbeit, Projekt oder Unternehmen beitragen sollen.

VOM KNOW-HOW ZUM DO-HOW

Emotionsmanagement ist eine Sache der Selbstführung und der Führung anderer. Hier meine sieben Impulse dazu für dich:

Reflexion: Sieben Impulse

1. Achtsamkeit: Erkenne und benenne innerlich dein eigenes Gefühl, wenn es in einer entscheidenden Situation stark hochkommt. Hinterfrage, was dir dieses Gefühl »mitteilen« will. Wenn es ein schlechtes Gefühl ist, nimm es zur Kenntnis und emanzipiere dich davon. Du kannst in diesem Moment die Situation vielleicht nicht ändern, aber du kannst ändern, was die Situation mit dir machen darf.
Wenn es ein schönes Gefühl ist, mach dir vielleicht einen »inneren Schnappschuss« davon, halte es fest, verankere es.

→

2. Einstellung: Schätze den Ausdruck von Emotionen als wichtige Informationsquelle für deine Gespräche, deine Verhandlungen mit Dritten, und geh niemals über aufkommende Emotionen hinweg.

3. Erkenntnis: Sei dir der Macht von Emotionen stets bewusst, vor allem im Gespräch mit Mitarbeitern oder Verhandlungspartnern. Emotionen steuern unser aller Verhalten erheblich.

4. Erkennen: Trainiere dich darauf, die unwillkürlichen kleinen emotionalen Zeichen (Gesten, Augenzucken, Pupillenerweiterung, Hauttonwechsel, Wechsel der Stimmlage etc.) deines Gegenübers wahrzunehmen und decodieren zu können.

5. Betrachte negative Gefühlsregungen deines Gegenübers nicht als Angriff, sondern versuche, sie zu ergründen. Überlege, was dahinterstecken könnte. Damit managst du auch deine eigenen Gefühle in der Reaktion darauf, denn du bewegst dich damit stärker auf der Sachebene.

6. Ansprechen: Du »darfst« die Ebene der Gefühle durchaus direkt ansprechen. Natürlich nur unter vier Augen und, sofern es negative Gefühle sind, vielleicht in einer beruhigteren Situation. »Ich hatte den Eindruck, dass dich dies getroffen hat …«, »Gibt es Dinge/Aussagen, die dich gestört haben …« etc. Im Arbeitsumfeld beispielsweise: »Ich merke, dass Sie dieses Thema beschäftigt …«, »Ich spüre, dass es da vielleicht einen inneren Widerstand bei Ihnen gibt – ich kann verstehen, dass … lassen Sie uns doch gleich in Ruhe darüber reden …« Zeige deine Empathie für den Angesprochenen klar und deutlich.

7. Verstärke positive Gefühle im Gespräch mit anderen! Leider bringen die meisten Menschen den Begriff »Emotion« im beruflichen Kontext eher mit »negativer Emotion« in Verbindung, mit Stress, Angst, Überdruss, Resignation, Überforderung, Unglücklichsein, Frustration oder Wut. Doch natürlich können Emotionen – auch bei der Arbeit – positiv sein. Daher sprich positive Gefühle unbedingt an: »Ich freue mich, dass dir das gefällt …«, »Schön, dass Sie sich so positiv zeigen …«

Und last but not least: Drücke deine positiven Gefühle immer deutlich aus. Wenn du glücklich bist, informiere dein Gesicht darüber. ☺

#BUSINESS_HACK_5

Die fünf Schritte der Eigenmotivation

Die Zahl der Motivationsbücher, -trainer und -kurse ist Legion – und doch treibt viele Menschen die Frage um, was Motivation eigentlich ist und wie sie ihre Motivation selbst hochhalten können. Vielleicht gehörst du auch dazu – gerade in und nach Pandemiezeiten, wenn die letzten wirklichen Erfolgserlebnisse vielleicht schon länger her sind, ist das für viele Menschen ein Thema. Gerade wenn krisenbedingt nicht alles im Flow ist und leicht von der Hand geht. Ich habe aus all dem, was wir heute aus der Motivationsforschung wissen, und dem, was ich in den vielen Jahren als Unternehmer, Speaker und Autor gelernt habe, fünf Schritte destilliert, die dir »auf die motivatorischen Sprünge« helfen können.

Du kannst andere nicht motivieren.
Dich selbst allerdings schon!

Motivationsforscher sagen, wir können andere Menschen nicht motivieren, wir können nur ihre intrinsische Motivation unterstützen, beispielsweise indem wir lernen, auf ihre inneren Motivatoren zu achten, und das geeignete Umfeld dafür schaffen (→ **#Business_Hack_50**).

Aber wer unterstützt dich selbst, wenn du dir ein großes Ziel gesetzt hast? Die Antwort ist leicht (und schwer zugleich): du selbst. Zum Beispiel, indem du dir die Frage stellst, was du in den letzten 12 oder 24 Monaten Tolles geschafft hast, und analysierst, was dich dabei unterstützt hat. Ein guter Motivator ist mit Sicherheit: eine große Aufgabe, die dir wirklich am Herzen liegt (→ **#Business_Hack_9**). Und vielleicht motivieren dich auch diese fünf Schritte:

1. **Schritt: Identifiziere dich mit deinen Zielen, sei in deine Ziele, in die Resultate verliebt.**
Du musst wirklich wollen. Du brauchst die vollständige Identifikation mit deinem Ziel oder deinen Zielen. Dafür musst du

nicht nur das Ziel oder die Ziele genau definieren und den Weg dahin effizient planen (schriftlich!), du musst Zeit verbringen mit deinen Zielen, du musst dich in deine Ziele verlieben. Wer sich in sein Ziel verliebt, dem schiebt sich der Weg beim Gehen unter die Füße. Denn, wie Mediziner sagen, Verliebtsein ist eine Art situative Bewusstseinsstörung. Wer verliebt ist, der ordnet dem alles andere unter, ist vom Ziel seiner Begierde geflasht, unternimmt außergewöhnliche Dinge, an die er sonst nicht mal denken würde. Und dieser Zustand setzt enorme Energie bei Menschen frei. Kennen wir alle.

2. **Kreiere klare Zielbilder.**
Entwickle eine klare Vorstellung davon, was genau du erreichen willst. Male dir umfassend und in bunten Farben aus: Wie wird es am Punkt der Zielerreichung sein? Was ist dann gelungen? Wie fühlt sich das genau an? Was ist dann anders in deinem Leben? Was besser?

3. **Belohne dich für Teilerfolge.**
Sobald du ein Zwischenziel oder einen kleinen Erfolg erreicht hast, belohne dich selbst dafür. Erkenne deine Leistung an, die Arbeit und die Energie, die du bisher in die Sache gesteckt hast. Hake das erreichte Zwischenziel, den Milestone, in deiner Planung deutlich sichtbar ab, das gibt dir einen großen Schub nach vorne. Und je mehr Teilziele und Fortschritte du im Laufe der Zeit abhaken kannst, desto mehr wird dich dein Weg mit Stolz und Freude erfüllen.

4. **Verpflichte dich zur täglichen Arbeit.**
Dranbleiben ist ein großer Faktor, um deine Motivation zu stärken. Gar nicht erst ins Zögern, ins Verschieben, ins Prokrastinieren geraten. Einfach diszipliniert machen (→ **#Business_Hack_2**). Starte jeden Tag mit den zwei großen Fragen: Warum lohnt sich der heutige Tag? Und: Was wage ich heute?
Und jeden Abend stellst du dir diese drei Fragen: Was habe ich heute lernen können? Worüber habe ich mich von Herzen gefreut? Wofür bin ich dankbar? Das hält die tägliche Motivation hoch! Mehr dazu im → **#Business_Hack_16**.

5. Verlasse einmal im Jahr das Hamsterrad.
Es ist großartig, einmal im Jahr die Perspektive zu wechseln. Von oben aus der Gipfelperspektive runter auf dein Leben zu schauen – bei Buhr & Team nennen wir das die Bergtage – und zu hinterfragen: Was macht mir dauerhaft Freude? Was sind meine Trigger, wie ticke ich, welche Werte sind mir wichtig? Was macht Dinge für mich leicht? Wofür kann ich Leidenschaft und Hingabe entwickeln? Das sind nämlich deine eigentlichen Motivatoren – darauf kannst du zählen bei deinen nächsten Projekten und Zielen.

VOM KNOW-HOW ZUM DO-HOW

Drei Übungen sollen dich an dieser Stelle unterstützen, wenn du magst:

1. Werde dir darüber klar, was dir wirklich wichtig ist, welche deine Werte und Glaubenssätze sind, wie du wirklich tickst. Dort findest du deine Motivatoren. Arbeite dazu den → **#Business_Hack_43** (Wie Menschen ticken) durch.

2. Beschäftige dich mit den großen Fragen in deinem Leben. Sie weisen dir den Weg, worauf dein Leben abzielt, was dich trägt und wo du eigentlich hinwillst. Dazu lies den → **#Business_Hack_9** (Finde deine Aufgabe und deinen Entwicklungsweg im Leben).

3. Lerne, mit deinen Emotionen so umzugehen, dass sie dich unterstützen. Und etabliere Routinen in deinem Leben, die dich strukturieren und dir Kraft und Energie geben. Geh dazu den→ **#Business_Hack_4** (Emotionsmanagement – geh mit (deinen) Gefühlen bewusst um) und den → **#Business_Hack_9** (Finde deine Aufgabe und deinen Entwicklungsweg im Leben) durch.

#BUSINESS_HACK_6

Der leichte Weg zu guten neuen Gewohnheiten und Verhaltensweisen

Panta rhei – alles fließt, das wussten schon die alten Griechen. Ständiger Wandel ist tatsächlich eines der grundlegenden Paradigmen unseres Lebens im Allgemeinen und in der Wirtschaft, im Business, in der Führung und Selbstführung im Speziellen.

Dieser ständige Change verlangt auch ständigen Wandel von uns: Wir müssen uns anpassen und lernen, Dinge anders zu machen. Es soll Menschen geben, die an der Zukunft nicht mehr teilnehmen wollen – sie verharren in Schockstarre oder üben sich in bockiger Veränderungsresistenz. Für alle anderen – und für dich auch, nehme ich an – gilt: aus der eigenen Box kommen und neue Verhaltensweisen entwickeln, die den neuen Zeiten (→ **#Business_Hack_36**) gerecht werden. Verändertes – an Wandel angepasstes – Verhalten zeigt sich in der Veränderung dessen, was und wie wir etwas für gewöhnlich tun, also unserer Gewohnheiten. Diese zu verbessern, fällt uns nicht immer leicht.

Veränderungsdruck verlangt neue Verhaltensweisen

Unsere Gewohnheiten geben uns Sicherheit, Orientierung und sorgen für Schnelligkeit. Der Nachteil: Wer macht, was er immer macht, wird auch immer das bekommen, was er schon immer bekommen hat. Wer das, was er hat, nicht mehr haben will, muss etwas anders machen. Wenn ich immer dasselbe mache, gibt's kein Wachstum. Wenn ich Wachstum will, muss ich meine Gewohnheiten überprüfen und verändern. Denn die Vielzahl meiner Gewohnheiten materialisiert sich im Verhalten. Wenn ich mein Verhalten also ändern will – z.B. an äußere Veränderungen anpassen –, muss ich meine Gewohnheiten ändern und / oder neue entwickeln.

Gewohnheiten: Beständiges im Unbeständigen schaffen

Um eine neue »gute« Gewohnheit zu etablieren, und damit meine ich eine nahezu automatisiert ausgeführte Verhaltensweise, die seelisch, geistig oder körperlich gut für dich ist (→ **#Business_Hack_1**) und dich bei der Bewältigung von Herausforderungen oder Wandel unterstützt, kannst du folgende fünf Schritte nutzen:

1. Mache dir bewusst, welche deiner Verhaltensweisen Gewohnheiten sind: Beobachte dich über ein, zwei Tage intensiv und schreibe dir auf, was du rein gewohnheitsmäßig tust. Was deine Routinen sind. Was du täglich immer wieder auf dieselbe Art und vielleicht sogar zur selben Zeit machst. Beispiele: »Ich hole mir immer morgens als Erstes einen Kaffee«, »Ich halte mich an die Regel ›An apple a day keeps the doctor away‹ und esse jeden Morgen mit Genuss einen frischen Apfel«, »Erst mal ein Zigarettchen zum Kaffee am Morgen«, »Zum Morgen gehört bei mir die Zeitung, immer«.

2. Überlege dir, welche neue Gewohnheit du in dein Leben und / oder Berufsleben integrieren möchtest. Beispiel: Dein Job wurde in der Pandemiezeit gleichzeitig stressiger und sesshaft-ruhiger – weil du im Homeoffice einerseits nahezu ununterbrochen arbeitest und erreichbar bist und andererseits ständig am Schreibtisch sitzt und die Coronakilos bewunderst. Der Veränderungsdruck von außen ist also da: Du musst dringend fitter werden, um der Herausforderung gerecht zu werden. Also überlege, welche neue Gewohnheit dir nutzen würde und wie. Male dir die Vision des Ergebnisses in den schönsten Farben aus, beispielsweise wie gesund, schlank und fit du dich fühlen wirst, wenn du jeden Morgen gewohnheitsmäßig joggen gehst (neue Gewohnheit). Und erst recht, wenn du dir die Morgenzigarette abgewöhnt und stattdessen den Morgenlauf angewöhnt (geänderte Gewohnheit) hast.

3. Füge deiner bisherigen Gewohnheit einfach die neue Verhaltensweise, die du dir antrainieren willst, an und probiere das aus. Beispiel: An das Aufbrühen des Kaffees schließt du ab jetzt immer zehn Minuten effiziente Tagesplanung an (→ **#Business_**

Hack_16). Oder deinem gewohnten Zeitungslesen folgt ab nun immer das regelmäßige Posten in deiner Social-Media-Kampagne (→ **#Business_Hack_32**). Oder du verbindest ab nun 15 Minuten Joggen mit dem Weg, die Zeitung vom Briefkasten zu holen, das ist dann sozusagen »ein Aufwasch«.

4. Du setzt dir das Ziel, dieses Ausprobieren deiner neuen Gewohnheit wenigstens eine Woche lang durchzuhalten. Um das Ganze für dich etwas attraktiver zu machen: Mache dir jeden Tag bewusst, was die Vorteile und der Nutzen für dich sind. Und belohne dich dafür! Schenke dir selbst etwas (Materielles oder Immaterielles), wenn du die Woche durchgehalten hast (→ **#Business_Hack_5**).
   Tipp: Setz deine Ziele nicht zu hoch an. Mach es dir leicht und steigere dich schrittweise. Beispiel: Wenn deine neue Gewohnheit sein soll, jeden Morgen eine halbe Stunde zu laufen, beginn im ersten Step mit 15 Minuten (oder mit 10 Minuten) und erhöhe deine Laufzeit langsam. Wichtig ist, dass du anfängst und dabeibleibst.

5. Wenn du weißt, was du tust, kannst du tun, was du willst! Wenn dir dein Verhalten bewusst ist, kannst du es tun oder eben auch lassen. Um eine neue Gewohnheit, eine neue Verhaltensweise, zu etablieren, nimm dir dein Erfolgs- und Motivationstagebuch (→ **#Business_Hack_16**) und notiere täglich deine Erfolge. Damit unterstützt du dich selbst und hilfst dir, dich selbst zu entwickeln und deinem Ziel anzunähern.

VOM KNOW-HOW ZUM DO-HOW

(Gute) Gewohnheiten machen dich sicher und schnell. Du bringst Leistung und kannst dich an Veränderungen anpassen. Wenn es eine Gewohnheit gibt, die du in deinem Leben ändern oder neu etablieren willst, kannst du dir eine schriftliche Beobachtung in folgenden fünf Schritten zunutze machen:

1. Das ist mein Veränderungsdruck:

2. Diese gewohnheitsmäßigen Verhaltensweisen habe ich:

3. Diese Gewohnheit will ich neu (oder anders) etablieren und das ist mein Ziel dabei:

4. So werde ich die neue Gewohnheit (Verhaltensweise) an diese bisherige anknüpfen:

5. Das werden meine täglichen Belohnungen sein:

6. Meine Erfolge:

#BUSINESS_HACK_7

Umgib dich mit wert(e)vollen Menschen

Die Reichen bleiben reich und die Armen bleiben arm, weil die Reichen ihren Kindern beibringen, wie sie mit Geld umgehen müssen und sie in die Netzwerke der Reichen einführen, während den Armen das oft nicht möglich ist oder sie sie nur mit ihresgleichen zusammenführen können. So lässt sich die Essenz vieler bekannter Ratgeberbücher, wie u. a. des weltweiten Bestsellers »Rich Dad Poor Dad«, zusammenfassen. In diesen Büchern finden sich zweifelsohne sehr viele Verkürzungen, aber einem grundlegenden Gedanken kann ich zustimmen: Entscheidend für den persönlichen Erfolg und die persönliche Weiterentwicklung ist, mit welchen Menschen man sich umgibt. Also welche Gedankenwelten, welche Mindsets, welche ethischen Werte umgeben mich? Welche Einstellungen, Stimmungen, Verhaltensweisen? Welche Kompetenzen, Soft Skills und Hard Skills, Fremdsprachen, interkulturelle Kompetenzen? Wie ist es in meinem Umfeld um Wissen und Lernbegierde bestellt? Gibt es einen Bildungskanon? Wie steht es um Energielevels, Visionskraft, Gestalterkraft?

Die heimelige Oase verlassen

Ein weithin bekanntes Zitat des (verstorbenen) US-amerikanischen Unternehmers und Motivationstrainers Jim Rohn besagt, du seiest »der Durchschnitt der fünf Menschen, mit denen du die meiste Zeit verbringst«. Für diese Zahl gibt es keine wissenschaftlich belastbaren Belege, und ich halte sie auch nur für eine zugespitzte, augenfällige Zahl zur Verdeutlichung eines Sachverhaltes, aber an der wesentlichen Aussage ist meiner Ansicht nach etwas dran. Denn wir Menschen lernen nicht nur von unserer Vorgängergeneration, beispielsweise unseren Eltern und Lehrern, sondern auch von den »Mates«, mit denen wir uns in Job und Privatleben umgeben. Und da greift ein Faktor, der häufig zu unseren Ungunsten ausfällt. Denn wir umgeben uns am liebsten mit den »Mates«, den Menschen, die uns qua Herkunft und

Sozialisation sowie Persönlichkeitsstruktur (→ **#Business_Hack_43**) relativ ähnlich sind. Im Ergebnis verbleiben wir dadurch häufig in einer gewissen Blase von Gedanken, Mindsets, Meinungen, Verhaltensweisen. Wir leben in unserer heimeligen Oase des kleinen Glücks. Und die ist oft sehr weit von den Abenteuern des blauen Ozeans (→ **#Business_Hack_90)** entfernt.

Wenn wir uns ändern wollen, müssen wir selbst etwas ändern

Wenn wir uns also einmal aus dieser Oase wegbewegen möchten, müssen wir erstens eine Analyse machen, welchen Menschen / Werten / Einstellungen / Wissen etc. wir ausgesetzt sind und was wir davon übernehmen. **Tipp:** Dazu dient auch die erste Aufgabe zum Abschluss dieses Business-Hacks.

Und zweitens müssen wir uns überlegen, welche Werte, welche Einstellungen, welche positiven Verhaltensweisen, welches Wissen etc. uns guttäte und weiterbrächte. Kurz: Mit welchen Menschen wir mehr Zeit verbringen wollen. Und dann suchen wir diese. Das ist zwar ein sehr bewusstes, auch planvolles Vorgehen – aber kein so utilitaristisches, wie es vielleicht erscheinen mag. Denn auch du bringst ja dein Mindset, deine Werte, dein Können, deine Kompetenzen etc. in diese Beziehung ein. Es ist ein bewusstes Nehmen und Geben.

Entscheidend ist, dass wir uns der wahren, hinter dem persönlichen Erfolg stehenden Werte bewusst werden, dann verstehen wir auch, was wir lernen können. Es soll Leute geben, die stets die Nähe der Reichen oder Berühmten oder Erfolgsverwöhnten oder Erleuchteten oder Great Spirits suchen, aber sie werden dadurch weder reich noch berühmt noch erleuchtet noch selbst ein inspirierender Geist – sondern nur neidisch oder abhängig. Weil sie nicht hinterfragen oder verstehen, was jene anders machen, oder weil sie den Schmerz scheuen, der mit dem Lernen und Umsetzen verbunden ist. Weil sie sich mit »Nebenkriegsschauplätzen« des Wissens begnügen: »Dumme« Leute sprechen über andere Leute, schlaue Leute sprechen über Konzepte und Ideen.

Oder hast du schon einmal einen Fan, der ins Stadion geht, um beim Fußballspiel dabei zu sein, nur vom bloßen Zuschauen zu einem Fußballer werden sehen?

VOM KNOW-HOW ZUM DO-HOW

**Sammle wertvolle Menschen um dich, ebenso wie wertvolle Erlebnisse
(→ #Business_Hack_13)**

Bei diesem Business-Hack habe ich eine Reflexion und zwei Aufgaben für dich.

In der Reflexion machst du dir klar, welchen gedanklichen Einflüssen auf dein
Mindset, deine Stimmung, deine Motivationslage und deine Zielorientierung
du unterliegst. Manchmal scheuen wir uns davor, diese Dinge zu durchdenken,
weil wir insgeheim bereits wissen, dass uns der eine oder andere Mensch nicht
guttut oder gar bremst, wir ihn aber aus verschiedenen Gründen nicht missen
wollen. Doch darum geht es in der Reflexion auch gar nicht – in den Aufgaben
erhältst du Tipps, wie du gute Relationen schaffst.

Reflexion

Welche Menschen sind bestimmend in meinem Leben und welchen (förder-
lichen oder hemmenden) Einfluss auf meine persönliche und / oder unter-
nehmerische Entwicklung nehmen sie? Zu denken ist dabei beispielsweise an
Mindset / Einstellungen, ethische Werte, Stimmung, Wissen / Lernen, Motivation,
Umsetzung von Können, Aktionskraft / Gestalterkraft, Durchhaltevermögen
(Persistenz), welches sind die Energizer, die Energiebringer u.Ä.

	Name	Stärke des Einflusses	Inhalte des Haupteinflusses Mindset, Werte, Stimmung, Wissen, Motivation, Können, Persistenz	(ggf.: Gesamtbewertung / Einschätzung in einem Wort)
1				
2				
3				
4				
5				
6				
7				

1. Aufgabe:
Die Idee dahinter ist nicht, dich von den Menschen zu trennen, die dir momentan nicht guttun oder dich bremsen. Hierfür wäre eine viel tiefere Analyse und Beratung notwendig, als dies hier möglich ist. Deine Aufgabe ist es vielmehr, einmal bewusst Menschen zu identifizieren und zu adressieren, die dir bei der persönlichen Entwicklung als Mensch, als Führungspersönlichkeit, als Unternehmerin oder Unternehmer oder als Start-up-Gründer wertvoll sein können, und zwar im Hinblick auf ein gutes Mindset, auf Entrepreneurship, Motivation und Zielorientierung. Wer könnte für dich und gemäß deinem Verständnis von Erfolg wertvoll sein? Definiere die Aspekte, Soft Skills und Hard Skills, die dir fehlen und die du im Beisammensein mit anderen Menschen trainieren willst.

Tipp: Diese wertvollen Menschen, die du stärker in dein Leben einbinden möchtest, können auch sein:

- Mentoren
- Masterminds (→ **#Business_Hack_11**)
- Coaches (→ **#Business_Hack_8**)

	Kompetenz / Soft Skill / Hard Skill	Wer könnte wert(e)- voll für mich sein?	Wo finde ich diesen Menschen?
1			
2			
3			
4			
5			

2. Aufgabe:
Das Leben ist ein Geben und Nehmen. Sei dir auch darüber bewusst, was du der Welt und anderen gibst.

Welche Werte, Kompetenzen, Wissen, Einstellungen etc. gibst du an andere Menschen in deinem Umfeld weiter? Wie können diejenigen, die du für dich ausgewählt hast, von dir profitieren? Was hast du anzubieten? Von welchen deiner Stärken kann dein Netzwerk, können deine Mitmenschen wirklich profitieren?

	Mindset, Werte, Kompetenzen, Wissen	(ggf.: was ist Stärke, was Schwäche, was will ich positiv entwickeln)
1		
2		
3		
4		
5		
6		
7		

#BUSINESS_HACK_8

Die Besten lassen sich coachen

Was haben die erfolgreichsten Menschen auf der Welt gemeinsam? Die besten Sportler, die effektivsten CEOs, die nachhaltigsten Unternehmer, die stärksten Führungskräfte?

Sie (nun, vielleicht nicht alle, aber viele, von denen wir wissen) haben einen Coach, einen professionellen Begleiter rsp. eine professionelle Begleiterin, der rsp. die als Trainer das Beste aus ihnen herausholt.

Fordern fördert

Denn gerade dann, wenn du schon gut bist (beispielsweise in Kompetenzen, die für dein Business relevant sind), wenn du Talent hast, wenn du wachsen willst, dann benötigst du eine Schlüsselperson an deiner Seite, die dich fordert.

Eine Trainerin oder einen Coach, der es gut mit dir meint. Der dir die richtigen Fragen stellt. Der dich anspornt, dir Kontra gibt, dich anders denken lässt. Der dich beim Perspektivwechsel unterstützt und bei der Zielsetzung. Der dich größer denken lässt, der das Entwickeln von Visionen erlaubt, die andere vielleicht für spinnert halten. Der dir das Gefühl gibt, dass du mehr kannst – und wenn du jemanden hast, der dir genau dieses Gefühl gibt, dann kannst du auch wirklich mehr. Der Glauben an die Selbstwirksamkeit (→ **Business_Hack_1**) verstärkt diese nämlich.

Menschen, die Fähigkeiten und Potenziale in anderen sehen, noch bevor diese selbst das sehen – das ist es, was Trainer und Coaches in der Persönlichkeitsentwicklung und auch im Business auszeichnet. Sie bringen deine Stärken nach vorne und finden Lösungen für die Schwächen (→ **#Business_Hack_3**).

Eine Kerndisziplin für mehr Erfolg im Business ist, herauszufinden, welche deine Stärken sind, und diese Stärken nach vorne zu bringen. Und gleichzeitig Lösungen zu finden für deine Schwächen – gemeinsam Ansätze zu entwickeln, wie du deine Schwächen »in Gips legst«. Oder besser noch: Als Aufgaben an andere delegierst oder abgibst, die genau da ihre persönlichen Stärken haben (→ **#Business_Hack_89**).

VOM KNOW-HOW ZUM DO-HOW

Diese Selbsterkenntnis und Selbstreflexion aufzubringen, ist für die meisten – wenn nicht alle – Menschen unmöglich. Es bedarf des Sparrings mit einem Trainer, Mentor oder Coach, der oder die nicht nur hilft, zur besseren und tieferen Erkenntnis zu gelangen, sondern auch Eigen-Bild und Fremd-Bild abzugleichen, Einstellung, Leistung und Resultate ins Verhältnis zu setzen – und vor allem: daraus Schlüsse zu ziehen, wie es besser geht. Einen Entwicklungsplan aufzusetzen, eine Vision zu entwickeln, Fortschritte zu begleiten.

Vielleicht wäre das auch für dich eine sehr hilfreiche Option, um »mit Rückenwind« auf deinem Weg als Gründer, Führungskraft, Chef oder Chefin voranzukommen. Coaching kann da ein wahrer Business-Hack sein, um im Bild zu bleiben.

(Und falls wir dich bei der Wahl des passenden Coachs, der richtigen Trainerin unterstützen sollen, gib uns einfach einen kurzen Hinweis unter info@buhr-team.com).

#BUSINESS_HACK_9

Finde deine Aufgabe und deinen Entwicklungsweg im Leben

Hier eine wahre Geschichte, die so eindrücklich für mich ist, dass ich sie schon in meinem ersten Buch »Agiere. Schritte zur Kraft des Handelns« vor Jahren niedergeschrieben habe. Sie hat nach wie vor eine große Kraft für mich. Denn es ging um eine der wichtigsten Fragen, die wir uns stellen können: die Frage nach unserer Aufgabe im Leben – und damit verbunden die Frage nach Glück, Verantwortung und Pflicht.

Im österreichischen Obergurgl begegnete ich damals dem 56-jährigen Wirtschaftsprüfer Hans aus Düsseldorf, der dort an einem unserer jährlichen Bergtage-Seminare teilnahm. Die Bergtage dienen der Selbstreflexion, der Positionierung und Selbstentwicklung. Hans berichtete aus seinem Leben. Er stammte aus einer landwirtschaftlichen Familie; seine Eltern waren Bauern, seine Großeltern auch. Er selbst wäre auch gerne Bauer geworden, jedoch meinte sein fürsorglicher und gutmeinender Vater, dass er etwas Besseres werden möge. Er legte sich krumm, damit sein Sohn, Hans, studieren konnte. Folgsam nahm Hans ein BWL-Studium auf, sattelte die Steuerberaterprüfung drauf und arbeitete sich bis zum Vorstand einer großen Wirtschaftsprüfungsgesellschaft hoch. Sein Beruf machte ihn zum »Fehlerprofi«, richtete ihn darauf aus, Probleme und Fehler zu finden. Ich nenne das rückwärtsgewandte Reparaturbranche. Das stimmt nur teilweise. Klar. Und dennoch sind die meisten Steuerberater und WPs mit dem Erklären der Vergangenheit beschäftigt. Hans findet natürlich Fehler im Seminarskript, das er mir mit Korrekturen versehen zurückgibt. Im gleichen Moment wurde ihm klar, dass diese Fehlersuche ihn krank gemacht hatte. Verbogen. Fehler zu finden macht einsam und oft traurig. Und er war beides, vor allem aber sehr traurig. Das wurde ihm nun bewusst. Wie es bei guten Geschichten so ist, hat Hans dann die Reißleine gezogen. Er hat seinen Job aufgegeben, um Jungunternehmer auf ihrem Weg zu beraten und zu begleiten. Ganzheitlich. Damit ist er sehr glücklich. Denn der neue Job lässt ihm die Zeit, einen großen

Garten anzulegen und Hühner zu halten. Wenn er morgens in den Hühnerstall geht und die Eier holt, fühlt er sich glücklich und seiner ursprünglichen, bäuerlichen Familie verbunden.

Die Lebensaufgabe bringt Sinn und Kraft

Hans' Aufgabe im Leben war es offensichtlich nicht, Dinge zu korrigieren, sondern eine Beratertätigkeit mit Liebe und Mut und Freiheit auszuüben und damit ein glücksgetriebenes Unternehmen zu führen.

Bist du dir über deine Aufgabe im Leben im Klaren?

Wenn du deine Lebensaufgabe (manche sagen auch »Vision«) kennst, dann kennst du auch die Richtung für deinen Entwicklungsweg (→ **#Business_Hack_1**). Denn wenn du in die falsche Richtung läufst, hat es keinen Zweck, das Tempo zu erhöhen.

Nimm dir »Entwicklungshilfe«

Niemand kann dir die Arbeit abnehmen, deine Aufgabe im Leben zu finden. Was du glaubst und fühlst, warum du auf diese Welt gestellt wurdest. Ich kann dich hier nur dazu ermuntern, dich mit dieser zentralen Frage auseinanderzusetzen. Denn unsere eigene, originäre, uns zugedachte oder empfundene Aufgabe macht uns glücklich. Sie gibt uns Sinn im Leben. Gibt uns Kraft. Entscheidet, ob wir passives Opfer oder aktiver Gestalter sind (→ **#Business_Hack_2**). Gibt uns die Deutungshoheit über unser Leben.

Natürlich kannst du dir für diese Suche Unterstützung nehmen, beispielsweise von einem Life-Coach (→ **#Business_Hack_8**) oder in einer Mastermind-Gruppe, die sich die »Lebensaufgabe« zum Thema gesetzt hat (→ **#Business_Hack_11**). Auch die regelmäßige Selbstreflexion (→ **#Business_Hack_16**) wird dir dafür eine gute Unterstützung sein.

VOM KNOW-HOW ZUM DO-HOW

Die erste **Übung** beschäftigt sich mit deiner Lebensaufgabe. Beantworte dir die folgenden Fragen schriftlich, sie führen dich.

- Für was »brenne« ich, was liegt mir am Herzen und bringt mir Freude?

  _____

- Wenn du genug Geld und Sicherheit hättest und mit deinem Vorhaben nicht scheitern könntest, womit würdest du dich beschäftigen, was würdest du tun?

  _____

- Stell dir vor, du bist 90 Jahre alt und schaust auf dein Leben zurück. Was soll es ausgezeichnet haben? Womit hast du es verbracht? Was hat es zu einem erfüllten Leben gemacht?

  _____

- Für welche Leistung erhältst du Lob von anderen? Womit wirst du in Verbindung gebracht?

  _____

- Was kann der Unterschied sein, den du in diese Welt bringst? Wie kannst du die Welt für dich und andere besser machen? Zum größeren Ganzen beitragen (→ **#Business_Hack_24**)?

  _____

- Zum jetzigen Zeitpunkt empfinde und denke ich, dass meine Aufgabe im Leben ist:

  _____

- Und ich wünsche mir für mein Leben (als Unternehmer*in) künftig:

  _____

  _____

  →

Die zweite **Übung** beschäftigt sich mit deinem Mindset: Bevor du mit dem Kopf durch die Wand gehst, schau erst mal nach, ob du überhaupt im Nebenraum sein möchtest:

In welchem Raum willst du dein Leben am liebsten verbringen? Wie sieht dein Leben darin aus? Was besitzt du? Wie fühlst du dich? Wo lebst du? Mit wem? Was sagen andere Menschen über dich und dein Leben?

_____

_____

_____

#BUSINESS_HACK_10

Trainiere dein Entscheider-Gen

»Paralyse durch Analyse« – nicht nur in Krisenzeiten eiern viele Menschen durch ihr Leben und viele Führungskräfte durch ihren Arbeitsalltag. Sie drehen und wenden Informationen, prüfen und zögern, relativieren und prokrastinieren. Vor lauter Abwägen und Analysieren kommen sie nicht zur Entscheidung – und ergo auch nicht zum Handeln. Dafür ist keine Zeit. Lieber wird lamentiert, sich beschwert und gemeckert, statt zu machen! Sätze wie »Rom ist auch nicht an einem Tag erbaut worden« oder »Gut Ding will Weile haben« machen die Runde. Alles ist oft leichter, als schlicht zu handeln. Und klar ist auch: Gut Ding will und muss dann final entschieden werden. Nur Entscheidungen bringen schlussendlich auch Erkenntnisse.

Und: Entscheidungen erfordern Mut, da wir ja nicht wissen, ob wir mit der Entscheidung richtig liegen. Richtig im Sinne des Gewünschten. Doch ohne Entscheidungen funktioniert es nun mal nicht – weder die Führung anderer noch die Selbstführung. Wobei auch ein Nicht-Entscheiden natürlich eine Entscheidung ist. Meist eine Entscheidung für Stillstand oder die Bewahrung des Status quo. Wie sagte Søren Kierkegaard so schön: »Es ist nicht zu glauben, wie schlau und erfinderisch die Menschen sind, um der letzten Entscheidung zu entgehen.«

Entscheidungen scheiden die Geister

Trotz Prüfung aller Fakten, trotz aller Pro-und-Kontra-Listen, trotz deiner Intuition (→ #Business_Hack_28): Ent-Scheidungen brauchen immer Mut. Sich zu ent-scheiden heißt ja immer auch, sich von etwas zu trennen. Ob getroffene Entscheidungen richtig (im Sinne des Gewünschten) waren, stellt sich erst im Nachhinein heraus. Oft musst du auf einer unzureichenden Wissensbasis Schlüsse ziehen und Risiken abwägen. Der österreichische Satiriker und Dramatiker Karl Kraus hat diesen inhärenten Konflikt wunderbar zusammengefasst: »Der Schwache zweifelt vor der Entscheidung, der Starke hernach.«

Der Unterschied ist: Der Starke entscheidet, der Schwache nicht. Der Starke ist der aktive Gestalter, der Schwache ein tendenziell passives »Opfer«.

»Warum passiert das immer mir?«, »Wieso hat XY mehr Glück?«, »Wann geht mein Leben endlich richtig los?«, »Wieso bin ich bei der Beförderung übersehen worden?«, »Warum läuft es bei anderen immer besser als bei mir?« – das sind typische Opferfragen. Wer solche Fragen stellt, betrachtet sich als ausgeliefert, nicht als Herr seiner Entscheidungen. Er entscheidet nicht, über ihn wird entschieden. Daher gehört zum Entscheidungsmut auch immer die Initiative: Wer die Initiative ergreift, der führt. Ob es andere Menschen sind, für die er die Verantwortung hat, oder ob er sein eigenes Leben verantwortungsvoll führt. Nur wer die Initiative ergreift, ist ein Gestalter oder eine Gestalterin.

Nutze fünf Faktoren für bessere Entscheidungen

Für eine gute Entscheidung, die auf die Erreichung deiner gesetzten Ziele einzahlt, bedarf es fünf Faktoren, auf die du dich stützen kannst. Diese fünf Faktoren sind:

1. Kenntnis / Wissen
2. Erfahrung
3. Intuition
4. Verantwortung
5. Pragmatismus

Schauen wir uns diese Faktoren etwas genauer an:

1. Kenntnis / Wissen

Ich nutze hier die Begriffe Kenntnis und Wissen gleichzeitig (aber nicht synonym), weil beide wichtig sind: Kenntnisse, verstanden als gelerntes Detailwissen (»ich erhalte Kenntnis von etwas«), das noch nicht zur übergeordneten Urteilsfähigkeit ausreicht, und Wissen, als Verstandenes und anwendbar Gelerntes, das urteilsfähig macht. Entscheiderkraft ohne gründliche Kenntnis, Verständnis der Faktenlage und daraus entwickeltem Wissen ist ebenso nutzlos wie ein PS-starker Motor ohne Fahrzeug. Sie bringt Energie in ein System, das damit nichts anfangen kann. Natürlich gibt es Menschen und Führungskräfte, die genau das »auszeichnet«. Das ist das oft erlebte »Management by Helikopter«: Die Tür fliegt auf, der Chef fliegt rein, wirft eine Entscheidung in den Raum, ohne Überblick über die Sachlage zu haben, verschwindet, die Mitarbeiter beginnen mit der Umsetzung. Zwei Tage später das gleiche Spiel: Die Tür fliegt wieder auf, der Chef fliegt rein, die Entscheidung wird revidiert. »Viel Wind um nichts« nennt man das wohl.

Wissen bedarf des Verständnisses und der Einschätzung, Kenntnis bedarf des Filters, sonst ist es nur Information Overload. Dein Problem bei der Entscheidungsfindung wird im Allgemeinen nicht ein Zuwenig an Information, sondern ein Zuwenig an guten Filtern sein. Solche Filter sind beispielsweise deine Ziele (→ **#Business_Hack_24**), das Denken in Szenarien (→ **#Business_Hack_69**) und das Auswerten der Faktenlage (dazu eine Übung auf S. 59).

2. Erfahrung

An dieser Stelle kommt die Erfahrung ins Spiel. Auf dem Weg zur Führungskraft (aber auch als Privatmensch) hast du schon Millionen kleiner und großer Entscheidungen getroffen. Wie bei jeder Kompetenz entwickelt sich auch hier mit der Zahl der Wiederholungen eine Könnerschaft. Wissenschaftler wie Malcolm Gladwell gehen davon aus, dass man etwa 10 000 Übungsstunden investieren muss, um zu wahrer Meisterschaft zu gelangen. So gesehen, sind wir alle geborene und gewachsene Topentscheider! Denn täglich treffen wir viele Entscheidungen, die in unser Erfahrungsrepertoire übergehen. Diese Erfahrung müssen wir uns bewusst machen, um sie für weitere Entscheidungen nutzen zu können. Konkret heißt das: Bei jeder wichtigen Entscheidung solltest du deine bisherigen Entscheidungsergebnisse aufrufen und diese Erfahrungen in die Gesamtbetrachtung miteinbeziehen.

3. Intuition

Erfahrungen bestehen aus dem gesammelten Wissen, das du in der Vergangenheit generiert hast. Sie zeigen dir, was du aus deinen bisherigen Entscheidungen rsp. Entscheidungsmustern gelernt hast. Sie verdichten sich zur Intuition (→ **#Business_Hack_28**), also einem Handeln ohne bewussten Einsatz des Verstandes, das dich zu schnellen Entscheidungen führt. Um gute Entscheidungen zu treffen, musst du dir also zum einen deinen Erfahrungsschatz bewusst machen, um

Analogien herstellen zu können, und dich behindernde Entscheidungsmuster identifizieren. Merke: Wer immer das Gleiche tut, wird auch immer nur das Gleiche erhalten. Wichtig ist also, dass du lernst, Introspektion zu betreiben und zu sehen, welche Entscheidungen deine Verhaltens- und Entscheidungsmuster bisher produziert haben. Dabei wirst du lernen, ob es störende oder schädliche Muster gibt, die du auflösen musst, damit du deine Entscheidungen »wissend, aber frei« treffen kannst.

4. Verantwortung

Die Bedeutung des Faktors Verantwortung für deine Entscheidungen liegt auf der Hand: Selbstverständlich musst du (besonders als Führungskraft) die Tragweite deiner Entscheidungen nicht nur hinsichtlich des intendierten Ergebnisses, sondern auch hinsichtlich aller anderen Auswirkungen und Konsequenzen – zum Beispiel für Mitarbeiter, Abteilungen, Märkte etc. – bedenken. Entscheidungen bedeuten, Verantwortung zu übernehmen. Und: Entscheidungen lassen sich delegieren – Verantwortung nicht.

Ob du selbst entscheidest oder Entscheidungen delegierst – als Führungskraft bleibt die Verantwortung bei dir (→ **#Business_Hack_27**). Jede Entscheidung für jemanden oder etwas ist gleichzeitig auch immer eine Entscheidung gegen jemanden oder etwas. Verantwortung heißt, diese Auswirkungen einer Entscheidung wie beim Schach über mehrere Züge hinaus zu antizipieren und die Vor- und Nachteile zu bedenken und abzuwägen – auch unter ethischen Gesichtspunkten.

5. Pragmatismus

Bleibt noch der Faktor Pragmatismus. Pragmatisch zu handeln bedeutet, sich situativ nach dem Nutzen und den Gegebenheiten zu richten. Anders ausgedrückt: Als pragmatischer Entscheider wirst du gewisse Prinzipien auch mal über Bord werfen, wenn es der Sache dient. Wenn du die Risiken und Szenarien betrachtet und den Nutzen erkannt hast – dann wirst du auch springen. Das Wort »Pragmatismus« leitet sich nicht umsonst vom griechischen Wort *pragma* für Handlung ab.

VOM KNOW-HOW ZUM DO-HOW

Dein »Entscheider-Gen« kannst du sowohl auf mentaler Ebene als auch auf rationaler Ebene trainieren. Hierzu biete ich dir zwei Übungen an.

Übung 1: Mentale Aspekte – »Gestalter-Aussagen« trainieren

Sprache spiegelt Denken und Werte. Und das gilt auch vice versa. Das gesprochene Wort wirkt sich auch auf deine Einstellungen aus. Daher arbeite bewusst an deiner Sprache! Lasse keine Opfer-Aussagen bei dir zu – trainiere Gestalter-Aussagen. Das schaffst du mit folgenden drei Schritten:

1. Mache dir klar, welche Fragen zu einer Situation oder Entscheidung unausgesprochen in dir »herumschwirren«. Notiere diese.

2. Schaue dir die Opfer-Fragen darunter an, zum Beispiel: »Wie soll das denn gehen, das ist nicht zu schaffen!«, »Warum passiert das immer mir?«, »Warum soll ich das denn jetzt machen müssen?«, »So kann das nicht funktionieren«, »Wie soll ich das nur jemals schaffen? Unmöglich!«.

3. Formuliere die Opfer-Fragen in Gestalter-Fragen um, zum Beispiel: »Was brauche ich, um mein Ziel zu erreichen?«, »Es ist, wie es ist – was mache ich jetzt konkret daraus?«, »Wer kann mir dabei helfen?«.

Mit diesen Gestalter-Fragen bringst du dich in einen konstruktiven, energiereichen Zustand.

Übung 2: Rationale Aspekte – die 5-Faktoren-Analyse

Wenn du zwar genug Mut hast, Entscheidungen zu treffen, dir aber die Bewertung der Faktenlage schwerfällt, hilft dir die 5-Faktoren-Analyse dabei, eine Entscheidung zu treffen. Sieh dir also folgende fünf Faktoren an:

1. Kenntnis / Wissen: Welche Informationen liegen mir vor? Wie sind diese zu bewerten und ggf. zu gewichten? Strukturiere sie in Pro-und-Kontra-Listen.

2. Erfahrung: Wie habe ich in ähnlichen Situationen entschieden? Auf welcher Basis? Mit welchem Ergebnis? Was habe ich daraus gelernt?

3. Intuition: Wie ist mein Bauchgefühl dazu? Was sagt mein »innerer Minister«?

4. Verantwortung: Welche Auswirkung wird diese Entscheidung für wen oder was haben? Was kann im besten, was im schlechtesten Fall passieren?

5. Pragmatismus: Was ist in der aktuellen Situation machbar? Womit erzeuge ich schnell ein gutes Ergebnis? Nutze die Ergebnisse der vorhergehenden vier Analysen und dann setze um. Mach dir klar: Nicht zu entscheiden, ist auch eine Entscheidung. Und Sicherheit oder Garantien sind eine Illusion.

#BUSINESS_HACK_11

Sei ein Thought Leader – werde zum Mastermind!

Einmal im Monat habe ich eine Verabredung, die ich (wenn es irgend geht) nie verpasse, egal, wo auf der Welt und in welcher Zeitzone ich mich gerade befinde. Und ich weiß, dass viele erfolgreiche Unternehmer eine solche Verabredung haben. Einmal im Monat ziehe ich mich abends in mein Büro oder eine stille Hotelecke zurück und wähle mich in eine Videokonferenz mit sieben herausragenden Unternehmerinnen und Unternehmern, inspirierenden philosophischen Geistern, spannenden Techies und herausfordernden lateral Denkenden ein, die über die halbe Welt verstreut sind: meine Mastermind-Gruppe. Wir haben uns in dieser Konstellation vor zwei Jahren gefunden – und seither ist uns der monatliche Austausch in unserer Mastermind-Gruppe sakrosankt. Ich bin ein überzeugter Netzwerker. Niemand gewinnt allein, keiner weiß alles. Umgib dich mit Menschen, die ähnliche Themen, die ähnliche Herausforderungen haben wie du. Bestenfalls sind sie schon weiter als du. Das passende Umfeld, das richtige Netzwerk ist – besonders in herausfordernden Zeiten – eine nicht zu unterschätzende Erfolgskomponente.

Treffen mit erfahrenen Experten

Was eine solche Mastermind-Gruppe auszeichnet? Und zum Beispiel von einem netten Kumpelabend oder Plausch unter Freunden unterscheidet? In der Mastermind-Gruppe ist jeder ein erfahrener Experte auf seinem Gebiet. Ist Ideengeber, Herausforderer, Analyst, Ratgeber und auch Vertrauter. Denn absolute Vertraulichkeit ist ein Muss, schließlich diskutieren wir über Marktentwicklungen, internationale Trends, neue Technologien, Businesspläne, persönliche Visionen. In der Mastermind-Gruppe nehmen wir uns Zeit, unsere neuen Ideen, Dienstleistungen, Produkte zur kritischen Debatte zu stellen, aber auch persönliche Herausforderungen als Unternehmer und Topführungskraft anzusprechen oder über Lösungsmodelle für Firmenprobleme zu brainstormen.

Daher ist es wichtig, dass in einer solchen Gruppe wirkliche Masterminds zusammenkommen: Führungspersönlichkeiten, die nicht nur über eine gute Selbstführung (→ **#Business_Hack_1**) verfügen und sich dem Gedanken verpflichtet fühlen, zum Erfolg und Glück der anderen Mastermind-Mitglieder beizutragen, sondern auch jeweils Experte auf einem Fachgebiet ist. Damit entsteht eine breite Varietät an Wissen und Erfahrung, an Perspektiven und hilfreichen Ratschlägen, an neuen Kontakten und praktischen Business-Hacks, an kritischer Prüfung und begeisternder Motivation und Vision. Das bringt jeden Einzelnen von uns richtig voran. Immerhin sind die aktuellen Herausforderungen in Unternehmen gleicher Größe ähnlich. Und niemand gewinnt allein. Also sind Netzwerke (→ **#Business_Hack_7**) ein echter Gewinn. Schon deshalb, weil jeder seine spezifische Expertise und Ideenkraft reihum für die anderen einsetzt.

Die vorgegebene Struktur des Mastermindings führt dabei immer zu Lösungen und Ergebnissen. Zwar gibt es auch ein gutes Gruppengefühl und es entwickelt sich auch mal eine private Freundschaft aus der Gruppe heraus – aber das fokussierte, lösungsorientierte Arbeiten unter Einbezug unterschiedlichen Expertenwissens steht im Zentrum. Daher haben Mastermind-Gruppen einen festen Ablaufplan mit einem recht strengen Zeitbudget und einer straffen Moderation, die entweder ein zugebuchter Moderator, z. B. mit einer entsprechenden Business-Moderationsausbildung, übernehmen kann oder ein Gruppenmitglied.

VOM KNOW-HOW ZUM DO-HOW

Übung 1: Finde oder entwickle deine eigene Mastermind-Gruppe

Sicher überlegst du jetzt auch, wie du von den Vorteilen einer Mastermind-Gruppe für deine eigene Entwicklung (als Unternehmer/-in) profitieren und dich einer Mastermind-Gruppe anschließen oder eine gründen kannst.

Dafür hier einige Anregungen, die du berücksichtigen solltest:

1. Definiere den Zweck.
   (z. B. Geschäftsgründung allg., mehr Business-Erfolg / Umsatz, internationale Beziehungen ausbauen, disruptive Geschäftsmodelle entwickeln, bessere Führungspersönlichkeit werden etc.)

2. Definiere, welche Expertise hilfreich wäre.
   (z. B. international arbeitender Berater, Gründer, Patentanwalt, Marketingexperte, Jurist, Börsenexperte etc.)

3. Definiere die mögliche Gruppengröße.
   Vier bis sechs Personen haben sich als effektivste Größe herausgestellt. Im Bedarfsfall könnt ihr übrigens für einzelne Meetings einen externen Fachexperten hinzuziehen.

4. Definiere das Medium und ein Live-Kick-off-Event.
   Als digitales Medium kann man z. B. eine Zoom-Konferenz nutzen; der Kick-off sollte zum Start und persönlichen Kennenlernen einmal live und vor Ort sein. Man kann ggf. einmal jährlich ein persönliches Treffen vorsehen.

5. Definiere Beginn und Ende.
   Mastermind-Gruppen sollten dem unter Punkt 1 genannten Zweck dienen. Dieser sollte nach Ablauf von Zeit X erreicht sein, denn es geht bei einer Mastermind-Gruppe nicht um »lebenslange Bindung«, sondern um eine zweckorientierte Bindung auf Zeit.

6. Definiere einen sinnvollen Ablaufplan und die Moderationsart (→ dazu Übung 2 im Anschluss mit einem Modellvorschlag).

7. Formuliere die Einladung an wichtige Mitglieder, die du ansprechen und dabeihaben willst. Lass dir von diesen weitere Topleute nennen, oder recherchiere sie in den beruflichen Netzwerken.

8. Plane den Kick-off. Fange an und komme ins Handeln.

→

Übung 2: Entwickle einen stringenten Ablaufplan

Wichtig ist, dass deine Mastermind-Gruppe sich eine feste Struktur mit einem effizienten Ablauf gibt. Den kannst du selbst entwickeln – gerne gebe ich dir hier als Muster einen möglichen, oft genutzten Ablaufplan:

1. Moderator/-in (ein Mastermind-Mitglied übernimmt entweder fest die Moderation, oder es gibt ein rollierendes System) begrüßt die Runde.

2. Moderator/-in verliest die wichtigsten Punkte des Protokolls/wichtige Punkte/Selbstverpflichtungen aus dem letzten Meeting und übergibt an das erste Mastermind, setzt Stoppuhr in Gang.

3. Mitglied Nr. 1 hat 3 Minuten Zeit, seine Erinnerung/Kommentare zum letzten Meeting zusammenzufassen und/oder berichtet über die Fortschritte/Ergebnisse (seiner »Hausaufgabe«/Selbstverpflichtung) seit dem letzten Meeting.

4. Mitglied Nr. 1 hat sodann fünf Minuten Zeit, seine vorbereitete neue oder anschließende Frage/Problemstellung/Idee zu erläutern und die anderen Member um Rat/Stellungnahme/Kontakte/Ideen zu bitten.

5. Reihum melden sich die Mitglieder zu Wort, denen spontan etwas zu diesem Themenkomplex einfällt.

6. Rede fällt an Mitglied Nr. 1 zurück, das kurz schriftlich festhält, welche Ideen davon es nutzen will, und eine Selbstverpflichtung (»Hausaufgabe«) zur eigenen Erledigung bis zum nächsten Meeting formuliert. Ggf. Ankündigung der zwischenzeitlichen Zusendung von Unterlagen an die anderen Mitglieder, wenn es im nächsten Meeting um eine Vertiefung der Thematik gehen soll.

7. Mitglied Nr. 1 übergibt an Mitglied Nr. 2, das dann ebenfalls die Punkte 3–6 durchläuft, usw.

8. Ist der/die Moderator/-in selbst Mastermind-Mitglied, wird er/sie selbst entsprechend vorgehen und am Ende seiner Themenrunde die Selbstverpflichtungen zusammenfassen und das Meeting abmoderieren.

Mit diesem Ablauf wird Verbindlichkeit geschaffen, alle Masterminds erhalten den gleichen Rede- und Bearbeitungsanteil (unbeachtlich, ob sie eher introvertierte Experten oder extrovertierte »Rampensäue« sind), und alle profitieren für ihre eigenen Projekte.

#BUSINESS_HACK_12

Einfache Kreativitätstechniken – großer Output

Als Gründer, Unternehmerin, Führungskraft wirst du oft in die Situation kommen, schnell neue Ideen, Lösungsmodelle für Probleme oder kleine Innovationen oder Word Arounds entwickeln zu müssen. Da auch die Kreativsten unter uns nicht ständig von Geistesblitzen durchzuckt werden, ist es super hilfreich, wenn du über ein paar einfache Techniken verfügst, die dich lösungsorientierter und kreativer machen. Kreativtechniken befreien den Erfolg vom Zufall, weil sie dir helfen, zielgerichtet und fokussiert zu arbeiten und Lösungen zu finden.

Höher springen – kurzer Zeiteinsatz bringt mehr Ideen und Visionskraft

Es gibt viele smarte Kreativitätstechniken – das Problem ist nur, dass die wenigsten von uns sie sinnvoll und regelmäßig nutzen. Entweder weil sie sie gar nicht kennen, oder weil sie sich in der alltäglichen Arbeitshetze nicht die Zeit nehmen, sie einzusetzen. Obwohl das maximal tief gesprungen ist – denn mit dem Einsatz der richtigen Technik lassen sich eigentlich immer sehr schnell und meist mehrere gute Ideen und Lösungen für eine Aufgabe oder ein Problem finden.

Ich stelle dir fünf recht unterschiedliche Techniken vor, die sich in meiner jahrelangen Praxis als Unternehmer und Vortragsredner als besonders effektiv und effizient erwiesen haben. Damit kannst du »höher springen« und dir vor allem eine gewisse Sicherheit verschaffen, dass du jederzeit deinen Ideenoutput und deine Kreativität ankurbeln und gute Ergebnisse erzielen kannst. Du befreist dich so vom »Warten auf den Geistesblitz«, außerdem können diese Techniken wahre Business-Hacks für deinen Output und den deines Unternehmens sein.

Mein Tipp: Allen Techniken gemeinsam ist, dass sie deine rsp. eure Kreativität im Team strukturiert fokussieren. Natürlich gilt heute:

There's an app for that – also findest du für die meisten Techniken bereits digitale Anwendungen, die den Vorteil haben, dass die Ergebnisse und Verschriftungen bereits in einem Medium festgehalten sind und archiviert oder geteilt werden können. Ich nenne dir hier einige dieser Tools, damit du, falls du dich dafür interessierst, einen Anfang für die eigene Recherche hast: Du kannst Software wie Mindjet, Mindmeister oder Simple Mind nutzen. Auch Apps wie The Brain, MindView und iMindQ setzen auf das Mindmapping-Prinzip, weiterführend auch für das Projektmanagement und Orga-Aufgaben, sowie versehen mit der Möglichkeit, weitere Funktionen einzubinden.

Manche – auch sehr junge – Menschen bevorzugen aber die Offlinearbeit mit diesen Techniken, weil dies häufig mehr Platz fürs Um-die-Ecke-Denken und Einbinden Dritter lässt und kaum technischer oder organisatorischer Vorbereitungen bedarf. Probiere es einfach aus – meist liegt das Optimum in einer Mischung.

Fünf Lieblingstechniken für mehr Ideen und besseren Output

Die ersten drei Techniken kannst du prima alleine einsetzen, um zu mehr Ideen und höherem Output zu gelangen.

1. Technik: KAWA

Diese einfache Technik der mir befreundeten und leider schon verstorbenen Businesstrainerin Vera F. Birkenbihl ist eine Brainwriting-Methode, die dich richtig auf Trab bringt. Als Ideen-Aufwärmer ein absoluter Klassiker. KAWA ist die Kurzbezeichnung für »Kreative Ausbeute von Wort-Assoziationen«. Dafür schreibst du in die Mitte eines großen Blattes das zentrale Thema, um das es dir geht. Nun suchst du zu jedem Buchstaben dieses Wortes möglichst viele andere Begriffe – es können auch Merksätze oder fremdsprachige Wörter sein –, die dir beim freien Assoziieren im Zusammenhang mit diesem Wort einfallen.

Beispiel: Du suchst Ideen dafür, wie du deinen Coaching-Ansatz beschreiben und von anderen abgrenzen kannst. Dann wird aus dem »C« ein »Chaos reduzieren« oder »Change of Mind« oder »Chief Officers ansprechen«, aus dem »O« ein »Optionen entwickeln« oder »Oeffnung erzielen«, aus dem »A« wird »Achtsamkeit trainieren« usw.

So entsteht ein großes Wortbild aus Assoziationen, die dir in den Kopf schießen und die du weiterentwickeln kannst. Der große Vorteil der Technik ist, dass all deine Assoziationen aus deinem Inneren kommen – mit purem Nachdenken würdest du wahrscheinlich nur die »offensichtlichen« Lösungen finden.

2. Technik: Mindmap

Mindmapping ist im Prinzip die große Schwester des KAWA, auch eine Brainwriting-Technik. Mindmaps dienen aber nicht nur dem Finden von Ideen, sondern auch dem Protokollieren, dem Strukturieren, Unterordnen, Verbinden und Kommentieren, Werten und Gewichten. Es gibt sehr gute Softwares, mit denen du Mindmaps anlegen kannst und die auf Knopfdruck aus der Struktur mit allen Informationen, Kommentierungen und Verbindungen prima Listen und Pläne herstellen.

Mindmapping funktioniert im Wesentlichen so, dass auch hier im Zentrum eines Blattes ein Kernthema steht. Von diesem ausgehend zeichnest du zu jedem Hauptaspekt des Themas je einen Seitenast und fächerst diesen Seitenast mit den vielen Unterideen und -informationen in kleine Zweige auf. Von diesen aus kannst du mit großen Schleifen und Pfeilen gedankliche Verbindungen zu anderen Zweigen knüpfen, kannst Wertungen und Gewichtungen anbringen, indem einige Zweige dicker oder dünner werden, sowie Kommentare, Probleme und Zusatzideen anzeichnen. So entsteht eine große »Gedankenlandkarte«, die du stets weiter ergänzen kannst. Mindmapping wird deine Kreativität und Schöpferkraft mit Sicherheit mehr unterstützen als das dröge Listenschreiben.

3. Technik: Ishikawa-Diagramm

Diese von Ishikawa Kaoru ursprünglich als Tool für das Qualitätsmanagement entwickelte Technik eignet sich vor allem dazu, unterschiedlichen Problemen schnell und strukturiert auf den Grund zu gehen. Auch hier wird wieder assoziativer gearbeitet, was die Technik umfassender und flexibler – und damit smarter – macht als das Abarbeiten von Protokollen oder Fehlerlisten. Das Ishikawa-Diagramm trägt auch den Namen »Fischgräten-Diagramm«, da es für den Betrachter wie eine Fischgräte aussieht. Gezeichnet wird seitlich ein halbmondförmiges Gebilde (der Kopf), in dem das Problem benannt wird. Von dort aus wird eine lange »Mittelgräte« bis zum Schwanz gezogen, von der seitlich drei Hauptgräten nach oben und drei nach unten abgehen. Diese Hauptgräten befassen sich mit den sechs Schwerpunkten: Mensch, Material, Management, Methode, Maschine, Mitwelt. Jetzt zeichnest du an jede Hauptgräte zwei bis höchstens drei kleine Seitengräten, die du mit deiner Vermutung beschriftest, was das Problem ausgelöst haben könnte. Manchmal werden eine oder zwei Hauptgräten frei bleiben, aber insgesamt wirst du mit dieser Technik viel schneller und umfassender ans Problemsolving herangehen, weil du weniger monokausal denken wirst.

Tipp: Wir haben diese Technik in unserer Arbeit übrigens so abgewandelt, dass es kein Fisch mit Gräten mehr ist, sondern ein Baum, der »auf dem Problem steht« und dessen sechs Hauptäste mit »Mensch, Material, Management, Methode, Maschine, Mitwelt« betitelt sind, von denen die »Problem-Vermutungs-Zweige« abgehen. Aber im Wesentlichen ist das dieselbe Methode.

Hier zwei Techniken, die sich für den Einsatz im Team oder in Gruppen eignen – und die nach meiner Erfahrung sehr viel mehr Output bringen als das »übliche Brainstorming«.

4. Technik: Methode 6-3-5

Diese von Bernd Rohrbach entwickelte Technik eignet sich besonders gut, um ungewöhnliche Ideen mit deinem Team zu entwickeln. Die Technik ist recht einfach, führt aber zu einer großen Zahl an Ideen oder Vorschlägen – nämlich exakt 108.

Methode 6-3-5 steht für: 6 Teilnehmer, 3 Ideen, 5-mal weitergeben.

Jeder der sechs Teilnehmer erhält ein Blatt Papier mit einer Tabelle, die aus drei Spalten und sechs Zeilen besteht. In ca. fünf Minuten schreibt jeder Teilnehmer zu einem vorgegebenen Thema, beispielsweise »Produktidee«, in jede Spalte eine Idee, also insgesamt drei. Dann reicht er das Blatt an seinen Nachbarn weiter, der in den nächsten Tabellenfeldern diese Ideen ergänzt, weiterentwickelt oder dazu passende formuliert. Bei sechs Teilnehmern mit reihum wandernden Blättern entstehen also 108 Ideen – von denen manche ziemlich crazy sein werden, einige aber auch richtig super!

5. Technik: Die Osborn-Checkliste

Die Osborn-Checkliste, entwickelt vom Erfinder des Creative Problem Solvings Alex Osborn, setzen wir gerne ein, wenn es bereits eine Idee, ein Produkt oder eine Dienstleistung gibt, die wir breiter aufstellen oder innovieren wollen. Beispielsweise wenn der Marktzyklus eines bisher erfolgreichen Produktes zu Ende geht oder wenn es Marktentwicklungen gibt, die wir im Produkt oder in der Dienstleistung abbilden wollen. Die Liste besteht aus ursprünglich neun großen Frageblöcken mit zahlreichen Unterfragen, die nacheinander oder in beliebiger Reihenfolge abgearbeitet werden können. Der Vorteil der Osborn-Checkliste ist, dass kein Aspekt vergessen wird und die sehr strukturierte Herangehensweise immer Ergebnisse bringt. Übrigens: Im Falle von »keine Antworten« kann dies auch Eliminierung bedeuten. Hier eine kurze Zusammenfassung:

- Fragekomplex 1 »Anders verwenden«: Welche neuen Verwendungszwecke finde ich / finden wir, ohne das Produkt / die Leistung zu verändern? Welche, wenn es abgeändert wird?
- Fragekomplex 2 »Anpassen/Adaptieren«: Was ist ähnlich? Zu welchen anderen Ideen regt es an? Was kann ich aus der Vergangenheit ableiten? Was kopieren oder nachahmen?
- Fragekomplex 3 »Abwandeln / Verändern«: Andere Form, Bedeutung, Bewegung, Textur, Gewicht, Optik, Farbe, Akustik, Geometrie, Umriss? Welche neue Wendung oder Bedeutung kann ich / können wir ihm verleihen?
- Fragekomplex 4 »Vergrößern«: Womit könnten wir es ergänzen? Zum Beispiel mit zusätzlichen Komponenten, Fähigkeiten. Was können wir hinzufügen? Digitale Komponenten? Stabiler, fester, größer, härter, stärker? Was macht ein größerer Zeitraum, längerer Zyklus damit? Was eine höhere Frequenz? Duplizieren, vervielfachen, skalieren?
- Fragekomplex 5 »Verkleinern«: Was kann weggelassen werden? Miniaturisiert? Leichter, niedriger, kleiner, dünner, schmaler? Rationalisieren? Straffen? Aufteilen? Umfang verringern?
- Fragekomplex 6 »Ersetzen«: Wer oder was stattdessen? Anderes Material, Inhaltsstoff, Ingredienz oder Betriebsstoff? Anderer Prozess, Herstellung? Andere Energie? Speicherung? Antrieb? Anderer Ort, Zugang, Aufbau?
- Fragekomplex 7 »Ordnung ändern / neu ordnen«: Anders anordnen? Reihenfolge, Komponenten? Anderes Muster, Layout, Schema, Dekor? Schritte, Stufen, Ablauf ändern? Ursache und Wirkung vertauschen?
- Fragekomplex 8 »Umkehren / Gegenteil«: Was ist mit dem Gegenteil? Rollen oder Aufgaben vertauschen, Spieß umdrehen? Auf den Kopf stellen, rückwärts drehen?
- Fragekomplex 9 »Kombinieren / verbinden«: Einheiten kombi-

nieren? Absichten, Einsatzbereiche, Ideen, Teillösungen verbinden? Verschiedene Zwecke kombinieren? Mischung, Legierung, Assortiment?

Tipp: Wir ergänzen die Osborn-Checkliste bei unseren Trainings und auch beim Einsatz bei Buhr & Team noch durch die eigene Fragekategorie »Disruptiv ändern?«. Finden wir für das Problem oder die Herausforderung des Kunden ein komplett neues Lösungsmodell? Ist der klassische Ansatz hinfällig? Wenn uns unbegrenzte finanzielle, prozessuale und technologische Mittel zur Verfügung stünden: Wie würde die ideale Lösung aussehen (unabhängig davon, ob man sie schon technisch umsetzen kann)?

6. Technik: good, better, how?

Diese Kreativitäts- und zugleich Feedback-Technik haben wir bei B&T selbst entwickelt und immer weiter verfeinert. Mittels eines Flipchart-Blattes, das jeder Teilnehmer des Meetings aufhängt, wird zunächst von jedem eingetragen, was schon gut läuft (good), dann was besser laufen müsste (better) und final dann die Frage beantwortet, wie es besser gehen könnte (how). Das Flipchart wird senkrecht in drei gleiche Teile unterteilt, und nachdem jeder sein eigenes Chart im oberen Teil ausgefüllt hat, ergänzen die anderen Teilnehmer des Meetings im Rahmen einer »Vernissage«, also durch das Herumgehen, dann auf den Charts der Kollegen ihre eigene Assoziation. So entsteht eine Vielfalt an Ideen.

7. Technik: Brain Writing

Hier setzen sich die Teilnehmer des Meetings im Stuhlkreis eng aneinander. Es wird nicht gesprochen und nicht gewertet. Aufgabe ist, dass jeder auf einem DIN-A4-Blatt das Thema oben auf das Blatt schreibt, die erste Idee, Eingebung dazu notiert und dann das Blatt nach rechts (Uhrzeigersinn) weiterreicht. Der Empfänger notiert schnell die erste Assoziation dazu. Dann wird widerum das Blatt weitergereicht. So lange, bis jeder sein eigenes Blatt wieder in den Händen hält. Auf diese Weise entsteht – ziehen wir die Doppelungen ab – eine Reihe von neuen Ansätzen, neuen Perspektiven, die Lösungen forcieren können.

VOM KNOW-HOW ZUM DO-HOW

Du kannst Beispieldiagramme und -modelle zu den hier vorgestellten fünf Techniken herunterladen unter https://andreas-buhr.com/bgha

Bei deiner Internetrecherche wirst du viele weitere Techniken finden, die dir persönlich vielleicht auch viel bringen – da tickt jeder anders. Die obigen fünf Techniken sind meine »Lieblings-Booster«, weil sie zuverlässig Ergebnisse produzieren. Vielleicht findest du andere oder weitere, die dir einen »Frische-Kick im Kopf« geben. Ich wünsch dir ein wahres Feuerwerk an Geistesblitzen – denn das macht richtig Spaß!

#BUSINESS_HACK_13

Erfülle dir deine Bucket List

Viele Unternehmer, Gründer, Führungskräfte, Politiker, Persönlichkeiten, mit denen ich im Laufe meines Lebens zu tun hatte, gelten als erfolgreich. Nach außen zumindest. Im Inneren sieht es oft anders aus, wie sie ihren Psychologen, Mentoren oder Coaches (→ **#Business_Hack_8**) anvertrauen. Denn so viel man auch erreicht hat, ist dies nicht gleichbedeutend mit dem Gefühl, ein volles, ein wertvolles, ein bedeutsames, ein ausgefülltes Leben zu leben oder gelebt zu haben. Dabei hatten sie interessanterweise oft eher zu wenige als zu viele Ziele. Lass uns anschauen, was das konkret bedeutet und wie du es besser machen kannst.

Pay yourself first

Nur wenn du dich selbst gut führst, kannst du andere gut führen. Nur wenn du selbst in deine Kraft kommst, kannst du für dich und andere (deine Familie, deine Mitarbeiter, dein Team, die Gesellschaft) etwas aufbauen und einen Beitrag leisten. Nur wer gut zu sich selbst ist, kann gut zu anderen sein. Ein gutes Tool, um dies zu erreichen, ist das Führen einer oder mehrerer Bucket Lists – auch Löffelliste genannt. Er kann für dich als Mensch, als (künftiger) Unternehmer, als (künftige) Führungspersönlichkeit ein wahrer Business-Hack für dein Leben sein.

Bucket List: private und berufliche Ziele und Erlebnisse

Eine Bucket List ist nichts anderes als die Wunschliste deines Lebens. Sie bildet deine ganz eigene Vorstellung von dem Leben ab, das du bis ans Ende deiner Tage führen möchtest. Sie enthält eine Aufstellung der Ziele, die du erreicht, der Dinge, die du gesehen, der Erlebnisse, die du am Ende im »Korb (Bucket) deines Lebens« gesammelt haben willst. Du kannst für spezielle Bereiche jeweils eine eigene Bucket List anlegen, also eine Bucket List für Reisedestinationen, für Sport oder Musik oder für besondere Fähigkeiten oder auch für berufliche Erfahrungen. Es gibt auch im beruflichen Bereich so viele spannende Erfahrungen, die man machen kann, beispielsweise »mal in einem Start-up arbeiten« oder »ein Start-up gründen«, »für einen Konzern im Ausland arbeiten«, »Praktika in ganz verschiedenen Branchen machen«, »sich ein Sabbatical gönnen«, »in einem mittelständischen Unternehmen an entscheidender Stelle etwas bewegen«, »einen gut eingeführten Betrieb übernehmen«, »besondere Qualifikationen oder Abschlüsse erzielen«, »als Mentor in einem Unternehmen Wissen und Können weitergeben« etc.

Tipp: Es gibt im Internet auf verschiedenen Blogs und auf Instagram viele Beispiele von spannenden Bucket Lists – da habe selbst ich noch Anregungen und Inspirationen für außergewöhnliche Erlebnisse und ungewöhnliche Aufgaben und Ziele gefunden …

In meinen Augen funktioniert eine »gemischte« Bucket List am besten, da die Ziele und Erlebnisse einzelner Bereiche dann nicht voneinander getrennt betrachtet werden, sondern dein Leben ganzheitlich abbilden. Ich brauche dir kaum zu sagen, warum ich eine solche Bucket List für dich als Business-Hack empfehle: Zum Ersten hilft es dir auf dem Weg zu einem erfüllten, zufriedenen und glücklicheren Menschen. Und zum Zweiten wirst du als solcher eine bessere Führungspersönlichkeit werden, die beste Version deiner selbst.

Wichtig ist, dass du deine Bucket List(s) so dokumentierst (handschriftlich auf Papier oder in einem Notizbuch), dass du sie immer vor Augen hast – es sind deine Sehnsuchtsziele, deine Leitsterne. Sobald du ein Ziel erreicht hast und es von deiner Löffelliste streichen kannst, solltest du diesen Moment auch ein wenig feiern. Damit gibst du ihm Raum, lässt ihn in dein Bewusstsein sickern und erlaubst ihm, dich zu bereichern. So wirst du zum Sammler von bleibenden Erinnerungen, die dir Kraft geben und deine Ressourcen wachsen lassen.

Bei der Reflexion entstehen die Wege zur Zielerreichung

Wer die Gegenwart genießt, hat in Zukunft eine wundervolle Vergangenheit – dieser Spruch aus unbekannter Quelle ist ein guter Leitstern, um eine persönliche Bucket List zu erstellen. Mit einer Bucket List wirst du zum Gestalter deines Lebens, statt nur Verwalter oder Gestalteter zu sein. Wenn du deine Wunschziele auf diese Weise dokumentierst, wirst du sie mit großer Wahrscheinlichkeit auch erreichen, weil du dich – bewusst und auch unbewusst – darauf fokussieren wirst. Wenn du gar nicht erst die Zeit investierst, dir über die Fülle der Möglichkeiten, die du auskosten willst, klar zu werden, wirst du sie auch nicht in dein Leben holen.

Vielleicht kennst du einige der Bücher, in denen kranke Menschen kurz vor ihrem Tod darüber berichten, wie sie ihr Leben rückblickend sehen und was sie bereuen, nicht getan zu haben. Die ehemalige Palliativschwester Bronnie Ware hat in ihrem Buch »5 Dinge, die Sterbende am meisten bereuen« (2015) sehr eindrücklich zusammengefasst, was Menschen am Lebensende am meisten bereuen: sich selbst zu wenig treu gewesen zu sein, viel zu viel gearbeitet zu haben, nicht den Mut gehabt zu haben, zu den eigenen Gefühlen zu stehen, den Kontakt zu Freunden abgebrochen und sich viel zu wenig Freude gegönnt zu haben.

Auch ich habe für dich in diesem Buch mehrere Business-Hacks zusammengestellt, die dich dabei unterstützen, es besser zu machen: Neben dem Business-Hack Bucket List sind dies:

→ **#Business_Hack_9** Finde deine eigene Aufgabe und deinen Entwicklungsweg im Leben
→ **#Business_Hack_24** Trage zu einer größeren Sache bei – die Welt zu einem besseren Ort machen
→ **#Business_Hack_1** Sieben Schritte zur Selbstentwicklung

Unterstützend kannst du auch noch den → **#Business_Hack_11** (Sei ein Thought Leader – Werde zum Mastermind) hinzuziehen. Du weißt jetzt, warum die Bucket List ein Business-Hack für dich in deinem privaten und beruflichen Leben sein kann – also leg am besten gleich los!

VOM KNOW-HOW ZUM DO-HOW

Ich sage immer: Gehabt zu haben, befreit vom Haben-Müssen, befreit vom Druck. Erlebt zu haben, befreit vom Bereuen. Beginne jetzt!

Je früher, je weniger Grund hast du zu bereuen.

Je früher, desto mehr Grund hast du, dich zu freuen.

Schreibe deine Bucket List!

Meine Bucket List:

1. _____

2. _____

3. _____

4. _____

5. _____

6. _____

7. _____

8. _____

9. _____

10. _____

11. _____

12. _____

13. _____

14. _____

15. _____

16. _____

etc.

#BUSINESS_HACK_14

Lieber smart als perfekt sein

Gehörst du auch zu den Hundertzehnprozentigen? Zu denen, die alles lieber noch besser als sehr gut machen, die immer nach dem perfekten Ergebnis streben (→ **#Business_Hack_17**)? Die Haltung, es »perfekt machen« zu wollen, was immer das genau sein mag, ist ja noch okay. Jedoch wird es das Resultat eher selten bis nie sein. Ganze Nächte vor dem Rechner zu verbringen und so lange Pixel zu schubsen, bis die Präsentation mit filmreifen Animationen glänzt, der Businessplan bis auf die sechste Stelle hinter dem Komma ausgefeilt ist, die Meeting-Vorlage jedem Gipfeltreffen zur Ehre gereichen würde: Das alles ist zwar lobenswert, aber oft sinnbefreit. Denn du weißt auch: Der Hang zum Perfektionismus kostet dich sehr viel Zeit und Aufwand. Und er macht dich weder glücklich – zu oft wird das Ergebnis deiner perfekten Schufterei gar nicht bemerkt, geschweige denn gewürdigt –, noch macht dich der Hang zum Perfekten wirklich erfolgreich. Und effizient ist Perfektionismus zudem nicht. Sogar eher das Gegenteil.

Zeitverlust statt Mut

Wenn du immer wieder an deiner Aufgabe feilst, um auch die letzten Unebenheiten zu beseitigen, kann irgendwann die ganze Arbeit buchstäblich vergebens gewesen sein. Weil du nicht den Mut hast, ein Projekt loszulassen und immer noch eine Arbeitsrunde, noch mehr Zeit hineinsteckst. Weil du nicht pünktlich fertig geworden bist, wird dein Arbeitsergebnis nicht mehr benötigt. Weil du dich selbst überforderst, an den Rand des Burnouts manövrierst, ohne wirklich mit großem Hebel zu arbeiten. Obwohl du möglichst perfekt sein willst, bist du letztendlich gescheitert.

Das muss nicht sein. Denn es gibt ein System, mit dem du mit weniger Einsatz auch das Wesentliche erreichst. Wenn du den Mut dazu entwickelst. Und den darfst du getrost haben, denn es gibt genügend Beispiele, die belegen, dass das funktioniert – und zwar ohne dass du dir wie ein »Betrüger« oder »Angeber« vorkommen musst. Also: Sei lieber smart als perfekt!

Das Pareto-Prinzip

Vilfredo Pareto war ein Wirtschaftswissenschaftler und Soziologe, der zu Anfang des 20. Jahrhunderts die Verteilung des Volksvermögens in Italien untersucht hatte. Dabei stellte er fest, dass sich 80 Prozent des Besitzes in den Händen von 20 Prozent der Familien befanden. Pareto übertrug nun diesen quantitativen Zusammenhang auch auf andere Bereiche und fand heraus, dass er auch dort zutraf. Beispielsweise lässt sich zeigen, dass viele Unternehmen 80 Prozent ihres Umsatzes mit 20 Prozent ihrer Kunden erzielen. Oder dass du mit 20 Prozent deiner Arbeitszeit 80 Prozent der Ergebnisse erzielen kannst.

Für die nächsten 10 Prozent des Ergebnisses würdest du noch einmal 30 Prozent Aufwand benötigen. Und die letzten 10 Prozent würden genau so viel Aufwand wie die ersten 90 Prozent erfordern. Dies lässt den Schluss zu: Alles hundertprozentig erledigen zu wollen, führt zu einer ungeheuren Kraftvergeudung. Manchmal sogar zu Unmut (Perfektion schafft Aggression). Kannst rsp. willst du dir das wirklich leisten? Wesentlich klüger ist es, genau hinzuschauen, bei welchen Arbeiten du dich mit den erreichten 80 Prozent zufriedengeben kannst.

Tipp: Für die Abwägung solcher »Einsparpotenziale« findest du am Ende dieses Business-Hacks eine einfache Reflexionsübung.

So wärest du deutlich öfter in der Lage, deine Kräfte für die wenigen Kontexte einzusetzen, in denen wirklich mal 100 Prozent unabdingbar sind, und ansonsten in neue Aufgaben und Ziele stecken zu können. Übrigens erleben wir in Zeiten von Corona und deren katalytischer Wirkung auf die Digitalisierung eher eine 10/90-Tendenz: mehr Komprimierung und Fokussierung.

Eine »unendliche Geschichte« – oder: Wann ist Schluss?

Vielleicht ist der oben beschriebene »Überperfektionismus« dein Problem, vielleicht gehörst du aber auch einfach zu den Menschen, die große Schwierigkeiten haben aufzuhören. Aus Detailverliebtheit oder aus Angst, etwas übersehen oder irgendwo doch ein Fehlerchen gemacht zu haben, oder auch aus Angst, nach Beendigung des Projekts in ein tiefes Loch zu fallen und nicht mehr gebraucht zu werden oder sich nicht mehr beweisen zu können.

Wie auch immer: Mache dir bewusst, dass es stets einen idealen Punkt zum Aufhören gibt. Gehst du über diesen Punkt hinaus, entwickelt sich die Sache meist zum Schlechten. Dies gilt sowohl für berufliche als auch für private Aktivitäten. Es gibt einen Zeitpunkt, an dem der im Verhältnis zum Aufwand optimale Vorteil oder Zustand erreicht ist. Das ist ein Turning Point, ab dem alles in ein Zuviel, ins Verschlimmbessern abgleitet. Der Punkt, an dem jedes Projekt zur ewigen unerledigten Arbeit wird. Aber es gehört Überblick – und auch etwas Mut – dazu, diesen Punkt zu treffen und sagen zu können:»Das ist jetzt fertig. Das gebe ich jetzt so ab. Das wird nicht mehr besser.« (Und glaube mir, jeder Buchautor kennt dieses Unvermögen, sein »Baby« loszulassen und nicht zum hundertsten Mal zu überarbeiten, nur allzu gut. Viele Autoren verpassen den Turning Point, und so verbleiben eben auch sehr viele Manuskripte als ewige Staubleichen in Schreibtischschubladen oder auf Datenhalden in Computerlaufwerken.)

Wie schaut es bei dir persönlich mit dem Perfektionismus aus? Was hält dich davon ab, Arbeiten zu Ende zu bringen? Auch dafür findest du hier eine kurze Reflexionsübung.

VOM KNOW-HOW ZUM DO-HOW

1. Reflexion

Mit den folgenden Reflexionsfragen kannst du feststellen, wo die Pareto-Regel bei dir greift:

Mache dir deine Einsparpotenziale klar

Beantworte dir selbst folgende Fragen. Du erkennst dadurch, wo du vielleicht ständig zu viel des Guten tust und daher massiv Zeit und Energie sparen könntest:

Was ist meine persönliche Pareto-Regel? _____

Wo betreibe ich Perfektionismus? _____

An welchen Stellen kann ich mir eine 80-Prozent-Lösung leisten? Wo ist eine 80-Prozent-Lösung besser als Perfektion? _____

2. Reflexion

Mache dir deine unerledigten Arbeiten bewusst

Trage in die linke Spalte der Tabelle die Arbeiten oder Projekte (beruflich genauso wie privat) ein, die du noch nicht beendet hast – auf denen du immer wieder »herumkaust«. Füll dann auch die anderen beiden Spalten aus. Du erhältst dadurch Hinweise auf Muster und Regelmäßigkeiten, die immer wieder bezüglich der Nichterledigung – oder besser gesagt – des Nichtabschlusses deiner Arbeiten, Aufgaben oder Aktivitäten auftreten. Damit kannst du besser gegensteuern, denn du setzt dir ein konkretes Ziel der Beendigung.

Aktivität	Warum nicht beendet?	Was tue ich jetzt konkret, um ein Ende zu finden? Um in Frist XY abzuschließen?

#BUSINESS_HACK_15

Lösungsorientiert handeln

Dieser Business-Hack ist kurz und knapp, denn er räumt im Wesentlichen »nur« mit einem Missverständnis auf: dem Missverständnis des »lösungsfokussierten Arbeitens« rsp. »lösungsorientierten Handelns«. Lösungsorientierung wird heute in jeder zweiten Stellenausschreibung als Kernkompetenz gefordert – und auch jede Führungskraft heftet sich den Orden an die Brust, für jedes Problem eine Lösung zu finden. Offen bleibt in beiden Fällen, was mit »lösungsfokussiertem Arbeiten« wirklich gemeint ist und wie es tatsächlich funktioniert. Vielleicht hast du dir diese Fragen auch schon gestellt?

Drei Schritte im »lösungsfokussierten Ansatz«

Der sogenannte »lösungsfokussierte Ansatz« stammt von Steve de Shazer und Insoo Kim Berg und zeichnet sich vor allem durch einen scheinbaren Widerspruch aus: Er fokussiert gerade nicht auf Lösungsmöglichkeiten für Probleme und ist insofern nicht kausal orientiert. Es geht – im Gegensatz zum landläufigen Verständnis – nicht darum, jedes Problem anzuschauen, es zu analysieren und dafür eine Lösung zu finden. Vielmehr geht es darum, gerade unter »Umgehung des Problems« wünschenswerte Ergebnisse zu beschreiben und dann die Ressourcen zu nutzen, um diesen gewünschten Zielzustand zu erreichen sowie Erfolgsschritte zu verstärken. Überträgt man diesen Ansatz, der ursprünglich aus der Kurzzeittherapie (Psychotherapie) stammt, auf den Businessbereich, so lauten die drei Schritte, um neue Lösungen zu finden:

1. Gewünschtes Ergebnis definieren und im Einzelnen beschreiben
2. Ressourcen zur Zielerreichung erkennen und ausbauen
3. Fortschritte erkennen und die Erfolge verstärken

Der Vorteil dieses Ansatzes gegenüber dem eher üblichen problemorientierten Vorgehen ist für deine Arbeit und deine innere Einstellung evident: Bei der Lösungsfokussierung lenkst du dein Augenmerk von Anfang an nur auf ein Wunschergebnis, überspringst damit die oft müßige Problemwälzerei und gehst den direkten Weg zum Ziel.

Überlegen Problemlösungskompetenz entwickeln

»Probleme werden nie auf der Ebene gelöst, auf der sie entstanden sind« – dieses hervorragende Bonmot wird Albert Einstein zugeschrieben. Für mich bedeutet es: Du musst immer eine Stufe höher springen. Bleibe nie auf der Ebene des Problems, sondern verschaffe dir eine im Wortsinne »über-legene« Position. Dies bedeutet vor allem, dass du dich emotional von der Situation lösen musst – Ärger, Druck und Stress sind schlechte Ratgeber. Du kannst dich zudem räumlich vom Problem entfernen – schaffe eine körperliche Distanz, indem du den Raum verlässt, einen Spaziergang unternimmst, dir im Wortsinne Luft verschaffst. Dann fokussiere dich ganz auf das erwünschte Ergebnis und den Lösungsweg – und versetze dich in einen ressourcenhaften Zustand. Das bedeutet, dass du dir deiner Selbstwirksamkeit bewusst bist (→ **#Business_Hack_1**), dir deine (inneren) Ressourcen zur Zielerreichung klarmachst und dich damit auch in eine positive Stimmung versetzt. Jetzt gehst du an die Entwicklung von Lösungswegen – mit deinem Team oder eben alleine. Dabei kannst du auch unterstützende Tools nutzen (→ **#Business_Hack_12**). Auch deine Entscheidungsstärke ist dann gefragt (→ **#Business_Hack_10**): Du entscheidest dich für einen Lösungsweg. Zur Kompetenz der Lösungsorientierung gehört dann natürlich auch, dass du die Umsetzungsschritte evaluierst. Am Ende solltest du die Learnings zusammenfassen – je nach Situation entweder für dich oder für dein Team. Jeder erfolgreiche Lösungsweg ist ein künftiger Wissensbaustein für dich und / oder dein Unternehmen.

VOM KNOW-HOW ZUM DO-HOW

Hier zwei einfache Ansätze, um deine Lösungsfokussierung zu trainieren:

Reflexion: Dein altes / bisheriges »Problemverhalten«

Hier geht es darum, dass du dir über deine alte / bisherige Art der Problembewältigung erst einmal ganz unbelastet und ehrlich klar wirst. Wie reagierst du bei einem größeren Problem? Welches Adjektiv kann dein Problemverhalten am besten beschreiben? Hier ein paar Anregungen: panisch, stur, kühl, ängstlich, vermeidend, anpackend, gleichgültig, sorgenvoll, kampfbereit, erfahren … Notiere!

Woran könnte es deiner Meinung nach liegen, dass du dich noch immer einem Problem in der oben beschriebenen Weise näherst rsp. in der Vergangenheit genähert hast? Was oder wer hat dich in dieser Richtung »auf das Problem hin« statt »auf die Lösung hin« geprägt? Notiere!

Tipp: Du musst diese Reflexion nicht anstellen – mache diese nur, wenn dir mit dieser Klarheit gleichzeitig auch bewusst wird, wie du dieses »alte Verhalten« loslassen kannst, weil es dir einfach mal antrainiert wurde, du es aber künftig anders machen willst.

Wie kannst du dich als Problemlöser verbessern? Was kannst du vom lösungsfokussierten Ansatz übernehmen? Notiere!

Übung: Lösungsfokussierter Ansatz

Gehen wir davon aus, du hättest im persönlichen, beruflichen oder unternehmerischen Kontext wirklich Stress mit einer Sache – denk jetzt kurz daran. Verliere dich dabei jedoch weder im Problem noch in deinen Gefühlen dazu. Versuche, lösungsfokussiert vorzugehen.

1. Beschreibe nur das gewünschte Ergebnis mit allen positiven Einzelheiten.

2. Notiere, welche Ressourcen und Möglichkeiten zur Zielerreichung vorhanden sind.

Tipp: Nach einiger Zeit kannst du deine Fortschritte analysieren und für dich beschreiben, wie du diese weiter ausbauen kannst. Das kannst du prima mit einem der Tools aus dem → **#Business_Hack_21** (Mehr Produktivität – besseres Eigenmanagement) auf dem Schirm behalten. Und natürlich solltest du die Fortschritte beispielsweise im Erfolgs-und-Motivations-Tagebuch (EMTB) festhalten, wie es im → **#Business_Hack_16** (Unterstützende Routinen schaffen) beschrieben ist.

#BUSINESS_HACK_16

Unterstützende Routinen schaffen

»Endlich Feierabend – jetzt nur noch chillen, netflixen oder ein Bierchen« – so denken wir wohl alle mal. Und »mal« ist das auch völlig in Ordnung. Aber zur Routine sollte das nicht werden. Solche Routinen bremsen dich in der Weiterentwicklung. Sie hemmen deine Motivation. Sie zahlen nichts auf deine Lebensvision als Mensch und als Führungspersönlichkeit ein. Lame!

Es gibt jedoch drei einfache Routinen, die wir uns aneignen sollten, weil sie uns unaufgeregt und »ganz nebenher« voranbringen.

Body and Mind Focus

Die erste unterstützende (und motivatorische) Routine betrifft den üblichen Ablauf deiner Morgenstunden: Reserviere dir jeden Morgen 15 bis 20 Minuten für dich selbst, und zwar bevor du deine Mails und deine Social-Media-Feeds checkst. Das ist Achtsamkeitszeit für deinen Körper und deinen Geist, die dich langfristig fit und leistungsstark hält. Die deine Ressourcen für den Tag aufbaut und dich fokussiert und wach macht. Du kannst diese Zeit nutzen für eine kurze Joggingrunde, eine Meditationseinheit, eine Yoga Class oder eine Runde auf dem Laufband. Manche Leute tanzen auch wie die Verrückten laut singend durch die Wohnung. Ich kenne auch Menschen, CEOs, die morgens eine Viertelstunde in der Bibel oder in einem aufbauenden oder spirituellen Buch lesen – weil das die einzige Zeit ist, die sie dafür aufbringen können, und weil sie wissen, dass sie diesen Impuls für ihre Seele und ihre Zuversicht brauchen. Andere machen Crunches und Sit-ups, wieder andere Achtsamkeitsübungen oder Tai Chi. Es ist deine Entscheidung, was dir zum Tagesstart richtig guttut und dir sowohl einen guten Kick als auch genügend Fokus gibt. Was es auch sei: Mach es zu deiner Routine!

Clean Your Backpack

Die zweite Routine betrifft das abendliche Revue-passieren-Lassen des vergangenen (Arbeits-)Tages, zusammen mit der Vorbereitung für morgen. Ich nenne das »Clean Your Backpack« – den Rucksack aufräumen. Heißt genau: Du gehst noch einmal kurz deine Aufgabenliste des Tages (→ **#Business_Hack_21**, → **#Business_Hack_23**) durch und hakst alles Abgeschlossene ab rsp. überträgst nicht Erledigtes auf die morgige Liste. Bei dieser Gelegenheit wirst du auch die gesetzten Prioritäten neu überdenken und bei Bedarf ändern.

Zwei Gründe sprechen dafür, die Tagesplanung routinemäßig am Vorabend vorzunehmen: Zum einen checkst du so deine eigene Effizienz. Zum anderen hältst du dir den Morgen frei für deine Routine Nummer 1 (s. o.). Und: Häufig arbeitet dein Unterbewusstsein schon über Nacht an Lösungen anstehender Probleme, sodass du morgens aufwachst und weißt, was zu tun ist.

Erfolgs-und-Motivations-Tagebuch (EMTB)

Führe ein Erfolgs-und-Motivations-Tagebuch (EMTB) als bewährtes Mittel für deine persönliche Weiterentwicklung und für deine Motivation. Fünf Minuten morgens und fünf Minuten am Abend reichen aus, um dir selbst die folgenden zwei plus drei Fragen zu beantworten.

EMTB – für morgens:
- Was wage ich heute?
- Warum lohnt sich der heutige Tag?

Damit legst du konsequent den Fokus auf die Dinge, die du heute anpacken, lernen, bewegen willst.

EMTB – für abends:
Abends beantwortest du dann in deinem EMTB schriftlich kurz die drei finalen Fragen:

1. **Was habe ich heute lernen können?**
   Schreibe auf, welche neuen Erfahrungen und Erkenntnisse du gesammelt hast. Ganz gleich, auf welchen Gebieten. Denn es ist

für die persönliche Entwicklung von großer Bedeutung, täglich etwas dazuzulernen.

Notiere unter diesem Punkt daher auch alle Erfolge des Tages. Dazu gehören nicht nur sämtliche Arbeitsergebnisse, sondern auch persönliche Dinge wie die Einhaltung des Versprechens, mit den Kindern zu spielen, oder die Tatsache, dass du deinen Tagesplan zum ersten Mal bereits am Abend fertiggestellt hast. Oder auch ein Fortschritt bei der Meditation oder das Erreichen eines besseren Golf-Handicaps.

2. Worüber habe ich mich von Herzen gefreut?
- Was hat mich heute zum Jubeln gebracht?
- Wann und worüber habe ich gelacht, mich einfach nur gefreut?
- Womit habe ich Glanz in den Augen meines Kunden, Mitarbeiters, Partners, meiner Kinder oder auch eines fremden Menschen gebracht?

3. Wofür bin ich dankbar?
- In welcher Situation hast du heute das Gefühl der Dankbarkeit erlebt? Oder, wenn du es nicht erlebt zu haben glaubst: Wenn ich jetzt den Tag Revue passieren lasse, wofür kann ich dankbar sein? Dankbarkeit ist eines der wertvollsten Gefühle überhaupt – und wie wir aus der Epigenetik zwischenzeitlich wissen, kann es uns regelrecht gesund machen oder erhalten (rsp. deutlich dazu beitragen).
- Um glücklich und zufrieden zu sein, reicht es nicht aus, nur an sich selbst zu denken. Halte in deinem Erfolgstagebuch fest, ob und wem du eine Freude gemacht hast. Ein kleiner Gefallen, ein nettes Wort, ein freundlicher Blick genügen oft schon, um andere Menschen froh zu stimmen.

Je länger du dein EMTB führst, desto mehr wird es dir bedeuten. Du wirst spüren, wie es deine Lebenseinstellung positiv beeinflusst und deine Motivation fördert. Außerdem hast du damit ein Instrument zur Hand, auf das du in stürmischen Zeiten zurückgreifen kannst und das dir hilft, Ruhe und Zuversicht zu bewahren. Ein Erfolgstagebuch ist ein Schatz deiner persönlichen Ressourcen und ein Kraftgeber.

VOM KNOW-HOW ZUM DO-HOW

Nutze den Boost unterstützender, kraft- und motivationsspendender Routinen für dich!

Reflexion:

Dafür habe ich nur eine Reflexionsfrage für dich:

Welche der drei genannten Routinen werde ich ab morgen in mein Leben bringen?

_____

_____

_____

_____

Hier geht's zu den Videos zu Teil I:

TEIL II

UNTER-NEHMER-SEIN / UNTER-NEHMEN

GEHT HEUTE ANDERS

#BUSINESS_HACK_17

Introspektion – Selbsterkenntnis als Führungspersönlichkeit

»Der Chef duldet keinen Widerspruch!« – Diese Parole habe ich erst kürzlich wieder aufgeschnappt, als ich nach einer Keynote bei einem großen Energieversorger noch beim Abendessen mit den F2- und F3-Führungskräften beisammensaß.

Dabei dachte ich wirklich, diese Zeiten seien endgültig vorbei. Denn das ist kein Zeichen von guter Führung – und schon gar nicht von guter Selbstführung –, sondern von Abgehobenheit und Machtallüren. »Der Teufel trägt Prada« – in diesem bekannten Film spielt Meryl Streep – übrigens angelehnt an ein reales Vorbild – die Chefredakteurin eines führenden Modemagazins, um genau dieses Negativbeispiel an Führung auf Basis von Machtallüren, Statussymbolen und *divide et impera* (teile und herrsche) zu charakterisieren. Was ihr fehlt: Die Introspektion, die Selbstanalyse und Selbsterkenntnis als Führungspersönlichkeit und das eigene Führungscontrolling. Diese sind heute unerlässlich – und hochgradig relevant für deine Führungskompetenz und die Ergebnisse in der Zusammenarbeit mit deinen Mitarbeiterinnen und Mitarbeitern.

Introspektion und Selbstkenntnis sind Teil guter Führungskultur

Selbstbezogenheit bis hin zur Selbstverliebtheit und Selbstherrlichkeit sind leider immer noch Eigenschaften, die sich in vielen Vorstandsriegen und Chefetagen finden lassen. Man mag denken, dass dies besonders starke Charaktere sind. Menschen, die sich durchsetzen und aus ihrer autoritären Position heraus anderen ihre Vision aufzwingen können. Aber das Gegenteil ist der Fall: Es sind tendenziell die unreflektierten und schwachen Persönlichkeiten, die durch egozentrisches Verhalten auffallen und entsprechend führen. Und sie schwächen mit ihrer schlechten Führung ihr Unternehmen, ihre Mitarbeiter, den Zukunftserfolg.

Letzteres vor allem auch durch das schlechte Bild, das sie in der Öffentlichkeit abgeben – und das bleibt heute nicht mehr verborgen! So gab beispielsweise die Mehrheit der Befragten des *Ketchum Leadership Communication Monitor*[1] mit 6500 Teilnehmern in 13 Ländern an, in den letzten zwölf Monaten (vor der Umfrage) bewusst auf Produkte und Dienstleistungen von Unternehmen mit bekannt schlechtem Leadership verzichtet zu haben. Stattdessen kauften sie bei Unternehmen mit gutem Leadership (→ **#Business_Hack_33**).

»Der Chef duldet keinen Widerspruch!« – Ich komme nochmal auf das obige Erlebnis zurück. Natürlich muss eine gute Führungskraft Widerspruch aushalten können. Und zwar von allen Seiten und allen Ebenen. Es reicht schon lange nicht mehr aus, »Ansagen zu machen«, Mitarbeitern einfach Jahres- oder Umsatzziele vor die Nase zu setzen. Mitarbeiter wollen mitentscheiden, mitgestalten und Mit-Unternehmer sein. Sie sind es, die sich heute ihre Arbeitgeber aussuchen – nicht umgekehrt. Und zwar indem sie Werte- und Sinn-Anforderungen an ihre Arbeitgeber und ihre Führungskräfte stellen – und das mit Recht! Um Mitarbeiter zu halten, musst du sie integrieren und zu einem Teil der Aufgabe machen, die gemeinsam gelöst wird. Dabei gilt: Nur wer sich selbst führen lässt, wer als Führungskraft akzeptiert, dass auch er ein Teil eines Ganzen ist und Lernender bleibt, der weiß, dass andere über Stärken und Kernkompetenzen verfügen, die ihm fehlen, der hat die nötigen Voraussetzungen dafür, auch andere führen zu können (→ **#Business_Hack_44**).

Nur wer sich selbst führen kann und Verantwortung für sich und seine Taten übernehmen kann, kann auch andere verantwortungsbewusst führen. Und nur dem wird durch seine Mitarbeiter so viel Autorität zugestanden, dass andere ihm freiwillig folgen.

Nur wer sich selbst führen kann, kann auch andere führen

Was bedeutet es konkret, sich selbst führen zu können? Um dich selbst führen zu können, musst du der Introspektion fähig sein. Das heißt, du musst in der Lage sein, dich selbst und dein Handeln zu reflektieren und deine Ziele immer wieder zu prüfen. Du musst dich quasi von außen betrachten können. Nur wer diese besondere Perspektive kennt und einnehmen kann, ist dazu fähig, sich auch in andere hineinzuversetzen. Er erlebt durch eigene Erfahrung, was es bedeutet, sich einzulassen und zu begreifen, dass niemand unersetzlich ist. Diese Selbstbewusstheit ist die Basis für Selbstvertrauen. Daraus folgt Selbstverantwortung und die macht schließlich Selbstüberwindung möglich (→ **#Business_Hack_1**). Und: Nur wer lernt, sich selbst zu überwinden, der findet einen Weg zur Selbstbestimmung. Persönliche Erfolge sind also immer auch Überwindungsprämien. So ist Selbstführung erfolgreich und so gleichst du dein Handeln und deine Fähigkeiten kritisch mit dem ab, was du von dir erwartest und was andere von dir erwarten. Dieser kontinuierliche Abgleich von Fremd- und Selbstbild zählt zu den Kardinaltugenden erfolgreicher Führungspersönlichkeiten.

Das eigene Führungscontrolling

Miss dich, dein Handeln und deine Ergebnisse an objektiven Maßstäben. Was kannst du besonders gut, womit überzeugst du andere ohne Mühe, was fällt dir leicht? Stärke deine Stärken und finde Lösungen für deine Schwächen. Wobei es laut wissenschaftlicher Forschung ausreicht, sogenannte »fatale Fehler« (»Fatal Flaws«) auszumerzen – also Wissensdefizite oder Verhaltensschwächen, die dein Business oder deine Beziehungen zu deinem Umfeld massiv schädigen würden. Bei normalen Schwächen ist mein Tipp: Konzentriere dich auf deine Stärken und lerne, die Schwächen anzunehmen und zu akzeptieren. Erkenne, von welchen Werten dein Handeln geleitet wird (→ **#Business_Hack_33**) und welche Potenziale schlicht ungenutzt brachliegen (→ **#Business_Hack_8**). Nur wenn du solche Reflexionen anstellst und konsequent an dir selbst arbeitest, kannst du dich und andere erfolgreich führen. So kannst du zum Vorbild für deine Mitarbeiter und dein Team werden (→ **#Business_Hack_27**). Und nur so kannst du natürliche Autorität ausstrahlen und als Taktgeber agieren und damit dein Team und jeden einzelnen Mitarbeiter zum Erfolg führen.

Wer andere führen möchte, muss sich zunächst selbst führen. Du musst dein eigenes Handeln kritisch hinterfragen, dich selbst reflektieren. Dein Wissen, Können und Wirken auf andere immer wieder prüfen. Du musst dich aktiv weiterbilden, deine Kompetenzen stärken und deine eigene VertriebsIntelligenz® fördern. All diese Anforderungen an dich als Führungskraft lassen sich unter dem Begriff Führungscontrolling zusammenfassen. Dieses Führungscontrolling aktualisierst du durch Introspektion und Selbsterkenntnis.

VOM KNOW-HOW ZUM DO-HOW

Selbsterkenntnis versetzt dich in die Lage, verantwortlich, selbstbestimmt, zielorientiert und bewusst zu handeln. Du schaffst dir dadurch eine emotionale Basis als »stabile« Führungspersönlichkeit, die dir bei allen Herausforderungen hilft. Denn Führung findet ja nicht in einem geschützten Raum statt, in dem ihr – du und deine Mitarbeiter – euch in einem ruhigen Zeitkokon bewegt, sondern sie wird ständig mit neuen Anforderungen konfrontiert – und zwar immer stärker und immer enger getaktet.

Reflexion: Selbsttest zur Introspektion

Sei ehrlich zu dir selbst. Stell dir regelmäßig folgende Fragen:

- Von welchen Werten wird mein Handeln geleitet?
- Über welche Stärken verfüge ich, die ich durch konsequentes Stärkenmanagement noch weiter ausbauen muss?
- Welche Potenziale nutze ich (noch) nicht?
- In welchen Situationen lasse ich mich führen?
- Wo liegt mein »Engpassfaktor«– welche Potenziale kann ich durch Training, Seminare oder Coaching fördern?
- Welche Einstellung habe ich zu anderen Menschen und zu meinem Job?
- Was bedeutet Macht für mich, wie gehe ich damit um?
- Wie steht es um meine Selbstbezogenheit? Wie wirke ich auf andere?
- Welcher Stresstyp bin ich, und wie gehe ich mit belastenden Situationen am besten um?
- Wie komme ich mit notwendigen Veränderungen zurecht?
- Wie komme ich mit nicht bestellten / gewünschten Veränderungen, mit Disruption (Corona etc.) klar?
- Welcher Motivationstyp / Persönlichkeitstyp (→ **#Business_Hack_43**) bin ich?

#BUSINESS_HACK_18

Businessideen nebenbei ausprobieren – Sicherheit schaffen

»Scheitern ist keine Option!« – Diesen Spruch höre ich öfter, wenn ich mit Menschen spreche, die etwas Großes planen, eine Unternehmung oder ein Unternehmen gründen wollen (→ #Business_Hack_19). Dieser Spruch mag dabei helfen, sich selbst Mut zu machen. Aber er stimmt nicht. Jedenfalls nicht immer. Denn auf deinem Weg zum Unternehmer rsp. zur Unternehmerin darfst du scheitern. Und zwar dann, wenn du zuverlässig wieder aufstehst und aus dem Scheitern, den gemachten Fehlern, wirklich lernst (→ #Business_Hack_25). Es gibt aber auch jene Menschen, die nach einem Scheitern nicht mehr aufstehen, weil sie in hohem Maße demotiviert und demoralisiert sind. Jene Menschen brauchen eine andere Strategie.

Wir irren uns schrittweise nach vorn

Diese Strategie ist, die eigene Businessidee zunächst in einem iterativen Verfahren neben dem aktuellen Job rsp. der momentanen Beschäftigung auszuprobieren (→ #Business_Hack_23). Das tust du so lange, bis du die Sicherheit hast, dass du springen kannst und deine Businessidee und dein Businessplan funktionieren. Oder dass sie nicht funktionieren – auch das ist dann eine wertvolle Erkenntnis.

Möglichkeiten für den Test deiner Businessidee:

- Landingpage mit Shop für eine spezifische Zielgruppe rsp. mit nur einem Starterprodukt rsp. einer Starteridee
- Ebay-Verkäufe (Achtung, hier gilt es unternehmensrechtliche und steuerliche Vorgaben und Grenzen zu berücksichtigen.)
- Nebenher-Verkäufe über Etsy oder eine der anderen Plattformen, die den Verkauf selbst produzierter Ware ermöglichen
- Angebot von Onlinekursen oder Onlinedienstleistungen

- Amazon FBA (Fulfillment by Amazon) / Amazon PartnerNet / Verkäuferkonto
- Multilevel-Marketing
- usw.

Die Vorteile bei diesem Vorgehen sind, dass du

1. dich in wesentlichen unternehmerischen Kompetenzen trainieren und weiterentwickeln kannst (→ **#Business_Hack_30**, → **#Business_Hack_17**);
2. neben deinen unternehmerischen und Hard Skills auch deine Soft Skills trainieren kannst – beispielsweise deine Problem-lösungskompetenz (→ **#Business_Hack_15**), den Aufbau per-sönlicher Resilienz (→ **#Business_Hack_3**), Kreativität (→ **#Busi-ness_Hack_12**), dein Zeitmanagement (→ **#Business_Hack_22**) oder deine Produktivität (→ **#Business_Hack_21**), um nur einige zu nennen;
3. Märkte und Zielgruppen für dein Produkt oder deine Business-idee aufbauen und peu à peu das Marketing erweitern kannst (→ **#Business_Hack_55**);
4. mit Sicherheit nach einiger Zeit einen viel besseren Businessplan schreiben und Partner oder Banken überzeugen kannst.

Letzteres gilt übrigens besonders für Frauen, die sich laut aktuellsten Studien (wie dem Gründungsmonitor 2020) leider immer noch sehr viel weniger zutrauen und sehr viel seltener den Schritt zur Gründerin oder Unternehmerin wagen als Männer. Und das, obwohl sie sogar leichter und schneller Gründerkredite von Banken erhalten, da sie – auch das zeigen aktuelle Untersuchungen – disziplinierter und erfolg-reicher als Gründer und Unternehmenschef sind als Männer.

VOM KNOW-HOW ZUM DO-HOW

Drei Impulse für die Gründungsphase des Ausprobierens:

1. Werde dir darüber klar, ob du wirklich Unternehmer*in sein willst oder ob der »Nebenerwerb« rsp. das Ausprobieren von Businessideen dir besser gefällt.

2. Bereite dich in der Phase des »Ausprobierens« auf eine mögliche Gründung, Geschäftsübernahme oder Gewerbeanmeldung vor. Es gibt eine Vielzahl von äußerst nützlichen Plattformen und Netzwerken dafür, die du im Internet finden wirst. Als Beispiel sei hier nur https://gruenderplattform.de genannt. Die Seite liefert viele Infos zum Planen, Finanzieren und Gründen und vermittelt nach eigener Aussage (Oktober 2020) außerdem Kontakte zu über 500 Partnern, die dir kostenlos Feedback zu deiner Geschäftsidee oder deinem Businessplan geben können. Über 150 000 Nutzer haben sich schon registriert, rund die Hälfte davon sind Frauen.

3. Du musst nicht alles selbst entwickeln und nicht zwingend ein eigenes Unternehmen gründen – auch die Übernahme einer Firma oder eines Betriebes kann dich erfolgreich machen. Zur Vorbereitung gehört auch hierbei wieder die Plattformrecherche, u. a. bei der KfW[2] oder anderen Informationsanbietern.

#BUSINESS_HACK_19

Vom Selbstständigen zum Unternehmen – fünf entscheidende Fragen

»Andreas, du bist seit Beginn Deiner Tätigkeit immer Unternehmer gewesen. Was muss ich tun, um ein guter Unternehmer zu werden?« Diese Frage wird mir am Rande meiner Vorträge häufiger mal gestellt. Ich antworte darauf stets zuerst mit einer Gegenfrage: »Was genau meinst du denn mit Unternehmer?«

Unternehmer – eine Frage der Definition?

Diese Frage ist wichtig, denn es gibt zwei komplett unterschiedliche Ansätze, Unternehmertum zu betrachten. Das eine sind die juristischen Aspekte, die sich mit der Frage auseinandersetzen, wer nach dem Gesetz als Unternehmer zu betrachten und wer als Selbstständiger, Gewerbetreibender, Freiberufler, e.K. oder Gründer gilt. Dieser juristische Status geht mit einer Reihe von Pflichten und Rechten einher.

Der andere Ansatz beschäftigt sich mit der Frage, was einen guten Unternehmer als Persönlichkeit, als Visionär und vorangehenden Unternehmenden und als Führungskraft auszeichnet. Hierbei geht es um die grundlegend wichtigen Basics für gutes Unternehmertum – bevor es um kaufmännische Kompetenzen und die eigentliche Gründung oder Betriebsübernahme etc. geht.

Fünf Fragen, die alles entscheiden

Ich habe für den letzteren Ansatz fünf entscheidende Fragen erarbeitet, die auf der gesammelten 30-jährigen Erfahrung meiner unternehmerischen Laufbahn basieren und die dir helfen können, für dich zu klären, ob und wie du ein guter Unternehmer oder eine gute Unternehmerin werden kannst. Ob das auf Dauer deine Lebensaufgabe ist

(→ **#Business_Hack_9**), denn nur dann wirst du wirklich erfolgreich sein können – und nur dann wirst du als Unternehmer*in auch glücklich – und das sollte eines deiner wichtigsten Ziele sein.

1. Skalieren: Ist deine Idee und ist dein Business-Case skalierbar?
Viele Menschen sind in ihr eigenes Können, ihre Fähigkeiten, Fertigkeiten und Ideen verliebt und entwickeln daraus ein Produkt oder Produkte rsp. eine Dienstleistung oder Dienstleistungen, die richtig gut sind! Damit treffen sie Bedarfe oder Wünsche bei Kunden, damit finden sie neue Lösungen für bestehende Probleme, damit haben sie eine großartige Idee, wie man die Welt von morgen besser, schöner, einfacher machen kann. Aber manchmal lassen sich die Fähigkeiten und Fertigkeiten, die man zur Skalierung des Produktes oder der Dienstleistung braucht – also zur Herstellung und zum Angebot einer großen Menge in absolut gleich bleibender oder gar wachsender Qualität –, nicht einfach multiplizieren. Die Gestehungskosten für die weiteren Produkte, Dienstleistungen, Angebote sinken nicht deutlich, die Economies of Scale (Skaleneffekte, »Mengenvorteile«) greifen nicht, die Margen bleiben klein und die Aufwände groß. Und Skalierbarkeit bedeutet auch, dass die Kundenzielgruppe sowohl groß als auch spezifisch genug sein muss, damit ein großer Outroll an Produkten oder Leistungen möglich und wahrscheinlich wird. (Erst) wenn du wirklich weißt, ob und wie dein Business skalierbar ist, machen das Schreiben von Businessplänen, die Gespräche mit den Banken, das Gründen oder Ausgründen, das ganze Paperwork Sinn.

2. Führen: Kannst du auf Dauer die Idee zugunsten der Führung loslassen?
Mit der Skalierung verändert sich deine Aufgabe als Unternehmer. Du musst und wirst dich darauf fokussieren, Abteilungen aufzubauen, die richtigen Mitstreiter oder Mitarbeiter zu rekrutieren, Netzwerke zu knüpfen, Aktenberge zu fressen, Dinge sehr schnell zu hinterfragen und zu verstehen – und dann deinen Mitarbeitern anzuvertrauen. Führung und Management sind dann dein Job. Es geht darum, *am* Unternehmen zu arbeiten statt *im* Unternehmen. »Ich hatte mal eine große Vision, jetzt mache ich nur noch Administration«, so klingt das Klagelied vieler frustrierter Unternehmer, die eigentlich kein Unternehmen führen wollen, sondern viel lieber kreativ-verliebt an ihren Produkten und Ideen schrauben. Das betrifft deine inneren Motivato-

ren (→ **#Business_Hack_50** und → **#Business_Hack_43**). Nimm dir genügend Zeit, dir darüber wirklich klar zu werden (→ **#Business_Hack_17**).

3. Verantwortung: Bist du bereit, dauerhaft und langfristig Verantwortung für viele und für vieles zu übernehmen?
Dauerhaft die ethische und unternehmerische Verantwortung (damit meine ich nicht die juristische Haftung) für Mitarbeitende, Kunden, ggf. Zulieferer und die Folgekosten deiner unternehmerischen Tätigkeit, beispielsweise die Umwelt betreffend, zu tragen, ist eine große Herausforderung (→ **#Business_Hack_30**). Sie erfordert eine hohe Selbstmotivation, denn es wird natürlich auch mal ungemütlich werden, anstrengend, konfliktbeladen, schwierig. Die Märkte laufen vielleicht nicht so, Disruptoren haben womöglich viel bessere Geschäftsmodelle als du oder es kommt »eine Pandemie dazwischen«. Nein, du bist nicht für alles verantwortlich, aber du hast die Verantwortung, die Dinge auch in schwierigen Situationen anzupacken und zu gestalten. Weiter zu denken. Machen statt meckern. Auch wenn die Welt in einen Lockdown fällt, muss der Laden laufen, das Unternehmen seine Rechnungen bezahlen und möglichst Gewinn machen (→ **#Business_Hack_20**).

4. Vorbild: Bist du dir darüber im Klaren, dass du als Unternehmer hohen ethischen und moralischen Ansprüchen genügen muss?
Als Unternehmer bist du immer Vorbild im Unternehmen – und teilweise sogar im Leben. Und das kann anstrengend sein. Du kannst von anderen nicht erwarten, was du selbst nicht leistest. Du musst vertrauenswürdig, zuverlässig und zugänglich sein (→ **#Business_Hack_27**).
PS: Ja, natürlich gibt es Menschen, die sich als Unternehmer bezeichnen, aber ihre Tätigkeit auf raschen Exit und schnellen Reibach ausrichten. Ich betrachte sie vielleicht eher als Hasardeure oder Profiteure als das, was wir eingangs als »guten Unternehmer« bezeichnet haben.

5. Entwicklung: Bist du bereit, dich als Unternehmer immer wieder zu hinterfragen und weiterzubilden?
Als Unternehmer bist du nie »fertig«. Weder in deinen Kompetenzen und deinem Können noch in deinem Wissen noch in deiner Persönlichkeitsentwicklung. Du wirst ständig gechallengt, herausgefordert werden, denn immer wird es jemanden geben, der etwas besser kann,

neue Ideen hat, (deine) Märkte und Kunden angeht, spannendere Zukunftsszenarien und -produkte entwickelt (→ **#Business_Hack_88**, → **#Business_Hack_29**). Daher wirst du in deinem unternehmerischen Leben immer ein Lernender bleiben – ob bei deiner persönlichen Entwicklung (→ **#Business_Hack_1**) oder deinen Kompetenzen und Fertigkeiten (→ **#Business_Hack_86**).

Wenn du diese fünf Fragen mit einem klaren Ja und dem Brustton der Überzeugung beantworten kannst, dann kannst du ein guter Unternehmer werden. Und ein glücklicher! Denn in kaum einer anderen Profession kannst du mehr gestalten, wirksamer sein, dich unabhängiger fühlen und größer denken!

VOM KNOW-HOW ZUM DO-HOW

Wenn du aktuell mit dem Gedanken »Unternehmertum« spielst, dann sind die folgenden Reflexionen passend für dich:

Die Frage	Meine Überlegungen dazu
Ist deine Idee und ist dein Business-Case skalierbar?	
Kannst du auf Dauer die Idee zugunsten der Führung loslassen?	
Bist du bereit, dauerhaft und längerfristig Verantwortung für viele und für vieles zu übernehmen?	
Bist du dir darüber im Klaren, dass du als Unternehmer hohen ethischen und moralischen Ansprüchen genügen musst?	
Bist du bereit, dich als Unternehmer immer wieder zu hinterfragen und weiterzubilden?	

#BUSINESS_HACK_20

Gewinnorientierung – die gesellschaftliche Verantwortung des Unternehmers

Was unterscheidet einen erfolgreichen Unternehmer, Gründer, Selbstständigen von einem weniger erfolgreichen? Natürlich auch: die Produktidee, das Marketing, seine Führungsqualitäten. Aber der wirklich entscheidende Unterschied ist seine innere Einstellung zu Geld und Gewinn. Überraschend viele Unternehmer quält der Gedanke, dass es unanständig sei, viel Geld zu verdienen und viel Gewinn zu machen. Sollte dir dieser Gedanke bekannt vorkommen, empfehle ich dir, diesen Schalter im Kopf umzulegen und dir darüber klar zu werden, dass Gewinne zu machen eine zentrale Verantwortung des Unternehmers rsp. Unternehmens ist (natürlich möglichst nicht zu Lasten Dritter oder der Umwelt). Dieses (Selbst-)Verständnis ist ein wahrer Business-Hack für dein Selbstwertgefühl und in der Konsequenz für deinen unternehmerischen Erfolg. Denn wer mit sich selbst im Reinen ist, wer sich »auf der richtigen Seite« weiß, kann richtig durchstarten. Er weiß, wozu oder wofür er etwas tut. Und das Wozu oder das Wofür ist der große Motivator und Energiebringer für unser Tun. Geld ist geprägte Freiheit (Dostojewski). Es führt zum Sinn des Handelns. Dieser Überbau motiviert enorm, gerade auch in schwierigen Zeiten.

Daher gebe ich dir hier ein paar Impulse und Thesen, die deine Einstellung zur Gewinnorientierung positiv unterstützen können.

Gewinnorientierung ist alternativlos

Um es klar zu sagen: Ich halte Gewinnorientierung für eine ethische und gesellschaftliche Notwendigkeit. Geld ist ein Hygienefaktor, das Blut in den Adern … Liquidität oder Gewinn oder Cash sind Bedingungen, um dauerhaft im Spiel zu bleiben. Nicht nach möglichst hoher Profitabilität rsp. nach Gewinnmaximierung zu streben bedeutet, die eingesetzten Ressourcen zu vergeuden und den Mitarbeitenden zu schaden. Denn der Unternehmer, der keinen Gewinn macht, liegt der

Gesellschaft auf der Tasche und reißt seine Mitarbeitenden gleich mit in die Misere!

Nur volle Hände können geben

Ich erlebe oft, dass Unternehmer, Gründer oder Selbstständige über ihre Umsätze sprechen – und da hauen sie gern auf die Pauke. Über den Gewinn aber wird kaum gesprochen. Dabei scheint eine gewisse Scham im Spiel zu sein, sodass man hohe Gewinne besser verschweigt. Als würde ihnen ein Makel anhaften. Dabei ist der Gewinn eines Unternehmers von heute die mögliche Investition von morgen. Wer dauerhaft nur Geld umdreht, verliert seine Zukunftsfähigkeit. Ergo sollte ich als Unternehmer Gewinne von heute für die Zukunft reinvestieren. Nur wer dauerhaft stark ist, kann nachhaltig für andere da sein.

Gewinnspannen realistisch einschätzen

Kann die Höhe eines Unternehmensgewinns »unanständig« sein? Gehen wir mal ein Rechenexempel durch. Was bleibt Unternehmen in Deutschland durchschnittlich von 1000 Euro Umsatz als prozentualer Gewinn (Umsatzrendite)? Gefühlt sagst du jetzt vielleicht: 20 Prozent? Tatsächlich sind es in Deutschland jedoch durchschnittlich nur knapp fünf Prozent. Bei 100 Euro Umsatz erzielt das Unternehmen also fünf Euro Gewinn. Die durchschnittliche Rendite in der Weltwirtschaft ist gut doppelt so hoch. So weit, so gut? Wie wird der Gewinn eines Unternehmens ermittelt? Absatz mal Preis abzüglich aller Kosten: Das ergibt den Gewinn eines Unternehmens.

Welchen Hebel hast du als Unternehmer, um den Gewinn zu steigern, wenn du nicht die Kosten senken kannst oder willst (Drittlandproduktion, minderwertige Rohstoffe, Entlassungen / Lohnsenkungen etc.)? Im Wesentlichen bleibt da als Hebel nur die Preisgestaltung. Auch dazu ein Beispiel: Angenommen, die Umsatzrendite beträgt zehn Prozent. Wenn du hier den Preis um ein Prozent erhöhst, dann erhöhst du damit den Gewinn um zehn Prozent. Umgekehrt gilt leider auch: Ein Preisnachlass von einem Prozent bedeutet einen Gewinnverlust von zehn Prozent. Wenn du also einen Rabatt von zehn Prozent gibst, dann ist dein Gewinn in dieser Rechnung gleich null.

Mach dir das klar. Gewinnspannen sind nachvollziehbar und nichts zum »Schämen«.

Steuern und Sozialabgaben: Gewinn hält die Maschine am Laufen

Um ein Auto zu fahren, benötige ich Energie. Das kann Benzin, Strom, Wasserstoff oder, oder sein. Ich kaufe mir allerdings kein Auto, um es zu betanken. Sondern ich betanke es mit Energie, um es zu fahren und damit Ziele zu erreichen. Was die Bedeutung von Energie für das Auto ist, ist die Bedeutung von Geld, wenn es um die Wirtschaft geht. Geld ist potenzielle Energie. Es ist niemals das Ziel, sondern Mittel zum Zweck, um damit Ziele erreichen zu können: mehr Unternehmenserfolg, Zuwachs an Marktanteilen etc., um – und da steht am Ende das Ziel – das Leben der Menschen potenziell zu verbessern. Entweder durch mehr Lust / Freude / Qualität oder weniger Frust / Schmerzen / Not. Auch hier ist das Leben komplementär gebunden.

Nur volle Hände können geben – das gilt übrigens auch für die Versorgung und Absicherung der Mitarbeiter (Sozialleistungen, Betriebsrenten etc.) und der gesellschaftlichen Akteure, die nicht selbst zur Wertschöpfung beitragen können, sowie der vielen Handlungsfelder des Staates, auf die wir alle angewiesen sind und von denen wir profitieren. Letzteres dürfen sich auch die vielen steuervermeidenden Unternehmen vor Augen führen, die sich einen Sport daraus machen, sich dieser gesellschaftlichen Verantwortung zu entziehen. In diesen Fällen wird Gewinnorientierung dann in der Tat unethisch und gesellschaftliche Verantwortung mit Füßen getreten.

Gewinnorientierung sollte einhergehen mit nachhaltigem Schaffen und Wirtschaften. Da die Erzielung von Gewinn letztlich über Steuern und Abgaben der Allgemeinheit und über Investitionen der Entwicklung von Zukunftsmöglichkeiten dient (dienen soll!), entspricht sie der gesellschaftlichen Verantwortung von Unternehmen. Ein Unternehmen, das dauerhaft keinen Gewinn macht, hat keine Existenzberechtigung und wird verschwinden.

VOM KNOW-HOW ZUM DO-HOW

Reflexion:

Ich habe eine Reflexionsfrage für dich:

Wie ist deine innere Einstellung (als Gründer, Unternehmer etc.) hinsichtlich der Erzielung von Gewinn?

_____

_____

Kannst du dir die Erlaubnis geben, gewinnorientiert zu denken und zu handeln?

_____

_____

Dieser Business-Hack basiert auf Andreas Buhrs Video:

#BUSINESS_HACK_21

Mehr Produktivität – besseres Eigenmanagement

Nicht erst durch mein Buch »Revolution? Ja, bitte!« bin ich mit vielen jungen Gründern, Start-Uppern und Führungskräften in Kontakt gekommen, die wir von Buhr & Team heute beraten. Was sie alle auszeichnet, sind tolle Ideen, Engagement und Esprit. Was die meisten aber verzweifeln lässt, ist ihr eigenes Selbstmanagement. Sie (und ihr Umfeld) erleben sich häufig als unstrukturiert und überfordert, sie verzetteln sich – und die Vielzahl der heutzutage eingesetzten Kommunikations- und Management-Tools macht das Ganze nur noch schlimmer. Sie sind wahnsinnig aktiv und gleichzeitig wahnsinnig unproduktiv, vor allem aufgrund mangelnder Priorisierung (und teils Strukturierung) von Aufgaben. Das Ergebnis: Trotz langer Arbeitszeiten und Arbeiten an der Erschöpfungsgrenze erleben sie sich als wenig effektiv und effizient. Das ist frustrierend! Gleichzeitig ging und geht es auch mir teilweise so und vielleicht geht es auch dir phasenweise ähnlich. In dieser Situation können Techniken zur Produktivitätssteigerung und zu besserem Selbstmanagement ein Business-Hack sein.

Verbessere Produktivität und Selbstmanagement

Es gibt einige recht einfache Methoden für deine Produktivitätssteigerung und ein besseres Selbstmanagement – einige werden für dich je nach deiner Persönlichkeitsstruktur (→ #Business_Hack_17, → #Business_Hack_43) besser oder schlechter funktionieren.

Manche wie »Eat that Frog« sind nahe am Zeitmanagement (→ #Business_Hack_22), andere wie »Getting Things Done« eher technisch ausgerichtet. Allen gemein ist, dass sie dich dabei unterstützen können, Prokrastination (»Verschieberitis«, Mañana-Syndrom) mit anschließender Hetz-Aufholjagd zu vermeiden und organisiert zu besseren Ergebnissen und einem besseren Output zu kommen. Hier meine Top 3 – für die wie immer gilt, dass ich sie nicht als Werbung verstanden wissen möchte, sondern als Impuls für dich, um dich weiter zu informieren rsp. im Netz zu recherchieren und die Methode oder den Methodenmix für dich zu finden, der für dich persönlich funktioniert. Das können, müssen aber nicht meine Top 3 sein:

1. Eat that Frog

Dieses Prinzip meines amerikanischen Kollegen und Freundes Brian Tracy ist gleichzeitig supersimpel und supereffektiv: Im Wesentlichen besagt es, dass du jeden Morgen mit den unangenehmsten und schwierigsten Aufgaben deiner To-do-Liste beginnst und diese konsequent abarbeitest. Du isst also im übertragenen Sinne morgens, wenn du noch frisch und tatendurstig bist, den fiesesten »Frosch des Tages«. Das machst du dir einfach zur Routine. Genauso wie du, wenn du regelmäßig joggen willst, deine Laufschuhe neben das Bett stellst und, wenn der Wecker klingelt, einfach in diese reinschlüpfst und zur Tür rausläufst, noch bevor dein innerer Widerstand wach werden kann. Der Vorteil von »Eat that Frog« ist klar: Wenn du morgens schon die »schwierigen« Aufgaben erledigt hast, ist der Rest des Tages einfach eher dein Freund. Du fühlst dich erleichtert und motiviert – und alle anderen Aufgaben gehen dir plötzlich viel schneller und leichter von der Hand. Sie sind quasi das Bonusmaterial deiner Effizienz. Und du schaffst so mehr.

Was du für diese Methode tun musst, ist, jeweils (am besten am Vorabend) festzulegen, welche deine Frosch-Aufgabe für den nächsten Tages ist. Du erkennst den Frosch daran, dass deine Neigung, diese Aufgabe oder dieses Projekt zu erledigen, am geringsten ist, die Aufgabe selbst aber wichtig und wesentlich ist für deine Gesamtziel-Erreichung.

2. Aufgaben-Priorisierung nach dem Eisenhower-Prinzip

Dem ehemaligen amerikanischen Präsidenten Dwight D. Eisenhower wird nachgesagt, dass er alle seine Aufgaben nach Wichtigkeit und Dringlichkeit unterschieden hat. Dabei handelte er nach der Maxime »Wichtiges vor Dringlichem«. Denn seine Erfahrung hatte ihm gezeigt, dass Wichtiges selten dringlich und Dringliches selten wichtig ist.

Das wirst du bestätigen können, wenn du an dein übliches Tagesgeschäft denkst. Im Allgemeinen steht allerdings meist die Dringlichkeit in Form von Terminzwängen und Zeitdruck im Vordergrund. Ständiger »Aufmerksamkeitsterror« suggeriert uns die Dringlichkeit von oft unwichtigen Dingen. Was aber ist nun das Wichtige? Ganz einfach: Alles, was dich näher an dein Ziel bringt. Und nach dieser Systematik priorisierst du deine anstehenden Aufgaben gemäß der folgenden Systematik:

- A sofort selbst anpacken / erledigen
- B in eigene Zeitplanung aufnehmen
- C delegieren / abgeben
- D Papierkorb / löschen

Oder hier auf einen Blick:

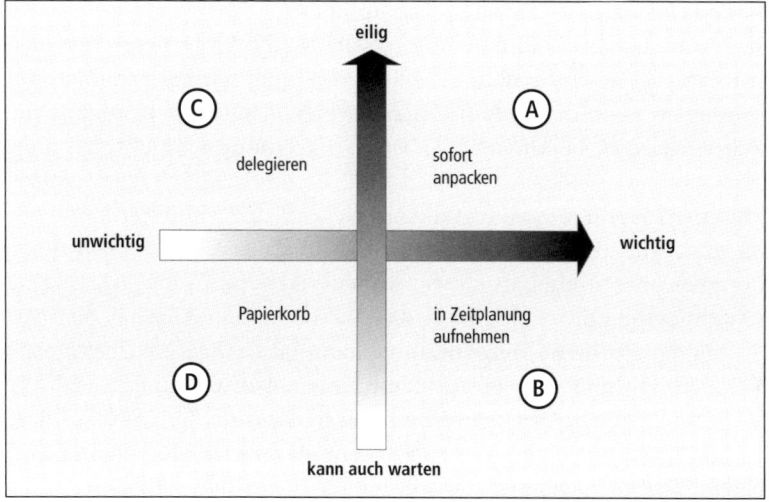

Die Priorität A bekommen jene Aktivitäten, die einerseits wichtig für deine Zielerreichung sind und andererseits kurzfristig erledigt werden müssen. Priorität B gibst du den Aufgaben, die zwar wichtig sind, aber deren Erledigung noch warten kann. Die legst du auf Termin und arbeitest sie später in dafür vorgesehenen Zeitblöcken ab. C-Priorität erhalten alle Aktivitäten, die keinen Aufschub dulden, aber für deine Zielsetzung keine entscheidende Rolle spielen. Diese Aufgaben gibst du zur Erledigung an andere weiter (Mitarbeiter, Kollegen, virtuelle Assistenten etc.). Bleibt jetzt noch ein großer Rest von Dingen, die weder besonders eilig sind noch dich in Richtung Ziel voranbringen. Ab in den Papierkorb damit! Löschen! Halt dich nicht damit auf und streiche solche Aktivitäten konsequent aus deinem Tagesprogramm. Dazu findest du am Ende dieses Business-Hacks zwei Übungen.

3. GTD – Getting Things Done

GTD oder Getting Things Done (»Dinge erledigt bekommen«) wurde von dem US-amerikanischen Autor und Produktivitätsberater David Allen (Allen, David: Getting Things Done: The Art of Stress-Free Productivity, Penguin, 2015) entwickelt, um die Masse an Aufgaben zu reduzieren und die verbliebenen zu priorisieren und zu strukturieren. Zusätzlich gibt die Methode dir die Sicherheit, dass du nichts vergisst, da es notiert ist. So kannst du dich vom ständigen Druck des Erinnern-Müssens oder dem flauen Gefühl befreien, dass du etwas übersehen haben könntest. GTD ist ein pragmatischer und sehr umfassender Ansatz, um effizient voranzukommen. Die Methodik ist sehr ausgefeilt, ich kann hier nur die wichtigsten Aspekte kurz wiedergeben. Im Wesentlichen besteht die Methodik aus einem Listensystem, ergänzt um Zeitregeln. GTD beinhaltet

1. eine To-do-Liste: So wird nichts Wesentliches vergessen,
2. eine Not-to-do-Liste: Was wirst du künftig keinesfalls mehr tun oder übernehmen?
3. eine Projektliste: Sie gibt dir Übersicht über den Stand deiner laufenden größeren Projekte. Diese kann im Unternehmensumfeld auch mithilfe einer Projektmanagement-Software geführt werden, da bei größeren Projekten meist mehrere Menschen beteiligt sind. Dennoch kann es sinnvoll sein, dass du dir Überblick über deine großen Milestones verschaffst (→ **#Business_Hack_62**),
4. eine Ideenliste: Mit welchen Ideen kannst du deine Produktivität künftig steigern?
5. ein Notizbuch – immer zur Hand. Meines ist schwarz. DIN A5. Auch digital möglich mit Apps wie StickyNotes, OneNote, Evernote etc. – aber ein klassisches Buchformat lädt oft noch stärker zum »Denken mit dem Bleistift« ein,
6. einen Kalender – oder eine Kalenderfunktion in deinem Handy,
7. eine gut organisierte Ablage.

Kommen wir zur Umsetzung: Jede neue Aufgabe, jede Aktivität wird von dir nach der »Zwei-Minuten-Zeitregel« bewertet. Kannst du eine Aufgabe in zwei Minuten erledigen, dann tu es direkt und streich sie aus deinem Hirn und deiner Aufmerksamkeit. Geht das nicht, gehst du ähnlich wie beim Eisenhower-Prinzip vor: entweder delegieren oder direkt wegwerfen – oder bei entsprechender Wichtigkeit und Dringlichkeit in deine passende Liste eintragen.

Eigenmanagement heißt auch, Freiraum schaffen
Abschließend noch zwei persönliche Tipps:

1. Das »gute alte Nein«: Lerne, öfter »Nein« zu sagen. Das bedeutet, Grenzen ziehen zu können und respektvoll und überlegt zusätzliche Arbeitsaufgaben, Zeitfresser oder Verantwortlichkeiten abzulehnen, wenn sie dich nicht deinen Kernzielen näher bringen. Als Führungspersönlichkeit bist du nicht der Feuerwehrmann oder die Feuerwehrfrau für alles, sondern die- oder derjenige, der die Leitlinien setzt.

2. Um die Ablenkung zu minimieren, bewirken Noise-Cancelling-Kopfhörer wahre Wunder. Zum einen halten sie den ganzen Lärmstress von dir fern und ermöglichen ein sehr viel einfacheres Abtauchen in die Konzentration, in den »Flow«, in dem du ganz auf deine Tätigkeit oder Kreation fokussiert bist, und zum anderen signalisieren sie auch allen anderen, dass du gerade nicht gestört werden solltest. Das schafft Freiräume. (→ **#Business_Hack_22**).

VOM KNOW-HOW ZUM DO-HOW

Gerade bei der Produktivitätssteigerung lautet die Erfolgsformel: Tun! Witzigerweise verschieben wir oft jedoch genau die Tätigkeiten, die uns vor der Verschieberitis schützen sollen. Das machst du besser!

Reflexion:

1. Welche der oben vorgestellten Methoden und Techniken kannst du direkt als »Quick Win« in deinen (Arbeits-)Alltag integrieren?

2. Welche Techniken hast du recherchiert oder in welche Richtung willst du weiterrecherchieren, um deine eigene Produktivität zu steigern und dich besser selbst zu organisieren? Was wirst du konkret ab morgen umsetzen?

→

Übung:

Priorisierung und Strukturierung gemäß Eisenhower-Prinzip: In dieser Übung leitest du aus dem Modell einen Leitfaden für konkretes Handeln ab. Dazu schreibst du als Übung sämtliche Aktivitäten auf, die du im Laufe eines Zeitabschnitts – das kann ein Tag oder eine Woche sein – zu erledigen hast.

Sammle deine Aufgaben / Aktivitäten / To-dos

Schreibe alle Aktivitäten auf, die im Moment anstehen.

Meine Aufgaben / Aktivitäten / To-dos

Jetzt geht es darum, diese To-dos nach Vorrangigkeit zu sortieren.

Priorisiere deine Aktivitäten / To-dos

Ordne deine Aktivitätenliste nach den entsprechenden Prioritäten gemäß Eisenhower.

Priorität A (wichtig und eilig): _____

Priorität B (wichtig, aber nicht eilig): _____

Priorität C (nicht wichtig, aber eilig): _____

Priorität D (weder wichtig noch eilig): _____

Wenn du magst, kannst du deine Aktivitäten in ein Quadrantenmodell übertragen, das verdeutlicht dir noch mehr, in welchem Quadranten sich die meisten Aufgaben befinden. Prio-D-Aufgaben = Papierkorb brauchst du nicht mehr zu notieren (außer, es motiviert dich zu sehen, wie viel aufmerksamkeitsheischende Aktivitäten gar nicht der Bearbeitung bedürfen).

#BUSINESS_HACK_22

Zeitmanagement – die Zeit ist dein Freund

»Ich habe für nix Zeit.« »Ich fühle mich immer gestresst und gehetzt.« »Schon wieder ein Tag vorbei – ich habe gearbeitet und gearbeitet … und gefühlt nix weggeschafft.« Wenn dir solche Sätze bekannt vorkommen, dann sind erstens dein Eigenmanagement und deine Selbstführung verbesserungswürdig und zweitens befindest du dich in ausnehmend großer Gesellschaft. Das bringt dich aber nicht weiter. Was dich weiterbringt, sind ein paar einfache Techniken, die du ohne zusätzlichen Stress nutzen kannst. Hier wieder eine kleine Auswahl: meine drei Business-Hack-Techniken und ein paar Tipps vorab.

Prioritäten setzen

Wenn man es richtig betrachtet, haben wir alle pro Tag genau gleich viel Zeit, um Dinge zu erledigen. »Keine Zeit« für etwas zu haben, bedeutet also de facto, einer Sache oder Tätigkeit »keine Priorität« einzuräumen. Und in der Tat ist das Setzen der richtigen Prioritäten ein wichtiger Faktor guten Selbstmanagements, dem ich einen extra Business-Hack mit »Lieblingstechniken für jede Situation« gewidmet habe:
→ **#Business_Hack_21 Mehr Produktivität – besseres Eigenmanagement**.
Daher drei Tipps von mir vorweg:

1. Nimm dir einmal Zeit, um deine Zeitdiebe zu identifizieren. Was oder wer lenkt dich am meisten oder häufigsten ab? Was bringt dich aus dem Arbeitsfluss? Womit vertrödelst du wertvolle Zeit? Wie viel Zeit verbringst du beispielsweise wirklich in den Social Media? Eine Zeitflussanalyse lohnt sich immer für dich – vor allem, wenn du anschließend die erkannten Zeitdiebe konsequent eliminierst.

2. Siehe feste Zeiten für Routinearbeiten vor wie E-Mails abrufen und bearbeiten, Insta oder WhatsApp checken. Wöchentliche

feste Zeiten für regelmäßige Aufgaben wie Blogbeitrag verfassen und online stellen, Podcast aufzeichnen, Social Media füttern (voreinstellen), Finanz-/Versicherungsfragen regeln, etc.

3. Schaffe dir feste Zeiten für unterstützende Routinen (→ **#Business_Hack_16**). Sie kosten viel weniger Zeit, als sie dir an Effizienzgewinn und Zielstrebigkeit einbringen.

Die Ivy-Lee-Methode bzw. 25 000-Dollar-Methode

Diese Methode hat der Produktivitätsexperte Ivy Lee Anfang des 20. Jahrhunderts für Charles M. Schwab entwickelt, der als einer der reichsten und erfolgreichsten Unternehmer der USA stets auf der Suche nach Methoden zur Verbesserung und Effizienzsteigerung war. Dafür zahlte Schwab Herrn Lee die damals unvorstellbar hohe Summe von 25 000 Dollar für eine neue Systematik – die daher auch unter beiden Bezeichnungen bekannt ist. Diese Systematik entpuppte sich als so erfolgreich und so einfach, dass sie auch heute noch angewandt wird, gerade auch für das Eigenmanagement. Und so funktioniert sie:

1. Am Ende jedes Arbeitstages wird eine Liste mit den sechs wichtigsten Aufgaben für den nächsten Tag erstellt.
2. Diese Aufgaben werden nach Prioritäten geordnet.
3. Am nächsten Arbeitstag beginnt man direkt mit der ersten Aufgabe, ohne zuvor seine E-Mails zu checken oder sonstige Ablenkungen zuzulassen.
4. Nach Abschluss der ersten Aufgabe werden die Prioritäten der verbleibenden fünf Punkte auf der Liste noch einmal überprüft und ggf. um neue Aufgaben ergänzt.
5. Als Nächstes wird wiederum die (eventuell neue) Aufgabe mit der höchsten Priorität bearbeitet.
6. Dieser Ablauf wird bis zum Ende der Tages-Arbeitszeit durchgeführt.
7. Das letzte To-do vor dem Feierabend lautet, die neue Liste für den nächsten Arbeitstag zu erstellen und eventuell unerledigte Aufgaben von der alten auf die neue Liste zu übertragen.

Die großen Vorteile dieser Methodik liegen auf der Hand: Sie verschafft dir einen Überblick und ordnet in einem rollierenden System jeweils alle neu hereinkommenden Aufgaben gemäß ihrer Priorität in den Abarbeitungszyklus ein.

Ein Klassiker: Die ALPEN-Methode

Die ALPEN-Methode – entwickelt von meinem geschätzten Kollegen und Freund Prof. Dr. Lothar Seiwert (Seiwert, 1998) – hilft dir, deine Zeit sachlicher und strukturierter zu planen.

A – Aufgaben: Notiere dir alle Aufgaben, die du noch erledigen willst (To-do-Liste).

L – Länge (Dauer): Weise jeder Aufgabe die benötigte Zeitspanne zu, die du vermutlich benötigen wirst.

P – Pufferzeiten: Plane bis zu 40 Prozent deiner Arbeitszeit als Puffer ein.

E – Entscheidungen: Nimm eine Priorisierung der Aufgaben vor und halte sie fest.

N – Nachkontrolle: Mach es dir zur Regel, abends einen Blick auf die Planung des Tages zu werfen. Waren Aufgabendauer und Puffer ausreichend lang vorgesehen? Was hast du übersehen? Was kannst du für morgen lernen? Beispielsweise: Sind die wichtigsten Aufgaben an den Anfang gestellt? Kannst du kleinere Tätigkeiten als Aufgabenblöcke zusammenfassen? Hat sich dein Priorisierungsfilter als tauglich erwiesen?

Die Pomodoro-Technik

Die Pomodoro-Technik ist eine echte »Tak-tik«, denn sie wurde von ihrem Entwickler Francesco Cirillo nach einer kleinen Küchenuhr in Tomatenform (»Pomodoro«) benannt, die er als Kurzzeitwecker nutzte. Die Technik ist gut geeignet, um fest abgegrenzte Aufgabeneinheiten fix hintereinanderweg zu bearbeiten.

1. Du formulierst die Aufgaben schriftlich.
2. Du stellst einen Wecker (Smartphone) auf 25 Minuten ein.

3. Du arbeitest diese 25 Minuten konzentriert ab, bis der Wecker klingelt, und markierst die Aufgabe mit einem »X«.
4. Du machst fünf Minuten Pause und anschließend mit der nächsten Pomodoro-Einheit weiter.
5. Nach vier Pomodoro-Einheiten legst du eine längere Pause von 15 bis 20 oder 20 bis 30 Minuten ein.

Durch diese Methode kannst du extrem viel abarbeiten und verringerst die Hemmschwelle des Beginnens. Wenn der Wecker klingelt, legst du einfach los. Außerdem baust du viele kurze Pausen ein, was deiner geistigen Leistungsfähigkeit zugute kommt. Auch die längere Pause ist wichtig – diese solltest du zum Luftschnappen, Essen oder zur Bewegung nutzen. Der Trick ist: Du musst die Pausen nehmen und dafür auch mal die Arbeit an einer Einheit unterbrechen.

Diese Technik ist nicht wirklich geeignet, um deinen kompletten Arbeitstag zu strukturieren – dafür sind die beiden anderen genannten Business-Hack-Techniken besser. Aber natürlich kannst du alle Techniken auch kombinieren – du bist schließlich Chef (deiner Zeit)!

VOM KNOW-HOW ZUM DO-HOW

Hier noch ein paar Reflexionen und Übungen für die Umsetzung:

Reflexion: Was sind meine größten Zeitfresser?

_____

_____

_____

Übung: Meine Umsetzung der ALPEN-Methode

A – Aufgaben: Aufgaben, die ich erledigen will

L – Länge (Dauer): Meine Zeitschätzung für jede Aufgabe

Aufgabe	Geschätzte Dauer

P – Pufferzeiten: Wie lange?

Aufgabe	Geschätzte Dauer	Puffer

E – Gemäß der Priorisierung der Aufgaben treffe ich folgende Entscheidungen:

Priorisierung	Aufgabe	Geschätzte Dauer	Puffer	Ergebnis

N – Nachkontrolle

_____

_____

_____

#BUSINESS_HACK_23

Fehlertoleranz der Digitalisierung nutzen

Eine wahre Geschichte. Ein Mann fährt einen 911er. Es sind die 90er. Es ist ein letzter der 993er-Modellreihe, Fuchsfelgen, so schön. Und während dieser Fahrt hat er eine geniale Idee. Wieso, fragt er sich, kann ich die Software auf dem Handy nur mit den Fingern aufrufen? Wäre es nicht toll, wenn Apps sich mit natürlicher Sprache aufrufen lassen würden (→ **#Business_Hack_54**)? Dann könnte ich problemlos während der Fahrt Dienste nutzen, verschiedene Serviceinformationen abrufen, sogar im Auto weiterarbeiten.

Richtig, die Idee klingt heute so, als hätte sie schon einen langen weißen Bart. Für uns gehören Siri, Alexa und Co. längst zur Normalität und sind aus unserem Alltag kaum noch wegzudenken. Doch die Idee kam dem jungen Mann bereits 1998, also während der ersten heißen Phase der Internet-Start-ups. Damals gab es nichts dergleichen.

Die Idee zündet. Investoren sind bereit, dafür Geld in die Hand zu nehmen. Es wird ein Businessplan geschrieben und brav abgearbeitet. Letzteres, betont der junge Mann, der die geniale Geschäftsidee damals hatte, war allerdings ein Fehler: dieses brave Abarbeiten des Businessplans. Man hätte viel flexibler agieren, das Umfeld beobachten, ein gutes Gefühl für das richtige Timing entwickeln müssen (→ **#Business_Hack_52**). Hat man aber nicht. Denn während dieser Mann mit seiner Mannschaft jeden Aspekt des Businessplans der Reihe nach umsetzt und damit beschäftigt ist, alles richtig zu machen, passiert etwas: Die Internet-Dotcom-Blase platzt. Von einem Tag auf den anderen sind Kunden, Geschäftspartner, Geldgeber weg. Das Unternehmen geht pleite. Wahrscheinlich kennst du Christian Lindner als Vorsitzenden der FDP. Er ist der Mann mit der Idee. Und er muss Insolvenz anmelden. Erzählt hat er mir diese Geschichte im Rahmen eines Podcastinterviews. Wir sind seither gut in Verbindung geblieben.

Er und sein Unternehmen haben – aus heutiger Sicht – definitiv Fehler gemacht. Fehler, die du nicht mehr machen musst: Denn du musst nicht mit einem perfekten Produkt, einem fertigen Modell, einer ausgefeilten Dienstleistung starten (und damit womöglich den

Time-to-Market verpassen). Du kannst dich nach vorne irren. Insbesondere, wenn du ein digitales Produkt oder eine digital unterstützte Leistung anbietest.

Trial and error – iterativ, schrittweise voranirren

Die Digitalisierung erzeugt eine ungeheure Fehlertoleranz. Fehler sind durch die Digitalisierung keine Fehler mehr, sondern nur etwas, was man ausprobiert hat. Oder – wie es jeder aus dem App Store kennt – eine Perpetual-Beta-Version (»ewiges Entwicklungsstadium), die ständig getestet, erneuert, verbessert wird. Digitales kann schnell geändert und somit ein Fehler rasch korrigiert werden. Daraus ergibt sich: Ein Fehler ist kein Weltuntergang! Wer einen Fehler macht, trägt nicht mehr das Kainsmal auf der Stirn. Fehler sind in digitalen Zeiten der bloße Versuch, den Weg zu finden (→ **#Business_Hack_18**). Ohne gesunde Fehlertoleranz gibt es keine mutigen Entscheidungen, gibt es keine Veränderungen und kaum Innovationen. Veraltet ist das Motto: »Wer arbeitet, macht Fehler. Wer Fehler macht, wird nicht befördert. Also macht jeder nur, was er zwingend muss und ihm vorgeschrieben wird. Dann macht er keine Fehler. Und wird befördert.« Diese Haltung aber ist höchst innovationsfeindlich (und demotivierend) und nicht zukunftsfähig.

Fehler als Lernchancen sehen

In den USA beispielsweise werden Pleiten anders bewertet. In der Welt der Wirtschaft wird dort niemand wirklich ernst genommen, der nicht wenigstens einmal mit einem Unternehmen baden gegangen ist und daraus Entscheidendes gelernt hat, nämlich wie es nicht funktioniert und wie man es besser machen könnte. Auch wir in Deutschland müssen ein grundlegend anderes Verhältnis zum Risiko und damit zum Scheitern entwickeln – vielleicht auch du persönlich.

Große Sprünge, große Erfindungen gehen immer mit der Bereitschaft zum Risiko einher und können folglich schiefgehen. Das tun sie auch regelmäßig. Scheitern ist sogar häufiger der Fall als die Punktlandungen. Aber aus diesem Scheitern kann dennoch enorm viel gewonnen werden. Wenn 90 Prozent in der Technologiebranche scheitern und 10 Prozent Pioniere ihrer Branche werden, so wie es für das Silicon Valley beschrieben wird, und diese wenigen die Welt umkrempeln, hat sich die Mühe gelohnt. Die Quote wird eher schlechter sein. Lohnen tut es sich in Gänze immer. Nicht nur du als Unternehmer solltest so denken, auch dein Umfeld: Geschäftspartner, Mitarbeiter, Kollegen, Familie, Freunde, Investoren. Dann würden sich viel mehr Menschen trauen, innovativ zu sein, weil akzeptiert wird, dass das Scheitern zum Erfolg einfach dazugehört.

Natürlich solltest du Fehler und Scheitern weder verherrlichen noch unter den Tisch kehren. Du musst mit Kritik leben und diese umsetzen können (→ **#Business_Hack_25**). Du musst Fehler und Scheitern analysieren. Verstehen, was schiefgelaufen ist. Nur so kannst du weitere Fehler verhindern und zukünftig bessere Weg finden.

Bananenprojekt – Ergebnis reift beim Kunden

Dafür noch ein Beispiel: Apps sind in der Regel unfertige Dienstleistungen. Wenn diese Dienstleistung im Kern eine gute Idee beinhaltet und die User das erkennen, sind diese Apps wie ein Rohdiamant, der durch die Rückmeldung, was verbessert oder geändert werden muss, erst den richtigen Schliff bekommt. Wie bei Tesla: Eine der Apps ermöglicht uns, das Auto vor der Fahrt auf- oder abzukühlen. Erst durch die Verbesserungsvorschläge der Kunden wurde diese App zum Hit. Früher nannte man sowas »Bananenprojekt – Ergebnis reift beim Kunden« und man hätte sich geschämt, dem Kunden unfertige Produkte auch nur zu zeigen. Heute fühlt sich der Kunde geschmeichelt, wenn er in die Entwicklung von Produkten involviert wird (→ **#Business_Hack_57**)! Wenn seine Meinung für die Entwicklung wichtig ist, sein Feedback zum Geschäftserfolg beiträgt. Dafür stehen deinen Kunden heute mehr digitale Feedback-Kanäle denn je zur Verfügung. Fehler sind in Zeiten der (und durch die) Digitalisierung keine »fatal flaws« (Katastrophen) mehr, sondern Schritte auf dem Weg zu einem Produkt, das womöglich nie Endprodukt sein wird (→ **#Business_Hack_36**), das immer den aktuellen Entwicklungen, dem Change angepasst werden wird.

VOM KNOW-HOW ZUM DO-HOW

Reflexion: Lerne aus deinen eigenen Fehlern

Sicher kennst du die ursprünglich aus Mexiko stammenden sogenannten »Fuck-up-Nights« (»FUN«), in denen Gründer, Führungspersönlichkeiten und Unternehmer von den Fehlern berichten, die sie gemacht haben. Und vor allem davon, was sie daraus gelernt und anders, besser gemacht haben. Übernimm diese Praxis einmal kurz für dich:

1. Welche konkreten Fehler habe ich – retrospektiv gesehen – in meiner unternehmerischen Entwicklung gemacht?

2. Und was habe ich aus den oben aufgelisteten Fehlern gelernt, was werde ich ändern oder habe ich schon besser gemacht?

Übung: Etabliere eine bessere Fehlerkultur

Nimm dir ein Beispiel an Wooga[3]. Das Berliner Unternehmen entwickelt unter dem Motto »We make Games with Thoughtful & Compelling Stories« Spiele fürs Web. Jeden Morgen kommt das Team im Auditorium zusammen, um aktuelle Projekte zu besprechen und kleine Gedenkfeiern für gescheiterte Projekte abzuhalten. Bei den Gedenkfeiern erzählt ein Mitarbeiter oder eine Mitarbeiterin möglichst witzig, mit welchem Projekt er oder sie sich in letzter Zeit so richtig auf die Nase gelegt hat. Ohne eine solche Geschichte gibt es keinen Eintrag in die *Wall of Fame*, die Ruhmestafel. Auf dieser werden alle Projekte, die zum Erfolg geführt wurden, gewürdigt – aber auch jene, die scheiterten. Weil das Scheitern genauso wichtig ist wie das Gewinnen. Weil sich Mitarbeiter Fehler und Scheitern trauen dürfen müssen. Sonst hast du nur Duckmäuser in der Firma, die Angst vor Fehlern haben und daher lieber gar nicht erst etwas versuchen. Schon gar nichts Großes und Kühnes.

1. Groß und kühn ist auch deine Aufgabe hier: Etabliere eine bessere Fehlerkultur bei dir in der Firma.
Was konkret werde ich von diesen Ideen hinsichtlich der Fehlerkultur in meinem Unternehmen (Team, Abteilung) umsetzen?

2. Wie kann ich einen »Turnaround« in den Köpfen meiner Kollegen, Vorgesetzten, Mitarbeiter, Kunden, Lieferanten, Investoren erreichen, damit Fehler als eine Quelle des Lernens betrachtet werden? Welche kommunikativen Maßnahmen kann ich dafür ergreifen?

#BUSINESS_HACK_24

Trage zu einer größeren Sache bei – die Welt zu einem besseren Ort machen

Plastikmüllteppiche in der Größe eines mittleren Flächenlandes in den Ozeanen, Klimawandel, Brände im Amazonas-Gebiet, in Australien, Kalifornien und in Sibirien, hohe Feinstaubbelastung in Ballungszentren, katastrophale Zustände in der Massentierhaltung, nicht minder katastrophale Arbeitsbedingungen in den Billiglohnsektoren, Fast Fashion, die schon trashig produziert wird, globale Lieferketten, bei denen Nahrungsmittel oder Produktteile mehrfach um die ganze Welt geschippert oder geflogen werden ... »Andreas, ich würde ja was tun, aber was kann ich als Einzelner schon ausrichten?!«, »So etwas schaue ich mir in den Nachrichten schon gar nicht mehr an, das macht nur schlechte Laune, ich kann ja eh nix tun.« Solche Aussagen und Behauptungsmonologe irritieren mich. Besonders, wenn ich sie in den Diskussionsrunden nach meinen Vorträgen von jungen Unternehmensgründern und -gründerinnen höre, von Menschen, die sich selbstständig machen oder eine Abteilung oder Firma führen wollen oder schon führen. Denn was sich in solchen Aussagen spiegelt, das ist kein Unternehmergeist. Das ist unzulässige Verantwortungsverschiebung und Selbstentmächtigung: Das ist schwach, das ist Opferdenke.

Doch du kannst dich auch (wieder) selbst ermächtigen! Denn die Vision, zu einer größeren Sache beizutragen, die Welt zu einem besseren Ort zu machen, ist ein starker Business-Hack für Unternehmer und Unternehmen.

Du kannst dich selbst ermächtigen

Vielleicht fragst du dich, was diese Zustände auf unserem schönen Planeten mit dir als Mensch, als Führungspersönlichkeit oder als (künftiger) Unternehmer zu tun haben. Lass mich dir eine Antwort geben: viel. Denn wenn du eine Initiative oder Unternehmung, eine Firma und damit Menschen führen willst, ist es entscheidend, dass du dich nicht als Opfer bar jeder Verantwortung siehst, sondern als ein Mensch, der etwas bewirken kann. Dafür haben wir bei Buhr & Team sieben Kernkompetenzen – Selbstbewusstheit, Selbstbewusstsein, Selbstvertrauen, Selbstverantwortung, Selbstüberwindung, Selbstwirksamkeit und Selbstbestimmtheit – definiert, die im → **#Business_Hack_1** (Sieben Schritte zur Selbstentwicklung) ausführlich vorgestellt werden. Hier ziele ich aber noch etwas darüber hinaus mit den folgenden drei unternehmerischen Kernfähigkeiten:

- (gesellschaftliche) Verantwortungsübernahme
- Selbstermächtigung und Selbstbefähigung
- Vorbildfunktion

Erstens: (Gesellschaftliche) Verantwortungsübernahme – damit meine ich: Du bist in deinem Leben und deinem Unternehmen nicht für alles verantwortlich, aber für das Wesentliche. Für die große Vision. Für das, mit dem du die Welt zu einem besseren Ort machen willst. Für deine Mission, also das, was dich antreibt und was dann auch deine Mitarbeiter antreiben soll (→ **#Business_Hack_53**) und wird. Für die Corporate Culture (Firmenkultur), also die Werte, für die ihr steht (→ **#Business_Hack_33**) und die ihr im Arbeitsalltag lebt. Diese Werte sind gelebte gesellschaftliche Verantwortungsübernahme. Und diese Übernahme von Verantwortung fängt in deinem eigenen Leben, fängt bei dir selbst an.

Zweitens: Selbstermächtigung und Selbstbefähigung bedeutet, du musst deine Opfermentalität zwingend ablegen und in deine Gestalterkraft (→ **#Business_Hack_12**) kommen. Natürlich: Weder als Privatmensch noch als Unternehmer, Führungskraft oder Gründer kannst du die Welt (oder deine Märkte) im Alleingang retten (was ja die Führungskräfte oben aus der erlebten Story als so frustrierend empfanden, dass sie gar nicht erst begonnen haben, etwas besser zu machen), aber du kannst extrem viel ändern und verbessern, wenn du dich selbst ermächtigst, selbst befähigst, dir deine Handlungsoptionen (zurück-)eroberst und erkennst, wie wirksam du sein kannst. Die Welt rsp. Erde in ihrem Fortbestand interessiert dich nicht? (Na ja, sie ist dein Handlungsort und deine Handlungsmatrize ...) Dann lass dir gesagt sein: Das gilt genauso für dein Leben, deine Abteilung, dein Unternehmen. Du musst und du kannst dich (wieder) selbst ermächtigen (→ **#Business_Hack_1**). Du kannst zum Wandel beitragen – wenn auch im Kleinen. Du kannst heute mehr Instrumente denn je nutzen (eine kleine Auswahl an Tools findest du in der Übung am Ende dieses Business-Hacks), um deine Selbstwirksamkeit zu erleben. Um dich als Mit-Gestalter zu erleben.

Drittens, die Vorbildfunktion (→ **#Business_Hack_27**): Du kannst nicht Wasser predigen und Wein trinken. Wenn du möchtest, dass deine Firma eine Zukunft hat, musst du heute zu ihrer Zukunft beitragen. Ob es nun Umweltschutz, Nachhaltigkeit oder andere Werte sind: Du musst dir und deinen Mitarbeitenden zeigen, dass man auch kleinklein etwas ändern kann. Dass viele Tropfen den Stein höhlen. Oder aber einen prächtigen Stalagmiten (Tropfstein) aufbauen.

Wenn du als Vorbild zuverlässig bist und dich ermächtigst, etwas zu ändern, dann können es deine Mitmenschen, deine Mitarbeitenden auch.

Entrepreneurship braucht Gestaltermentalität

Unternehmertum bedeutet in jedem Fall, dass du aus der Opfermentalität hinaustrittst in die Gestaltermentalität. Indem du dich selbst ermächtigst, etwas zu ändern und damit auch Vorbild für andere zu sein, entwickelst du gleichzeitig deinen Unternehmergeist, dein Entrepreneurship. Die Vision, zu einer großen, übergeordneten Sache beizutragen, ist dabei wesentlich und trägt die Belohnung gleich in sich.

VOM KNOW-HOW ZUM DO-HOW

Du hast Glück: Unternehmertum gemäß der oben genannten Kernkompetenzen heißt heutzutage auch: Du musst dich nicht zwingend auf einen Berg zurückziehen, meditieren, Erleuchtung suchen und dann hardcore deine auf dem Berg neu gewonnene Erleuchtung durchziehen – du kannst heutzutage ganz einfach selbst zum Gestalter deines Lebens werden, Verantwortung übernehmen und die Welt zu einem besseren Ort machen. Denn Selbstführung heißt heute eben auch: There's an app for that.

Du bist heute in der fantastischen Situation, mit wenigen Klicks zum Bessermachen, zum Ändern, zum Wandel, zum »Weltretten« beizutragen. Unzählige Apps bieten hierfür reichlich Möglichkeiten. Wenn ich im Folgenden nur einige wenige Beispiele dafür nenne, ist damit wie immer keine Werbung verbunden und auch keine Wertung oder Empfehlung ausgesprochen. Es geht nur darum, zu zeigen, wie du mit kleinstem Aufwand wirksam sein kannst. Du kannst also zum Beispiel …

- dich in der Nachbarschaft nützlich machen (z. B. mit der App nebenan.de),
- lernen, wie du Energie einsparen kannst (z. B. mit der App Energiespar-Checks),
- schädliche Chemikalien in vielen Produkten entdecken und solche Anbieter und Produkte meiden rsp. gegen naturfreundliche ersetzen (z. B. mit der App CodeCheck oder ToxFox),
- der Lebensmittelverschwendung den Kampf ansagen (z. B. mit der App tooGoodToGo),
- regional einkaufen (z. B. mit der Regio-App oder marktschwärmerei.de),
- die Umwelt verbessern (z. B. mit der App GoGreenChallenge),
- nachhaltige Produkte kaufen (z. B. mit der App wertewandel),
- Modewaren nachhaltig kaufen und weiterverkaufen oder tauschen (Apps wie kleiderkreisel, kleiderkorb, remix etc.),
- Elektronik aufarbeiten lassen und / oder weiterverkaufen (Apps wie Zoxs.de, rebuy, momox, wirkaufens etc.) … oder du nimmst an lokalen Reparaturinitiativen teil.

Das sind natürlich nur kleine Denkanstöße und Möglichkeiten. Sie zeigen jedoch: Du kannst zur Zukunft beitragen. Du bist nicht macht- oder wirkungslos. Du kannst dich selbst ermächtigen. Dazu musst du nur deinen Unternehmergeist nutzen. Denn du bist nur dann Unternehmer, wenn du etwas unternimmst!

#BUSINESS_HACK_25

Kritik konstruktiv nutzen und einsetzen

Quod licet Jovi, non licet bovi (Was dem Jupiter erlaubt ist, ist dem Ochsen nicht erlaubt). Mit dieser lateinischen Sentenz hat sich ein ehemaliger Lehrer von mir in seiner Selbstherrlichkeit wunderbar selbst entlarvt. Er glaubte, über jede Kritik erhaben und unangreifbar zu sein, war damit ein miserables Vorbild und realisierte auch nicht, wie sehr sein Eigenbild und sein Fremdbild voneinander abwichen. Ihm fehlte letztlich das Korrektiv, das eine konstruktive Kritik darstellen kann, und er stolperte am Ende über seine Fehler. Ganz abgesehen davon, dass seine Kritikunfähigkeit auch uns Schüler lähmte, weil nichts so recht vorankam.

Konstruktive Kritik – was bringt dich voran?

Vielleicht ist es nicht immer leicht, sich Kritik gefallen zu lassen, besonders wenn diese sich auf eine neue Geschäftsidee oder ein innovatives Produkt bezieht, von der oder dem du selbst als Unternehmer oder Führungskraft gerade hoch begeistert, ja geradezu enthusiastisch überzeugt bist. Aber natürlich weißt du auch, dass Kritik, konstruktiv formuliert und gemeint, dich massiv nach vorne bringen kann. Mehr noch: Ohne wohlmeinende Kritik kann man sich gerade als Unternehmer böse verrennen. Ernst Ferstl wird der Spruch zugeschrieben: »Gerade weil wir alle in einem Boot sitzen, sollten wir froh darüber sein, dass nicht alle auf unserer Seite stehen.« Es ist also von Vorteil, wenn nicht alle deiner Meinung sind, sondern es jemanden gibt, der deine Ansicht kritisch reflektiert. Und seine Kritik natürlich auch nicht abwertend oder zerstörerisch vorträgt, sondern wertschätzend und konstruktiv. Ebenso ist Kritik von Kunden die beste Möglichkeit für dich im Unternehmen, Produkte und Leistungen weiterzuentwickeln und in einen positiven, konstruktiven kommunikativen Austausch mit diesen Kunden zu kommen. Dazu aber mehr in → **#Business_Hack_79** (A perfect Match – auf einer Wellenlänge mit dem Kunden).

Kritikfähigkeit – Kritik richtig annehmen

Die Kompetenz der Kritikfähigkeit zu entwickeln bedeutet, Kritik annehmen zu können und intelligent damit umzugehen. Dazu ein paar einfache Tipps:

1. Hör dir die Kritik zunächst an, lass dein Gegenüber ausreden, mach nicht sofort innerlich zu und kontere nicht gleich mit Gegenargumenten.

2. Wenn dich die Kritik innerlich trifft, atme durch und sortiere für dich selbst, ob sich die Kritik auf eine Sachlage bezieht (und ggf. inhaltlich berechtigt ist) oder ob sie dich als Mensch meint und beispielsweise ein bestimmtes Verhalten von dir kritisiert oder dich abwerten will. Dann gehst du vor, wie in Punkt 3 rsp. 4 beschrieben.

3. Fall 1: Im Fall, dass es sich um eine berechtigte Kritik an einem Sachverhalt handelt, danke deinem Gesprächspartner für den wertvollen Input. Du kannst ihn auch fragen, wie er zu diesem Schluss gekommen ist und ob er ggf. Lösungsideen oder Wünsche hat. Überlege dir, welche der berechtigen Lösungsideen oder Wünsche du in welcher Weise umsetzen kannst und wirst, und teile das dann der kritisierenden Person auch mit. Das zeugt von einer hohen Kompetenz der Kritikfähigkeit und richtet den Blick auf beiden Seiten komplett nach vorne, auf die Zukunft. Je ruhiger und kompetenter du mit der Situation umgehst, umso einfacher ist es für beide Seiten, mit der Situation umzugehen.

4. Fall 2: Wenn es sich um eine unberechtigte Kritik an einem Sachverhalt handelt oder du unberechtigterweise als Mensch angegriffen wirst, musst du die Kritik abwehren. Bleibe auch in diesem Fall möglichst ruhig und sachlich und distanziere dich in aller Klarheit von der unberechtigten Kritik. Sollte sich die Situation so nicht klären lassen, musst du ggf. eine dritte Person als Mediator hinzuziehen. Und zwar zügig. Denn sonst verhärten sich Fronten, und es bleiben nur Wunden statt positiver Lehren übrig.

5. Auch wenn nicht jeder Kritikfall perfekt aufgelöst werden kann, so lerne, Groll loszulassen und nicht nachtragend zu sein. Der Einzige, dem du damit schadest, bist du selbst. Sieh immer zu, dass du etwas Konstruktives aus der Kritik ziehst und sie dich als Lehrstück nach vorne bringt.

Selbst konstruktive Kritik äußern

Zur Kritikfähigkeit gehört auch, dass du weißt, wie du selbst Kritik so formulierst, dass sie konstruktiv und nützlich ist.
Meine Tipps:

- Versetze dich zunächst immer in die Situation des Kritisierten und übe dich in Empathie, in Mitgefühl und Verständnis für den Kritisierten.

- Trenne immer Sach- und Persönlichkeitsebene: Richte deine Kritik immer an der Sache aus, am fehlerhaften Produkt, der mangelnden Leistung oder einem unglücklichen Verhalten. Kritisiere nicht die Person als Mensch. Auch wenn sich jemand unkorrekt verhalten hat, sollte deine Kritik die Person nicht als Mensch abwerten, sondern nur das betreffende Verhalten adressieren.

- Ganz wichtig: Kommuniziere dabei immer aus der »Ich-Perspektive« in der Art: »Für mich sieht es so aus, dass …«, »Bei mir kommt das so an, dass …«, »Mein Eindruck ist …«, »Womit ich nichts anfangen kann«, »An diesem Punkt gehen unsere Meinungen auseinander« oder Ähnliches.

- Füge deiner Kritik nach Möglichkeit Verbesserungshinweise hinzu. Etwa in der Art: »An der Stelle können wir noch weiterdenken«, »Hier hast du eine Idee ins Spiel gebracht, die absolut ausarbeitungswürdig ist«, »Der Denk-/Argumentationsansatz ist nachvollziehbar, dennoch schlage ich vor …«

Konstruktive Kritik zu üben ist für dich als Führungspersönlichkeit absolut unerlässlich, denn z.B. gerade in Mitarbeitergesprächen (→ **#Business_Hack_45**), Konfliktgesprächen (→ **#Business_Hack_47**) und Kritikgesprächen (→ **#Business_Hack_48**) wirst du mit dieser kommunikativen Kompetenz dazu beitragen, dass Dinge sich weiterentwickeln, und vermeiden, dass Menschen sich in reine Abwehr- oder Verteidigungshaltung flüchten oder dauerhaft schlechte Gefühle die Atmosphäre vergiften und letztlich die Performance schädigen.

VOM KNOW-HOW ZUM DO-HOW

Kritik und Lob/Anerkennung (→ **#Business_Hack_46**) sind wie Wegbegrenzungen auf der Reise zum Ziel. Konstruktive Kritik ist immer auch Feedback und damit ebenso notwendig und voranbringend wie Lob und Anerkennung. Beides braucht sich und wir brauchen beides, um wirksam führen zu können, daher hier

1. Reflexion:

– Wie geht es mir, wenn jemand mir gegenüber Kritik übt?
– Kann ich den Sachaspekt der Kritik vom persönlichen Aspekt lösen?
– Woran erkenne ich, wie berechtigt Kritik ist?
– Welche Strategie habe ich, mit unberechtigter Kritik umzugehen?

2. Übung:

– Wie gut ist meine eigene Kritikfähigkeit ausgeprägt?
– Welches Wording kann ich in meinem beruflichen Umfeld am besten nutzen?
– Mit welchen Wordings stelle ich sicher, selbst sachlich korrekte und konstruktive Kritik zu üben?

#BUSINESS_HACK_26

Rapport herstellen können – deine Superkraft

Manche Menschen scheinen eine Superkraft zu besitzen: Sie können einfach jeden im Gespräch »bezaubern«. Sie bauen direkt einen verbindlichen Kontakt zu ihrem Gegenüber auf, finden immer einen guten Draht, sind dabei ganz selbstsicher und ganz »bei sich« – und doch auch »ganz beim Gesprächspartner«. Kurz: Sie verstehen es hervorragend, Rapport herzustellen. Unter Rapport versteht man die positive, von Verständnis und Vertrauen geprägte Beziehung zwischen Menschen.

Dagegen ist die Normalität (leider), dass in der zwischenmenschlichen Kommunikation – gerade auch im Business mit vielen kurzen Gesprächen zwischen eher oberflächlich bekannten Menschen – oftmals viel Missverständnis herrscht. Ganz zu schweigen von Verkauf und Vertrieb, wo man ja ständig mit wechselnden unbekannten Menschen kommuniziert und daher Missverständnisse vorprogrammiert sind. Mit Missverständnis meine ich gar nicht Streit und auch nicht Misstrauen, sondern die generelle Schwierigkeit von Menschen, ihr Gegenüber ohne genauere Kenntnis gut und richtig zu verstehen, ohne dabei gleich eigene Einstellungen und Bewertungen, Vorurteile und Urteile, Interpretationen und Fehlinterpretationen einzubringen. Verstehen aber ist die Grundvoraussetzung von Verständnis. Und Verständnis wiederum ist eine Grundvoraussetzung dafür, anderen Menschen auf ihrem Level, auf Basis ihrer Bedürfnisse und Wünsche, auf Augenhöhe zu begegnen. Und mit Verständnis lässt sich auch Rapport, der gute Kontakt zum anderen herstellen. Kurz: Rapport ist eine Superkraft, die dich überzeugend macht. Ein Business-Hack für bessere Ergebnisse in Gesprächen mit Mitarbeitern (→ **#Business_Hack_45**), in Verhandlungen, in Vertrieb und Verkauf (→ **#Business_Hack_79**).

Die »Hand des Rapports«

Die gute Nachricht ist: DU als Unternehmerin oder Unternehmer kannst diese Superkraft (→ **#Business_Hack_1**) erlernen und trainieren. Wir bei Buhr & Team haben dafür auf Basis psychologischer Erkenntnisse und des NLP (Neurolinguistisches Programmieren, vereinfacht gesagt eine Methodensammlung zur Veränderung psychischer Programme bei Menschen) ein einfaches System entwickelt. Wir nennen es »die Hand des Rapports«. Deine fünf Finger plus deine Handfläche stehen für sechs Punkte, auf die du achten kannst, um einen Rapport zu deinem Gesprächspartner herzustellen. Es ist quasi die Hand, die du deinem Gesprächs- oder Verhandlungspartner reichst.

Der Daumen beschreibt dabei die Wahl des Ortes für ein Gespräch, der entscheidende Impulse setzt: Wer ist wessen Gast? Wer bewegt sich im gewohnten Habitat und damit dem Machtbereich des anderen, muss sich daher aus dessen »Kraftfeld« befreien? Oder gewährst du deinem Gegenüber gar die Wahl des Ortes und gestehst ihm damit den leichten Machtvorteil des gewohnten Einflussbereichs zu?

Der Zeigefinger bezieht sich auf die Wahl der Uhrzeit. Auch diese ist wichtig, wenn du Rapport zu deinem Gesprächspartner herstellen willst. Im ungünstigen Fall verbaust du ihm (oder er dir) mit der Wahl der Gesprächszeit eine gute Vorbereitung oder günstige Zeitsituation. Manche Menschen »funktionieren« vormittags besser, manche denken nachmittags schneller. Manche kommen mit sehr schneller Taktung klar rsp. nicht klar, andere wollen bekanntermaßen »kurz vor Feierabend« keine weittragenden Entscheidungen mehr treffen. Wenn dir daran liegt, einen guten Rapport herzustellen, könntest du deinem Gegenüber bezüglich der Uhrzeit entgegenkommen.

Dem Mittelfinger ist die Wahl der Sitzposition zugewiesen. Hier beachtest du den 90-Grad-Winkel: Schreibst du mit rechts, sitzt der Gesprächspartner oder Kunde links von dir, bist du Linkshänder, sitzt er rechts – stets also an der offenen Seite, von wo aus er im »Ernstfall« in deine Notizen schauen kann und du ihm die »ungeschützte Flanke« offerierst. Das wirkt vertrauensbildend.

Der Ringfinger erinnert dich daran, durch die Spiegelung von Körpersprache, Mimik und Gestik des Gesprächspartners einen Einklang herzustellen. Du hast vielleicht schon von den Konzepten des Pacing and Leading im NLP gehört. Was auch immer man über das NLP denken mag, diese beiden Konzepte jedenfalls funktionieren. Pacing bedeutet übersetzt »Schritt halten«. Du hältst also Schritt mit den Bewegungen, der Körperhaltung, der Gestik, der Mimik, ggf. auch der Atemfrequenz und Stimmlage rsp. Sprachwahl (z.B. Dialekt, gehobene oder flapsige Ausdrucksweise) sowie der Sprechgeschwindigkeit deines Gegenübers. Indem du diese beim »Schritt halten« also mehr oder minder spiegelst, stellt sich ein Gleichklang, eine gefühlte Vertrautheit ein. Im »Leading«, im Führen kannst du diese Elemente ggf. einsetzen, um das Gespräch oder die Verhandlung zu modulieren: Du kannst ein Gespräch beispielsweise schneller oder langsamer machen, in eine Richtung lenken und zu einem gemeinsamen konsensuellen Ende führen.

Der kleine Finger soll dich daran erinnern, stets positive Merkmale beim anderen zu suchen, sodass er dir sympathisch wird. Damit geht es dir selbst gut, und du kannst »spielerisch leicht« aufschlagen, findest schnell in eine gute Arbeits- oder Verhandlungsatmosphäre. Und natürlich kannst du dies auch verbalisieren: Wie toll die Zusammenarbeit läuft, wie schön es ist, dass ihr die gleichen Ziele verfolgt, in die gleiche Richtung schaut und denkt, wie konstruktiv du das Gespräch empfindest. Das bringt eine gute Tonalität in das Gespräch oder eure Verhandlung. Und es lässt dich strahlen.

Zuletzt: der Handballen. »Mit großer Macht geht große Verantwortung einher« – ob dieser Spruch nun aus dem alten China, dem Spider-Man-Universum von Stan Lee oder von sonst woher stammt, er enthält viel Wahrheit und soll dich daran erinnern, dass deine »Zauberkraft«, Rapport herstellen zu können, nicht der Manipulation deines Gegenübers dienen soll, sondern einzig, ein gutes Einverständnis herzustellen. Mit Rapport kann eine positive und unterstützende Atmosphäre entstehen, in der ihr gut zusammenarbeiten, zu geschmeidigen Entscheidungen und guten Abschlüssen kommen könnt.

VOM KNOW-HOW ZUM DO-HOW

Öffne die »Hand des Rapports«

Entwickle deine Superkraft und trainiere die 5 + 1 Aspekte der »Hand des Rapports«, damit dir alle wichtigen Gespräche leicht(er) fallen und du als positiver, strahlender Gesprächspartner wahrgenommen wirst:

1. Mein Daumen erinnert mich an: _____

2. Mein Zeigefinger erinnert mich an: _____

3. Mein Mittelfinger erinnert mich an: _____

4. Mein Ringfinger erinnert mich an: _____

5. Mein kleiner Finger erinnert mich an: _____

6. Meine Handfläche erinnert mich an: _____

#BUSINESS_HACK_27

Zuverlässig als Vorbild handeln

»Jaja, Wasser predigen und Wein trinken …« »Das nehme ich dem einfach nicht ab.« »Übles Greenwashing, was der da betreibt.« »Was für eine falsche Kuh, das glaubt die doch selbst nicht.« »Die Wärme in diesem Unternehmen stammt von der Reibungswärme, die entsteht, wenn dich der Chef über den Tisch zieht.« Das Urteil von Mitarbeitenden, Externen oder Kunden über Führungskräfte fällt oft harsch aus. Und meist bezieht es sich im Kern auf nicht eingehaltene Werteversprechen, die diese Person wissentlich oder unwissentlich abgegeben hat. Und die Menschen von jenen Menschen erwarten, denen sie vertrauen sollen. Denen sie folgen, zuarbeiten, die sie als Autorität (und nicht als autoritär) mit Respekt erleben sollen. Denn an ethischen Werten hängt, mit ihnen steht und fällt alles. Deshalb ist es wichtig, dass du stets und zuverlässig das vorlebst, was deinen Werten (→ **#Business_Hack_23**) entspricht. »Zuverlässig als Vorbild handeln«, daran entscheidet sich, ob Mitarbeitende oder ob dein Team dir aus Überzeugung folgen und dir Autorität zuweisen – oder eben nicht. Ein großer Hebel, ein starker Business-Hack.

Taten sprechen lauter als Worte

Als Führungskraft musst du Vorbild sein, deine Maxime sollte lauten: »Walk the talk!« Walk the talk bedeutet schlicht, dass Theorie zur Praxis wird. Aus Gedanken werden Worte. Worte werden zu Taten. Und diese Übereinstimmung zwischen deinen Worten und deinen Taten, deinen ideellen Werten und deinem Tun, muss verbindlich und dauerhaft sein. Echte Kongruenz, schlichte Authentizität. Schon ganz gut.

Wenn du Wasser predigst und Wein trinkst, verlierst du deine Glaubwürdigkeit und Autorität. Wenn du aber deine Werte konsequent mit Leben füllst, wirst du nicht nur als zuverlässig empfunden, du wird auch das innere Glück und die Kraft genießen, die dir diese Kohärenz für deine Arbeit gibt.

Kohärenz bringt dich noch weiter als Authentizität

Oft heißt es, Führungskräfte sollten vor allem authentisch sein. Das ist mir noch zu wenig. Genau betrachtet, bedeutet »authentisch« nur, dass jemand im Einklang mit sich ist oder zumindest so wirkt, dass er zu sich selbst mit all seinen Stärken und Schwächen steht. Das griechische »authentikós« bedeutet »echt«. Jemand kann also auch ganz authentisch ein echter »Vollhorst« sein ... Ich habe authentische Manager erlebt, die ehrgeizig und mit den für das Unternehmen falschen Werten unterwegs waren. Das wird oft dann deutlich, wenn außergewöhnliche Herausforderungen zu meistern sind. Corona kann auch hier ein Katalysator für das Entlarven von »dramatisch unterkomplexen Vollhorsts« sein. Nicht lustig. Zugegeben.

Ich bin der Meinung, dass die Forderung nach der authentischen Führungskraft schlicht zu kurz gegriffen ist. Du musst als Führungspersönlichkeit nicht nur »echt« sein, sondern verbindlich werteorientiert handeln. Du musst einen inneren Zusammenhang zwischen Werten und Verhalten vorleben.

Diesen Zusammenhang zwischen ethischen Werten und dem eigenen Handeln können wir auch Kohärenz nennen. Kohärent handelst du als Führungspersönlichkeit dann, wenn du konsequent auf Basis deines Wertesystems agierst. Dann strahlst du Vertrauenswürdigkeit und Zuverlässigkeit aus. Wer als Führungskraft nicht vertrauenswürdig, nicht konsequent und nicht zuverlässig ist, wird Mitarbeitende haben, die maximal als Befehlsempfänger agieren, aber niemals aus Überzeugung. Er oder sie strahlt aus, dass er es nicht wert ist, dass man ihm vertraut, und dass Zuverlässigkeit keine Tugend ist, die von den Mitarbeitern erwartet wird. Konsequenz ist eine Grundtugend der Zuverlässigkeit; wer sein Fähnchen in jeden Wind hält, wird weggeweht. Konsequenz gibt zudem die Spielregeln vor, an die sich alle zu halten haben.

Konsequenz ist eine Grundtugend der Zuverlässigkeit

Regeln sind in Organisationen unentbehrlich – und regelwidriges Verhalten muss Konsequenzen nach sich ziehen. Zuverlässig. Ob ein Verhalten regelwidrig ist, richtet sich nach den grundlegenden Werten, die in der Organisation von allen geteilt werden. Basis sind demnach die ethischen Wertvorstellungen, auf die sich eine Organisation – deine Firma, dein Vertrieb, dein Team – verständigt hat. Also zeichnet dich als vertrauenswürdige Führungspersönlichkeit außerdem aus,

1. dass du dir über deine eigenen Werte, Überzeugungen und Glaubenssätze klar bist (→ **#Business_Hack_17**),
2. dass du diese innere Klarheit in dein äußeres Tun übersetzt und
3. dass du deine eigenen Werte, Überzeugungen und Glaubenssätze im Idealfall in Übereinstimmung mit den Werten bringst, die das Unternehmen vertritt, in dem du arbeitest (→ **#Business_Hack_8**). Denn sonst würdest du konsequent gegen deine inneren Überzeugungen handeln, gegen dich selbst kämpfen. Damit würdest du deine Motivation, Begeisterung und Leistungsfreude vernichten – und über kurz oder lang auch deine Glaubwürdigkeit in der Öffentlichkeit.

Wann ist dein (Führungs-)Verhalten authentisch, kohärent und verbindlich? Die einfache – und doch so schwierige – Antwort ist: Wenn es erstens von dir selbst und zweitens von deinem Umfeld – deinen Mitarbeitern zum Beispiel – so empfunden wird. Du persönlich kannst dein Handeln als authentisch oder aufgesetzt beurteilen – Außenstehende oder deine Mitarbeiter können das nicht. Denn diese haben im Allgemeinen keine wirkliche Kenntnis von deinen Wertvorstellungen. Was sie beurteilen können, ist, ob ihnen dein Verhalten als konsequent auf die Werte deines Unternehmens bezogen erscheint. Ist dies der Fall, wirst du als authentisch und glaubwürdig erlebt.

Die meisten Menschen glauben, dass sie von anderen als authentisch oder kohärent handelnd empfunden werden müssten – weil sie sich selbst so empfinden. Das ist jedoch ein Trugschluss. Damit du es besser machen kannst, hier ein paar Übungen und Reflexionen.

VOM KNOW-HOW ZUM DO-HOW

Übung 1: Eigene innere Werte ermitteln

Wer nicht weiß, wo er steht, kennt auch nicht die Richtung, in die er gehen muss – und noch viel weniger, wohin er andere führt! Deine inneren Werte, deine tief verankerten Überzeugungen, das sind auch deine Motivatoren. Sie treiben dein Leben und Streben mit Energie voran. Wenn du dich mit diesen Motoren bewegst, wird jede Bewegung leicht. Wenn du dagegenarbeitest, wird auf Dauer alles schwer und laugt dich aus.

Daher solltest du in Abständen von zwei bis drei Jahren die Werte ermitteln, die wesentlich für dich sind, und sie mit den Werten abgleichen, die in deinem Unternehmen gelebt werden.

1. Mache eine Liste aller Werte, die dir etwas bedeuten. Teste dann jeden Wert gegen jeden anderen mit dem Ziel, nur drei bis fünf Werte übrig zu behalten: Du musst dich immer entscheiden.

2. Arbeite deine Werteliste so lange durch, bis schlussendlich drei bis fünf Topwerte übrig sind, die dir wirklich wichtig sind: Sie sind wesentlich. Sie bestimmen dein Wesen und machen dich aus.

3. Gleiche diese Werte mit dem Wertekodex deines Unternehmens ab. Findest du sie – und damit dich – dort wieder, wirst du deiner wichtigen und notwendigen Vorbildfunktion problemlos gerecht werden können.

Übung 2: Eigen- und Fremdbild abgleichen

1. Hole von Dritten – deinen Mentoren, guten Bekannten, vertrauenswürdigen Kollegen, deiner Mastermind-Gruppe (→ **#Business_Hack_11**) – möglichst detailliertes Feedback darüber ein,

   - wie deine Außenwirkung im Unternehmen, im Business und im Privatleben ist. Hier geht es um Beschreibungen, nicht um Wertungen.
   - welche Vermutungen diese bezogen auf dein Wertesystem hegen. Also Vermutungen darüber: Was treibt dich wirklich an, welche Überzeugungen sind dir im Innersten eigentlich wichtig?
   - wie stark in Übereinstimmung mit diesen Werten handelnd du wahrgenommen wirst.

→

2. Gleiche nun Eigenbild und Fremdbild miteinander ab.

3. Wenn du eine gute Gruppe von Menschen gefunden hast – solche, die versuchen, wirklich ehrlich und aufrichtig zu sein, die dich nicht spaßeshalber verletzen oder dir nur schmeicheln wollen –, werden dir die Ergebnisse vielleicht auch mal wehtun. Aber es ist ein heilender Schmerz! Ich verspreche dir, du wirst zu neuen Einsichten gelangen. Nicht nur darüber, wie das dir »unterstellte« Wertesystem aussieht, sondern auch darüber, wie stark du in Übereinstimmung mit dir selbst empfunden wirst. Am Ergebnis kannst du nur wachsen: Nur kohärentes Handeln ist fokussiert, klar und erfolgreich. Nur so kannst du in der Führung zu einem kraftvollen und motivierenden Vorbild werden.

Tipp: Wenn du noch professioneller vorgehen willst, kannst du auch eines der bekannten Persönlichkeits-Diagnostik-Tools nutzen (→ **#Business_Hack_26**), die ebenfalls deine Werte und Einstellungen analysieren.

#BUSINESS_HACK_28

Den »inneren Hebel« nutzen – schneller wahrnehmen und handeln

Wir alle kennen diese faszinierenden Stories von Feuerwehrleuten, die bei Einsätzen zu Helden wurden, weil sie kurz vor einer Explosion noch einen Menschen aus einem brennenden Haus gerettet haben. Weil sie in absolut unübersichtlichen Situationen genau richtig gehandelt haben – ohne eigentlich die Möglichkeit gehabt zu haben, (über den tausendfach trainierten Umgang mit Risiken hinaus) zu analysieren und überlegt zu agieren. Mit schlafwandlerischer Sicherheit haben sie einfach die richtigen Entscheidungen getroffen. Und zwar in Sekunden-, ja in Millisekundenschnelle und unter größtem Druck und hohem Einsatz. Wie sie das machen? Indem sie ihrer Intuition folgen. Was genau in solchen Situationen bei den Betreffenden abläuft, haben Forscher nachvollzogen: Intuitiv werden Hunderte, wenn nicht Tausende von gespeicherten Miniinformationen von anderen Bränden oder Krisensituationen abgeglichen, aus denen eine machtvolle, eine entscheidende Information entsteht:»Hier stimmt was nicht!« Der Körper handelt dann automatisch. Das sind die Millisekunden, die Menschen vor Explosionen oder Einstürzen bewahrt haben. Intuition verleiht uns eine Reaktionsschnelligkeit, die sich kaum erklären lässt. Aber sie lässt sich trainieren. Und wenn du das tust, erzeugst du damit einen starken Business-Hack für dich und dein unternehmerisches Handeln.

Intuition im Business schärfen

Wenn wir die Verhaltensmuster erfolgreicher Menschen genauer betrachten, werden wir eine bemerkenswerte Feststellung machen: Viele Topunternehmer treffen ihre beruflichen und geschäftlichen Entscheidungen nicht nur über den Weg der Ratio, sondern auch »aus dem Bauch heraus«, also intuitiv. Sie haben gelernt, auf ihre innere Stimme zu hören, die ihnen sagt, was zu tun ist. Natürlich lautet die Erfolgsformel nicht: gefühlsmäßige Bewältigung von komplizierten Situationen statt rationaler Lösungen. Entscheidungen sollten nicht auf Basis nur einer Information, der Darstellung nur einer »Seite«, also eindimensional getroffen werden. Damit meine ich, dass weder ausschließlich die rationale oder die emotionale Ebene zur Entscheidungsfindung herangezogen werden sollte, sondern beide gemeinsam. Die innere Entscheidungsebene, die wir erspüren, wird auch als Intuition bezeichnet. Sie hilft uns, sämtliche Wahrnehmungen, Erklärungen und Deutungen als Teil eines Lernprozesses effektiver zu begreifen und aufzuschlüsseln, als dies der Verstand alleine kann. Für das Phänomen der Intuition gibt es vielfältige Erklärungen und Beschreibungen: Goethe sprach von einer Offenbarung, die sich aus dem inneren Menschen entwickelt. C. G. Jung verstand darunter eine Art instinktives Begreifen. Beide Erklärungen laufen darauf hinaus, dass wir Dinge erkennen und verstehen, ohne das Wie und das Warum komplett erklären zu können. Intuition ist quasi – so möchte ich es beschreiben – geronnene Erfahrung, die auf bewussten und unbewussten Wahrnehmungen beruht und im richtigen Moment als ein Erkenntnisfunken aufblitzt.

Intuition als aktualisiertes Erfahrungswissen

Auf deine Intuition als zusätzlichen (also nicht: alleinigen) Ratgeber zu setzen, macht dich schnell, führt dich zu schnelleren und oft auch tiefgründigen, umfassenderen Entscheidungen (→ **#Business_Hack_10**). Intuition ist spontan und kann Zusammenhänge ganzheitlich und umfassend erfassen. Sie fußt auf der Summe deiner bereits gemachten Erfahrungen und ist damit quasi internalisiertes Wissen, das in Millisekunden aktiviert werden kann. Allerdings können wir unsere Intuition nicht »herbeizwingen«. Sie folgt ihren eigenen Regeln und ist kein Feature, das wir auf Knopfdruck abrufen können – so schön dies auch wäre.

Zu bedenken ist weiterhin: Bedauerlicherweise ist nicht jede spontane Eingebung, jedes Bauchgefühl gleich schon eine Intuition. Oft sind es auch gelernte Äußerungen oder Glaubenssätze anderer Menschen, die sich auf diese Art bei uns melden. Das macht das Erkennen schwer. Hier hilft dir die Introspektion (→ **#Business_Hack_1** und → **#Business_Hack_8**) weiter: Wenn du dich häufig und intensiv mit deinen spontanen Ideen auseinandersetzt und sie hinterfragst, kann dir das helfen, zwischen Beeinflussung (übernommene Glaubenssätze anderer) und Intuition (deinem inneren Wissen) zu unterscheiden.

Intuition bedarf des Trainings

Vielleicht verstehst du dich als einer jener »knallharten Macher«, die gerne einwenden, dass sie keine Zeit dafür haben, ihre Intuition zu schulen. Oder dass sie einfach keinen Zugang zu ihrer Intuition haben. Falls du zu Ersteren gehörst, möchte ich dir eine Geschichte erzählen: Es war einmal ein Bauer, der nie die Nester seiner Hühner mit den schönen Eiern finden konnte. Jeden Abend fragte ihn seine Frau, ob er denn nun einen Hühnerstall gebaut habe, damit die Hühner nicht immer abhauen könnten – und jeden Abend verneinte der Bauer mit dem Hinweis, er habe dafür keine Zeit gehabt, schließlich habe er den ganzen Tag damit verbracht, hinter den Hühnern herzurennen und ihre Nester zu suchen …

Tja. Manchmal muss man ein wenig Zeit investieren, um viel Zeit sparen zu können! Genauso kann man etwas Zeit ins Training seiner Intuition investieren, um letztlich viel Zeit durch falsche Entscheidungen zu sparen. Denn falsche Entscheidungen kosten immer viel Zeit! Durch unsere Intuition verfügen wir über eine Kompetenz, komplexe Sachverhalte schnell zu erfassen und aus den Handlungsoptionen eine passende auszuwählen. Allerdings müssen wir »Intuition lernen«.

Wenn du zu der Gruppe von Menschen gehörst, die von sich behauptet, grundsätzlich keinen Zugang zu ihrer Intuition zu finden, kann ich versichern, dass du sehr wohl in der Lage bist, Vergessenes, Verschüttetes wieder aufzurufen. Dabei speist sich die Intuition aus mehreren Quellen: aus der Verbindung zu deinem »inneren Minister im Bauch«, der sich eigentlich sowieso zu allem meldet, und aus vieltausendfachen Minierfahrungen, die du in deinem bisherigen Leben bewusst und unbewusst bereits gemacht hast und die deine Intuition in Millisekunden zu einer Entscheidungseinheit zusammenruft. Wie schon gesagt: Intuition ist keine Magie, sondern speist sich aus der Summe unserer Erfahrungen, die sich zu einem Wissen verdichtet hat, welches sich in kürzester Zeit aktualisieren kann.

Einfach intuitiv – das Richtige im passenden Augenblick entscheiden und tun

Natürlich ist die Stärkung der und das Hören auf die Intuition nur eine Möglichkeit von mehreren, um Komplexität zu reduzieren und Entscheidungen zu treffen. Im nächsten Schritt filtern wir (sofern wir – im Gegensatz zu den oben genannten Feuerwehrleuten – die Zeit im Entscheidungsprozess haben) die intuitiven Eingebungen durch unsere Ratio. Das macht ja auch Sinn, denn die neuere Forschung kommt wie oben beschrieben zu dem Ergebnis, dass sich das intuitive Wissen immer aus vergangenen Quellen speist. Aus der Summe der bisherigen Erfahrungen und bisherigen Entscheidungen. Daher gleichen wir innerlich meist direkt unser intuitives Wissen gegen rationale Überlegungen ab. Oft genug handeln wir dann – besonders, wenn wir unsre Intuition nicht trainiert haben und ihr daher weniger vertrauen – entgegen unserer Intuition. Entgegen unserem eigentlich »besseren Wissen«. Diese schlechte Erfahrung haben wir sicher auch schon mal alle gemacht. Daher ist das Training der eigenen Intuition eine wertvolle Hilfe. Denn: Intuition ist einfach entscheiden(d).

VOM KNOW-HOW ZUM DO-HOW

Um deine Intuition zu trainieren, gibt es einfache Übungen, die deine Aufmerksamkeit auf dein Inneres lenken und schon nach kurzer Zeit als mentale Business-Hacks wirken.

Übung 1: Mental Cleaning

Eine dieser Übungen ist das »Mental Cleaning«, das »Reinigen des Rucksacks« (Clean your Bag).

Das heißt konkret: Mach es dir jeden Abend zur Pflicht, »deinen Rucksack zu leeren« – und wenn es nur fünf Minuten sind. Du wirst dich sofort leichter fühlen und dich besser fokussieren können. Ganz nebenbei wirst du auch durch eine bessere Schlafqualität belohnt werden.

Stell dir jeden Abend diese drei Fragen (siehe auch EMTB):

1. Was habe ich heute lernen können?

2. Worüber habe ich mich heute von Herzen gefreut? (Manche Menschen schreiben dies jeden Abend in ein Erfolgstagebuch, das direkt neben ihrem Bett liegt.)

3. Wofür bin ich dankbar? Es reicht eine einzige Idee, die du mit in den Schlaf nimmst. Oft wächst sie bis zum anderen Morgen zu einer größeren Inspiration an.

Übung 2: Intuition schärfen

Um deine Intuition zu schärfen und einen besseren Zugang dazu zu bekommen, benötigst du einen guten Kontakt zu deiner Gefühlsebene. Voraussetzung dafür ist, dass du deine eigenen Gefühle wahrnimmst. Heute bezeichnet man diese bewusste Wahrnehmung und Fokussierung auf die eigenen Gefühle auch als »Achtsamkeit«. Hier drei Impulse, mit denen du deine Intuition schärfen kannst:

1. Mache dir drei- bis fünfmal täglich bewusst, was du fühlst: Benenne deinen momentanen emotionalen Status, dein Gefühl mit konkreten Worten. Das machst du nicht laut, sondern in Gedanken. Sei möglichst präzise, achte auf deine Wortwahl.
Wichtig: Bewerte die Gefühle, die du (emp)»findest«, nicht, beschreibe sie nur. Das aber möglichst genau.

2. Eine lustige Übung zur Schärfung deiner Intuition: Wenn das Telefon klingelt, versuche zu erspüren, wer dran sein könnte. Mach ein Spiel daraus!

3. Wenn du künftig eine Entscheidung triffst, achte bewusst auf deine erste spontane Eingebung dazu und fassen diese in Worte. Vergleiche, zu welchem Ergebnis du bei logischer Abwägung der vorliegenden Fakten kommst. Dann wäge beide Entscheidungsmodelle in ihren möglichen Auswirkungen ab.
Auf diese Weise bekommst du ein feineres Gespür für die Abläufe auf deiner Gefühlsebene und öffnest dich für deine intuitiven Eigenschaften.

#BUSINESS_HACK_29

Stabilität in der VUKA-Welt behalten

Volatil, unsicher, komplex und ambivalent – das ist die Welt, in der wir leben und arbeiten: die »VUKA-Welt«. Eigentlich ja schon immer. Aber seit Digitalisierung und Globalisierung einerseits und den Krisenwellen der letzten Jahrzehnte andererseits gefühlt immer stärker. Und Corona hat das Drehmoment in dieser Hinsicht zweifellos noch mal erhöht und sie noch volatiler, unsicherer, komplexer und ambivalenter gemacht. In bisher fast unbekannter Nachdrücklichkeit und rasanter Geschwindigkeit. Klar ist: Auch »nach« dem Veränderungsdruck von Corona wird sich diese Welt gefühlt nie wieder langsamer drehen. Menschen suchen nach Griffen zum Festhalten. Sicherheit und Orientierung – diese Werte sind und bleiben gefragter denn je. Und es ist deine Aufgabe als Führungspersönlichkeit, für beides einzustehen und zu kämpfen. So gut es geht. Dafür sind nicht nur ein hohes Maß an innerer Stärke (→ **#Business_Hack_3**) und Selbsterkenntnis (→ **#Business_Hack_17**) notwendig – du musst auch noch mehr an deine Mitarbeitenden, an deine Kollegen, an deine Kunden und auch deine Lieferanten rsp. Zulieferer denken. Für sie sorgen. Sicherheit ausstrahlen. Stabilität bieten. Wenn du ein stabilisierender Faktor in deren Erfahrungswelt wirst, sicherst du auch deine Zukunft und die deiner Firma. Dafür möchte ich dir hier einige Gedanken und Impulse geben.

Impuls 1: Stabiles Ich in der VUKA-Welt

Mehr denn je bist du als Führungspersönlichkeit auch Coach für deine Mitarbeitenden, deine Teams. Deine Aufgabe ist es, für sie die Welt ein kleines bisschen weniger volatil, etwas einfacher, etwas sicherer und eindeutiger zu machen (um in der VUKA-Terminologie zu bleiben). Du bist quasi die Antimaterie der VUKA-Welt. Das kannst du zum Beispiel tun, indem du deine Mitarbeiter stärkst, in ihre Weiterbildung und Weiterentwicklung investierst. Sie ermutigst, auf ihre Fähigkeiten und Potenziale zu vertrauen. Dafür brauchst du selbst die nötige

Resilienz (→ **#Business_Hack_3**), musst deine eigenen Ressourcen aufbauen. Für dich selbst ist es wichtig, achtsam zu sein und im Alltag genügend Entspannungsphasen einzubauen. Du solltest dir auf jeden Fall angewöhnen, dir jeden Abend ein paar Minuten Zeit zu nehmen, um über den Tag zu reflektieren und deinen »Rucksack zu leeren« (→ **#Business_Hack_16**). Nimm ggf. die Unterstützung eines Coachs in Anspruch (→ **#Business_Hack_8**), denn um Stabilität auszustrahlen, brauchst du selbst ein stabiles »Ich«. Nur wer in seiner Kraft ist, kann unterstützen, kann vorangehen und Orientierung geben.

Impuls 2: Auftrag zur Verantwortung annehmen

Auch in einer Krise hast du, wie bei jeder Herausforderung, die Wahl. Du musst dich entscheiden: Willst du die Situation als Hindernis sehen, willst du dich als Opfer der Umstände fühlen? Willst du hoffen, möglichst schnell zum alten »Business as usual« zurückkehren zu können? Bad News: Das wird nicht mehr passieren!

Besser, du entscheidest dich dafür, die Situation aktiv anzunehmen. Das ist anstrengend, zugegeben. Du wirst noch mehr Extrameilen gehen müssen. Du wirst dich darauf fokussieren müssen, was wirklich zählt: als Vorbild voranzugehen (→ **#Business_Hack_27**). Dafür musst du dir deiner moralischen Werte sehr bewusst sein. Du musst dir selbst einen festen Stand verschaffen, um von dort aus die mögliche Zukunft zu gestalten. Diese Verantwortung bedeutet immer auch, Krise als das »New Normal« anzunehmen, Change als Chance zu sehen (→ **#Business_Hack_36**) und auf neue Märkte, Produktmöglichkeiten, Entwicklungen zu fokussieren (→ **#Business_Hack_90**). Richte deinen Blick immer hinter den Horizont, auch wenn die Wolken ihn verdecken.

Impuls 3: Alte Denkmuster brechen

Die normative Kraft des Faktischen zwingt dich in der VUKA-Welt, deine bisherigen Gewissheiten und Glaubenssätze zu überdenken. Mit einem alten Mindset lassen sich keine neuen Herausforderungen meistern. Und schon gar keine neuen Chancen erkennen. Brich deine alten Denkmuster und auch die deiner Firma auf. Frage dich: »What if …?« Was wäre, wenn es doch klappen würde? Was wäre, wenn unsere neue Idee funktionierte? Was wäre, wenn wir unsere Produktpalette in diese oder jene Richtung ändern oder ausbauen würden? Nutze bewährte Techniken und Methoden, um deine alten Denkmuster aufzubrechen (→ **#Business_Hack_12** Kreativitätstechniken – einfach mehr Output und Ideen), und generiere so mehr Output, Ideen, Lösungsansätze.

Ein augenfälliges Beispiel: Wer bisher skeptisch gegenüber Tools wie Microsoft Teams oder Zoom war, durfte dank Corona erleben, wie sich solche Haltungen beinahe über Nacht ändern. Und zwar weltweit. Ein ähnliches Umdenken und Überdenken hilft vielleicht auch, den Workflow zu optimieren oder alte Strukturen zu überwinden. Das Argument »Das haben wir schon immer so gemacht« hatte zwar noch nie eine besonders hohe Tragfähigkeit, inzwischen jedoch grenzt der Satz fast ans Absurde. Alte Denkmuster aufzubrechen, bedeutet auch, neue Skills erwerben. Wer neu denkt und Neues denkt, der muss auch umsetzen können. VUKA (und Corona) sind die Lizenz zum Erwerb neuer Kompetenzen. Antizyklisches Investment in Denkkapazität.

Bleiben wir beim obigen Beispiel der Remotetools: Da viele Teams in der Coronazeit stark virtualisiert und digitalisiert zusammenarbeiten, haben wir dadurch die Chance, neue Regeln auszutesten, Kommunikation digitaler zu machen und neue Routinen aufzubauen – und so letztlich ein anderes Selbstverständnis für uns selbst und unsere Arbeit zu erschaffen. So werden wir ganz nebenbei auch zu Experten in der Nutzung digitaler Tools und eignen uns Fähigkeiten an, die wir morgen brauchen werden, um weiterhin erfolgreich zu sein.

Impuls 4: Die Zukunft entwerfen

Krisen kommen und gehen – aber die VUKA-Herausforderungen werden bleiben. Es werden neue Verwerfungen, Disruptionen auftreten. Brüche, die deiner Vorausschau bedürfen. Die Fragen, mit denen du die Zukunft entwerfen musst, bleiben immer gleich:

- Wie soll mein Unternehmen aufgestellt sein und wie können wir unsere Ziele (→ **#Business_Hack_69**) durch Expertise und Wissen von innen und außen erreichen?
- Was kann ich als Führungspersönlichkeit und als Mensch dazu beitragen, das »Zukunfts-Bewusstsein«, die Zukunftsausrichtung

und »Zukunfts-Denke« unseres Teams und unserer Kunden zu schärfen?
- Wie werde ich in Zukunft führen?

Dies kannst du vielleicht nicht mehr »alleine« stemmen (auch nicht mit dem Risikomanager deines Unternehmens oder klassischen Beratern), brich also mit alten Denkmustern und nutze zum Beispiel → **#Business_Hack_12**. Gefragt ist eine Vision, auf die du mit deinen rsp. euren Teams hinarbeiten kannst – und die hilft, gemeinsam zu Gestaltern zu werden.

Impuls 5: Im kommunikativen Austausch wachsen

Niemand gewinnt mehr alleine. Nutze noch mehr den Austausch mit Gleichgesinnten auf Augenhöhe, das kann eine gute Quelle für Inspiration sein (→ **#Business_Hack_11**, → **#Business_Hack_7**). Wer kooperiert und in Kontakt mit anderen bleibt, wird regelmäßig neue Ideen entwickeln und sein Selbstbild und Selbstverständnis im Vergleich zu anderen klarer definieren können. So wird es einfacher, zu erkennen und zu definieren, wofür du selbst stehst. Gleichzeitig kannst du durch mehr Austausch auch mehr Werte mit anderen teilen und so Mehrwert schaffen. Dadurch entsteht eine Dynamik auf hohem Niveau, es entstehen neue Kraft und Energie. Wenn du deine eigene Vision stärkst und beherzt darauf hinarbeitest, kannst du zum »Leuchtturm« werden. Licht werfen. Sicherheit ausstrahlen. Das zeichnet dich als echte Führungspersönlichkeit aus. Du zeigst, welchen Weg du mit deinen Mitarbeitenden in dieser VUKA-Welt beschreiten wirst.

VOM KNOW-HOW ZUM DO-HOW

Nimm diese Impulse mit in deine Planungen, Zielsetzungen und Reflexionen auf, wie du sie im → **#Business_Hack_16** (Unterstützende Routinen schaffen) einübst.

#BUSINESS_HACK_30

Geist und Fokus öffnen – Unternehmer-Mindset

Der Mensch ist ein Gewohnheitstier, und das ist auch gut so! Denn so erledigen wir immer wiederkehrende Alltagsaufgaben quasi per Autopilot und halten uns intellektuelle Kapazitäten und körperliche sowie mentale Ressourcen für neue Herausforderungen frei. Durch nützliche Routinen (→ **#Business_Hack_16**) in deinem privaten Alltag oder als Führungskraft bzw. Unternehmer kannst du produktiver sein (→ **#Business_Hack_21**) und hast mehr Zeit für freies Nachdenken, Reflexion, Kreativität zur Verfügung. Mit diesem Mehr an Zeit müssen wir dann allerdings auch bewusst umgehen. Und das heißt: Wir müssen lernen und immer wieder trainieren, den Geist zu öffnen, den Fokus zu weiten, quer zu denken, Grenzen zu sprengen, Perspektiven zu wechseln, aus der Box zu treten, um neue Lösungen für bekannte Probleme, Zielvorgaben oder Herausforderungen zu entwickeln. Das nenne ich dann einen erfinderischen, unternehmerischen Geist! Den haben wir alle, aber oft ist er schon in der Schule nach und nach zwangsverkümmert. Wurde kleingeschachtelt. Schlecht benotet. Mit Sprüchen wie »Schuster bleib bei deinen Leisten« mundtot gemacht.

Denken geht heute anders

Du und ich, wir alle können diesen »unternehmerischen Mind« wieder anstacheln. Neudenken stärker trainieren. Dazu fällt mir eine Geschichte ein, die Tina Seelig, die Kursleiterin des Hasso Plattner Institute of Design at Stanford, vor kurzem veröffentlicht hat. Diese Geschichte – und mit ihr viele andere – gibt mir immer wieder den Kick und erinnert mich daran, mich als Unternehmer und Speaker kontinuierlich im »Denken geht heute anders« zu trainieren.

Kurz zusammengefasst geht die Geschichte so: Die Studierenden eines Gründungsprogramms an der Stanford University bekamen in der so genannten »5 Dollar Challenge« je Team vier Tage Zeit, um sich Ideen zu überlegen, wie sie mit fünf Dollar Startkapital je Team in nur zwei Stunden möglichst viel Geld verdienen könnten. Nach den vier Tagen sollten sie eine dreiminütige Präsentation halten, um ihre Ergebnisse vorzustellen. Was hättest du gemacht? Vielleicht für das Geld Süßigkeiten gekauft und an anderer Stelle teurer verkauft? Oder auf dein Glück gesetzt und Lotto gespielt? Machen wir doch einfach einen spontanen Test: Was fällt dir konkret ein, um mit dem Einsatz von fünf Dollar innerhalb von zwei Stunden möglichst viel Geld zu verdienen?

Nun, die besten Teams dieser Challenge haben schnell erkannt, dass sie sich von den mickrigen Grundvoraussetzungen und Vorgaben frei machen müssen, um »out of the Box« zu denken. Sie haben ihren Geist geöffnet und den Fokus massiv geweitet. Weg von den fünf Dollar, mit denen sie keinen Hebel erzielen konnten, hin zu der zweiten Ressource: Zeit. Die einen haben in dieser Zeit einen Quick-Reifenservice vor einer großen Fahrradstation angeboten, den sie sich gut haben bezahlen lassen. Ein anderes Team hat in den begehrtesten Restaurants der Stadt Tische für die beste Zeit reserviert und diese Reservierungen dann für je 20 Dollar an wartende Kunden weiterverkauft. Beide Teams haben dann auch noch etwas Schlaues gemacht: Sie haben nach der Hälfte der Zeit Bilanz gezogen und Verbesserungen am Konzept durchgeführt. Sie sind iterativ vorgegangen. Das Fahrradteam beispielsweise hat auf freiwillige Spenden für seine Leistung umgestellt – und dadurch viel mehr Umsatz generiert. Das Restaurantteam hat sich so aufgeteilt, dass die Studentinnen am Ende die Reservierungen verkauften, da sie einen weit höheren Verkaufserfolg erzielten als ihre männlichen Kollegen, die sich dann rein auf das Tischreservieren beschränkten.

Das allerbeste Team aber hat mit den bescheidenen Ressourcen in nur zwei Stunden ganze 650 Dollar Umsatz erzielt. Und zwar, indem sie sich komplett auf die Zielerreichung »möglichst viel Geld innerhalb von zwei Stunden« konzentriert – und das Framework, den gesetzten Rahmen, einfach komplett außer Acht gelassen haben. Sie haben allein vom Ziel her gedacht. Und brauchten nicht mal zwei Stunden zu arbeiten, sondern nur wenige Minuten.

Kommst du drauf, was sie gemacht haben?

Sie haben für 650 Dollar ihre dreiminütige Präsentationszeit an ein lokales Unternehmen verkauft, das als Arbeitgeber Studierende aus dem Kurs rekrutieren wollte, und statt der eigenen Präsentation eine Art »Werbeslide« für dieses erstellt und gezeigt. Sie haben also im Wesentlichen den Zugang zu einer begehrten Kundenzielgruppe verkauft und damit einen neuen Markt geöffnet. Smart. Out of the Box. Unternehmerisch.

Genial, oder?

VOM KNOW-HOW ZUM DO-HOW

Wie kannst du das trainieren? Wenn dich das obige Beispiel genauso motiviert wie mich, dann wirst du deinen eigenen Trainingsmodus für dieses Querdenken (»Laterales Denken«) finden. Eine kleine Sache, die ich mir angewöhnt habe, ist zum Beispiel, mich mit Logikrätseln und »Kopfnüssen« geistig fit zu halten. Das hilft mir, alle Herausforderungen neu und innovativ zu betrachten, sodass »Denken geht heute anders« mir absolut in Fleisch und Blut übergegangen ist. Hier ein paar konkrete Impulse dazu:

Reflexionsübung:

1. Trainiere dich ganz allgemein im »Um-die-Ecke«-Denken. Im lösungsorientierten Denken (→ **#Business_Hack_15**), im Knacken von sogenannten Kopfnüssen.

2. Definiere das Ziel genau – und stell dir vor, du hättest es bereits erreicht. (»Fake it untill you make it.«)

3. Öffne deinen Geist und erweitere deinen Fokus: Eliminiere gedanklich einfach alle Vorgaben, Ressourcen-Beschränkungen, Konventionen, Businessregeln, die du glaubst, auf dem Weg zum Ziel einhalten zu müssen. Mach dich frei von eingefahrenen Denkmustern. Gehe davon aus, dass deine erste Lösungsidee sicher nicht die letzte, geschweige denn die kreativste oder beste sein wird.

4. Vielleicht stellst du dir auch die sogenannte »Wunderfrage«: »Wenn ich alles hätte, was ich brauche, um mein Ziel zu erreichen, wie würde ich dann vorgehen?«

5. Sammle deine Ideen und Ansätze beispielsweise mit einer der Kreativitätstechniken (→ **#Business_Hack_12**).

6. Anschließend bewertest du sie nach Machbarkeit, Ressourceneinsatz und Hebelwirkung. Wenn du iterativ vorgehst, dich also in wiederholenden Schritten dem Ziel annäherst, wirst du nach und nach immer wieder auf Verbesserungen stoßen (→ **#Business_Hack_23**).

Übung: Kopfnuss knacken mit Querdenken

Logikrätsel und Kopfnüsse sind tolle Spielfelder, um das eigene laterale Denken und einen Perspektivwechsel bei der Lösungsfindung zu trainieren. Hast du spontan Lust auf ein bisschen Denksport?

Zwei Wächter stehen auf einer Mauer. Der eine schaut nur Richtung Norden, der andere nur Richtung Süden. Die beiden tauschen kein Wort, kein Zeichen aus. Kein Geräusch, keine Geste, kein Spiegel, kein Wasser in der Nähe. Plötzlich sagt der eine: »Was grinst du so blöd?« Woher weiß er das?

Antwort:

Ganz einfach: Die beiden Wächter stehen sich gegenüber und schauen sich an. Wir gehen aber unwillkürlich davon aus, dass sie Rücken an Rücken stehen. Weil es uns so logischer erscheint und wir es Hunderte Male so auf Bildern gesehen haben.

#BUSINESS_HACK_31

Bau dein Unternehmen resilient auf

Drei Beispiele aus meinem Unternehmerleben.

Eins: Um die Jahrtausendwende wollte ich privat in ein Unternehmen investieren, das sich als digitale Plattform mit Hunderttausenden von (potenziellen) Nutzern verstanden wissen wollte, eine Wahnsinns-Börsenstory aufgebaut hatte – und es dann nicht mal bis zum IPO schaffte. Mit der Dotcomblase war der Laden vom einen auf den anderen Tag geplatzt.

Zwei: Kürzlich wandte sich ein großes Einzelhandelsunternehmen an Buhr & Team mit der Bitte, Führung und Vertrieb zu trainieren und sie zu unterstützen, die Umsätze in kürzester Zeit hochzufahren. Es war zu diesem Zeitpunkt unschwer absehbar, dass diese Firma aufgrund ihrer dünnen und mit vielen Finanzierungen und Krediten zusammengeschusterten Finanzdecke die Finanzkrise nicht überleben würde. Jegliches Training wäre viel zu spät gekommen. Ganz abgesehen davon, dass das eigentliche Problem des Unternehmens in der Führung und im mangelnden Risikomanagement lag.

Drei: In der Coronakrise 2020 sind so viele – auch einst hochgelobte – Firmen vor die Wand gefahren oder in existenzielle Not geraten, wie sich dies niemand hätte vorstellen können. Selbst ein Vorzeigeunternehmen wie Adidas – bis dato mit 60 000 Mitarbeitern und 24 Milliarden Euro Umsatz weltweit auf strammem Wachstumskurs – sprintete innerhalb kürzester Zeit in die Krise. Der stationäre Handel: weltweit geschlossen. Zulieferer: weltweit im Lockdown. Verkäufe über Onlineshops: im Koma, weil eh alle daheim hockten. Werbemaschine Fußball rsp. Sport: ausgefallen. Folge: Staatskredit von 2,4 Milliarden Euro plus 600 Millionen Euro von Banken notwendig. Fans: vergrätzt durch PR-Desaster wie der Ankündigung, keine Mieten zahlen zu wollen. Ein Trauerspiel. Aber immerhin hat Adidas das Geld erhalten, das ging bei Weitem nicht allen so. Was diesen Unternehmen fehlte, ist Resilienz.

Resilienz: robuste Finanzlage, Lieferketten, Verkaufsoptionen

Resilienz, also Widerstandskraft, aufzubauen ist für dich persönlich als (Selbst-)Unternehmer und Mensch wichtig (→ **#Business_Hack_3**) – und genauso für das Unternehmen, das du aufbaust. Nur ein resilientes Unternehmen ist ein erfolgreiches Unternehmen, wie nicht nur die obigen Beispiele, sondern Tausende von gescheiterten Gründungen (mit teils durchaus großartigen Produktideen und Marktaussichten) leider eindrucksvoll zeigen.

Resilienz im unternehmerischen Bereich zu entwickeln umfasst unterschiedliche Aspekte, die ich nachfolgend kurz in sieben Überlegungen zusammenfassen möchte:

1. **Eine große Vision: ja! Aufgeblasen? Nein!**
   Was ist das Lieblingsinstrument vieler Unternehmensgründer und Unternehmer? Die Luftpumpe – das wissen wir nicht erst seit dem Wirecard-Skandal. Sie bläst Marktpotenzial und Zahlen auf, macht Vertriebsforecasts fett (→ **#Business_Hack_68**, → **#Business_Hack_69**). Ich habe in meinem Leben schon mehr aufgeblasene Businessmodelle gesehen, als mir lieb ist. Visionskraft (→ **#Business_Hack_12**) belebt das Geschäft, aber sie darf nicht ins Wolkenkuckucksheim führen.

2. **Denke dynastisch und langfristig**
   Natürlich spekulieren viele Gründer und Gründerinnen häufig auf einen raschen und teuren Exit, bei dem sie ihre Geschäftsidee, ihr Produkt, ihre Mitarbeiter – und meist auch ihre Schulden rsp. Kreditverbindlichkeiten – möglichst lukrativ an einen Investor oder Wettbewerber losschlagen wollen. Wer das prioritär anstrebt, der greift heutzutage jedoch meist ins Leere. Zwar gab es in den letzten Jahren enorm viel frei flottierendes Kapital, das nach einer Erfolg versprechenden Anlage suchte, doch haben die Investoren in letzter Zeit bitter gelernt und vergolden einem Gründer nicht mehr so leicht den Exit. Kurz: Das ist kein Geschäftsmodell – schon gar keines in der heutigen werteorientierten Welt. Denke also nicht exitorientiert, sondern dynastisch – wie es die alten Gründerinnen und Gründer getan haben. Sie hatten im Sinn, nachhaltige Werte zu schaffen, die die Zeiten überdauern, die den Kunden langfristig Vorteile brin-

gen und die an die nächste Generation weitergegeben werden können.

3. **Widerstehe der Verlockung des billigen Geldes**
Das Ausreizen der Fremdkapitalquote ist in den letzten Jahren zum Leistungssport in vielen Unternehmen geworden. Geld kostete ja nichts! Kredite gab's an jeder Ecke. Und das Geld wollte unbedingt investiert werden, man stürzte sich auf jede Gelegenheit. Also: jede passende Firma. Wenn dann jedoch Marktturbulenzen oder Krisen entstehen, spannt die Hose auf einmal ganz schnell. Firmen mit hohem Fremdkapital haben dann nichts mehr zuzusetzen und schliddern schnell in die Kurzarbeit, Kreditverhandlungen, Notabstoßungen von Firmenteilen, Notverkäufe. Dein Leistungssport sollte sich genau in die andere Richtung bewegen: die Erhöhung der Eigenkapitalquote.

4. **Niemals auf Kante nähen!**
Just-in-time-Lieferung. Gegen Null gefahrene Lagerhaltung. Abhängigkeit von Auslandslieferungen. Gefangen im Kräfteparallelogramm von Low Cost, Low Quality, Low Time, Low Price. Auf Kante genähte Stoffe reißen, das haben wir immer wieder erlebt. Davon musst du dich mit deiner Firma unabhängig machen: mit robusten (wo es sein muss: redundanten) Systemen, ausreichend (aber nicht überdimensionierten) Lagerkapazitäten, stabilen Lieferketten und flexiblen Verkaufs- und Auslieferungsmöglichkeiten.

5. **Wachsen um jeden Preis?**
Wachsen um jeden Preis mag erst mal wahnsinnig gut aussehen. Mag eine wahnsinnig coole (Börsen-)Story abgeben. Und erweist sich dann häufig als wahnsinnig blöde Idee. (Selbst von Amazon, dem Prototypen des auf die Wachsen-um-jeden-Preis-Philosophie gegründeten und momentan mit erfolgreichstem Unternehmen der Welt, sagt sein Gründer Jeff Bezos, dass es eines Tages pleite gehen rsp. sterben werde – da seinen Untersuchungen zufolge die Mehrzahl der großen Firmen höchstens drei Jahrzehnte überdauern).

Ja, es mag in einigen Märkten und Branchen nützlich sein, sehr schnell zu wachsen und nach Möglichkeit Marktführerschaft z.B. durch große Abonnentenzahlen zu erreichen. Aber diese wird sehr oft viel zu teuer erkauft. Durch zu große Rabatte, zu viele Aktionspreise, zu teuren Ankauf von Kundendaten, zu schlechte Kooperationen, zu hastige Abschlüsse, zu wenig geprüfte Übernahmen (Acquisitions), zu euphorische Zusammenschlüsse (Mergers).

Was ist der andere Weg? Organisches Wachstum. Wachsen aus eigener Kraft. Auf Basis der eigenen Ressourcen und überzeugender Produkte und Dienstleistungen für eine wachsende Schar begeisterter, mindestens zufriedener Kunden. Bei gleichzeitiger Stärkung der eigenen F&E (Forschung und Entwicklung), denn das einzige Wachstum, das nicht endlich ist, ist das des Geistes, sind intelligente Entwicklungen. Natürlich ist organisches Wachstum – es schließt ja sorgsame Zukäufe etc. nicht aus – langsamer, – aber auch resilienter.

6. Plane und rechne in Szenarien – der nächste Schwan wartet um die Ecke

Der nächste Schwan – seit Nassim Nicholas Taleb eine Metapher für massive Krisen – mag schwarz (vollkommen unerwartet, »undenkbar« und disruptiv) oder weiß (eigentlich erwartbar wie z.B. eine Pandemie) sein – aber er wird kommen. Rechne damit. Das tun nämlich die wenigsten. Und das heißt: Plane und rechne immer in Szenarien – in Was-wäre wenn-Annahmen. So zeigst du unternehmerische Intelligenz, Verantwortung und Weitsicht.

7. Zum »resilient« Werden

Aus allen letzten Krisen gingen (https://www.capital.de/wirtschaft-politik/robuste-unternehmen-berappeln-sich-schneller, »Ist es zu stark, sind sie zu schwach.«) nur rund 10 Prozent der Unternehmen gestärkt hervor. Sie werden als die »Resilients«, die widerstandsfähigen Gewinner, bezeichnet. Was sie auszeichnet, sind eine hohe Eigenkapitalquote, hohe Reserven /Rücklagen, eiserne Kostendisziplin, ein belastbares und zukunftstragendes Geschäftsmodell, ein solides Risikomanagement und absolute Zielfokussierung.

Um dein Unternehmen »resilient« zu machen, brauchst du keine reale Krise. Es reicht, diverse Krisenszenarios mitzudenken. Du hast es in der Hand und gewinnst damit auf jeden Fall.

VOM KNOW-HOW ZUM DO-HOW

Dieser Hack ist ein Mindbooster. Lass die Impulse gerne immer mal wieder deinen Gedankenfluss bestimmen.

Übung: Blicke mal auf dein bisheriges Leben zurück. Auch du hast sicher schon einige Krisen erlebt – und überwunden. Und wenn es nur kleine waren. Welche Faktoren haben zu ihnen geführt, was haben die Krisen mit dir gemacht? Was hat dir Kraft gegeben? Wie hat es sich angefühlt, als du sie überwunden hattest? Sieh genau hin und nimm alles wahr.

#BUSINESS_HACK_32

Influencer – so geht dein Geschäft viral

Kürzlich sprach ich im Rahmen unserer Trainerausbildung bei Buhr & Team mit Nic. Nic ist Verkaufsleiter in einem großen Bauunternehmen. Er absolviert bei uns die Ausbildung zum Businesstrainer, weil er sich davon eine bessere Aktivierung seines Teams verspricht, denn als Vertriebschef geht es ihm um optimale Gesamtergebnisse. Und Nic ist passionierter »Selbstflieger«, wie er es nennt. Ultraleicht, Drachenflug, Gyrokopter – bei allem, was irgendwie abhebt und fliegt, hängt er unten dran oder sitzt drin. Ein göttliches Gefühl, sagt er. Und außerdem, erzählte er mir, ist diese Leidenschaft seit einiger Zeit ein recht lukrativer Nebenverdienst: »Ich bin Influencer für eine der Firmen aus diesem Bereich.« Tatsächlich ist Nic in dieser Nische mit seinen knapp mehr als 20 000 Followern bereits als Infuencer interessant. Vor allem auf Instagram postet er superschöne Videos und Fotos aus den schönsten Fluggebieten der Welt und begeistert seine Follower mit eindrucksvollen Bildern. Mit seiner Tochter, die ihn schon zu einigen der schönsten Fliegerspots begleiten durfte, stellt er kurze Videos auf TikTok ein. Inzwischen wird er gesponsort, kann dadurch von coolen Spots aus starten und verdient an den Käufen seiner Follower, die sich naturgemäß sehr für Equipment, aber auch für Clothing und schöne Hotels im Bereich guter Spots interessieren. Nic ist in diese Rolle des Influencers hineingewachsen – einfach als privater Fan seiner Sportart und gewisser Produkte, die ihn überzeugt haben.

Und natürlich versucht Nic, das Thema Influencing auch in seine Vertriebsmannschaft zu tragen, um für die Bauprojekte seiner Firma zu werben. Das ist nicht einfach, denn wenn er seine Vertriebler »zwingen« würde, Influencer für die Häuser, Garagen, Einliegerwohnungen als Kapitalanlage zu werben, würde das krachend scheitern. Stattdessen hat Nic sich mit einer Agentur in Verbindung gesetzt, die den passenden Influencer findet, der ganz prototypisch für die Kundenstruktur seiner Firma steht und eine glaubwürdige, kaufbare Story aufbaut (→ **#Business_Hack_57**).

Empfehlungen steigern den subjektiven Wert deines Produkts

Denn mehr als jede Werbekampagne überzeugt den Kunden von heute eines: die Empfehlung anderer Kunden. Idealerweise sind dies Menschen, die er schon kennt – oder zu kennen glaubt –, »gute Freunde oder gute Freundinnen« auf Instagram, TikTok, Clubhouse oder YouTube. Es ist vor allem der digitale Kunde, der via Social Media andere ansteckt, begeistert, motiviert. Der ein überzeugter Nutzer eurer Produkte, Dienstleistungen und eures Unternehmens ist, ein Botschafter eurer Marke ist. Ein Interessent, der ein Agent werden kann: »Agent« verstanden als jemand, der auf dem Markt für dich agiert.

Grundlage: gute Produkte und Rezensionen

Mein Tipp ist, dass du dir erst mal gute Rezensionen besorgst – denn eine Influencerkampagne mit schlechten Produkten oder schlechten Rezensionen geht immer nach hinten los – spätestens dann, wenn der digitale Kunde auf anderen Plattformen oder Bewertungsbörsen nach deinem Produkt sucht.

Rezensionen online zu besorgen geht relativ einfach, indem du deine Kunden konkret um Bewertungen auf den unterschiedlichen Shoppingplattformen, deiner Website oder deinen Social-Media-Fanpages und -Sites bittest. Die Ansätze dazu sind vielfältig: Sie reichen von freundlichen Bitten um Rezensionen und Empfehlungen über Competitions und die Auszeichnung besonders aktiver Kunden bzw. Rezensenten (wie z. B. bei Top-100, Vine-Club, VIP-Club etc.) über Gutscheine, Coupons, Rabatte bis hin zur Zusendung kostenloser Testprodukte (Geschenke, um es mal schlicht zu sagen).

Vorsicht: Ich rate dringend davon ab, Rezensionen und Empfehlungen zu kaufen. Gekaufte Empfehlungen sind in der Regel für andere Kunden erkennbar, gelten als »Täuschungsversuche« und beschädigen deine Marke und deine Produkte letztlich nur.

Du kannst deine Kunden aber dabei unterstützen, andere mit ihrer Begeisterung anzustecken. Amazon lässt beispielsweise sein elektronisches Lesegerät Kindle über soziale Netzwerke kommunizieren. Leseempfehlungen, Hinweise auf interessante Textpassagen und auch zitierfähige Fundstellen für wissenschaftliche Arbeiten lassen sich so innerhalb der Netzwerke schneller miteinander teilen. Andere Unternehmen gewähren ihren Kunden (»Power User«) die Möglichkeit, Testprodukte oder Samples zu ihren Freunden schicken zu lassen – eine Win-win-win-Situation: Der Kunde tut damit seinen Freunden etwas Gutes, die Freunde freuen sich, und das Unternehmen gewinnt »warme« Datensätze und – neben den Rezensionen und Empfehlungen – auch noch potenzielle Neukunden.

Interessante Multiplikatoren ansprechen

Etabliert hat sich mittlerweile die Praxis, berufsmäßige Influencer, »Beeinflusser«, mit Zugang zu spezifischen Kundenzielgruppen (B2B-Influencer) oder einer größeren Anzahl an Fans und Followern zunächst mit Produktsamples und dann zunehmend direkt mit Werbeverträgen auszustatten. In den Social Media inszenieren Influencer dann ihre wundervollen Produktwelten und nähren die Egos ihrer Fans mit viel Liebe, Herzchen und persönlicher Ansprache (→ **#Business_Hack_78**). Auf Twitch folgen 200 Millionen User sogenannten »Streamern«, also Menschen, die ihre Gaminginhalte streamen. Auf TikTok begeistern Jugendliche der Generation Z, wie das deutsche Zwillingspärchen Lisa und Lena (Jahrgang 2002), mit zig Millionen Followern die Kinder der Generation Alpha in 15-Sekündern für alles, was sie cool finden – und was gekauft werden kann.

Agenturen finden für dich die passenden Influencer

Das Geschäft des Influencings ist in den letzten Jahren professionalisiert worden: Agenturen finden inzwischen für fast jedes Unternehmen und Produkt den oder die passenden Influencer und designen die Kampagnen erfolgsorientiert durch. So wirbt etwa eine Agentur wie BuzzBird auf ihrer Website: »Vom Briefing bis zum Reporting wird datengetrieben gearbeitet, um Effizienz in die Media-Welt zu bringen. Ein Matching-Algorithmus hilft, mit wenigen Klicks den passenden Influencer zu finden, ein automatisierter Assistent unterstützt beim Kampagnenbriefing.« Nachdem sich jetzt auch die Gesetzgebung und die Marktregulatorien geändert haben, mehren sich die Stimmen, dass die Hochzeit des Influencermarketings bereits vorbei sei: Der Markt sei gesättigt, die Fans fielen nicht mehr bei jedem Unboxingvideo kreischend in Ohnmacht, und die bekannteren Influencer und Blogger ähnelten einander mittlerweile so sehr, dass sie – bis auf wenige Ausnahmen – kaum noch einen eigenen Markenstatus aufbauen könnten. Gleichzeitig werden die rechtlichen Vorgaben für Influencer immer strenger, wurde mit der neuen EU-Urheber-Richtlinie schon mal vorausjagend das Ende von YouTube beschrien (nun, das hat sich auf das Influencer-Marketing bisher kaum bis nicht ausgewirkt) und wird der jungen Zielgruppe auch immer klarer, dass all die Herzchen und Küsschen eher ihren Geldbeutel als ihr Leben adressieren.

Am Anfang standen Blogger als echte Fans von Produkten und Leistungen

Und dabei hat das Influencertum einmal gut angefangen: mit Bloggerinnen und Bloggern, die sich – von Software bis Hardware, von Mode bis Kosmetik, von Games bis E-Sports – Expertenwissen erarbeitet haben und darüber mal kritisch, mal ehrlich begeistert berichteten. So wie es auch bei Nic war, unserem fliegenden Sales Manager. Diese Blogger haben sich intensiv mit Marken und Produkten auseinandergesetzt, haben Hintergründe recherchiert, waren an den Unternehmen und ihren Entwicklungen interessiert. Und sind so zu einer Wissensinstanz im Netz geworden, geteilt auf Tumblr, angekündigt auf RSS-Feeds, verfolgt in ihren YouTube-Channels. Ihre Empfehlungen waren den Lesern und Zuschauern etwas wert, galten (und gelten) als belastbar und vertrauenswürdig. Sie sind die wahren Botschafter der Marken. Und es gibt – gerade auch im B2B – immer wieder neue Expertinnen und Experten, die sich einen Namen und eine relevante Anhängerschaft aufbauen, weil sie sich mit neuen Themen oder Marktentwicklungen beschäftigen. Relevant muss nicht heißen, dass sie besonders groß ist. Sondern dass sie besonders interessiert ist und damit eine passgenaue Zielgruppe abgibt. So wie bei Nic. Er ist ein Nischen-Influencer, denn nicht allzu viele Menschen interessieren sich für seine Inhalte. Aber die, die interessiert sind, sind es mit Leidenschaft. Sie sind die perfekten Kunden (→ **#Business_Hack_59**).

VOM KNOW-HOW ZUM DO-HOW

Überlege, was du von den folgenden Strategien für dich bzw. dein Unternehmen nutzen und wie du es umsetzen kannst. Denn auch du kannst die passenden Influencer für deine Produkte finden oder über Agenturen beauftragen. Die Basis ist jedoch, dass deine Firma und deine Produkte Fans und Multiplikatoren wirklich begeistern kann. Andernfalls wird das Influencer-Kartenhaus ziemlich rasch in sich zusammenfallen.

Unternehmen machen Kunden zu Fans, indem sie …

1. die Kundenbelange vor die Unternehmensinteressen stellen.
Beispielsweise indem sie dem Kunden nur das verkaufen, was für ihn gut und wichtig ist. Dazu gehört auch, von einem Vertragsabschluss oder einem Kauf abzuraten, wenn die Kosten höher sind als der Nutzen oder wenn der Zeitpunkt ungeeignet ist.

2. den Kunden überraschen.
Vielleicht, indem die Autowerkstatt beim Reifenwechsel oder der Inspektion eine Autowäsche spendiert oder der Friseur während der Wartezeit einen Kaffee anbietet, dein Lieblingshotel wieder »dein Zimmer« für dich reserviert und gleich den geliebten Espresso bringt. Aber auch im B2B-Segment kannst du – im Rahmen der Compliancevorgaben – deine Kunden mit einem kleinen Extra überraschen. Bringe etwa zum Meeting am Nachmittag Kuchen mit. Oder ein paar Blumen für die Empfangsmitarbeiter, eine freundliche Aufmerksamkeit für die Assistentin oder den Assistenten deines Gesprächspartners. Wir von Buhr & Team beispielsweise schicken immer ein kleines Buch mit einer Widmung als Dankeschön raus. Du wirst überrascht sein, wie lange du dir damit das Wohlwollen deiner Geschäftspartner sicherst.

3. Serviceleistungen ungefragt optimieren.
Wie beispielsweise die Telekom: Ursprünglich war das magentafarbene Unternehmen für die schlechte Erreichbarkeit ihrer Hotlines bekannt. Beschwerden und Fragen endeten oft im Hotlinenirwana und man lernte als Kunde schneller zwanzig neue Leute kennen, als einem lieb war. Und wenn dann doch einmal jemand erreichbar war, konnte er nicht weiterhelfen. Um diese Situation zu ändern, setzte die Telekom relativ früh auf Twitter und Facebook. Und siehe da: Dem Kunden kann rasch geholfen werden. Telekom-Mitarbeiter im Servicecenter haben Namen, sodass sie als Personen greifbar werden. Inzwischen hat »Telekom hilft« über 60 000 Follower auf Twitter

$\rightarrow$

und über 100 000 Likes und Abonnenten auf Facebook. Natürlich machen das heute nahezu alle Unternehmen mit B2P (Business to Purchaser)-Kunden – Carglass und Otto galten als frühe Vorreiter –, daher ist die Telekom nur eines von vielen möglichen Beispielen.

4. ihre Produkte mit dem »gewissen Etwas« versehen.
Wie beim Mini: Seit 1959 auf dem Markt (bis Herbst 2000 bei der BMC) und immer noch Ausdruck von Individualität. 41 Jahre lang wurde der kleine Pkw nur in technischen Details verändert. Alle typischen Merkmale des kleinen Flitzers blieben erhalten und trotzten allen Modeerscheinungen. Mit dieser Strategie wurde der Mini mit mehreren Millionen produzierten Fahrzeugen das meistverkaufte britische Auto. Dazu beigetragen haben dürfte unter anderem, dass Berühmtheiten wie Twiggy, die Beatles und sogar die Queen gern mit dem Mini fuhren.

5. von Mensch zu Mensch kommunizieren.
Und dies sowohl gegenüber Geschäfts- als auch gegenüber Privatkunden. Denn während Produkte und Services in vielen Bereichen austauschbar sind, sind wir Menschen einzigartig, jeder einzelne von uns. Und wir bauen zu anderen Menschen ebenso einzigartige Beziehungen auf. Die persönlichen Beziehungen zu Mitarbeitern und zu Kunden sind einmalig und erfolgsrelevant für Geschäfte aller Art. Die persönliche Beratung, der kleine Extraservice und viele andere Kleinigkeiten binden Kunden emotional und begeistern sie.

#BUSINESS_HACK_33

Werteorientierung kommt vor Wertschätzung kommt vor Wertschöpfung

Unbegrenzter Urlaub. Keine Vorgaben bei den Spesen und eine Unternehmensphilosophie, die sich wie folgt liest: »Unsere Vorstellung eines tollen Arbeitsplatzes hat nichts mit Sushi-Mittagessen, Fitnessstudios, nobler Büroausstattung oder häufigen Partys zu tun. Unsere Vorstellung eines tollen Arbeitsplatzes ist ein Dreamteam, das gemeinsam ambitionierte Ziele verfolgt.« Klingt das fast zu schön, um wahr zu sein? Der Erfolg dieser Firma basiert, so formuliert sie es selbst, auf deren Fähigkeiten und Reputation. Sie erwartet von ihren Mitarbeiterinnen und Mitarbeitern unabhängige Urteilskraft, innovativen Mut, langfristige Vision und kreative Abenteuerlust, wobei sich jede und jeder fair und offen gegenüber allen Kollegen verhält, auch bzw. vor allem als Führungskraft. Ehrlichkeit statt Nettigkeit lautet die Maxime. Sie erwartet von ihren Leuten also, ihr bestmögliches Selbst zu sein.

Was meinst du: Kann diese Firma wirklich erfolgreich sein? Ein Megaplayer gar? Hast du eine Vorstellung, um welches »Utopia« es sich dabei handeln könnte?

Nun, die Firma Netflix beschreibt so ihre zehn Unternehmenswerte für ihre knapp 9000 Mitarbeiter und segmentiert sie in 46 Tags. Netflix weist im Jahr 2020 mit 300 Millionen zahlungspflichtigen Abonnenten einen Börsenwert von knapp 200 Milliarden Dollar auf, Tendenz steigend, ganz im Sinne der Kernwerte von Netflix: »People over Process.«

Klare Zusammenhänge zwischen ethischen Werten, Wertschöpfung, Unternehmenswert

Durch den Wandel der Industriegesellschaft zur Wissens- und Informationsgesellschaft steigt die Bedeutung immaterieller Werte. Auch wenn deren Bewertbarkeit methodisch noch am Anfang steht: In Geschäftsberichten ist das Wertekapitel schon »Chefsache« (HBG

Hamburger Geschäftsberichte/Deep White: Die Wertekultur als Unternehmerischer Erfolgsfaktor, 2010) bzw. sollte es sein. Das zeigt die Relevanz wertebasierter Unternehmensführung. Werte beeinflussen Einstellungen, diese prägen das Verhalten, das wiederum bedingt den Erfolg.

In den letzten Jahrzehnten ist viel über den Zusammenhang von der Orientierung an ethischen Werten mit Unternehmenserfolg geforscht worden (→ Literaturverzeichnis). Kurz zusammengefasst: Wert kommt von Werten. Diese Werte können unterschiedlicher Natur sein: Sie können sich auf die Führungsphilosophie und Unternehmenskultur, den Sinn und Zweck des Unternehmens (»Purpose«) beziehen oder auf Aspekte von Nachhaltigkeit und Umgang mit Dritten, auf Corporate Governance oder auf Ansätze des Social Business. Daher schauen wir uns einige dieser Aspekte kurz an.

Wertefamilie Nachhaltigkeit

»Nachhaltigkeit« ist ein Wert, den heute zwar jeder und jedes Unternehmen im Munde führt und für sich reklamiert, aber oft ist nicht klar, was damit gemeint ist. Der Rat für Nachhaltige Entwicklung der Bundesregierung betont vorrangig drei Aspekte der Nachhaltigkeit: ökologisch, sozial, ökonomisch. Wir müssen Nachhaltigkeit als handlungsbestimmenden Wert anerkennen.

Nachhaltigkeit kann also mehrere Dimensionen umfassen. Nachhaltigkeit bedeutet zum Ersten, dass die Ziele und Maßnahmen unseres wirtschaftlichen Handelns langfristig angelegt sein müssen. Sie müssen Zukunftstrends antizipieren. Strategien müssen adaptiert werden. Dafür braucht ein Unternehmen eine tragfähige Vision seiner Businesszukunft.

Nachhaltigkeit bedeutet zum Zweiten, dass wir beim gesamten Wirtschaftskreislauf, bei Forschung und Entwicklung auf den sorgfältigen Umgang mit den Ressourcen achten, die genutzten Ressourcen wertschätzen und schonend und minimalinvasiv behandeln. Dazu gehören übrigens auch die Menschen, die Mitarbeiterinnen und Mitarbeiter.

Nachhaltigkeit bedeutet zum Dritten, dass wir etwas von Wert schaffen. Etwas, das der Welt nützt, sie besser macht. Menschen hilft. Kunden ein gutes Gefühl gibt. Das »macht« Sinn, gibt uns eine Vision, die uns antreibt, lässt uns besser arbeiten. So schaffen wir mit Nachhaltigkeit etwas, das dem Erhalt der Ressourcen, künftigen Ansprüchen und Märkten gerecht wird. Immerhin 85 Prozent aller befragten Konsumenten gaben im Consumer Barometer 1/2020 an, sich intensiv (vor allem im Internet) über Nachhaltigkeit zu informieren. 72 Prozent achten beim Kauf auf die Einhaltung von Herstellungskriterien wie Bio, artgerechte Tierhaltung, Fair Trade und Mehrwegverpackungen, auch wenn dies die persönliche Wertschöpfungskette nicht unmittelbar berührt. Mittels Tierversuchen gewonnene Kosmetika befinden sich schon lange auf dem absteigenden, tierversuchsfreie Kosmetika auf dem aufsteigenden Ast (vor allem natürlich, seit die Giftigkeit vieler Kosmetika- und Make-up-Ingredienzien bekannter wird).

Wertschöpfung und Gewinne

Auch in werteorientierten Unternehmen ist die Erzielung von Gewinn ein Wert (→ **#Business_Hack_20**). Denn Gewinn ist notwendig, um den gesellschaftspolitischen Auftrag von Unternehmen erfüllen zu können: faire Arbeitsbedingungen, faire Preise, Schaffung von Wohlstand, nachhaltiger Kundennutzen, ressourcenschonende Produktion. So macht Gewinn Sinn. Dafür brauchen Unternehmer und Manager ein ausgeprägtes Gefühl für Verantwortung. Die wachsende Globalisierung der Märkte erfordert grenzüberschreitende Verantwortungsübernahme. Im Wort »Verantwortung« steckt »Antwort«. Meines Erachtens müssen Unternehmer, Manager, Macher Antworten geben können auf die sozialen, wirtschaftlichen und politischen Fragen unserer Zeit. Die Verantwortung der Unternehmer verlangt von ihnen, die politischen Rahmenbedingungen, die Regularien mitzugestalten und mitzutragen.

Gewinn heißt nicht, auf dem Rücken anderer Ressourcenraubbau zu betreiben. Das genaue Gegenteil ist der Fall, halten einige Studien, z. B. jene zum »Wettbewerbsfaktor Energie« von McKinsey, beispielhaft fest: Sie prognostiziert für 2020 weltweit 2,1 Billionen Euro Marktpotenzial, Wachstumsraten von 13 Prozent – was in Deutschland 850 000 neue Arbeitsplätze in energierelevanten Segmenten bedeuten könnte – sowie ein Energieeinsparvolumen für deutsche Haushalte und Unternehmen in Höhe von 53 Milliarden Euro durch sinnvolle Sparmaßnahmen. Konkret: Unternehmen, die ihre Fertigungsstraßen auf eine möglichst energiearme Produktionsweise umstellen, könnten ihre EBIT-Marge auf diese Weise um mehr als zehn Prozent steigern. (Energie-)Einsparung statt Ressourcenraubbau wird zum entscheidenden Wettbewerbsfaktor der Zukunft: Daher sind ZERO-WASTE, Klimaschutz, BioTech, E-Mobility Wachstumsfelder der Zukunftsmärkte. Kunden legen Wert auf die Umweltverträglichkeit ihrer Produkte und von deren Produktion. Hier schließt sich der Kreis zur Nachhaltigkeit. Sinnhaftigkeit, Ethik, ökologisches und ökonomisches Verhalten gehören zur Gewinnorientierung!

Werteorientierte Führung

Wo Werteorientierung nicht beachtet wird, tritt schnell eine unübersehbare Führungskrise zutage! Topmanager zeigen mit dem Finger aufeinander, geben die Verantwortung ab, weisen Schuld von sich, verweisen auf die Gier der Anleger und Shareholder, zeigen sich erstaunt ob desaströser unternehmerischer Kennzahlen, die plötzlich »hochzukommen« scheinen. Wenn Verantwortung ein Wanderpokal ist, haben wir es mit »Opfern« zu tun. Überbezahlte, unwirksame Leute braucht kein Mensch. Damit offenbart sich im eigentlichen Sinne auch Misstrauen gegenüber den eigenen Führungsfähigkeiten. Worin sollte dieses Vertrauen auch begründet sein, scheinen doch alle wichtigen Werte, die guter Führung zugrunde liegen, wenig gezählt zu haben.

Vertrauen, Verantwortung, Respekt, Integrität, Nachhaltigkeit und Mut: Das sind die sechs wichtigsten Werte, die Topmanager in einer Umfrage der Wertekommission – Initiative Werte Bewusste Führung e.V. herausstellen. Gleichwohl zerstören sie oftmals genau diese Werte und degradieren sie zum Lippenbekenntnis. Integrität – angesichts aktueller und krasser Beispiele von hoch bezahltem Missmanagement ein geradezu verhöhnter Wert. Mut – Mut zur Kritik, Mut zum Querdenken, Mut zur Innovation wird in vielen Firmen eher bestraft, zumindest jedoch häufig ignoriert. Dabei gibt es eine Korrelation, eine erkennbare Verbindung, zwischen gelebten Unternehmenswerten und überdurchschnittlichem finanziellem Erfolg! Das zeigt eine weltweite Befragung von The Aspen Institute und Booz Allen Hamilton. Financial Leader zeichnen sich durch einen schriftlich fixierten Wertekodex aus, der allen Mitarbeitern eine feste Richtschnur, Orientierung und Klarheit gibt. Und diese Firmen sind überzeugt davon, damit ihre

Reputation, die Bindung ihrer Kunden und die Loyalität und den Enthusiasmus ihrer Mitarbeiter steigern zu können! Hier schaffen Werte Wert.

Bleibt die Frage, wie es solchen Erfolgsunternehmen gelingt, die beschriebenen Werte auch zu leben, nicht nur in Grundsatzpapieren festzuhalten. Basis dafür ist echte gegenseitige Wertschätzung. Vielerorts vergessen, muss dieser Wert nun wieder bewusst erlernt und trainiert werden! Natürlich ist die Führung eines Unternehmens, einer Einzelfirma oder eines Konzerns heutzutage ein schnelles, oft ein knallhartes Geschäft. Und echte Wertschätzung bleibt zu oft auf der Strecke. Führungskräfte haben kein Vertrauen in die Zuverlässigkeit, Entwicklungsfähigkeit oder Arbeitsleistung ihrer Mitarbeiter, betrachten sie gar als Kostenfaktor. Mitarbeiter erkennen in ihren Vorgesetzten keine echte Autorität, gehen in die innere Kündigung oder arbeiten sogar aktiv gegen die Führungskräfte. Auch an echter Wertschätzung der Kunden und potenziellen Kunden herrscht oft Mangel: »LEO« – »leicht erreichbare Opfer«, so bezeichnet man in manchen Branchen ältere oder vertrauensselige Kunden. Wer nicht Kunde wird, über den wird abschätzig gedacht. Wer Kunde wird, soll möglichst nicht mit Sonderwünschen nerven. Wer gekauft hat, braucht keinen Service mehr. Und fürs Verkaufen reichen ein aufgesetztes Lächeln und vorgetäuschtes Interesse. Falsch, grundfalsch! Ohne Wertschätzung gibt es keine Wertschöpfung.

Wertschätzung kommt immer vor Wertschöpfung!

Wertschätzung ist ein Faktor, der täglich vorgelebt werden und neu vitalisiert werden muss. Und das beginnt bei dir! Bei deiner persönlichen Einstellung, deiner Haltung und deinem Handeln. Du kannst nur fordern, was du selbst leistest. Umgekehrt: Was du vorlebst, wird dich automatisch fördern. »Führen durch Vorbild« ist eine ebenso probate wie ethisch legitimierte und erfolgreiche Führungsmethode. Das faktisch existierende Glaubwürdigkeitsproblem von Führungskräften hat seine Ursache im eklatanten Unterschied von geäußertem Wort und beobachtbarer Handlung. Menschen orientieren sich immer am handelnden Vorbild, nicht an Worten.

Die besten Führungskräfte sind die, die motivierend, moralisch integer, offen und ehrlich, wirtschaftlich erfolgreich, ergebnis- und gewinnorientiert operieren. Und das klärt auch die Frage, warum wir die besten Führungskräfte sein sollten, die wir sein können. Weil wir nur so die besten Ergebnisse erzielen können. Dieser Zusammenhang ist durch Studien und Umfragen gut belegt. So benennen beispielsweise 85,4 Prozent aller Befragten in der Studie »Die Erfolgsfaktoren für den nachhaltigen Unternehmenserfolg« (inu GmbH, 2007) Werte als entscheidende Erfolgsfaktoren. An der Spitze liegen übrigens Führungswerte wie »Berechenbarkeit der Führenden« und »Kongruenz zwischen Worten und Taten«!

VOM KNOW-HOW ZUM DO-HOW

Reflexion: Wie können Ideen und Konzepte mit mehr Humanität und Robustheit aussehen (→ **#Business_Hack_85**)? Wie können wir Märkte mit disruptivem Potenzial erkennen (→ **#Business_Hack_90**)?

Reflexion: Was gibt es darauf aufbauend für Ideen und Konzepte hinsichtlich der Führung (→ **#Business_Hack_42**; → **#Business_Hack_41**; → **#Business_Hack_27**)?

Reflexion: Welche Ideen und Konzepte für klimafreundliches und werthaltiges Wirtschaften gibt es (→ **#Business_Hack_90**)?

Reflexion: Welche Ideen und Konzepte fallen dir ein, um die Welt besser zu machen (→ **#Business_Hack_24**)?

Reflexion: Entwickle Ideen und Konzepte für dein eigenes Manifest (→ **#Business_Hack_35**).

Reflexion: Welche Ideen und Konzepte fallen dir zu diesen Themen ein: als Vorbild handeln, situativ führen und Menschen ins Zentrum stellen (→ **#Business_Hack_27**, → **#Business_Hack_44**, → **#Business_Hack_41**)?

#BUSINESS_HACK_34

Tue Gutes und rede NICHT darüber

Dieser Business-Hack sollte eigentlich nur aus diesen sechs Wörtern bestehen:

Tue Gutes und rede NICHT darüber.

Diese sechs Wörter sollten eigentlich reichen.

Weil die Belohnung jeder guten Tat in ihr selbst liegt.

Und weil diese inhärente Belohnung dich als Mensch, als Unternehmer, ja ganze Unternehmen weiterträgt. Weil sie Sinn verleiht, Beweis von Selbstwirksamkeit ist, Freude bringt, Kraft gibt (→ **#Business_Hack_24**).

Handlungsorientierung statt Ankündigungsmentalität

Warum schreibe ich dann also noch weiter, wenn doch die obigen sechs Wörter eigentlich ausreichen? Weil immer noch gelehrt wird und es in den meisten Unternehmen immer noch heißt: »Tue Gutes und rede drüber.« Ob Experte, Unternehmer oder Influencer – alle fluten täglich die Kommunikationskanäle, die Presse und Social Media mit dem, was sie anderen Menschen, der Umwelt, der Wirtschaft, NGOs und der sozialen Gemeinschaft Gutes tun. Hier eine Schule unterstützt, dort einen Hilfstransporter gesponsert, sich da einer wichtigen sozialen Kampagne angeschlossen, hier x Prozent recyceltes Plastik mitverarbeitet, dort etwas gespendet. In den meisten Fällen sind diese Aktionen ernst gemeint und bewirken Gutes. Manchmal ist es aber auch Greenwashing und Campagne Riding. Und oft wird es demonstrativ unter dem Etikett der Corporate Social Responsibility (CSR) vor sich hergetragen. Wie ernsthaft und umfassend das Bemühen um ethische Werte, um positive Entwicklungen, um »das Gute« wirklich ist, spüren die Menschen. Ob dies Kunden sind oder die Menschen im eigenen Unternehmen oder die Fachöffentlichkeit und Fachpresse oder die breite Öffentlichkeit: Sie recherchieren, bewerten. Fühlen sich im schlimmsten Fall getäuscht oder haben den Eindruck, dass sie mittels Greenwashing oder CSR »beruhigt« werden sollen. »Tue Gutes und rede darüber« löst bei vielen Menschen mittlerweile ein gewisses Misstrauen oder einen Überdruss aus. Selbst wenn es um wirklich gute Dinge geht.

Tue Gutes und rede NICHT darüber klingt einfach, ist es aber nicht. Es mag heißen, für dich und dein Unternehmen Wege zu finden, Gemeinwohl und Umweltbelange mit Gewinnorientierung (denn auch diese ist eine Verpflichtung für deine Firma → **#Business_Hack_20**) in Übereinstimmung zu bringen. Es mag heißen, eine Selbstverpflichtung (des Unternehmens) zum Gemeinwohl einzugehen, wie es zum Beispiel in der Präambel der Hamburger Verfassung steht: »Jedermann hat die sittliche Pflicht, für das Wohl des Ganzen zu wirken.« Es mag heißen, sich einem ethischen Zweck (sozialer Arbeit, Gesundheit, Menschenrechten, Tierwohl und Tierrechten, Umweltprojekten, Friedensarbeit u.a.) ideell und / oder finanziell zu verschreiben. Pro bono für ein Hilfswerk zu arbeiten oder eine NGO als Unternehmen tatkräftig zu unterstützen – und nicht darüber in der Presse zu berichten.

Weg von der Ankündigungsmentalität und der Verlautbarungs-PR hin zur Handlungsorientierung. Machen statt Reden. Relevanz im Handeln ist besser als Gewandtheit im Verkünden.

Du bist damit nicht allein – und du wirst künftig vielleicht ein wichtiges Glied in einer Bewegung sein, die viel voranbringt. Was wichtig(er) zu tun und zu verbessern ist, das kann dich ins Grübeln bringen, wie es die neue Denkschule des »effektiven Altruismus« (manager magazin, 2017) diskutiert, aber es wird dich auf die lange Bank auch erfolgreicher machen. Studien zeigen eindeutig, dass Unternehmen mit starkem ethischem (»moralischem«) Kompass dauerhaft erfolgreicher sind (→ **#Business_Hack_33**); ich sage: auch wenn sie eben nicht in der Öffentlichkeit PR-trächtig drüber reden. Weil Kunden das Positive genauso herausbekommen wie unethisches Handeln und weil Mitarbeitende gerne beitragen, wenn sie etwas Positives bewirken können. »Tue Gutes und rede NICHT darüber« lautet auch die Devise einer Riege von »bescheidenen CEOs«, die das manager magazin (Ausgabe 7/2020) in ihrer Arbeit als über die Jahre besonders effektiv heraushebt. Zahlreiche Initiativen setzen sich für ethisches Wirtschaften ein, Ideen und Möglichkeiten gibt es viele.

Mein Appell an dieser Stelle ist schlicht: Tue es um der guten Sache willen. Tue es, um die Welt zu einem besseren Ort zu machen

(→ **#Business_Hack_24**). Tue es, weil die Belohnung jeder guten Tat in ihr selbst liegt.

VOM KNOW-HOW ZUM DO-HOW

Jetzt ist es an dir. Tue Gutes! Überlege dir etwas, was du für deine Mitarbeiter, für die Umwelt, für andere Menschen tun kannst, setze es um – und rede NICHT darüber.

#BUSINESS_HACK_35

Verfasse dein eigenes Manifest!

»Wir sind ein traditionsbewusstes Unternehmen. Wir sind immer innovativ. Wir stellen den Kunden ins Zentrum unseres Handelns. Unsere Werte sind Qualität und Zuverlässigkeit.« Laaangweilig! Auf wie vielen Firmen-Websites hast du ein solches Mission Statement schon so oder ähnlich gelesen? Ich wette: auf vielen! Dahinter steht oft das Bemühen: »Wir brauchen jetzt auch so was, damit man erkennt, was wir tun.« Erarbeitet wird ein solches Unternehmensleitbild dann im schlimmsten Fall vom (Middle-)Management selbst, von Chef und Chefin gemeinsam mit der Assistenz oder – bestenfalls – in einem moderierten Workshop mit mäßig interessierten Mitarbeitern. Weil man das halt heute haben muss.

Ein Manifest ist mehr als ein Mission Statement

Und ja, es stimmt: Du brauchst bzw. dein Unternehmen braucht ein Mission Statement, das jedem, der neu in deine Firma kommt oder sich als Kunde für euch interessiert, kommuniziert, wer ihr seid, wofür ihr steht und wie ihr das Leben der Kunden potenziell verbessert.

Ich empfehle: Geht weiter, viel weiter als die üblichen, oft blutleeren Formulierungen (wie im obigen Beispiel). Entwerft ein Manifest! Seid mutig und entschieden und launig und stark. Beschreibt, wie ihr sein wollt, welche Selbstverpflichtungen ihr eingeht. Wo ihr euch verortet, wo ihr steht. Was ihr der Welt bringt, was es so noch nicht gegeben hat und euch einzigartig macht. Was die Welt von euch braucht und wir ihr diese Welt zu einem besseren Ort macht. Welche Werte ihr im Unternehmen leben wollt und wie ihr das tut (→ **#Business_Hack_33**). Wie ihr miteinander umgeht. Was euch Spaß macht. Wo ihr gesellschaftliche Verantwortung übernehmt.

Hier eine Liste an Impulsen für ein solches Manifest, von denen ihr euch inspirieren lassen könnt:

- Denkt groß, in der Kategorie: »So machen wir die Welt besser!«
- Wozu bekennt ihr euch? Zu welchen ethischen Werten?
- Was ist der Sinn eures Handelns, was treibt euch wirklich (wirklich!) an?
- Wozu steht ihr morgens auf, was pumpt euch Adrenalin in die Adern, was macht Freude?
- Seid frech und knallig. Greift nach dem Leben. Erlaubt euch auch mal lustige Formulierungen.
- Wozu verpflichtet ihr euch selbst?
- Was erwartet ihr von anderen?
- Mit welchen Menschen wollt ihr (Kollegen, Kunden, Lieferanten) zusammenarbeiten – was zeichnet diese aus?
- Wie geht ihr miteinander um? Und was macht ihr im Falle von Missverständnissen oder Kritik? Formuliert auch das mit Laune und Lust!
- Wie geht ihr mit Fehlern um (→ **#Business_Hack_23**)?
- Wie mutig seid ihr?
- Wie schaut ihr auf die Zukunft? Wie wollt ihr sie gestalten?
- Reißt Wände ein, brecht mit der Konvention! Ein Manifest muss keine Liste oder eine Aneinanderreihung von trockenen Zeilen sein, sondern …
- … es darf z. B. auch eine laute Musik haben, die dazugehört …
- … oder gestaltet sein wie ein echt cooles, knalliges Werbeplakat …
- … oder ein Video mit richtig Dampf dahinter.
- Und es darf voller Emotion, Begeisterung und Menschlichkeit sein. Es muss mitreißen. Und dafür darf es auch mitten in die Gefühle der Menschen zielen.

»Alles ist gut, solange du wild bist.« In dem Film »Die wilden Kerle« haben es die jungen Protagonisten schon vor gut 17 Jahren prima auf den Punkt gebracht.

VOM KNOW-HOW ZUM DO-HOW

Ein solches Manifest zu verfassen erfordert Mut, Ideen, Kreativität. Und vielleicht jemand, der den Entwicklungsprozess moderiert und Impulse gibt. Und es lohnt sich: Es reißt die Menschen mit, es ist merk-würdig und wert-voll. Motivation pur. Ein Manifest hat magnetische Anziehungskraft auf alle handelnden Personen. Es entsteht ein Sog.

Dazu ein paar kurze Übungen:

Reflexionsübung:

Das ist mein/unser bisheriges Mission Statement. Schreib es hier auf, ohne auf eurer Firmenwebsite nachschauen zu müssen.

_____

_____

_____

Reflexionsübung:

Diese Formulierung hätte ich unbedingt gerne in unserem Manifest stehen:

_____

_____

_____

Vereinbare einen festen Termin mit dir selbst, um dein Manifest für die Zukunft zu aktualisieren:

_____

Hier geht's zu den Videos zu Teil II:

TEIL III

FÜHRUNG

GEHT HEUTE

ANDERS

#BUSINESS_HACK_36

Chancendenken – Krise wird das New Normal und Change ist Chance

Führung geht heute anders – das bedeutet, dass du als Führungskraft im Unternehmen nie mehr in das »Old Normal« zurückkehren wirst. Es gibt seit Jahren kein »machen wir weiter wie immer« mehr, kein »Wachstum um jeden Preis« (→ #Business_Hack_33), keine Sicherheit in den disruptiven Entwicklungen der Digitalisierung (→ #Business_Hack_29). Es gibt nur noch das NEW NORMAL, das von Volatilität, Disruption und ständiger Krise gekennzeichnet ist. Geh davon aus: Irgendwie ist immer Krise, wird immer Krise sein – auch nach der Pandemie.

Klar: Der Ausbruch der Covid-19-Pandemie hat unser Leben und unsere Arbeitsweise nochmals schneller, tiefgründiger und nachhaltiger verändert, als wir es uns vor Kurzem noch hätten vorstellen können. Klar: Die digitalisierte Welt bedeutet für unsere Mitarbeiter und unsere Kunden, dass sie sich in einem oftmals wenig vertrauten und permanenten Veränderungen unterworfenen Umfeld bewegen. Klar: Dies erfordert eine verantwortungsvolle Führung. Eine verantwortungsvolle Führung, die sich fürsorglich um Mitarbeiter und Communitys kümmert. Und klar: Als Führungspersönlichkeit musst du künftig noch viel mehr Chancendenker sein, um Wege für dich, deine Mitarbeitenden, dein Unternehmen zu finden.

Beispiel Chancendenken: Führung in der Pandemie

Deine Mitarbeiter möchten dir vertrauen, das ist ein zutiefst menschliches Bedürfnis. Und das tun sie, wenn sie daran glauben, dass du als Führungskraft dich für jeden Einzelnen ebenso interessierst wie für die Teams und deine Abteilung, Mitarbeiterschaft, gesamte Gesellschaft. Vertrauen entsteht, wenn Führungskräfte auf die physischen, mentalen und zwischenmenschlichen Bedürfnisse von Menschen eingehen.

Dieses Vertrauen zu schaffen und zu rechtfertigen (→ #Business_

Hack_27) ist gerade in Pandemiezeiten (und fortan immer, denn die Entwicklungen wie Homeoffice lassen sich – zum Glück – nicht mehr vollständig zurückdrehen), eine Chance für gute Führung, für ausgezeichnete Digital Leadership (→ **#Business_Hack_51**).

Beispiel Homeoffice: Viele Unternehmen verfügen hierfür bereits über eine intakte Infrastruktur und eingeübte Prozesse, um mobiles Arbeiten effizient umzusetzen. Abgesehen davon sind einige weitere Aspekte von hoher Bedeutung, um die Digitalkultur weiter zu fördern:

- Verständnis und Entgegenkommen gegenüber den Bedürfnissen und Sorgen der Mitarbeiter
- die Mitarbeiter motivieren und ihnen aufzeigen, wie wichtig ihr Beitrag zum gemeinsamen Erfolg auch – oder gerade – von zu Hause aus ist
- regelmäßig und transparent über das weitere Vorgehen informieren
- klare Kommunikation von Strategien, Regeln und Prozessen
- Positivbeispiele im eigenen Unternehmen aufzeigen
- Leitfäden für die Nutzung digitaler Tools entwickeln und teilen

Führungskräfte werden zunehmend als Ermöglicher und Befähiger verstanden

Deine Aufgaben als Führungskraft, als Digital Leader, haben an Komplexität und Vielfalt zugenommen (→ **#Business_Hack_51**). Es kommt heute mehr denn je darauf an, die eigenen Mitarbeiter in Verantwortung und ins Handeln zu bringen – ohne dabei die konkreten Zielsetzungen und Strategien aus dem Auge zu verlieren. Um das erfolgreich zu bewältigen, ist es umso wichtiger, dass Führungskräfte wie du Vorbilder im Umgang mit neuen Technologien sind und ihre Mitarbeiter zur Nutzung digitaler Tools motivieren. Digitale Führungskompetenzen heißt für Chancendenker konkret:

- den Informationsfluss top down und auch bottom up sicherstellen;
- regelmäßige (im Idealfall tägliche) Meetings organisieren, z. B. ein Briefing zum Start in den Tag und / oder zum Abschluss des Tages;
- Ziele und Strategien noch klarer und transparenter kommunizieren;

- in der Nutzung digitaler Tools vorangehen und klar vorgeben, welche Tools warum und wozu eingesetzt werden;
- noch stärker als sonst die Aufgaben- und Rollenverteilung sicherstellen;
- die Mitarbeiter immer wieder zum selbstbestimmten Entscheiden motivieren und befähigen;
- eine offene Fehlerkultur vorleben;
- flexibel auf neue Situationen im Unternehmen und bei den Mitarbeitern reagieren und pragmatische Lösungen finden.

Der regelmäßige Austausch ist in Zeiten räumlicher Entfernung und digitaler Kommunikation noch wichtiger.

Offene Kommunikation pflegen

Eine offene Kommunikationskultur ist umso wichtiger, je digitaler der Austausch abläuft. Gerade im digitalen Team muss ein effizienter Wissensfluss sichergestellt werden, damit alle effizient an Problemlösungen mitwirken können. Der Fortschritt muss regelmäßig diskutiert und Feedback ausgetauscht werden.

- Vorhandene und bekannte Tools nutzen und einsetzen: Videocalls, Chatprogramme, Cloud-Lösungen & Co. werden an den meisten Arbeitsplätzen bereits genutzt, Erfahrungen gibt es aber auch aus der privaten Nutzung, etwa mit dem Smartphone.
- Präzise kommunizieren: Die Kommunikation via Chat ist asynchron und damit langsamer als das direkte Gespräch. Das bietet die Chance, sehr klar und strukturiert zu kommunizieren. Wer seine Botschaft kurz und knapp auf den Punkt bringt, vermeidet Missverständnisse und spart Zeit.
- Offene Feedbackkultur leben: Gutes Feedback ist die Grundlage, um sich gegenseitig besser zu machen. Wer schnell, wertschätzend und klar Rückmeldung gibt, hilft damit den Kollegen und unterstützt das Team.
- (Positive) Emotionen nicht vergessen: Menschen sind soziale Wesen und reagieren besonders auf Emotionen. Neben einem guten und präzisen Argument sollte immer auch Platz für aufmunternde und lobende Worte sein.

- Teamgeist leben: Eine gemeinsame Mittagspause im Videocall oder eine persönliche Abschlussrunde im Debriefing kann Wunder bewirken. Nur zusammen gelingt der Projekterfolg.

Eigenverantwortung und Verlässlichkeit erzeugen

Wer ohne Kolleg*innen und Führungskraft zu Hause arbeitet, dem fehlen die alltäglichen Routinen am Arbeitsplatz. Die Familie und damit einhergehende Verpflichtungen sowie zahlreiche Möglichkeiten der Ablenkung schränken Zeit und Konzentration zusätzlich ein. Deshalb kommt es für die Mitarbeiter*innen in besonderem Maße darauf an, Eigenverantwortung zu zeigen und verlässlich Deadlines und Termine einzuhalten.

> **Change ist Chance:**
> **5 Impulse, was wir aus der Pandemie gelernt haben**
>
> **1. Kollaboration statt Konkurrenzdenken.**
> Silodenken ist ebenso vorbei wie das Denken in Hierarchien. Status hat sowieso seinen Status verloren – und smarte Netzwerker entwickeln neue Ideen. (→ **#Business_Hack_51**)
>
> **2. Bottom up statt top down.**
> Ermutige das Können und das Engagement deiner Mitarbeitenden. Du weißt nicht immer alles besser, und wenn Mitarbeitende gute Ideen haben, erkenne das an, fördere das, fördere sie. (→ **Business_Hack_52**)
>
> **3. Fürsorglich und einfühlsam agieren und führen.**
> Deine Mitarbeitenden sind sehr unterschiedlich: von Grübelschleifen-Akrobaten über Beglückungsverlanger, Fürsorgeterroristen, Experten für Empörungsroutinen, innere Arbeitsemigranten, Berufszuhörer bis Superhelden ist alles dabei. Alle gleich zu führen ist nicht gerecht, sondern unsensibel. Du musst für jede und jeden das Führungsmodell finden, das passt. (→ **#Business_Hack_43** und → **#Business_Hack_44**)
>
> →

4. Werte leben und kommunizieren.
Gemeinsame Ziele und Werte geben dir und deinem Team ein Gefühl der Verbundenheit, das dringlich gebraucht wird. Mitarbeitende sind vor allem Menschen: In Krisenzeiten suchen sie nach Orientierung, nach gelebten Werten. (→ **#Business_Hack_33**)

5. Arbeite konsequent an der Zukunft.
Reserviere zwei Stunden pro Tag, die einzig und allein dazu dienen, dich, dein/e Team/s und deine Organisation auf die Zukunft vorzubereiten. Vertraue den Zukunftsmöglichkeiten mehr als den Vergangenheitserfahrungen. (→ **#Business_Hack_16**)

VOM KNOW-HOW ZUM DO-HOW

Wenn Chancendenken in der Führung ein Thema für dich ist, dann nutze gerne folgende fünf Themen zur Reflexion und notiere dir deine Gedanken dazu.

1. Kollaboration statt Konkurrenzdenken.
Wenn du magst, lies dazu → **#Business_Hack_51** Agiles Management & Digital Leadership – adaptiv, schnell, zielorientiert

2. Bottom up statt top down.
Wenn du magst, lies dazu → **Business_Hack_52** Agiles Management & Digital Leadership

3. Fürsorglich und einfühlsam agieren und führen.
Wenn du magst, lies dazu → **#Business_Hack_43** Wie Menschen wirklich ticken und → **#Business_Hack_44** Führung ist kein »One size fits all«

4. Werte leben und kommunizieren.
Wenn du magst, lies dazu → **#Business_Hack_33** Werteorientierung kommt vor Wertschätzung kommt vor Wertschöpfung

5. Arbeite konsequent an der Zukunft.
Wenn du magst, lies dazu → **#Business_Hack_16** Unterstützende Routinen schaffen und → **#Business_Hack_85** »Going digital« … braucht mehr Humanität und Robustheit

#BUSINESS_HACK_37

Recruiting – der Mix macht's

»Wir bilden viel selbst aus, um möglichst alle Absolventen nachher auch übernehmen zu können«, berichtet Klaus, Geschäftsführer eines mittelständischen Industrieunternehmens aus Baden-Württemberg, kürzlich auf einem unserer Unternehmerseminare. »Dafür haben wir Kooperationen mit Haupt-, Real- und Gesamtschulen der näheren und weiterer Umgebung geschlossen. In diesem Rahmen bieten wir jede Menge Schülerpraktika und Schnupperzeiten an, engagieren uns aber auch bei der Ausstattung dieser Schulen und präsentieren uns auf Schulfesten, bei Elternorganisationen und natürlich lokalen Messen und Veranstaltungen. Wir sind auf YouTube aktiv und sorgen dafür, dass wir auch im Internet ›gut dastehen‹. Das ist alles sehr aufwendig – aber von allein bewirbt sich heute kaum noch jemand bei uns, der wirklich für den Beruf infrage kommt. Die gehen lieber studieren nach Stuttgart und dann zu einem der großen Automobilbauer, da haben wir wenig entgegenzusetzen.«

Damit hat Klaus' Firma Vorbildcharakter. Chapeau! Hier wird nicht gejammert, hier wird wirklich Initiative ergriffen. Denn klar ist: Mit der Gen Y und Z und dem demografischen Wandel hat sich der Arbeitgebermarkt dramatisch gewandelt: Junge Nachwuchsführungskräfte, Facharbeiter und Spezialisten sind in einigen Branchen kaum noch zu bekommen. Der »War for Talents« tobt. Und auch um ältere und erfahrene Mitarbeitende und Fachleute ist ein echter Kampf entbrannt. Daher geht es in diesem Business-Hack um sieben Möglichkeiten, wie du bzw. deine Firma neue und zu euch passende Mitarbeiter gewinnen könnt.

Der Mix macht's

Das eigene Netzwerk – online wie offline – wird für das Recruiting immer wichtiger. Dies hat mit verschiedenen Trends zu tun – zum Ersten natürlich mit dem demografischen und dem digitalen Wandel:

Die Babyboomer verlassen so langsam altersgemäß die Unternehmen, die Gen X sitzt an den Schalthebeln und ist sehr gut verdrahtet, zudem gelernt hoch internet- und digitalaffin, die Zahl der nachströmenden Talente und potenziellen Mitarbeitenden aus der Gen Y und Gen Z schrumpft, und alle gemeinsam werden täglich mit Tausenden von Unternehmensinformations-, Werbe-, Marketing- und Arbeitgeber-marketingbotschaften überschwemmt. Daher verlieren die klassischen Printanzeigen zunehmend an Aufmerksamkeit. Web und Video bzw. Videoplattformen im Netz bieten für Bewerber und Arbeitgeber ein weitaus höheres Potenzial. Hinzu kommt, dass gesuchte, hochqualifizierte Kräfte oftmals weniger aktiv suchen, denn sie wissen, dass sie ein kostbares Gut darstellen, und wollen gefunden und umworben werden. Sie sind offen für Angebote, und zwar dort, wo sie sich aufhalten: in den Businessnetzwerken und Foren. Das hat Social Media unbenommen seit Jahren zu einem wertvollen Instrument im Recruiting gemacht. Dennoch ist es nur ein Weg, nur ein Kanal im Recruitingmix, über den potenzielle Kandidaten ausfindig gemacht und adressiert werden können.

Welcher Mix im Recruiting für dich rsp. deine Firma der richtige ist, hängt von zahlreichen Facetten ab: von der Branche, in der du tätig bist; von dem Angebot an Branchenmedien; davon, ob du regional oder bundesweit suchst und ob du Nachwuchskräfte oder bereits erfahrene Mitarbeiter brauchst. Gute Erfahrungen haben unsere Kunden und auch wir von Buhr & Team mit einem Mix aus den folgenden Wegen gemacht: Bewerber anziehen mittels Employer Branding, Empfehlungen aus dem eigenen Team, Onlinestellenbörsen (indirect, direct sourcing), Social Media und Karrierenetzwerke, Kunden und Lieferanten (Multiplikatoren und Quellen), Direktansprache, Sonstige wie Recruiting Events, Mittler, Headhunter etc. Hier ein paar Impulse dazu – mit den spezifischen Ansätzen der Direktansprache beschäftigen wir uns in → **#Business_Hack_38** Recruiting-Direktansprache mit Sales Pitch, wo du gleich weiterlesen kannst.

So bringst du dein Unternehmen als Arbeitgeber in Stellung: Arbeitgebermarketing (Employer branding)

Employer Branding oder Arbeitgebermarketing ist in den letzten Jahren zu einem wichtigen Stichwort geworden, um eine gewisse Sogkraft auf Bewerber (und im Übrigen auch die Mitarbeiter selbst) zu entwickeln. Denn jedes Unternehmen muss heute transparent berichten, wofür es steht, welchen Sinn und Purpose (→ **#Business_Hack_53**) es verfolgt, welche Zukunftsstrategie es fährt, wie es arbeitet, welche Maßnahmen zum Umweltschutz es erbringt, was es mit seinen Gewinnen macht, welche Kultur es lebt und für welche Werte (→ **#Business_Hack_33**) es steht und wie es mit seinen Mitarbeitern umgeht. Wie es sich »anfühlt«, Teil des Unternehmens zu sein. Nur so wird ein Unternehmen noch vom »Kunden Bewerber gekauft«, nur so kann es (s)einen guten Namen, eine Marke, aufbauen und dafür breite Sichtbarkeit erzielen. Das ist umso wichtiger für kleine Firmen und für den Mittelstand, die Bewerber nicht zwingend mit coolen Locations in hippen Städten, mit internationalen Jobs und hoch dotierten Megakarrieren locken können. Sie müssen ihr Employer Branding auf anderen Werten aufbauen, um beim Recruiting als begehrenswerter Arbeitgeber einen Sog und eine Attraktivität für Bewerber zu erzeugen. Dazu eignen sich auch die Social Media hervorragend (siehe auch → **#Business_Hack_58**). Doch achte (wie stets) darauf, dass du fokussiert bleibst – kein Unternehmen muss in jedem Netzwerk vertreten sein. XING beispielsweise eignet sich (jetzt noch) besonders, wenn es um das Recruiting von Mitarbeitern im deutschsprachigen Raum geht. Mit LinkedIn erreicht ihr zusätzlich auch potenzielle Mitarbeiter im Ausland. Diverse Branchenplattformen bieten auch sehr gute Möglichkeiten, direkt und spezifisch branchenaffin zu suchen. Das bringt vielleicht mehr, als auf den Standard »Profil auf Facebook mit eigenen Karrieresites und der gezielten Positionierung als Arbeitgeber« zu setzen. Zwar können potenzielle Mitarbeiter unter https:// www.facebook.com/careers/ gezielt nach Jobs suchen und auch seine Berufserfahrungen und Kenntnisse seinem Profil hinzufügen, um anhand dieser Stichwörter über die facebookeigene Graph-Search gefunden zu werden. Doch ist Facebook mit Sicherheit keine Expertenplattform, und ich persönlich rate eher von der Nutzung als Recruitingtool ab. Aber: Es hängt eben davon ab, welche Qualifikationen deine neuen Mitarbeitenden mitbringen sollen.

Empfehlungen aus dem eigenen Team

Menschen halten sich gern in Kreisen Gleichgesinnter auf. Suche daher deinen künftigen Mitarbeiter mit Hilfe derer, die gute Leute aus dem Tätigkeitsbereich und/oder der Branche kennen: mit deinem Team. Niemand weiß besser, wer seinen Job besonders gut macht. Wer für seine Aufgabe, seine Produkte brennt. Und wer gerade auf der Suche ist oder aber bereit wäre, bei einem entsprechenden Angebot den Arbeitgeber zu wechseln.

Damit die Vermittlung erfolgreich ist, muss dein Team wissen, wen ihr sucht. Kommuniziere also unternehmensintern, welche Stellen besetzt werden sollen und welche Fähigkeiten, Erfahrungen und Kenntnisse der Wunschkandidat (m/w/d) mitbringen sollte. Vielleicht ist unter den Ex-Kollegen, den Ex-Kommilitonen oder im persönlichen Netzwerk der Mitarbeiter jemand dabei, der passen könnte.

Persönliche Empfehlungen aus dem Team haben einen besonderen Vorzug: Niemand wird dir ein »faules Ei« unterjubeln wollen – schließlich läuft der Tippgeber Gefahr, dass er später selbst mit demjenigen zusammenarbeitet oder dass ein schlechter Tipp auf ihn selbst zurückfällt. Daher ist bei Empfehlungen aus dem Team, wenn alles gut eingestielt ist, im Wesentlichen davon auszugehen, dass die Qualität der Bewerber hoch sein wird.

Zudem sind persönliche Empfehlungen belastbare Brücken: Du erhältst bei der Ansprache eines potenziellen Kandidaten ein ganz anderes Gehör, wenn du auf die persönliche Empfehlung seines oder seiner Bekannten hinweist. Der Kandidat fühlt sich geschmeichelt und wird dir zumindest gerne zuhören.

Mit der Suche über persönliche Empfehlungen sparst du Zeit und Geld.

Vor allem sicherst du die Qualität durch eigene Empfehlungen. Insofern ist es nur fair, dem vermittelnden Mitarbeiter oder der vermittelnden Mitarbeiterin Anerkennung und Wertschätzung zu geben. Besonders in Konzernen ist es zudem üblich, dem Tippgeber eine Prämie zukommen zu lassen, deren Höhe abhängig vom Einkommen des künftigen Mitarbeiters ist. Immerhin würde die Beauftragung eines Headhunters auch Kosten produzieren, die zwischen drei und zwölf Monatsgehältern betragen kann. Kommuniziere von Anfang an klar, wann welche Prämie gezahlt wird – so schaffst du Transparenz. Klar, die Bezahlung ist selten ein Haupttreiber, aber mindestens Hygiene!

Onlinestellenbörse statt Tageszeitung

Was früher die klassische Stellenanzeige in Tages- und Fachzeitungen war, ist heute das Gesuch in Onlinestellenbörsen. Sie sind preiswerter und haben häufig eine höhere Reichweite als Printmedien – allein das spricht für sie. Zu den bekanntesten Jobportalen zählen unter anderem *monster.de* und *stepstone.de*. Überdies gibt es zahlreiche kleinere regionale oder branchenspezifische Angebote. Gerade fachspezifische Portale (z. B. für Führungskräfte, technische Berufe, Gesundheitswesen oder Kreativwirtschaft) bringen häufig sehr gute Ergebnisse. Auf Onlinejobportalen erreichst du häufig mehr potenzielle Bewerber, weil ihr Matchmaking sehr gut ist, ihre Nutzer die Angebote per Push direkt auf ihre digitalen Devices zugestellt bekommen und die Antworthemmschwelle heutzutage sehr niedrig ist. Der Kandidat muss selbst also gar nicht mehr aktiv werden, um von deinem Angebot zu erfahren. Er muss sich bei Interesse nur noch darauf bewerben. Und auch dabei kannst du es ihm so einfach wie möglich machen. Biete ihm die Möglichkeit der direkten Videobewerbung – viele Plattformen ermöglichen die Videobewerbung und / oder Erstkontaktaufnahme direkt mit einem Klick – und / oder die einfache Onlinebewerbung mit einem hinterlegten interaktiven Formular oder einem direkt aufzurufenden Chat (Recruiting Chatbot), mindestens die einfache Bewerbung per E-Mail an. Das entlastet auch dich und die Kollegen in der Personalabteilung: Die Bewerbungsunterlagen können leichter gespeichert und weiterverarbeitet werden. Die Papierflut entfällt.

Überdies bieten einige Portale mittlerweile auch einen Bewerbungsprozess über Videoformate an: Dabei stellst du für dein Unternehmen einen Imagefilm und weitere Kurzinfos bzgl. der ausgeschriebenen Stellen online, ebenso hinterlegen Kandidaten ihre Bewerbungsvideos. Bei einem Match könnt ihr auf Wunsch direkt via Video Kontakt aufnehmen – ein sehr rascher und wirksamer Weg, um euch gegenseitig einen ersten Eindruck zu verschaffen.

Ein weiterer Vorteil der Jobportale: Natürlich kannst du in den Onlinebörsen auch aktiv nach Mitarbeitern suchen (»Direct Sourcing«). Wer sich als potenzieller Bewerber registriert, kann in seinem Profil Angaben zu seiner Qualifikation, seinem Werdegang und seinen Wünschen online stellen und für Unternehmen freigeben. Damit musst du nicht mehr darauf warten, wer sich bei dir / euch bewirbt – du kannst passende Kandidaten selbst kontaktieren.

Tipp: Bist du unsicher, ob die Stellenbörse wirklich so gut ist, wie sie behauptet? Zweifelst du an deren Reichweite, den Nutzerzahlen? Dann schau dir auch die Angebote anderer Jobportale an und vergleiche: Wie viele Stellenangebote sind hinterlegt? Wie viele werden an einem Tag online gestellt? Wie aktuell sind sie? Wie viele potenzielle Bewerber haben ihr Profil hinterlegt? Und wie gut ist die Website gepflegt? All dies gibt Hinweise darauf, ob euer Recruitinginvest gut angelegt ist.

Karrierenetzwerke

Ein Nachteil der Onlinestellenbörsen: Hier hinterlegen nur diejenigen ihr Profil, die aktiv auf der Suche sind oder aber mit dem Gedanken spielen, in den kommenden Monaten ihren Job zu wechseln. Was aber ist mit all jenen Kandidaten, die toll in ihrem Job sind, aber nicht aktiv suchen? Die möglicherweise offen für Angebote sind, aber keine Veranlassung haben, sich auf dem Markt umzuschauen? Auch sie sind für dich nicht unerreichbar. Sprich sie einfach direkt auf Vakanzen an – auch wenn sie (noch) für Wettbewerber arbeiten. Selbst wenn ein so angesprochener Kandidat ablehnt, hast du ihn zumindest auf dein Unternehmen als potenziellen Arbeitgeber aufmerksam gemacht. Und wer weiß, vielleicht sieht die Situation in zwei, drei Monaten für ihn schon ganz anders aus und er meldet sich bei euch.

Recruiting via LinkedIn, XING und YouTube

Parallel kannst du deine Suche über das eigene Netzwerk sowie das eurer Mitarbeiter hinaus ausweiten. Auf LinkedIn und XING findest du beispielsweise auch potenzielle Kandidaten, die nicht zu deinem direkten Netzwerk gehören. Sende eine Kontaktanfrage und warte auf die Bestätigung. Im Anschluss nimmst du Kontakt auf. Dabei ist natürlich Fingerspitzengefühl gefragt.

Meine Tipps zum Active Sourcing:

Beachte beim Active Sourcing, also der aktiven Kandidatenansprache in Karrierenetzwerken, Folgendes, damit deine Nachricht nicht zu Missstimmung führt:

1. Versende keine Massenmails, sondern sprich den Empfänger persönlich und konkret an.
2. Begründe, warum er in deinen Augen der geeignete Kandidat ist. Was ist dir an seinem Profil aufgefallen?
3. Sollte der Kandidat seine Mobilnummer im Profil hinterlegt haben oder auf deine Kontaktaufnahme entsprechend antworten, ruf ihn im Anschluss an seine Kontaktbestätigung nach zwei bis höchstens fünf Tagen an. Damit zeigst du ernsthaftes Interesse. PS: Der Sonntagabend ist übrigens hierfür ein guter Zeitpunkt.
4. Respektiere seinen aktuellen und auch seine ehemaligen Arbeitgeber. Despektierliche Aussagen könnten auch wettbewerbsrechtliche Folgen haben!
5. XING beispielsweise erlaubt (potenziellen Kandidaten) die Angabe von Karrierewünschen. Ist in dem Profil deutlich erkennbar, dass der Kandidat nicht an Angeboten interessiert ist, solltest du dies zwingend respektieren.

Tipp: Die aktive Recherche nach Kandidaten in eher freizeitorientierten Netzwerken (Instagram, Facebook) gilt als unprofessionell und wird überwiegend kritisch betrachtet. Hier solltest du dich also besser zurückhalten.

Karrierelounges, Karriere-Messen und Events

Potenzielle Kandidaten persönlich kennenzulernen und mit ihnen ungezwungen ins Gespräch zu kommen – das ist der Ansatz von Karrierelounges. Potenzielle Bewerber und Unternehmen treffen sich dabei in lockerer Atmosphäre und tauschen sich aus. Karrierelounges werden regional oder auch von einzelnen Unternehmen veranstaltet – das kann auch dein Unternehmen machen.

Ich komme da auf die Ideen von Klaus zurück. Warum bietet ihr potenziellen Bewerbern dazu nicht ein Programm, das zu eurem Unternehmen passt – mit Musik, Snacks und vielleicht einem Outdoortraining, einem Bewerbungscheck oder einem spannenden Workshop? Wie du da im Einzelnen vorgehen und vor allem dein Unternehmen positiv darstellen kannst, liest du im → **#Business_Hack_38** Recruiting-Direktansprache mit dem Sales Pitch.

VOM KNOW-HOW ZUM DO-HOW

Übung: Warm machen für deine Suche auf Social-Media-Plattformen

Bring das Profil deines potenziellen neuen Mitarbeiters auf den Punkt: Welche Anforderungen sind wichtig? Und mit welchen SEO-optimierten Schlagworten lässt sich diese Anforderung am besten beschreiben? Definiere Schlüsselwörter für die relevanten Suchfelder. Falls sinnvoll, grenze die Suche ein, indem du dir nur Kandidaten aus eurer Stadt, eurer Region, mit einer bestimmten Berufserfahrung anzeigen lässt.

Tipp: Nutze neben den großen Jobportalen auch fachspezifische Onlinestellenbörsen – es gibt sie für jede Branche und auch für fast jeden Tätigkeitstypus. Auf den Vertrieb spezialisiert sind beispielsweise *www.salesjob.de, www. akquisejobs.de* und *www.vertriebsjobs.de* (siehe vertiefend → **#Business_Hack_58** Vertriebsrecruiting: Du brauchst neue Narrative).

Hier geht's zu meinem Video dazu:

#BUSINESS_HACK_38

Recruiting-Direktansprache mit dem Sales Pitch

Was mich persönlich immer wieder erstaunt, ist, welche Zurückhaltung Führungskräfte und suchende Arbeitgeber beim Recruiting an den Tag legen. Sie nutzen zwar den »üblichen Mix« an Online- und Offline-Recruitingwegen (→ **#Business_Hack_37**), was aber oft bedeutet, dass sie mehr oder minder nur die Angel in den Teich hängen und warten, dass ein Fisch nach dem Wurm schnappt. Mag sein, dass das in Coronazeiten reicht, weil sich der Recruitingmarkt in Krisenzeiten immer etwas vom Bewerber- zum Arbeitgebermarkt dreht, aber dieser Effekt wird nur von sehr kurzer Dauer sein. Entwickler, IT- und KI-Spezialisten, Facharbeiter jeglicher Art und qualifizierter (Führungskräfte-)Nachwuchs, Verkäufer und Vertriebsmitarbeiter (hier ist der Suchdruck so hoch, dass ich ihm einen eigenen Business-Hack gewidmet habe: → **#Business_Hack_58**) werden immer gesucht und dringend gebraucht – in Zeiten disruptiver Entwicklungen auf den lokalen bis globalen Märkten ganz besonders. Das bedeutet: Nutze für dein Unternehmen proaktive Methoden wie die direkte und indirekte persönliche Ansprache von potenziell interessanten Kandidatinnen und Kandidaten, um im Recruiting erfolgreicher als andere zu sein. Häufig genutzt wird natürlich auch, weil's einfacher scheint, die indirekte Direktansprache über Headhunter (→ **#Business_Hack_37**), die aber bringt aller Erfahrung nach oft nicht die gewünschten Ergebnisse. Für die persönliche Direktansprache kannst du verschiedene Optionen nutzen und brauchst nur ein paar wesentliche Dinge: eine gute Beobachtungsgabe, ein trainiertes Auge (→ **#Business_Hack_43**) und einen pointierten Arbeitgeber-Sales-Pitch.

Persönliche Direktansprache braucht einen Sales Pitch

Mit »Optionen« meine ich die Gelegenheiten für das Suchen und Finden der besten zu deinem Unternehmen rsp. dem jeweiligen Suchprofil und der Job Description passenden Leute. Eine dieser Optionen kann schlichtweg der Zufall sein: Zufällig begegnest du einem geeigneten Kandidaten oder einer tollen Kandidatin: auf dem Flughafen, bei einer Fachmesse, im Golfclub oder bei einer Kulturveranstaltung. Solche Gelegenheiten musst du beim Schopf ergreifen, und hierfür ist es wichtig, dass du auf den Punkt reagieren kannst. Will heißen, dass du vorbereitet bist und einen pointierten ersten Text liefern kannst. Dieser Text ist dein »Sales Pitch«. Mit diesem Pitch beschreibst du dein Unternehmen mit seinem Purpose (Unternehmenszweck und -sinn, → **#Business_Hack_53**), der Mission und der Zukunftsvision in sehr wenigen Sätzen. Das Leben entscheidet sich manchmal durch Zufälle und in Sekunden. Auch bei der Suche nach den besten Mitarbeitern!

Natürlich musst du nicht auf den Zufall warten, dass er dir geeignete Kandidatinnen vor die Füße spült – aber die meisten Leute nutzen den Zufall eben gar nicht. Schlicht, weil sie diese »zu-fälligen« Chancen nicht wahrnehmen. Und das, weil sie schlichtweg nicht darauf vorbereitet sind.

Direktansprache

Bist du ein guter Beobachter? Dann bist du bestens dazu geeignet, Kandidaten direkt anzusprechen – und zwar immer dann, wenn dir ein interessanter potenzieller Bewerber über den Weg läuft.

Wir unterscheiden dabei zwischen interner und externer Direktansprache: Die interne Ansprache geschieht zum Beispiel in Förderkreisen, Master Classes oder Nachwuchsprogrammen für geeignete Kandidaten. Nur wer sein Team kennt, wer die Talente schon am Start wahrnimmt, der kann diese auch direkt auf Positionen ansprechen. Hierbei geht es darum, internes Potenzial zu sichten und aktiv zu (be)fördern.

Dann kommen wir zur Königsdisziplin, der externen Direktansprache. Dies kann im Restaurant oder bei Freunden ebenso der Fall sein wie bei geschäftlichen Kontakten, auf Messen oder in den Social Media. Damit die Direktansprache gelingt, achte bereits beim Gesprächsbeginn auf einen positiven Ansatz. Hilfreich sind Formulierungen wie

- »Sie sind mir aufgefallen …«
- »Bei Ihren Fähigkeiten könnte ich mir sehr gut vorstellen …«

- »Gratuliere Ihnen! So sympathisch, wie Sie rüberkommen, so qualifiziert, wie Sie sind, toll! Dazu fällt mir ein ...«
- »Wenn es für Sie eine Möglichkeit gäbe, Ihre Fähigkeiten noch besser, wirksamer einzusetzen, wie wäre das ...?«
- »Wenn es für Sie die Chance gäbe, Ihre Fähigkeiten und mein Wissen zu kombinieren und daraus eine Karriere zu entwickeln, wie (interessant) klingt das für Sie?«

Sprich positive Aspekte wie die finanzielle Entwicklung oder auch Karrieremöglichkeiten aktiv an. Bleib dabei realistisch, denn wenn du zu hohe Erwartungen weckst, die später nicht erfüllt werden (können), macht dich das unglaubwürdig.

Begegnet dir ein interessanter Gesprächspartner, der zwar nicht selbst für die Tätigkeit in Frage kommt, kannst du vielleicht trotzdem über ihn und sein Umfeld rekrutieren und so neue Kandidaten erreichen: Nutze ihn als Empfehlungsgeber. Sprich ihn auf sein Netzwerk an und frag ihn, ob er dir jemanden empfehlen kann. Eine solche indirekte Ansprache deines Gesprächspartners kann beispielsweise auch so eingeleitet werden:

- »Wie zufrieden sind Sie (besonders in letzter Zeit) mit unserer Kooperation? Was schätzen Sie am meisten?« Und dann weiter mit:
- »Wer aus Ihrem Netzwerk würde als neuer Mitarbeiter eine Zusammenarbeit mit uns genauso zu schätzen wissen wie Sie?«
- »Wem aus Ihrem geschäftlichen Umfeld würden Sie eine Zusammenarbeit mit uns ermöglichen wollen?«

Ein weiterer effizienter Weg, der für die Gewinnung neuer Mitarbeiter immer noch viel zu wenig genutzt wird, ist das Gespräch mit Kunden, Lieferanten oder anderen Geschäftspartnern.

Kunden und Lieferanten als Multiplikatoren für Direktansprache

Wenn die Beziehungen gut und bewährt sind, wenn deine Kunden euer Geschäft verstehen, wenn sie eventuell auch einige Interna kennen, dann ist es naheliegend, diese gute Beziehung wertschätzend als Quelle für potenzielle neue Mitarbeiter zu nutzen.

Möglicherweise plant dein Kunde gerade einige strukturelle Veränderungen, kauft ein Unternehmen dazu oder konzentriert sich neu, dann kann ein Wechsel eines guten Mitarbeiters vom Kunden zu dir – oder umgekehrt – für beide Seiten von Vorteil sein. Oder dein Kunde hat eine Idee für eine Empfehlung? Auch gut! Dasselbe gilt natürlich für Lieferanten oder weitere anerkannte Mittler.

Tipp: In einem proaktiven Vorgehen kannst du z. B. folgende Fragen an einen guten Kunden stellen: »Wie Sie wissen, investieren wir stärker in die Qualität unserer Prozesse und in die Weiterentwicklung und das Training unserer Mannschaft. Die meisten unserer Kunden wissen das sehr zu schätzen. Mehr noch: Sie unterstützen diese Strategie durch aktive Empfehlungen und Ideen. Daher möchte ich auch Sie heute direkt einmal fragen: Wir expandieren stark und sind auf der Suche nach neuen Verkäufern. Kennen Sie jemanden, von dem Sie glauben, dass er seine Arbeit sehr gut macht, und der zurzeit auf der Suche ist oder für ein gutes Angebot offen wäre?« Oder auch so: »Wem aus Ihrem (beruflichen) Umfeld würden Sie es ermöglichen, mit uns zusammenzuarbeiten? Mit uns zu kooperieren?« Oder direkt: »Wem aus Ihrem Netzwerk trauen Sie eine Karriere bei uns zu? Wen würde eine Mitarbeit bei uns interessieren?«

Ob es um einen Wechsel eines guten Mitarbeiters zu euch geht oder ob du eine Empfehlung vom Kunden bekommst, es geht in jedem Fall für dich effektiv weiter. Selbst dann, wenn deine Frage zu keinem Resultat führt, wird euer Kunde sich geschmeichelt fühlen, von dir gefragt worden zu sein.

VOM KNOW-HOW ZUM DO-HOW

Übung: Dein persönlicher Arbeitgeber-Sales-Pitch

Ein Sales Pitch beschreibt die zielgerichtete, auf den Gesprächspartner bezogene Dialogführung eines Unternehmensvertreters, um Entscheidern Sinn und Nutzen des Unternehmens, der Produkte oder Dienstleistungen auf den Punkt zu präsentieren. Genauso gehst du an die Formulierung des Sales Pitch heran: Du präsentierst dein Unternehmen und die Job Description rsp. Position, für die du suchst, in wenigen pointierten, aber »gut verkaufenden« Sätzen, du machst beides unwiderstehlich (aber ohne Übertreibung) für den potenziellen Kandidaten. Hier ein paar Formulierungshilfen – und unten trägst du dann deinen persönlichen Arbeitgeber-Sales-Pitch ein.

»Wie verkaufst du dich?«

Bringe Nutzen und Kompetenzen auf den Punkt:

Mein Name ist … / Ich bin / wir sind …

Als führender Anbieter für … bin ich … / sind wir …

Ich bin verantwortlich für … / Ich helfe …

Weitere hilfreiche Vokabeln / Verben: sorgen, machen, kümmern, achten, helfen, liefern …

Das heißt für Sie … / Das bedeutet für Sie … (Nutzen, Kompetenzen)

Ich gebe Ihnen meine Kontaktdaten. / Hier finden Sie mein Social-Media-Profil.

Wie sollen wir verbleiben? / Was schlagen Sie vor?

Nimm innerhalb von 5 bis 10 Tagen Kontakt auf!

Notiere deinen persönlichen Arbeitgeber-Sales-Pitch für dein / euer Unternehmen.

_____

_____

_____

#BUSINESS_HACK_39

Die richtige Einstellung zur richtigen Einstellung

»Weißt du, Andreas«, sagte kürzlich ein Vertriebsleiter eines großen Finanzdienstleistungsunternehmens zu mir, »ich bin bald so weit, dass ich jeden einstellen würde, der überhaupt Interesse an unsrer Branche zeigt und ein bisschen die PS auf die Straße bringt. Es ist richtig schwierig geworden, gute Nachwuchskräfte zu finden, die mit Kompetenz und Können und auch dem notwendigen Biss ausgestattet sind … Da nehmen wir momentan auch Leute, die es früher nicht zu uns geschafft hätten.«

Schwerer Fehler! Ich sage immer: Was fachlich noch fehlt, kannst du neuen Mitarbeitenden immer noch beibringen – dafür gibt es gute Trainings und viele digitale Unterstützungstools. Was sie aber selbst mitbringen müssen, ist Engagement, Freude am oder positive Neugierde auf den Job, Erfolgswille und Loyalität. Der Mindset muss passen. Ehrgeiz sollte sichtbar und erkennbar sein.

Diese Eigenschaften kannst du mit Menschen nach meiner Erfahrung kaum trainieren, das müssen sie in sich tragen. Es gibt Ausnahmen, wie immer. Ich habe erlebt, dass es in wenigen Fällen eine Veränderung des Umfelds, der Aufgabe selbst oder auch einer neuen Zuordnung im Team bedurfte, damit die Ergebnisse besser wurden. Dein Job ist es, die vorhandenen Assets dann zu unterstützen und zu fördern, sobald die neuen Mitarbeitenden in deiner Firma angefangen haben (→ #Business_Hack_40). Aus der »Not heraus« irgendwelche Leute einzustellen hat sich bisher immer als Fehler erwiesen. Die besten Leute wollen zudem geholt werden, um sie musst du kämpfen. Sie sind oft schon erfolgreich und deswegen nicht aktiv auf der Suche. Gerade deswegen sind sie dann gut geeignet auch für dein Team. Wetten wir?

Die falschen Leute ins Team zu holen, ist ein sehr schwerer und teurer Fehler. Finanziell gesehen wegen unnötiger Einarbeitungs- und dann wieder Kündigungs- oder Abfindungs- sowie neuerlicher Recruitingkosten (→ #Business_Hack_37), aber vor allem auch menschlich gesehen. Enttäuschung auf beiden Seiten ist dann vorprogrammiert und kann sich womöglich später auch noch in miserablen Arbeitgeberbewertungen auf Plattformen wie kununu (www.kununu.com) ausdrücken – was dann auch gleich der Arbeitgebermarke schadet. Zudem irritieren schnelle Personalwechsel das Team, führen zu Frustration und stören die Teamdynamik. Nicht zuletzt bedeuten Personalwechsel auch für dich als Führungskraft Stress. Dein Motto für den Einstellungsprozess sollte also eher lauten: Gut Ding will Weile haben.

Ein mehrstufiger Einstellungsprozess betrachtet Hard und Soft Skills

Um dir als Führungskraft einen wirklich umfassenden Eindruck von der Bewerberin oder dem Bewerber zu machen, brauchst du Zeit. Und auch der/die Bewerber/-in braucht Zeit. Zeit, um zu prüfen, ob er oder sie wirklich zu euch passt, auf Dauer bei euch glücklich wird, Sinn in der Beschäftigung findet und nicht nur einen McJob abreißt und morgens schon mit der geballten Faust in der Tasche in die Firma kommt.

Bewerbungsunterlagen verschaffen dir nur einen ersten Eindruck vom Kandidaten. Sie sind die Basis für eine Vorentscheidung – basierend auf dem Anforderungsprofil. Doch Qualifikation und Referenzen sind nicht alles: Dein (neuer) Mitarbeiter soll ins Team und zum Unternehmen passen. Er muss sich mit den Produkten und Dienstleistungen des Unternehmens identifizieren. Das alles erfährst du natürlich nicht aus schriftlichen Unterlagen – obgleich dies lange Zeit so üblich war und in vielen Branchen immer noch ist.

Recruiting: Sicherheit braucht Zeit

Bewährt hat sich in der Praxis ein mehrstufiger Einstellungsprozess. Dieser kann umso intensiver sein, je attraktiver der Job, die Branche, das Unternehmen sind. Google erreichte in Spitzenzeiten für attraktive Jobs gut 6000! Bewerbungen. Wie sieht das in deinem Unternehmen aus? Sicher haben wir hier alle noch Luft nach oben. Der Einstellungsprozess dient dazu, dem Kandidaten auf den Zahn zu fühlen und mehr über seine Hard und Soft Skills zu erfahren – aber auch dazu, umgekehrt dem Kandidaten die Möglichkeit zu geben, sich in deine Firma als potenziellen Arbeitgeber besser »einzufühlen«. Quasi ein Gefühl für die Firmenkultur zu bekommen ... Und ihm oder ihr die Einschätzung zu ermöglichen, ob er oder sie dazu passt.

Wie der Prozess genau funktioniert? Im Idealfall sortiert die Personalabteilung die Bewerbungen vor. Jeder, der aufgrund des Anforderungsprofils nicht in Frage kommt, erhält seine Unterlagen mit einem freundlichen und motivierenden Schreiben (**Tipp:** Es gibt Unternehmen, die haben so gute Ablehnungsschreiben, dass sie damit direkt als Arbeitgebermarke punkten) zurück. Die übrig gebliebenen Bewerber werden priorisiert, etwa fünf Kandidaten sollten in die engere Wahl kommen. Diese (elektronischen) Mappen bekommst du. Stimmen deine Einschätzungen der Kandidaten mit denen der Personalabteilung überein, beginnt der eigentliche Recruitingprozess. Während dieser Phase wird sich die Zahl der Bewerber weiter reduzieren.

Sieben Schritte von der Bewerbung bis zur Einstellung

Schauen wir uns den Recruitingprozess am Beispiel »Bewerbung für deine Vertriebsmannschaft« an. Der Prozess besteht aus sieben Schritten:

1. Video- oder Telefoninterview
2. Vier-Augen-Gespräch mit Personaler und / oder Key-Accounter
3. Zweites Auswahl-Gespräch mit Personalleiter und / oder Vertriebsleiter (ggf. / optional unter Einsatz eines Tools zum Karriere-Check wie Trimetrix (→ **#Business_Hack_43**)
4. Assessment-Center (optional)
5. Bewerbertag, Probearbeiten
6. »Seglerfrühstück« (ein spontanes Teamtreffen zum »Frühstück o. Ä.« mit dem Bewerber. Hier bekommt das Team ein Gespür für den künftigen, neuen Kollegen / die neue Kollegin.)
7. Probezeit, Onboarding → **#Business_Hack_40**).

1. Schritt: Video- oder Telefoninterview: persönlicher Erstkontakt

Bevor der Kandidat dich kennenlernt, wird er telefonisch oder per Videoschaltung (→ **#Business_Hack_62**) interviewt. Diese Aufgabe übernimmt entweder ein interviewstarker Teammitarbeiter, ein Key-

Accounter oder die Personalabteilung. Inhaltlich geht es dabei um Folgendes:

- Konkretisierung: Wie genau sah die bisherige Tätigkeit des Kandidaten aus? Welche fachlichen Aufgaben hatte er zu bewältigen? Welche Kundenkontakte besitzt er in der Branche und wie gut sind diese?
- Zusätzliche Informationen: Hier geht es vor allem um die Soft Skills. Wie wirkt der Kandidat in der Videokonferenz rsp. am Telefon? Wie ist er vorbereitet? Was weiß er schon über das Unternehmen, die handelnden Personen? Wie kommuniziert er? Wie gut kann er zuhören? Und wie schnell durchdringt er komplexere Sachverhalte?
- Offene Fragen klären: Das Interview ist zudem die Gelegenheit, offene Fragen zu klären, z. B. zum Lebenslauf, zu den Gehaltsvorstellungen und vieles mehr.

2. Schritt: Erstes Livegespräch mit dem Kandidaten

Schritt zwei ist das erste Vier-Augen-Gespräch. Dieses findet mit einem Personalverantwortlichen oder dem Key-Accounter statt. In einer kleineren Organisation kann es auch sein, dass du als Führungskraft schon in dieser Phase eingebunden bist. Überlege dir im Vorfeld genau, was du von dem Kandidaten erfahren möchtest. Sind Fragen zum Lebenslauf offen geblieben? Sind die Aufgaben in den einzelnen Positionen klar? Gibt es interessante Brüche im Lebenslauf? Oder allzu häufige Wechsel? Warum ist dies so? Welche Motive haben zu der Berufswahl geführt? Sind diese Erwartungen bislang erfüllt worden? Wie will sich der Kandidat weiterentwickeln – beruflich und privat? Nützlich hierfür ist ein Interviewleitfaden (siehe Übung am Ende dieses Business-Hacks). Er hilft, den roten Faden wieder aufzunehmen, wenn die Gesprächspartner abschweifen. So kannst du beispielsweise Fragen vorbereiten, die sich auf das Stellenprofil beziehen. Ergänzt werden diese durch Verhaltensfragen: Was würde der Kandidat in Situation X machen? Wie würde er sich verhalten? Beispielsweise bei Reklamationen, schwierigen Kunden oder der Neueinführung eines Produktes. Lege dazu vorher entsprechende Bewertungskriterien fest. Mache dir Notizen während des Gesprächs, diese sind eine solide Basis für die Beurteilung der Kandidaten – auch zwei oder drei Wochen nach dem Gespräch.

3. Schritt: Das Zweitgespräch

Am Zweitgespräch nimmst du – auch in großen Organisationen – auf jeden Fall teil rsp. du »sitzt ihm vor«. Gemeinsam mit dem Interviewer aus der ersten Gesprächsrunde legst du nach jenem ersten Vier-Augen-Gespräch fest, welche Kandidaten zu einem zweiten Gespräch eingeladen werden. Auch hier punktest du mit guter Vorbereitung: Kläre im Vorfeld, wer neben dir teilnimmt (z. B. der/die Abteilungsleiter/in, Mitarbeiter der Personalabteilung) und wer welche Rolle übernimmt. Dazu gehört auch, wer welchen Themenkomplex abdeckt. Welche Fragen sind euch wichtig? Worauf kommt es euch an? Auch für das zweite Gespräch sollten ein Interviewleitfaden sowie eine Checkliste für die Dokumentation vorliegen.

Klassischer Aufbau eines Interviewleitfadens:

Der klassische Aufbau sieht folgende Punkte vor:

1. **Vorstellung** der Gesprächspartner
2. **Einleitung** – mit Erläuterung, welches Ziel das Gespräch verfolgt. Beispielsweise: »Wir sind heute hier, um uns kennenzulernen und zu schauen, ob wir miteinander arbeiten wollen. In einer Stunde werden wir entscheiden, ob es ein weiteres Gespräch geben wird oder nicht. Beide Entscheidungen sind gut.« Bleibe offen, sympathisch und dabei konzentriert und wertschätzend. Bereite dich besonders bei Kandidaten aus der Gen Y oder Gen Z darauf vor, dass diese gern auch Fragen zur Zukunft und zur Marktperspektive des Unternehmens stellen und hier authentische Antworten erwarten.
3. **Fragen zum Kandidaten:** Lerne den Kandidaten durch persönliche und fachliche Fragen kennen. Weshalb möchte er sich für die Position bewerben? Welche fachlichen Kompetenzen bringt er mit? Was macht ihn zum Wunschkandidaten? Welche Stärken bringt er mit ein? Warum solltet ihr euch ausgerechnet für ihn entscheiden?
4. **Informationen zur Position:** Stelle dem Kandidaten seinen künftigen Job vor. Welche Aufgaben wird er wahrnehmen? Welche Herausforderungen hat er zu bewältigen? Wie kann er sich weiterentwickeln?

5. **Situative Fragen:** Um herauszufinden, wie er in kritischen Situationen reagiert, schildere Fallbeispiele und frage, wie er in dieser Situation reagiert hätte. Welche Entscheidungen er getroffen hätte und warum.
Stelle ihm Testfragen und Aufgaben, um zu prüfen, ob er wirklich über das angegebene Wissen verfügt.
6. **Abschluss:** Hat der Kandidat noch Fragen, beantworte diese klar und wertschätzend. Fasse das Gespräch kurz zusammen und erläutere knapp, wie der weitere Prozess ausschaut.

Der Interviewleitfaden wird durch einen Bewertungsbogen ergänzt. Fülle diesen während des Gesprächs oder direkt danach aus. Je später du diese Notizen machst, umso schwammiger werden sie. Vergib vielleicht einfach Noten wie früher in der Schule. Ergänzende Stichworte können sinnvoll sein.

Am Ende kannst du den Kandidaten auffordern, sein Feedback zum Gespräch abzugeben. Was war ihm im Gespräch besonders wichtig, was hat er sich notiert? So wird offenkundig, ob es vielleicht noch offene Fragen oder Missverständnisse gibt und ob ihr »in dieselbe Richtung« schaut, also Klarheit und Einigkeit hergestellt habt.

4. bis 7. Schritt: »auf den Zahn fühlen« und einarbeiten
Die nächsten Schritte fasse ich hier zusammen, da sie in jedem Unternehmen sehr individuell gestaltet werden. Beispielsweise führt nicht jede Firma im Anschluss an die Einzelgespräche noch ein Assessment-Center (Schritt 4, optional) mit allen aussichtsreichsten Kandidatinnen und Kandidaten durch. In manchen Bereichen und Branchen geht der Trend sehr deutlich davon weg; und in kleineren Firmen wird man eher direkt einen Probetag mit den Bewerberinnen und Bewerbern vereinbaren. Wer sich da bewährt – und auf jeden Fall auch bei dir im Unternehmen (im Sales) einsteigen will –, den lade zum »Seglerfrühstück« ein, also zu einem Frühstück oder einer anderen kleinen, noch eher »unverbindlichen« Teamzusammenkunft in lockerer Atmosphäre, so dass auch die (künftigen) Kolleginnen und Kollegen den oder die Neue(n) kennenlernen – und umgekehrt. Kommt es schließlich zum Abschluss des Arbeitsvertrages, schließen sich die Probezeit und die Onboarding-Phase an, die so wichtig ist, dass du hierzu mit → **#Business_Hack_40** Mitarbeiter richtig an Bord holen – Onboarding einen eigenen Business-Hack in diesem Buch dazu findest.

VOM KNOW-HOW ZUM DO-HOW

Der oben beschriebene Einstellungsprozess ist gemäß meiner Erfahrung »ideal« aufgebaut – und doch muss er natürlich nicht auf dein Unternehmen, für deine Bedürfnisse passen. Daher hier die Reflexion:

1. Definiere den idealen Einstellungsprozess für dein Unternehmen oder deinen Bereich.

2. Spiele die Stufen des ersten und zweiten persönlichen Bewerbungsgespräches konkret durch.

Übung:

Die Erfahrung zeigt, dass in großen Unternehmen der Recruitingprozess manchmal überreguliert ist, in kleineren Unternehmen – und auch auf der Führungskräfte-Ebene bei Konzernen – ist der Prozess tendenziell zu unstrukturiert. Wichtig ist, dass du dem ganzen Prozess und auch den einzelnen Gesprächen mit den Bewerbern immer eine Struktur gibst, beispielsweise mit einem ausgearbeiteten Interviewleitfaden, mit dessen Hilfe du deine Fragen standardisiert durchgehen kannst und sichergehst, dass du auch nichts vergisst. Sammle daher in dieser Übung gemäß der oben im Text zusammengefassten Beschreibung die Fragen und Punkte für deinen persönlichen (denn der sollte immer individuell und für dich genau passend sein) Interviewleitfaden und strukturiere sie. Notiere!

#BUSINESS_HACK_40

Mitarbeiter richtig an Bord holen: Onboarding

Wenn du einmal die Bewertungen auf der Arbeitgeberbewertungsplattform kununu querliest – was immer gut ist, um zu lernen, wo du oder deine Firma direkt von Anfang an etwas anders und besser machen kannst –, dann wird dir auffallen, dass bei vielen neuen Mitarbeitern die »Ent-Täuschung« direkt mit Tag 1 beginnt. Das Szenario, das man dort immer wieder lesen kann: Kein Mensch war auf die neue Kollegin oder den neuen Kollegen vorbereitet, die Führungskraft im Außentermin verschwunden, das Team uninteressiert und die Devise vor Ort: »Hier ist kaltes Wasser, spring rein und schwimm.« Das richtige Onboarding ist daher ein wichtiger Motivationstreiber für den Life Cycle deiner neuen Mitarbeiter.

Bereite dich vor

Der erste Arbeitstag entscheidet darüber, wie motiviert dein neuer Mitarbeiter startet. Und ist ein guter Indikator dafür, wie es weitergehen wird. Damit die Zusammenarbeit erfolgreich beginnt, solltest du (mit deiner Abteilung) auf diesen Tag vorbereitet sein. Gehen wir mal davon aus, du bist Vertriebsleiter/-in und dein neuer Mitarbeiter fängt an. Ihr seid an Tag 1. Dann nimm dir unbedingt Zeit für die Begrüßung des Neulings, das zeigt Wertschätzung. Erläutere ihm, welche Unterlagen und Materialien du für ihn vorbereitet hast. Dazu gehören:

- Welcome Package: persönliche Unterlagen, Welcomeschreiben oder kleines Geschenk / Give-away mit Branding, Onboarding-Ordner mit Informationen und Anleitungen wie Telefon mit Durchwahl, AB / Weiterleitung auf das Smartphone, Verzeichnis wichtiger Ansprechpartner in den Abteilungen, Telefonverzeichnis, Code of Conduct, Mission Paper, Unternehmenswerten und Unternehmensleitbild

- Arbeitsplatz, Zugänge für PC, Internet / WLAN, E-Mail, Dropbox oder Cloud (→ **#Business_Hack_62**)
- Digitale Assets wie Tablet, Smartphone, Apps
- Kurzeinführung in die digitalen Tools für die interne Kommunikation wie Intranet, WhatsApp-Gruppen, Zoom, MS Teams, Trello, Slack o.ä. Cloud (→ **#Business_Hack_62**)
- Erläuterung des CRM-Systems
- Produktinformationen, Produktpräsentationen
- Hilfestellungen für die Verkaufsgespräche wie Argumentationsleitfäden, Fragetechniken, Einwandbehandlung, Empfehlungsansatz (→ **#Business_Hack_76**, → **#Business_Hack_74**, → **#Business_Hack_82**)
- Besprechen von Regeln für die Probezeit
- Fahrplan für die ersten Wochen (90 plus 90 Tage)
- Abstimmung von festen Terminen für Feedback bis Ende der Probezeit (→ **#Business_Hack_45**, → **#Business_Hack_48**)

Sorge auch dafür, dass dein neuer Mitarbeiter die wichtigsten Kolleginnen und Kollegen kennenlernt – entweder indem du mit ihm einen Rundgang machst oder aber einen Mitarbeiter darum bittest, ihm alle vorzustellen und alles zu zeigen. Beschränke dich dabei nicht auf die eigene Abteilung. Je besser deine Mitarbeiter im Unternehmen vernetzt sind, umso schneller und selbstständiger können sie Lösungen und individuelle Angebote für die Kunden erarbeiten.

Onboarding hat fünf Phasen

Mit einem erfolgreichen ersten Tag ist es aber nicht getan! Ein guter Onboardingprozess hat fünf Phasen, die du planen solltest:

1. **Der erste Tag:** Empfang, Informationen, Einführung
2. **Die erste Woche:** Trainings, praktische Übungen, Kundenbesuche
3. **Der erste Monat:** Begleitung bei Erst- und Zweitgespräch, Bordsteinkonferenz
4. **Das erste halbe Jahr:** Coaching on the Job, Feedbackschleifen, Mitarbeitergespräche, Trainings. Einteilen in 90 plus 90 Tage und für die Mitte ein Halbzeitgespräch vereinbaren.
5. **Danach:** Feedback-Coaching, Kommunikation gemäß Unter-

nehmen und Team, regelmäßige Mitarbeiter-/Zielgespräche vereinbaren

Die erste Woche: Training und erste Kundenbesuche

Wenn die Arbeitsausstattung und Rahmenbedingungen geklärt sind und der neue Mitarbeiter weiß, was von ihm erwartet wird, muss er in die Lage versetzt werden, eure Produkte verkaufen zu können. Er muss die Kunden kennenlernen, mit denen er künftig zu tun hat. Die Zielgruppen, die er ansprechen soll. Er muss wissen, wie er neue Kunden gewinnt.

Dieses Wissen erschließt du ihm mit Produkt- und Vertriebstrainings. Sie vermitteln ihm Sicherheit über Produktfeatures und Nutzenformulierungen für den Kunden. Biete ihm immer Gelegenheit, Fragen zu stellen und sein Wissen zu vertiefen. Durch Praxisübungen wie dem Verkaufsgespräch gibst du ihm die Chance, das Erlernte auszuprobieren. Hier kann er auch direkt erfahren, ob seine Verkaufstaktik zur Firmenkultur passt, wo er abweicht, was er zu beachten hat. Direktes, ehrliches und konstruktives Feedback ist hier gefragt (→ **#Business_Hack_45**, → **#Business_Hack_48**).

Die ersten Wochen sind entscheidend

Mit dieser Vorbereitung hat der neue Mitarbeiter das theoretische Rüstzeug, um in deinem Team erfolgreich zu sein. Standbein Nummer zwei für den Erfolg ist die Einarbeitungsphase in der Praxis.

- Fahre im ersten Monat mit deinem neuen Mitarbeiter zum Kunden. Oder begleite ihn online. Das ist technisch noch einfacher möglich. Zuschalten? Super! Plane drei bis zehn gemeinsame Besuche ein – je nachdem, wie schnell sich der oder die Neue ins Team und ins Unternehmen einfindet. Wie viel Verkaufserfahrung, wie viel Branchenkenntnisse er mitbringt.
- Setze ihn in den ersten Gesprächen auf die »Ersatzbank«. Hier hat er vor allem eine Aufgabe: zuzuhören und von dir als Vorbild (→ **#Business_Hack_27**) zu lernen.
- Besprich mit ihm direkt nach dem Termin – am besten im Auto

oder am »Bordstein« (dies kann ein Restaurant, Café etc. sein, oder eben online als Nachsorge) –, was ihm aufgefallen ist. Wo erkennt er die Werte wieder, die euch wichtig sind? Was hat er gelernt? Was notiert? Was ist gut gelungen? Was kann besser laufen? Wie wird er damit anschließend umgehen?

- Bei weiteren Kundengesprächen, die möglichst zeitnah stattfinden sollten, übergib ihm die Führung. Nun bist du in der Rolle des Zuhörers und hast die Aufgabe, ihn zu beobachten. Vereinbart im Vorfeld einen Code, eine feste Formulierung, mit dem / der er dir den Staffelstab übergeben kann. Damit gibst du ihm die Sicherheit, sich bei Bedarf aus dem Gespräch zurückzuziehen, ohne vor dem Kunden sein Gesicht zu verlieren. Behalte dir auch das Recht vor, einzugreifen, wenn das Gespräch in die falsche Richtung läuft oder dein neuer Mitarbeiter wichtige Aspekte vernachlässigt und der Auftrag auf der Kippe steht. Auch hierbei ist es wichtig, dass die Spielregeln klar sind. Vereinbart für diese Fälle eine Formulierung wie z. B. »Und das, was Ihnen XY gesagt hat, lieber Kunde, ist deshalb so, weil …«. Mit dieser Formulierung ergreifst du selbst wieder die Initiative und das Gespräch läuft für alle entspannt weiter.

Du bist in dieser Phase Führungskraft und Coach

Bei der Begleitung des neuen Mitarbeiters in der Startphase bist du in Personalunion als Coach, Trainer und Führungskraft gefragt.

- Auch im Anschluss an das erste selbst geführte Kundengespräch findet eine »Bordsteinkonferenz« statt. Beschreibe deinem neuen Mitarbeiter deinen Eindruck von seinem Auftreten. Was hat er besonders gut gemacht? Wo hätte er anders argumentieren können oder sollen? Wo liegen seine Stärken, wo seine Potenziale, was kann und muss besser laufen? Warum hast du vielleicht eingreifen müssen? Gib ihm Hinweise, was anders laufen sollte, und erkläre ihm, wie er diese Punkte konkret anders und damit potenziell besser machen kann. Achte darauf, dass dein Feedback immer konstruktiv und wertschätzend ist. (→ **#Business_Hack_45**, → **#Business_Hack_48**)

Tipp: Nach jedem dieser Kundenbesuche sollte dein Mitarbeiter seinerseits ein Feedback-Protokoll schreiben. Was lief gut, was schlecht? Was hat er gelernt, was macht er beim nächsten Mal besser? Auch du fasst deine Eindrücke in einem Protokoll zusammen, das – gemeinsam mit dem Feedback-Protokoll des Mitarbeiters – Bestandteil des CRMs oder auch der Personalakte wird. So könnt ihr jederzeit prüfen, ob die vereinbarten Fortschritte erreicht wurden. Und du hast am Ende der Probezeit dokumentierte Argumente, auf deren Basis ihr beide entscheiden könnt, ob es für den Mitarbeiter eine Zukunft in deinem Unternehmen gibt.

VOM KNOW-HOW ZUM DO-HOW

Umfangreiche Formulare und Checklisten zum richtigen Onboarding kannst du runterladen unter https://andreas-buhr.com/bgha

#BUSINESS_HACK_41

Menschen wirklich ins Zentrum des Handelns stellen

Kürzlich hatte ich – damals noch als Präsident der German Speakers Association – die Ehre, seine Heiligkeit den 14. und jetzigen Dalai Lama, Tenzin Gyatso, persönlich kennenzulernen. In der Zeit, die ich in seiner Gegenwart verbringen durfte, wurde mir wieder eindrücklich ins Bewusstsein gerufen, was wirklich große Führungspersönlichkeiten auszeichnet. Eine ihrer grundlegendsten Eigenschaften ist: Sie akzeptieren und respektieren Menschen als individuelle, einmalige und einzigartige Persönlichkeiten, in ihrem Sein und in ihrem Wesen. Sie schauen auf das Wesentliche, gemeint als Wert des Wesens, und erst in zweiter Linie auf die Wertschöpfung. Denn nur wo Wertschätzung ist, kann Wertschöpfung entstehen (→ **#Business_Hack_33**). Es ist eine konkrete Auslegung des Grundsatzes: Wer das Richtige tut – also in Einklang mit als ethisch und moralisch richtig empfundenen Werten lebt –, dem folgen der materielle wie immaterielle Erfolg nach.

Mitarbeiter sind Ziel, nicht Werkzeug deines Führungshandelns

Als hervorragende Führungspersönlichkeit siehst du andere – Kollegen, Zulieferer, Mitarbeitende oder Kunden – nicht in erster Linie als Träger einer Funktion oder einer auszuübenden Tätigkeit. Führen heißt, dafür zu sorgen, dass Mitarbeiter aufrechter nach Hause gehen – so formulierte es der Benediktinermönch und Managementautor Anselm Grün. Das ist für mich Teil der inneren Ausbildung, mit der du ein Clean Leader – eine hervorragende, auf das Wesentliche und die großen Hebel fokussierte Führungspersönlichkeit wirst. Dann siehst du zuallererst den Menschen im Mitarbeiter. Den Menschen mit seinen Talenten und Stärken, aber auch Schwächen, Herausforderungen und zu entwickelnden Potenzialen. Sie stehen im Fokus deines Handelns als Führungspersönlichkeit.

Mitarbeiter zu freiwillig Folgenden machen

Wir können auch sagen: Als hervorragende Führungskraft betrachtest du Mitarbeitende nicht in erster Linie als Mittel zum Zweck. Du siehst sie nicht als Werkzeug, sondern als Ziel der eigenen Arbeit. Dein Grundsatz lautet: »Ich will dem Mitarbeiter helfen, mehr zu tun als das, wozu er sich selbst imstande sieht.« So machst du Geführte zu Folgenden (→ **#Business_Hack_27**). Und zwar nicht im Sinne von blinder Gefolgschaft, die aus autoritär erzieltem Gehorsam rührt, sondern im Sinne von freiwilliger Gefolgschaft, die auf zugewiesener Autorität beruht. Und das muss auch geschehen, denn Organisationen wie Unternehmen brauchen eben Regeln und Strukturen. Ihre Aufgabe ist die Konzentration auf und die Organisation von Interessen. Damit erfüllen sie einen guten Zweck. Worin dieser liegt? Nach außen gerichtet geht es immer um den Kunden, den Nutzen, den Vorteil für die Welt. Nach innen gerichtet geht es um Effizienz, die in Unternehmenserfolg mündet. Dieser Erfolg erzeugt materielle und physische Sicherheit, gibt den Rahmen für Wachstum und für das Gefühl von Sicherheit, auch Geborgenheit genannt. Das ist ein Urstreben der Menschen.

Es profitieren also beide Seiten bei Leader- und Followership. Die entscheidende Frage ist: Wie gut, wie moralisch herausragend, ökonomisch effizient und sozial verantwortungsbewusst bist du als Führungspersönlichkeit, die an der Spitze dieser Organisation steht? Welches Menschenbild wird gelebt? Kurz: Steht der Mensch (wirklich oder nur behauptet) im Zentrum deines Führungshandelns?

Wie steht es wirklich um dein Menschenbild?

Wenn man Führungskräfte nach ihrem Menschenbild befragt, so könnte man meinen, dass wir diesbezüglich schon in goldenen Zeiten leben müssten. Immer wenn ich in meinen Vorträgen, Coachings und Seminaren nach dem Glaubenssatz »Der Mensch steht im Zentrum meines Führungshandelns« frage, ernte ich große Zustimmung. Tatsächlich glauben viele Führungskräfte, dass dies die richtige Einstellung sei. Die Realität sieht aber doch in vielen Fällen anders aus: Produktions- und Wachstumsdruck haben längst nicht mehr den Menschen im Mittelpunkt, sie sind über das menschliche Maß hinausgewachsen und zum Selbstzweck mutiert. Die »Irrealisierung« (Unfassbarkeit für den menschlichen Geist) schneller Märkte und globaler Ströme hat die normalen Kategorien menschlichen Verständnisses verlassen. Die Bespitzelungs- und Ausforschungspraxis einiger Unternehmen, die in den letzten Jahren ruchbar wurde, richtet sich zum Beispiel gezielt gegen den Menschen: Falsch verstandenes Führungshandeln betrachtet Mitarbeiter in diesem Zusammenhang nicht als Menschen, sondern in erster Linie als Unternehmensschmarotzer unter Generalverdacht. Als negativen Wertschöpfungsfaktor. Um es mit der bekannten »XY-Theorie« des damaligen MIT-Professors Douglas McGregor zu sagen: als »Theorie-X-Menschen«, die prinzipiell unwillig sind und mit tayloristischen Maßnahmen zum Arbeiten gezwungen, kontrolliert und ständig angeleitet werden müssen.

Dieses negative Menschenbild wird auch auf Kunden übertragen. Nicht nur wird die »Beute« Kunde bis ins letzte Datendetail, bis zur letzten digitalen Information ausgeforscht – und zwar ohne dass daraus Verbesserungen von Produkten, Services oder Angeboten abgeleitet werden –, die Produktion hat auch allzu oft das menschliche Maß des Kunden aus den Augen verloren. Zum Beispiel in der Finanzindustrie: Kunden, die nicht mehr verstehen, welche hochgezüchteten Produkte ihnen angeboten werden, die dümmer scheinen als die smarten Technologien oder Finanzanlageprodukte, die sie kaufen sollen, denen immer schneller immer mehr immer Bunteres vom Gleichen angeboten wird. Das sind Kunden, die nicht als Menschen betrachtet werden, sondern als Stimmvieh mit Geldbeutel. Diesem Menschenbild fehlt Respekt. Du aber kannst das umkehren – und es lohnt sich immer. Nenne es Employee Experience. Nenne es Customer Centricity. Nenne es authentisches, ehrliches Business. Nenne es Einzahlen auf dein Karma. Oder nenne es Vertrauen in die Y-Theorie gemäß Douglas McGregor, nach der der Mensch grundsätzlich engagiert, an seiner Arbeit interessiert und intrinsisch motiviert ist (→ **#Business_Hack_42**) und im Wesentlichen nur des richtigen Unternehmensumfelds sowie der richtigen Führung bedarf (→ **#Business_Hack_44**), die auch sein Streben nach Selbstverwirklichung unterstützt, um gerne Leistung für seinen Job, seine Firma zu erbringen.

Nenn es Glücklicherwerden als Führungspersönlichkeit.

VOM KNOW-HOW ZUM DO-HOW

Reflexion: Dein Menschenbild

Diese Anregung zur Selbstreflexion betrifft dein Menschenbild und dasjenige, das in der Kultur deines Unternehmens gelebt wird:

Nimm dir Zettel und Stift und formuliere, was dein Menschenbild ausmacht. Woran glaubst du in der Zusammenarbeit und in dem Zusammenleben mit anderen Menschen – und zwar zutiefst im Inneren, wo du auch deine Vorurteile »versteckst«? Klingt einfach, ist aber eine Herausforderung.

Beschreibe nun, wie du das Menschenbild in der Kultur deines Unternehmens empfindest. Wie werden Mitarbeiter, Kunden, Geschäftspartner betrachtet? Wie wird über sie geredet?

Was kannst du im Rahmen deiner Möglichkeiten, in deinem Arbeitsfeld konkret verbessern? Wie kannst du dich ggf. stärker an das Konzept des »Y-Theorie-Mitarbeiters« gemäß Douglas McGregor adaptieren und kooperative Führungsstile leben (→ **#Business_Hack_44**)?

#BUSINESS_HACK_42

Eigenverantwortung bei Mitarbeitern stärken

»Andreas, manchmal bin ich mit meinem Latein am Ende«, vertraute sich mir Thomas, Werksleiter eines großen Automotive-Zulieferers, am Rande eines unserer Führungskräftetrainings an. »New Work, agile Arbeitsformen, darüber reden wir im Automotive ja schon lange. Und sind in der Umsetzung vielleicht sogar schon weiter als andere Branchen, weil bei uns früh automatisiert wurde und wir schon wegen des enormen Kostendrucks ständig auf der Suche nach Innovation und Verbesserung sind. Aber ohne Anweisungen geht es bei uns einfach nicht. Oft müssen wir ganz klare Ansagen machen – und ich habe den Eindruck, dass das oft Widerstand und schließlich Fehler hervorruft. Und lange hält sich sowieso niemand dran. Hast du da ein paar Tipps für mich?«

Drei Tipps für die Stärkung der Selbstverantwortung deiner Mitarbeiter

Die Lösung für dieses »Problem« heißt: Einsicht wecken und Selbstverantwortung herstellen rsp. stärken. Wenn du in einer solchen Situation bist, weißt du: Jede Führungskraft kann zwar mittels ihrer organisationalen Autorität Anordnungen durchsetzen, begibt sich dadurch jedoch in einen Konflikt mit den Erwartungen der Mitarbeitenden an New Work und Führung 4.0, mit ihrem Eigenbild als gute Führungspersönlichkeit und ggf. auch mit den Werten und der Kultur des eigenen Unternehmens. Dieser Konflikt bedeutet Inkohärenz und wirkt der Effizienz von Führung entgegen. Also beginnt die Lösung dieses »Problems« – wie so oft – bei der Führungskraft selbst.

Deswegen lautet mein Tipp Nr. 1: Kohärenz herstellen, indem du als die Führungskraft konsequent als Vorbild handelst (siehe ausführlich dazu → #Business_Hack_27). Dazu musst du dir zunächst über dein eigenes Wertesystem und das deines Unternehmens Klarheit verschaffen und diese Werte stets offen ansprechen. Und vor allem musst du sie konsequent selbst vorleben.

Im Fall von Thomas ging es im Kern um Fragen des Gesundheitsschutzes rsp. der Gefahrenprävention im Werk. Hier war es einfach, mehr Kohärenz herzustellen, denn in einer von unserem Trainer angeleiteten Selbstreflexion über seine Werte und Motivatoren wurde Thomas bewusst, wie sehr ihm der Schutz der Mitarbeiter am Herzen lag – ein echter Wert. Und gleichzeitig wurde ihm klar, dass er selbst nicht immer alle Präventionsmaßnahmen eingehalten hatte –»wenn's mal schnell gehen musste«. Eine echte Inkohärenz, aber vergleichsweise leicht aufzulösen.

Tipp Nr. 2: Du kannst als Führungskraft schon lange nicht mehr »kommandieren« (→ **#Business_Hack_44**, → **#Business_Hack_51**) und auch nicht überreden. Du musst überzeugen. Das funktioniert am besten, indem du den/die Mitarbeitenden dazu bringst, sich selbst zu überzeugen: die kognitive Dissonanz überwinden, Einsicht wecken, Widersprüche aufdecken zwischen praktischem Handeln und theoretischem Wissen. Denn jeder Mensch will innere Kohärenz herstellen, also Einstellungen, Werte und Handlungen auf eine Linie bringen. Dazu braucht es ein wertschätzendes Mitarbeitergespräch (→ **#Business_Hack_45**) und eine einfache Technik, um diese Einsicht zu wecken. Nur über Einsicht nämlich entwickeln Menschen langfristige Verhaltensänderungen; nur dann haben sie die Motivation, auch als unangenehm oder nervig empfundene Vorgaben oder Änderungen umzusetzen und durchzuhalten.

Thomas hat diese Aufgabe bravourös gemeistert, und zwar mit einer ganz einfachen Fragetechnik im persönlichen Gespräch mit den »verweigernden« Mitarbeitenden:»Wenn dein bester Kumpel XY oder dein Kind sich so verhalten und die betreffenden Anordnungen ignorieren und sich damit womöglich selbst gefährden würde, würdest du das zulassen? Was würdest du tun, wie würdest du handeln? Und wie soll ich als Führungskraft dann deiner Meinung nach handeln?«

Die richtigen Fragetechniken greift Tipp Nr. 3 auf: Führe über Fragen, die dem Mitarbeiter das Gefühl und schließlich die Chance geben, selbst entscheiden zu können. Wer Menschen fragt, führt sie in die Unabhängigkeit, sie denken und entscheiden selbst. Prima! Menschen haben ein eingebautes Radar gegen Druck und Manipulation, also erreichst du mit Offenheit und Fragen dein Ziel eleganter. Fragen wie:»Was könnten wir im Werk besser machen, damit Anweisung XY besser umzusetzen ist?«, »Welche Idee haben Sie, diesen Prozess einfacher / verständlicher / schlauer zu gestalten?«, »Was brauchen wir, damit das wichtige Verhalten XY verstanden, eingeübt und dauerhaft ausgeübt werden kann?« Damit verschiebst du die Verantwortungslast und erhöhst gleichzeitig die Selbstverantwortung und das Commitment des Menschen, der dir da gegenübersitzt. Das ist einer der stärksten Motivatoren überhaupt, ein wahrer Business-Hack.

VOM KNOW-HOW ZUM DO-HOW

In jedem Unternehmen, in fast jeder Abteilung gibt es diese Problematik des Unterlaufens von wichtigen Anweisungen oder Zielen. Wahrscheinlich auch bei dir. Mache es dir leicht: Überlege dir jetzt dein Frageset für mehr Kohärenz, mehr Einsicht, mehr Eigenverantwortung wie in den obigen drei Tipps beschrieben. Denn nur wenn du vorbereitet bist, wirst du das Thema auch wirklich angehen.

#BUSINESS_HACK_43

Wie Menschen wirklich ticken – Persönlichkeitsdiagnostik

»Ach, könnte ich dem doch nur mal in den Kopf gucken!« Das hast du sicher auch schon sehr oft gedacht, wenn du verstehen wolltest, wie dein Gegenüber wirklich »tickt«. Was es braucht, damit er dich versteht, deine Begeisterung für etwas (ein Produkt oder eine Dienstleistung) teilt. Damit ihr auf eine Wellenlänge kommt. Damit du ihn besser einschätzen und verstehen kannst, auch wenn du nicht die Chance hast, »einige Meilen in seinen Schuhen zu gehen«.

Hier kann der Einsatz einer Persönlichkeitstypologie dir dabei helfen, die Persönlichkeitsstruktur deines Gegenübers zu erkennen und damit Mitarbeitergespräche, Verhandlungen, Verkaufsgespräche individuell auf den Menschen zugeschnitten und situationsangemessen vorzubereiten und zu führen.

Persönlichkeitstypologien als unterstützende Instrumente nutzen

Es gibt verschiedene etablierte Persönlichkeitstypologien, in denen Einstellungs- und Verhaltensweisen von Menschen detailliert beschrieben werden. Diese geben dir gute Hinweise darauf, wie der Mensch vor dir »tickt«, welche Motive, auch welche Kaufmotive, ihn ggf. antreiben oder welche typischen Sprachmuster er verwendet. Diese zeigen dir, wo seine Emotionsschwerpunkte liegen und wie du am besten eine Brücke zu ihm schlagen kannst. Aber Achtung: Den Kundentyp zu kennen bedeutet noch lange nicht, die individuelle Persönlichkeit deines vor dir sitzenden Kunden zu kennen. Die Einteilung in Typen ist nicht mehr als ein Hilfsinstrument, eine Ergänzung zu persönlichen Gesprächen und individuellen Eindrücken. Dementsprechend ist die typgerechte Ansprache auch kein Allheilmittel für den Verkauf. Sie kann dich dabei unterstützen, einen besseren Draht zum Kunden zu entwickeln, nicht aber dabei, ungeeignete Produkte zu verkaufen.

Beispiele für Persönlichkeitsdiagnostik-Tools

Betrachten wir hier beispielhaft für ein solches Typologietool, das sowohl in der Führung als auch im Vertrieb häufig eingesetzt wird, das Insights®-MDI-Modell als Erklärungsmuster menschlichen Verhaltens. Es geht zurück auf den Psychologen Carl Gustav Jung und stützt sich auf Erkenntnisse Jolande Jacobis und des amerikanischen Psychologen William Moulton Marston. Mich überzeugt dieser Ansatz unter anderem deshalb, weil er mit eingängigen Farbzuweisungen arbeitet – rot, gelb, grün und blau. Damit gibt er eine sehr anschauliche Hilfe zur Einschätzung deines Gegenübers – egal ob Mitarbeiter, Bewerber, Kollege, Verhandlungspartner oder Kunde.

Wie viele andere Modelle auch unterscheidet das Insights®-MDI-Modell vier Grundtypen (rot, gelb, grün und blau) und eine Vielzahl von Mischtypen. Jedem Grundtyp werden Eigenschaften zugeordnet (→ **#Business_Hack_79**):

1. **Roter Typ:** Er ist dominant, extrovertiert und fordernd. Er tritt entschlossen und willensstark auf, geht sehr sach- und zielgerichtet sowie ergebnisorientiert vor. Dieser risikofreudige Typ ist autoritär und ständig aktiv.
2. **Gelber Typ:** Initiativ, umgänglich und fröhlich, offen, überzeugend und redegewandt – so wird der gelbe Typ beschrieben. Er besitzt eine positive Ausstrahlung und ist bemüht, mit anderen Menschen gute Beziehungen aufzubauen.
3. **Grüner Typ:** Er ist eher introvertiert veranlagt und wird als mitfühlend und geduldig bezeichnet. Grüne Typen gelten als zuverlässig und sicherheitsorientiert. Sie möchten mit ihren Mitmenschen spannungsfrei und kooperativ zusammenleben und -arbeiten.
4. **Blauer Typ:** Er geht besonnen, präzise und gewissenhaft vor. Informationen hinterfragt er permanent, Visionen sind nicht sein Ding. Er denkt analytisch und ist introvertiert – daher wirkt er oft distanziert.

Soweit die Theorie. In der Realität zeichnen sich die meisten Menschen durch Mischformen in allen möglichen Ausprägungen aus – Typologien können dir also nur Tendenzen vermitteln, Anhaltspunkte geben.

Als weitere Tools haben sich in der Praxis TriMetrix, MSA® und 9 Levels bewährt. Der TriMetrix Emotional Intelligence Report wurde entwickelt, um individuelles Talent besser zu erkennen und zu verstehen, und zwar in den drei Bereichen Verhalten, Motivatoren und Emotionale Intelligenz. TriMetrix wird im Allgemeinen weniger im Vertrieb eingesetzt als im Recruiting von Vertriebskräften und Vertriebsführungskräften. Im Rahmen der Motivstrukturanalyse MSA® wird die Antwort auf die Frage: »Warum tue ich, was ich tue?« in 16 Motivatoren sichtbar und messbar dargestellt. Das 9 Levels of Value System stellt die Entwicklungen von Wertesystemen bei Personen und Organisationen dar. Dabei werden die Levels mit den Farben Beige, Purpur, Rot, Blau, Orange, Grün, Gelb, Türkis und Koralle bezeichnet. Das Modell geht zurück auf Clare W. Graves. Die 9 Levels werden neben der Führung auch im werteorientierten Verkauf eingesetzt.

Menschen »lesen« und typgerecht kommunizieren lernen

Wie dein Gegenüber, dein Mitarbeiter oder Kunde »tickt«, zu welchem Persönlichkeitstyp er gehört – dies merkst du an seinem Verhalten, seiner Sprache und der Körperhaltung. Was aber bedeutet das Wissen um den Persönlichkeitstypus des Menschen, der dir da gegenübersitzt, für dich? Wie kannst du dieses Wissen für den Aufbau einer guten Beziehung zu ihm, für eine gute Kommunikation (→ **#Business_Hack_45**) oder für eine vertriebsintelligente Beratung nutzen? Jeder von uns reagiert auf bestimmte Argumentationen unterschiedlich, mal offen, mal eher ablehnend. Jeder Mensch kann Begründungen und Schlussfolgerungen jedoch besser nachvollziehen, wenn sie seinem Typus entsprechend aufbereitet sind. Und genau darum geht es bei diesem Business-Hack: Lerne, Menschen besser zu »lesen«, tiefer zu verstehen – dann kannst du in der Kommunikation mit ihnen mehr Verständnis, mehr Einverständnis (→ **#Business_Hack_26**), mehr Commitment, bessere Ergebnisse erzielen. Das gilt natürlich auch und gerade in Verkauf und Vertrieb. Damit führst du das Gespräch rsp. die Verhandlung so, dass du deinem Kunden das Verständnis für dein Produkt und den für ihn resultierenden Nutzen vermitteln kannst – ein guter und gerader Weg Richtung Abschluss.

VOM KNOW-HOW ZUM DO-HOW

Willst du den Business-Hack der Persönlichkeitstypologie nutzen, musst du dich entsprechend auf typengerechte Gespräche und Verhandlungen vorbereiten. Oben im Text hast du bereits erste Anhaltspunkte erhalten, woran du die verschiedenen Typen erkennen kannst.

Tipp: Vertiefendes Material erhältst du in den Downloads auf der Landingpage zu diesem Buch. Darüber hinaus gibt es Übungsmaterial, Seminare, Tool-Demonstrationen rsp. Musterauswertungen verschiedener Persönlichkeitsdiagnostiktools auch direkt bei Buhr & Team.

Hier ein paar Tipps für deine Vorbereitung auf (Verkaufs-)Gespräche mit den unterschiedlichen Persönlichkeitstypen.

Fall 1: Der rote Kundentyp will selbst gestalten, handeln und entscheiden.

Triffst du auf einen roten Kunden, hast du einen selbstbewussten Gesprächspartner. Er stellt sich nicht in die zweite Reihe, sondern will die Gesprächsführung übernehmen und kontrollieren. Fragen hat er nicht, dafür kennt er jede Menge Daten und macht gerne mal eine »Ansage«. Denn er hat sich im Vorfeld informiert.

Ihn interessieren Produktnutzen und Sachargumente – vor allem solche, die seinen Status (als Entscheider, als Führungskraft, als Einkäufer, als kompetenter Kunde) unterstreichen. Überzeuge ihn durch Tatsachen und Fakten. Bereite deine Informationen entsprechend auf. Bleibe konkret. Nenne Termine, triff eindeutige Vereinbarungen. Lasse ihn ruhig die Gesprächsführung übernehmen. Überrasche ihn an geeigneter Stelle mit einem Vorschlag, auf den er allein nie gekommen wäre. Schließlich kennst du deine Produkte – und deinen Kunden. Du weißt also, was er braucht und welches Produkt optimal zu seinen Bedürfnissen passt.

Fall 2: Der gelbe Kundentyp sucht Inspiration und Besonderes.

Gelbe Kunden sind visions-, spaß- und inspirationsorientiert. Das merkst du schnell an den persönlichen Fragen, die dein Gegenüber dir stellt: Er will wissen, was das Neue, Faszinierende an deinem Produkt, deiner Dienstleistung ist. Wie die Vision aussieht, was deine Leistung, dein Produkt ihm dabei bringt.

Er ist an den Benefits interessiert, nicht an den Features der Produkte und Dienstleistungen – und an Details tendenziell überhaupt nicht. Wird es kritisch, weicht er aus. Seine Zustimmung ist dir gewiss, wenn du ihm eine harmonische und fröhliche Atmosphäre bietest.

Gehe offen auf diesen Kundentyp zu. Sprich ihn auf der emotionalen Ebene an. Beziehe ihn in die eigene Argumentation ein, indem du ihn immer wieder nach seiner Meinung fragst. Prüfe deine Angebote – im Kundensinn – daraufhin, ob sie wirklich einen Nutzen haben. Denn durch seine Neigung, spontan Ja zu sagen und sich zu begeistern, lässt sich ein Gelber auch schon mal zu unsinnigen Entschlüssen verleiten – die ggf. rasch wieder zurückgezogen werden: Hier droht also ein Storno. Dies allerdings nur einmal – eine langfristige Beziehung ist nach einer Enttäuschung ausgeschlossen.

Fall 3: Der grüne Kundentyp braucht Sicherheit, Verlässlichkeit und Menschliches.

Auch der grüne Typ ist unter anderem an seinen persönlichen Fragen erkennbar. Allerdings wirkt er eher unsicher, introvertierter und überlässt dir bereitwillig die Gesprächsführung. Er hat hohe soziale Kompetenz, ist freundlich und zugänglich, erscheint aber auch risikoscheu und sicherheitsbedacht – und sollte auch so beraten werden. Setze ihn auf keinen Fall unter Zugzwang. Jedes Bedrängen wird ihn verjagen.

Du erreichst ihn durch einen Mix aus Fakten und Gefühlsankern. Er braucht viel Spielraum für eigene Entscheidungen. Räume ihm diesen Freiraum ein, ohne die Zügel komplett aus der Hand zu geben. Gerade in der Abschlussphase solltest du nicht auf eine leichte Steuerung des Gesprächs verzichten, dies gibt ihm die notwendige Sicherheit.

Fall 4: Der blaue Kundentyp will Zahlen, Daten, Fakten.

Kunden, die dem blauen Typus entsprechen, sind analytisch veranlagt. Im Gespräch kommen sie schnell auf den Punkt, wollen Details, Zahlen, Fakten. Und Belege. Die Brücke zum Typ »Datenspecht« baust du mit logisch aufgebauten Argumenten, mit nachvollziehbaren Aufzeichnungen und der Visualisierung deiner Argumentation.

Sprich dabei ruhig Produkte des Wettbewerbs an – du kannst gewiss sein, dass er sich sowieso darüber informiert (hat) – und vergleiche diese mit dem eigenen Angebot. Nenne Vor- und Nachteile beider Seiten, die der Kunde dann abwägen kann. Beende das Gespräch mit umfangreichen schriftlichen Informationen zum Nachlesen und Nachvollziehen. Biete ihm an, ihn bei der Entscheidungsfindung zu unterstützen.

#BUSINESS_HACK_44

Führung ist kein »One size fits all«

»Täuscht mich mein Eindruck oder haben wir jedes Jahr neue Führungsmodelle, die allein selig machend zu sein scheinen? Das kann doch eigentlich nicht sein.« Etwas in der Art höre ich nicht selten zu Beginn der Trainerausbildung bei Buhr & Team von den Ausbildungsteilnehmern, meist gestandenen Businessleuten. Vielleicht hast auch du diesen Eindruck. De facto ist es jedoch vielmehr so, dass wir zu Beginn unserer Karriere einen Führungsstil erlernen und diesen beibehalten. Unter anderem auch deshalb, weil wir im Unternehmensalltag oft gar nicht die Distanz zu unserem eigenen Wirken finden, uns zu selten reflektieren oder weil uns die Zeit fehlt, und ja, auch weil der Mensch ein Gewohnheitstier ist und wir daher versuchen, das anzuwenden, was bis dato eigentlich »ganz okay« funktioniert hat.

Bis es auf einmal eben nicht mehr funktioniert.

Bis wir feststellen, dass sich die Erwartungen der Mitarbeitenden ändern.

Bis wir feststellen, dass neue Herausforderungen auftreten, denen wir mit anderen Strategien begegnen müssen, zum Beispiel indem wir Mitarbeitende mehr und anders einbinden, in die Verantwortung nehmen, ihnen Vertrauen schenken, Freiheiten ermöglichen, ihre Wirkung unterstützen.

Bis wir feststellen, dass schnellere und komplexere Entwicklungs- und Fertigungsprozesse in der Industrie 4.0 viel effizientere und unmittelbarere Führungs- und Managementmodelle erfordern – von Holacracy über Scrum bis OKR (→ **#Business_Hack_52**).

Bis wir feststellen, dass sich Mitarbeitende der Generationen »Baby Boomer«, »Gen X«, »Gen Y«, »Gen Z« im Unternehmen befinden (und die »Gen Alpha« gerade von der Schulbank aus nachrückt): Menschen mit sehr unterschiedlichen Sozialisationen, Erfahrungen, Wünschen, Ansprüchen und Ausbildungen, die zudem noch mit ständigem Wandel, »Change« (→ **#Business_Hack_36**) konfrontiert sind.

Menschen also, die recht unterschiedlich geführt werden wollen.

Employee Centricity – so stellst du den Mitarbeiter wirklich ins Zentrum

Damit meine ich, dass ihr Führungshandeln 1. strategisch getragen sein muss, 2. den Kunden in den Fokus stellt und 3. die eigenen Mitarbeiter auch als »Kunden« betrachten und von dem einzelnen »Kunden« ausgehen muss. Daher führen sie stets situations- und personenbezogen: Sie wählen individuell, sie wählen den situativen Führungsstil. Sie müssen also ein ganzes Set an Führungsstilen beherrschen, um Mitarbeiter in ihrer Individualität zu erreichen.

Wer alle gleich behandelt, ist schließlich ungerecht.

Entscheidend ist, dass Resultate erzielt werden, dass Ergebnisse zustande kommen. Erst strikte Ergebnisorientierung macht Führung im Sinne des Unternehmens wirksam. Es gilt, Mitarbeiter zu fördern und Leistung zu fordern, wobei fördern und fordern in einem ausgewogenen Verhältnis zueinander stehen müssen.

Wer seiner Mannschaft Sinn bietet, Vertrauen schenkt, Kompetenzen auf Mitarbeiterseite aufbaut, Anreize – auch ökonomische – schafft, darf auch fordern: Loyalität, Motivation, Einsatzbereitschaft.

Unterschiedliche Führungsstile

Bei den Führungsstilen gibt es gravierende Unterschiede. Beispiel Bürokratischer Führungsstil: Hier liegt die Macht in den Strukturen. Vorschriften, Gesten und Rahmenbedingungen bestimmen den Arbeitsablauf. Vorgesetzte sind austauschbar und haben hinsichtlich der Abläufe keine Macht. Schwierig wird es, wenn – beispielsweise in Krisensituationen – schnelle Veränderungen notwendig sind. Aber gönnen wir uns einen kurzen Überblick über die klassischen Führungsstile, die wir heute alle immer noch in den Unternehmen vorfinden.

Hintergrundwissen: Klassische Führungsstile

Beim **patriarchalischen Führungsstil** wird die vorhandene Macht durch die Erfahrung und den Status des Vorgesetzten legitimiert. Die Identifikation mit dem Chef – und damit die Motivation – ist oft groß. Denn der Patriarch übernimmt oft eine väterliche Rolle, ist für seine Mitarbeiter da. Dasselbe gilt für das weibliche Pendant, das Matriarchat und die Matriarchin.

Hat der Chef überdies auch noch Ausstrahlung, erfüllt also die Rolle als Leitfigur und Vorbild, spricht man vom **charismatischen Führungsstil**. Auch dieser Führungsstil kann sehr motivierend sein, vor allem in Krisensituationen.

Beide Führungsstile gehen übrigens auf Max Weber zurück.

Eine weitere sehr bekannte Klassifizierung hat Kurt Lewin entwickelt. Er unterscheidet zwischen dem heute nicht mehr verbreiteten autoritären Stil, dem kooperativen Stil und dem **Laissez-faire-Stil**. Letzterer verzichtet weitestgehend auf die Einmischung der Führungskraft. Die Mitarbeitenden arbeiten eigenständig, gestalten ihr Arbeitsumfeld nach eigenen Vorstellungen. Die Führungskraft tritt in den Schatten. Der Umgang mit den Mitarbeitenden ist unpersönlich, die Aussagen sind schwammig. Dieser Stil eignet sich immer dann, wenn man Dinge laufen lassen möchte, wenn Mitarbeitende ihre eigenen Erfahrungen sammeln sollen. Dies kann aufgrund des fehlenden Feedbacks jedoch auch schnell in Frust umschlagen. Deshalb ist dieser Stil nur für kurze Phasen empfehlenswert.

Beim **kooperativen Stil** arbeiten Führungskräfte und Mitarbeitende eng zusammen, entwickeln gemeinsam Ideen und setzen sie gemeinsam um. Mitarbeitende übernehmen dabei einen Teil der Verantwortung. So wird Eigeninitiative gefördert und Kreativität freigesetzt.

Damit entspricht der kooperative Führungsstil am ehesten den heutigen Werten: Menschen wollen ernst genommen werden, auf Augenhöhe beraten werden. Wer von oben herab zurechtgewiesen wird, sucht sich schnell einen neuen Job.

Tipp: Alle, die sich umfassend über Führung in Zeiten der digitalen Transformation informieren möchten, seien auf mein Buch »Vertriebsführung« (Gabal 2017) verwiesen. Vertiefendes Wissen speziell über den Führungsstil der Generation Y findet sich in meinem Werk »Revolution? Ja, bitte!« (zusammen mit Florian Feltes, Gabal 2018), dem eine umfassende Studie mit der University of Luxembourg zum Führungsverhalten der Digital Natives zugrunde liegt. Hier gehen wir auch speziell auf zeitgemäße Formen der transaktionalen und transformationalen Führung ein.

Kooperativer vs. autoritärer Führungsstil – Pros und Kontras

Trotz Kooperation musst du als Chefin oder Chef darauf achten, dass möglichst alle oder zumindest die meisten Teammitglieder an einem Strang ziehen, damit am Ende gute Ergebnisse erzielt werden. Und dies in einem angemessenen Zeitrahmen. Hier liegt ein Knackpunkt des kooperativen Führungsstils, denn gerade bei neu gebildeten Teams kann die Konsensfindung sehr viel Zeit in Anspruch nehmen. Dies gilt auch bei der Integration neuer Teammitglieder. Denn mit ihnen gerät die bestehende Teamordnung – kurzfristig – ins Wanken. Rollen müssen neu definiert, Stärken neu betont werden.

Dieses Risiko gehen Führungskräfte mit autoritärem Stil nicht ein. Allerdings laufen sie Gefahr, häufiger Fehlentscheidungen zu treffen, da die Entscheidungsgewalt allein bei der autoritären Führungskraft liegt. Autoritäre Führungskräfte verstehen Informationen als Machtinstrument und stellen die Leistungsorientierung in den Mittelpunkt. So bleibt wenig Raum für Eigeninitiative, die entstehende Frustration bei den Mitarbeitern wird in Kauf genommen. Dieser Stil kann sich in Not- und Krisensituationen bewähren. Bei Feuerwehrmännern zum Beispiel – und dies auch im übertragenen Sinn.

Situatives Führen richtet sich nach dem Reifegrad des Mitarbeiters

Ebenfalls etabliert hat sich der situative Führungsstil. Er basiert auf der Annahme, dass jeder Mitarbeiter nach seinem Reifegrad geführt werden muss, beispielsweise in diesen vier Phasen:

1. Neue Mitarbeiter, die sich erst einarbeiten müssen, benötigen zunächst einmal genaue Anweisungen.
2. Erst in der zweiten Phase erklärst du deine Entscheidungen und übernimmst die Rolle des Lotsen, der gefragt werden kann.
3. Diese Rolle wandelt sich in Phase 3: Hier wirst du zum Berater, der bereitsteht, Hilfe anbietet und Fragen beantwortet.
4. Letztendlich wirst du nur noch als Koordinator auftreten, du kannst mit Vertrauen und Verantwortungsweitergabe führen.

Was ich in nun fast vierzig Jahren Führungserfahrung gelernt habe: Das wichtigste Ziel in der Führung muss sein, die Menschen mitzunehmen, sie zum Folgen und Mitmachen einzuladen. Meiner Ansicht nach ist das alternativlos. Mitarbeitende müssen möglichst früh und transparent in alle Prozesse und Entscheidungen einbezogen werden. Nur so lässt sich ein Commitment ihrerseits erreichen. Und ohne Zustimmung, ohne Identifikation, ohne Loyalität und ein gemeinsames Mittun gibt es keinen Führungsanspruch und keine guten Resultate.

VOM KNOW-HOW ZUM DO-HOW

Um deine Mitarbeiter zu Bestleistungen zu motivieren, braucht es ein kulturell-organisationales Regelwerk. Gleichbehandlung ist hier ungerecht, denn Menschen sind bekanntlich sehr unterschiedlich. Leistungsträger brauchen eine andere Ansprache als die Schlechtleister oder das Mittelfeld. Führung war und ist individuell verschieden. Klar, es wird nach gleichen Regeln für alle gearbeitet und bewertet. Dennoch sollten die Ansprache, die Anforderung und Behandlung von Menschen an diese angepasst, eben individuell (und damit »un-gleich«) sein. Wie Mitarbeiter am besten geführt werden, hängt von unterschiedlichen Faktoren ab: organisationalen, individuellen und fachlichen Ansprüchen und Zielen. Um es auf den Punkt zu bringen: Im digitalen Zeitalter sind Führungskräfte gefordert, nicht nur die Customer Centricity, sondern auch die Employee Centricity in den Fokus zu stellen.

#BUSINESS_HACK_45

Mitarbeitergespräch – die Mutter aller Gespräche

Feedback, Feedback, Feedback – das verlangen die jungen Mitarbeiterinnen und Mitarbeiter der Gen Y und Z regelmäßig ein (→ **Business_Hack_44**). Und: Feedback is Breakfast for Champions! Hierfür gibt es gibt immer mindestens ein institutionalisiertes Entwicklungsgespräch mit jedem Mitarbeiter pro Jahr – das Mitarbeitergespräch. Und damit ist ein offener Dialog der Rücksprache, des Feedbacks und der gemeinsamen Entwicklung von Zielen gemeint – keinesfalls ein Kritikgespräch (→ **#Business_Hack_48**), wie es leider in vielen Unternehmen immer noch gehandhabt wird. Deshalb löst das Wort »Mitarbeitergespräch« für viele noch eine negative Assoziation aus – und dabei ist es in Wirklichkeit ein sehr wichtiges Führungsinstrument, das nichts mit Kritik zu tun hat. Am besten natürlich wird das Gespräch persönlich geführt. Die Alternative dazu ist, es live online zu tun.

Führungskraft und Mitarbeiter äußern ihre Erwartungen und Ziele

Zu den häufigsten Mitarbeiter- und Führungsgesprächen gehören Zielvereinbarungsgespräche (→ **#Business_Hack_68**) – auch Jahres- oder Orientierungsgespräche genannt. Sie sind in vielen Unternehmen Standard und müssen in der Regel innerhalb einer bestimmten Frist stattgefunden haben. Inhaltlich geht es darum, dass du die erbrachten Leistungen des Mitarbeiters gemeinsam mit ihm betrachtest und bewertest. Und natürlich die Erwartungen für das kommende Jahr formulierst. Da geht es darum, Ziele zu vereinbaren (→ **#Business_Hack_68**), die der Mitarbeiter erreichen soll und will. Und ggf. um den Bonus oder das Incentive (→ **#Business_Hack_70**), das bei Erreichung der Ziele lockt.

Bei diesem Gespräch geht es jedoch keineswegs nur um deine Anforderungen oder die Unternehmensperspektive – es dient auch dazu, die Erwartungen und Ziele des Mitarbeiters zu erkunden. Gemeinsam die Ziele zu definieren. Unzufriedenheiten herauszuhören und ihnen nachzugehen. Lösungen zu suchen. Zu den Anlässen für Mitarbeitergespräche können auch das Ende der Probezeit oder die Halbzeit innerhalb der Probezeit gehören (→ **#Business_Hack_40**), Änderungen am Arbeitsplatz, Karriere- und Weiterbildungsfragen und Ähnliches.

Die richtige Vorbereitung und Einladung

Für ein erfolgreiches Mitarbeitergespräch ist eine effiziente Vorbereitung nötig:

1. Lade rechtzeitig zum Gesprächstermin ein. Achte darauf, dass der Mitarbeiter genügend Zeit für die Vorbereitung hat.
2. Achte darauf, dass es in der Einladung positive Assoziationen gibt – leider haben noch immer viele Mitarbeitergespräche in Unternehmen den Beiklang von Ermahnungen, Zurechtweisungen. Nutze lieber Formulierungen wie »Ich freue mich auf den Austausch mit Ihnen«. Oder »Ich möchte mich über den Stand der Dinge informieren. Lassen Sie uns gemeinsam darüber sprechen, wie weit Sie bei Projekt XY sind.« Ersetzen Sie die Vokabeln »richtig« und »falsch« durch »hilfreich« und »nützlich«, und »weniger hilfreich, weniger nützlich« im Sinne von Zielsetzung. Am Ende geht es immer nur um Ergebnisse. Und hier ist es wie mit dem »Weg nach Rom«: Viele Wege führen dorthin. Hauptsache, das Ziel wird auch erreicht!
3. Liste bereits in der Einladung die Themenschwerpunkte auf, um die es gehen soll. Beispielsweise »Rückblick auf das vergangene Jahr«, »neue Ziele«, »persönliche Entwicklung und Weiterbildung(smöglichkeiten)«.
4. Nimm die Protokolle der letzten Gespräche auf jeden Fall hinzu: Was wurde vereinbart? Was erreicht? Was ist offen geblieben?
5. Bitte den Mitarbeiter auch gleich mit der Einladung darum, dass er die Agenda ergänzen möge und dir vor dem Gespräch zurückschickt.
6. Soll es um komplexe Fragen gehen, kann auch ein Fragebogen rsp. eine Standardvorlage helfen, wie sie in vielen Firmen exis-

tiert. Füge diese bei und bitte den Mitarbeiter vorab um seine Stellungnahme, Ideen, Inputs dazu.

7. Geht es um komplexe Sachverhalte oder besondere Situationen, ziehst du ggf. eine dritte Person hinzu – beispielsweise ein Mitglied aus dem HR oder, wenn nötig, auch des Betriebsrats. Aber kündige weitere Gesprächspartner im Vorfeld an – es geht hier um Klarheit, Wahrheit und Transparenz.

8. Neben dem Termin und dem Ort solltest du auch die voraussichtliche Länge des Gespräches kommunizieren, damit auf beiden Seiten Planungssicherheit herrscht. Biete dem Mitarbeiter aber auf jeden Fall an, dass der Zeitrahmen auch ausgedehnt werden kann, falls er mehr Gesprächsbedarf hat.

9. Denke immer daran: Von diesem Mitarbeitergespräch sollt ihr beide und die Firma profitieren, es gibt da keine zwei Seiten oder Gegner.

Der Ablauf des Mitarbeitergesprächs

Die inhaltliche Vorbereitung ist gleichzeitig der Fahrplan für dein Gespräch, für das sich der folgende Ablauf bewährt hat.

1. **Finde einen herzlichen, offenen Einstieg.**
Begrüße den Mitarbeiter persönlich. Baue Rapport auf.
Sprich den Anlass, die Dauer (60–90 Minuten) und das Ziel des Gesprächs an.

2. **Lasse zunächst den Mitarbeiter sein Bild entwickeln.**
Stelle dem Mitarbeiter offene Fragen, um zu erfahren, wo er seine Stärken sieht: Was ist ihm in der vergangenen Zeit gut gelungen? Wo sieht er besondere Stärken? Was ist ihm noch wichtig? Was will er verbessern? Wo sieht er für sich selbst Wachstumsbereiche? Wohin zielt sein Karriereweg?

3. **Stelle dein Bild der Lage vor.**
Betone die Punkte, in denen du mit dem Mitarbeiter übereinstimmst. Stelle anschließend fest, wo sich die Bilder unterscheiden, und begründe deine abweichende Auffassung: »Mir ist aufgefallen, dass …«

»In folgenden Punkten stimme ich Ihnen nicht zu …«
»Da bin ich anderer Meinung …«
»Da hatte ich einen anderen Eindruck …«
»Im Unterschied zu Ihnen bin ich der Ansicht …«
Achte dabei auf Sachlichkeit und Belegbarkeit der Fakten.
Denke immer daran: Wer behauptet, hat die Beweispflicht! Bitte
den Mitarbeiter um Stellungnahme. Lasse ihn ausreden, höre
aktiv zu. Es gehört zum Blick der Führungskraft dazu, weitere
Potenziale zu erkennen. Das wird immer so bleiben.

4. **Planen von Verbesserungsmöglichkeiten, Ziele setzen**
In dieser Phase geht es um die Ziele für die kommenden Monate:
Welche persönlichen Ziele möchte der Mitarbeiter sich setzen?
Was will er konkret zuerst tun? Mein Tipp: Nutze dafür die
»3-plus-1-Idee-Technik«, das heißt, dass die ersten drei Ideen zu
Verbesserungen immer vom Mitarbeiter selbst kommen müssen.
Deine Idee kommt dann zuletzt. Damit hat der Mitarbeiter zunächst den Lead, weil er über seine Möglichkeiten spricht; und
du hast dann die Führung mit deiner Idee.
Übrigens: Hat sich der Mitarbeiter aus deiner Sicht zu wenig oder
aber im Gegenteil unrealistisch viel vorgenommen, musst du
gegensteuern. Lass ihn nicht in eine selbst gebaute Falle bauen,
indem er Ziele definiert, die er so kaum erreichen kann. Kläre im
Gespräch, welche Hilfestellungen der Mitarbeiter bekommt bzw.
welche Voraussetzungen erfüllt sein müssen, damit er die Ziele
erfüllen kann.

5. **Commitment erzielen. Gesprächsende, Zusammenfassung und
Wiedervorlage!**
Mache dir während des Gespräches Notizen. Achte darauf, dass
die Zielvereinbarung klar und deutlich formuliert wird. Erstelle
nach dem Gespräch ein Protokoll, in dem die Ziele schriftlich
fixiert sind – inklusive aller Zusatzinformationen wie Hilfestellungen, Kompetenzerweiterungen, Kontrolltermine etc. Dieses
Protokoll wird Bestandteil der Personalakte des Mitarbeiters.
Stelle deinem Mitarbeiter in jedem Fall eine Kopie für seine Unterlagen zur Verfügung, denn so habt ihr beide eine klare und
einvernehmlich gefundene Basis für die Zusammenarbeit in den
nächsten Monaten.

Am Schluss fasst du das Gesagte, vor allem die Zielvereinbarung, noch einmal zusammen. Schließ das Gespräch mit einem Appell, mit ein paar emotionalen Worten, ab. Dann verabredet ihr euch wieder und halten die Ergebnisse als Wiedervorlage (WV) fest.

Die Nachbereitung

Professionelle und konstruktive Mitarbeitergespräche bedürfen immer auch der konsequenten Nachbereitung. Dazu zählen folgende Punkte:

- Erstelle das Protokoll und überreiche dem Mitarbeiter eine Ausfertigung.
- Informiere die Personalabteilung, wann das Gespräch stattgefunden hat. Bedenke: Wer muss noch informiert werden?
- Unterrichte die zuständigen internen Stellen – in der Regel die HR-Verantwortlichen – über den vereinbarten Trainingsbedarf und angedachte berufliche Veränderungen oder spezielle Weiterbildungen.
- Leg dir das Protokoll auf Wiedervorlage in dein Projektmanagement-System (→ **#Business_Hack_62**). So stellst du sicher, dass du regelmäßig die Einhaltung der Zielvereinbarungen kontrollieren kannst.

VOM KNOW-HOW ZUM DO-HOW

Zu diesem Business-Hack findest du mehrere Formulare und Formulierungshilfen zum kostenlosen Download unter:

#BUSINESS_HACK_46

Anerkennungsgespräche – Motivation führt

Neulich war ich als Berater bei einem erfolgreichen Start-up unterwegs. Das Unternehmen ist cool, die entwickelten digitalen Produkte sind erfolgreich, das Team in kurzer Zeit rasch gewachsen, da treten eben Wachstumsschmerzen auf. Schnelle Expansion, der Chef ist ein noch junger Gründer. In der Morgenrunde lobt er einen Mitarbeiter, der erkennbar doppelt so alt ist wie er … und das Lob äußerst knurrig wegsteckt. Genau ihn habe ich mir nach dem Meeting gegriffen und nachgefragt, warum er so reagiert habe. Die Antwort: »Von dem brauche ich kein Lob, der muss ja auch noch lernen, wie das Geschäft wirklich läuft. Tue mich schwer, ihn zu akzeptieren. Ich suche mir aus, wer mich loben darf. Das ist im Übrigen eh nur antrainiertes Verhalten – nach dem Motto: Reihum lob ich immer einen Mitarbeiter.« Das hat gesessen. Und ich habe mich wieder an einen wichtigen Satz erinnert: Anerkennung bringt man (als Chefin oder Chef) dem Mitarbeitenden vor allen entgegen, Lob im kleinen Rahmen und Kritik (→ #Business_Hack_48) immer nur unter vier Augen.

Lob und Anerkennung – bei Weitem nicht das Gleiche

Lob ist immer ein Gespräch, braucht einen eher intimen Rahmen. Anerkennung hingegen braucht Öffentlichkeit, Bühne, Erwähnung in größerer Runde, im Newsletter, im Blog oder auch in den Social-Media-Accounts. Wenn du dich in der Persönlichkeitsdiagnostik (→ **#Business_Hack_43**) auskennst, wirst du auch merken oder schon gemerkt haben: Die eher »roten« und »gelben« Typen suchen die Anerkennung, das Herausstellen auf großer Bühne, die eher »blau« oder »grün« strukturierten Persönlichkeitstypen freuen sich eher über das Lob im persönlichen Rahmen.

Zudem ist Lob einer der schönsten Anlässe für ein Mitarbeitergespräch (→ **#Business_Hack_45**). Lob und positive Verstärkung von Ergebnissen begründet die Basis einer langfristig erfolgreichen Zusammenarbeit.

Wenn du es als Führungskraft schaffst, eher intensiver, häufiger – und auch ehrlich empfunden – zu loben, wenn du deine Mitarbeiter gern bei »guten Taten ertappst«, dann schaffst du ein Klima und eine Beziehungsqualität, in der Leistung und Ergebnis gefördert werden. Trotzdem gibt es auch hier Stolperfallen. So stehen manche Mitarbeiter einem Lob skeptisch gegenüber. Immerhin braucht es ja für ein Lob auch eine Hierarchie. Der »Lobende« steht über dem zu Lobenden. Zu oft wird es als Einstieg in ein Gespräch genutzt, in dem dann doch (fälschlicherweise) negative Nachrichten kommuniziert werden. Damit das Lob als solches angenommen wird und die gewünschte Wirkung entfaltet, solltest du deshalb folgende Tipps berücksichtigen:

1. Sprich ein Lob zeitnah und im Zusammenhang aus. Beispiel: »Ich habe gesehen, dass Sie gestern noch lange da waren, damit der Kunde seine Leistungen pünktlich bekommt. Das hat mich beeindruckt. Klasse.«
2. Lobe angemessen: Wenn du eher ein sachlicher Typ bist, freuen sich deine Mitarbeiter über ein »Gut gemacht!« oder ein »Toll, wie Sie das gemacht haben.« Bist du eher ein emotionaler Typ, werden deine Worte eher mitreißender ausfallen. Achte darauf, dass Lob, Leistung und Ergebnis in einem guten Verhältnis stehen. Die passende Dosis macht den Erfolg.
3. Lobe fair. Achte darauf, dass Mitarbeiter nicht für eine Leistung gelobt werden, während andere für die gleiche oder mehr Leistung leer ausgehen.
4. Lobe auch Mitarbeiter, die dir nicht sympathisch sind. Es geht um die Leistung, das Ergebnis des Mitarbeiters, nicht um deine Beziehung zu ihm.

Gerade bei kleineren Anlässen für ein Lob solltest du nicht zu viel Aufhebens darum machen. Beispielsweise, wenn ein Mitarbeiter trotz knappen Zeitrahmens eine Präsentation rechtzeitig fertiggestellt hat. Oder Überstunden gemacht hat, um ein Angebot fertigzustellen. In diesen Fällen reichen ein, zwei Sätze wie »Dank Ihres / deines Engagements sind wir pünktlich fertig geworden« oder »Ich freue mich, dass ich mich so auf Sie / dich verlassen kann«. Geht es um herausragende

Leistungen, solltest du dir eher entsprechend Zeit nehmen und auf ein Lob »zwischen Tür und Angel« verzichten.

Lob sollte im Vier-Augen-Gespräch ausgesprochen werden. Und auf die Formulierungen kommt es immer an. Mein Lehrer, Pater Dr. SJ Albert Ziegler, sagte mal zu mir: »Andreas, Dienern dankt man, Helden gratuliert man!« Das sitzt noch heute! Gratuliere also während eines Lobgespräches. Damit wirkt das Lob noch besser!

Anerkennung darf auch öffentlich ausgedrückt werden

Wenn du deine Anerkennung ausdrücken willst, kann das gern öffentlich sein, damit sie ihre Wirkung besser entfalten kann. Dabei ist Anerkennung weitaus mehr als spontane Wertschätzung. Hier geht es um die regelmäßige Leistung eines Mitarbeiters, die stets hohe Qualität seiner Leistungen, um den Respekt vor der Leistung. Genau diesen Respekt solltest du deinen Mitarbeiter spüren lassen – durch die Art des Miteinanders. Zeige ihm, dass die erbrachte Leistung nicht selbstverständlich ist. Wähle für Anerkennung den öffentlichen Weg: das Meeting, die Kick-off-Veranstaltung, den Newsletter, den Blog, die Bühne! Lob und Anerkennung sind Zeichen der Wertschätzung!

Wenn wir uns vor Augen führen, dass mangelnde Wertschätzung, zu wenig Lob und Anerkennung die häufigste Ursache für ein gestörtes Verhältnis zur Führungskraft und damit Hauptgrund für Kündigungen sind, dann erkennen wir die Bedeutung für beides sehr schnell!

VOM KNOW-HOW ZUM DO-HOW

Denk einfach mal drüber nach: Was unterscheidet für dich Lob von Anerkennung? Wie kannst und wirst du beides in deiner Firma ausdrücken?

Hier noch ein paar Praxistipps von mir dazu:

1. Begründe dein Lob. Stell heraus, was gut gelaufen ist. Welche Leistung, welche Verhaltensweisen du konkret lobst. Frage immer erwartungsfrei und offen, wie es zu dieser Leistung/Ergebnis gekommen ist

→

2. Vermeide allgemeine Formulierungen wie »prima«. Wähle lieber Aussagen wie: »Ihre/deine Präsentation hat mich vom ersten Moment an überzeugt. Das haben Sie/hast du richtig gut gemacht.« Oder »Eine so gute und gründliche Marktanalyse lese ich wirklich gern. Das ist eine sehr gute Basis für unsere Vertriebsziele. Sehr gut gemacht. Gratuliere!«

3. Zeige Interesse an der Leistung. Frage nach, wie der Mitarbeiter auf die entscheidende Idee gekommen ist. Oder: Warum ihm so viel daran lag, das Angebot pünktlich fertigzustellen. Oder: Auf welche Informationsquellen er zugegriffen hat, als er die Marktanalyse erstellt hat.

4. Gib ihm Raum, um bei Bedarf über Arbeitsprozesse oder organisatorische Abläufe zu sprechen.

5. Wiederhole dein Lob zum Gesprächsende. Damit bleibt das Gespräch länger in positiver Erinnerung. Und dein Lob wirkt nachhaltiger.

#BUSINESS_HACK_47

Konfliktgespräche – stressige Situationen drehen

»Alphatiere« im Team machen auf »dicke Hose«, breite Brust und sind laut? »Zickenkrieg« ausgebrochen? Schlechte Stimmung verleidet dir und anderen die Freude an der Arbeit, und – schlimmer noch –, schlägt sich in der Abteilung oder dem Team auf die Motivation, die Performance, die Zahlen nieder? Dann musst du dir die Zeit nehmen für ein paar gescheite Konfliktgespräche.

Klar, das macht eigentlich niemand so besonders gerne. Aber richtig aufgesetzt, drehst du mit den folgenden Konfliktgesprächen die Stimmung und machst aus Kontrahenten wieder ein Team.

Konfliktsituationen zunächst von außen analysieren

Das Schlechteste, was du in einer solchen Situation tun kannst, ist, dich in den Konflikt hineinziehen zu lassen. Das Zweitschlechteste: auf den Tisch zu hauen und einfach »Frieden« zu befehlen. Wie aber solltest du vorgehen, um Konfliktsituationen im Team oder der Abteilung so zu lösen, dass keine Lose-lose- oder Lose-win-Situationen geschaffen werden, die letztlich auf Dauer noch mehr Schaden anrichten, sondern Win-win-Situationen, die das ganze Team wieder in Schwung bringen?

Schritt 1: Sei dir der Ursache für Konflikte bewusst

Mögliche Ursachen für Konflikte sind kommunikative Missverständnisse, Konkurrenzsituationen oder ungeklärte Rollen im Projekt, im Team, in der Abteilung. Konflikte können durch Zielvereinbarungen (→ #Business_Hack_68) befeuert werden, vor allem, wenn die Zielerreichung und / oder der damit verbundene Erhalt von Boni (→ #Business_Hack_70) von der Teamleistung abhängt rsp. einzelnen Mitarbeitern, denen andere den Vorwurf machen, nicht genügend dazu beizutragen. Natürlich kann auch Neid – etwa bzgl. Ungleichbezahlung oder unterschiedlich hoher Boni und Gratifikationen – Konflikte massiv stärken. Je nachdem, wie viele Menschen an einem Konflikt beteiligt sind, kann es zu Koalitionsbildungen im Team führen. Oder zum Ausschluss einzelner Teammitglieder.

Schritt 2: Erkenne heiße und kalte Konflikte
Heiße Konflikte werden emotional ausgetragen. Beteiligte versuchen, Anhänger für ihre Sache zu gewinnen. Sie sind davon überzeugt, richtig zu handeln und rechtschaffene Motive zu haben, die nicht angezweifelt werden dürfen. Anders die kalten Konflikte: Hier spüren die Beteiligten tiefe Enttäuschung, Desillusionierung und Frustration. Ohnmachts- und Angstgefühle. Druck und Unlust. Das Verhalten wird destruktiv, die Kommunikation wird auf das Nötigste reduziert.

Schritt 3: Analysiere die jeweilige Konfliktsituation
Worum geht es genau? Was steckt womöglich wirklich dahinter – manchmal verbergen sich hinter den vorgetäuschten oder augenfälligen Konflikten ganz andere Beweggründe. Wer ist an dem Konflikt beteiligt? In welcher Form? Wer hat womöglich eine Hidden Agenda? Hör genau zu. Hinterfrage die Argumente, die dir die Parteien präsentieren. Oft gibt es ein vorgeschobenes Problem, der eigentliche Konflikt geht aber sehr viel tiefer.

Schritt 4: Lege dir verschiedene Lösungen für kalte und heiße Konflikte zurecht
Um kalte Konflikte zu lösen, reicht es nicht, sich auf die Konfliktursache zu konzentrieren. Vielmehr muss das Selbstwertgefühl der Beteiligten gestärkt werden, die Kommunikation zwischen den Akteuren hergestellt und Lösungswege aufgezeigt werden. Bei heißen Konflikten ist es wichtig, sich auf die unterschiedliche Wahrnehmung der Beteiligten zu konzentrieren. Welche Einstellung haben die Mitarbeiter? Welche Verhaltensweisen verstärken den Konflikt? Welche wechselseitigen Beziehungen? Und mit welchen Verhaltensänderungen lässt sich der Konflikt entschärfen?

Sprich die Beteiligten aktiv und direkt auf ihre Wahrnehmung an. Je früher du das machst, umso weniger leidet das Team, leiden die Beteiligten unter dem Konflikt. Einzelgespräche helfen dir dabei, die unterschiedlichen Interessen zu erkennen. Und mit Ergebnissen kannst du dann bei den Beteiligten mehr Verständnis für den anderen schaffen.

Schritt 5: Einzelgespräche in Konfliktsituationen führen

Geh auf die Beteiligten aktiv zu und suche das Gespräch. Formuliere Ich-Botschaften wie beispielsweise »Mir ist aufgefallen, dass …«, »Ich habe den Eindruck …«. So vermittelst du Interesse und vermeidest den Eindruck, jemand hätte dich auf den Mitarbeiter »angesetzt«.

Nutze das Gespräch zur Klärung. Hilfreich sind Fragen wie:

- Wie geht es dir / Ihnen mit dem Konflikt?
- Wie siehst du / sehen Sie die Beziehung zum »Konfliktkollegen«?
- Was hat sich verändert – und warum?
- Welche sachlichen Argumente und Informationen sind Dir / Ihnen wichtig?
- Wie könnte aus deiner / Ihrer Sicht ein Kompromiss aussehen?
- Was erwarten Sie / erwartest du von der anderen Seite?
- Wie könnten Sie / könntest du auf den anderen zugehen?

Schritt 6: Gruppe einbeziehen

Nach den Einzelgesprächen ist es wichtig, alle Beteiligte an einen Tisch zu holen. Als Führungskraft fällt dir dabei die Rolle des Moderators und Mediators zu. Führe das Gespräch so, dass der Konflikt offen ausgesprochen wird, nur dann kann gemeinsam an einer Lösung gearbeitet werden.

Schritt 7: Ergebnisse festhalten

Stelle Verbindlichkeit her. Ergebnisse wie Absichtserklärungen werden schriftlich festgehalten, Zielvereinbarungen daraus entwickelt. Verabrede mit den Gesprächsteilnehmern einen Zeitraum, in dem die Zusammenarbeit reflektiert wird – ob es jetzt wirklich besser läuft.

VOM KNOW-HOW ZUM DO-HOW

Und jetzt bist du wieder dran – spiele deine Merkliste für solche Situationen durch. Wo erforderlich, formuliere Wordings in deiner eigenen Art zu sprechen, um für solche Konfliktgespräche gewappnet zu sein.

1. Analysiere – führe Einzelgespräche – höre zu und verstehe.

2. Suche das gemeinsame Gespräch erst nach den Einzelgesprächen.

3. Stelle sicher, dass die Beteiligten wissen, mit welchen Erwartungen das gemeinsame Gespräch geführt wird – und dass sie mit den Zielen einverstanden sind.
   Mein Wording zur (durchaus heiklen) Ansprache der Kontrahenten könnte lauten: Notiere!

4. Richte das Gespräch auf das Ziel »Konfliktlösung« aus.

5. Betone, dass du in den Mitarbeitern das Potenzial der Konfliktlösung siehst und dass die Beteiligten dein Vertrauen genießen.
   Ein solcher Satz könnte bei mir wie folgt lauten: Notiere!

6. Gehe positiv auf Vorschläge ein, die den Konflikt zu lösen helfen.
   Positive, verstärkende Wortwendungen könnten so lauten: Notiere!

7. Verschwende deine Kraft nicht dazu, gegen Sturheit anzukämpfen – wer sich nur unter Druck bewegt, wird diese Lösung innerlich boykottieren.

8. Betone den Gewinn für alle Seiten. Für das gesamte Team.

9. Achte darauf, dass niemand sein Gesicht verliert!

10. Fasse am Gesprächsende zusammen, auf welche Maßnahmen sich die Beteiligten geeinigt haben.

11. Stelle klar, was du auf Basis dieser Einigung von den Beteiligten erwartest. Gib klare Zielvorgaben.

12. Überprüfe die Zielerreichung im festgelegten Zeitabstand.

#BUSINESS_HACK_48

Kritikgespräch – damit es vorangeht

Macht niemand gern – hat niemand gern – führt niemand gern: das Kritikgespräch. So ziemlich das heikelste Gespräch – naja, vielleicht neben dem Trennungsgespräch (→ **#Business_Hack_49**) –, das du beherrschen musst. Weil du es führen wirst. Denn auch in der coolsten Company sind nicht immer alle gut drauf, bringen super Leistung und erfüllen ihre Zielvereinbarungen (→ **#Business_Hack_68**). Kritik gehört immer auch dazu. Ohne sie wirkt auch kaum eine positive Verstärkung dauerhaft.

Förderung steht im Mittelpunkt

Sieh es so: Kritik ist Feedback. Punkt! Viele Führungskräfte drücken sich davor und riskieren dadurch hohe Folgekosten. Und dies in zweifacher Hinsicht. Erstens wird der Mitarbeiter oft sein Verhalten nicht von alleine ändern (können) und dem Team und/oder dem Unternehmen so auf Dauer schaden. Oftmals ist es ihm auch gar nicht bewusst, dass die Qualität seiner Arbeit nicht den Erwartungen entspricht. Oder dass sein Verhalten sich negativ auf das Ergebnis auswirkt. Und dies ist der zweite Punkt: Das Fehlverhalten einzelner Mitarbeiter kann finanzielle Einbußen mit sich bringen, beispielsweise weil potenzielle Aufträge nicht zustande kommen oder Kunden sich dem Wettbewerb zuwenden.

Auf das Wie kommt es an

Die Frage ist also nicht, *ob* du bei gegebenem Anlass ein Kritikgespräch führst, sondern *wie* du die Kritik konkret formulierst. Vielleicht ist für beide Seiten dieser Gedanke nützlich: Ein Kritikgespräch kann auch ein Gespräch zur Förderung des Mitarbeiters sein. Schließlich habt ihr ein gemeinsames Ziel, eine gemeinsame Aufgabe. Berechtigte, konstruktive Kritik, also klares Feedback trägt dazu bei, diese Aufgabe zu bewältigen. Und denk dran: Manchmal sind Fehler auch nützlich – weil es auch für deine Firma Lerneffekte daraus geben kann (→ **#Business_Hack_23**).

Ein Unbehagen bleibt: Wir alle hören ungern Kritik an uns, an unseren Leistungen. Gehen schnell in die Verteidigungsposition. Fühlen uns persönlich angegriffen. Oder reagieren nach dem Motto »Angriff ist die beste Verteidigung«. Deshalb ist gerade bei Kritikgesprächen viel Fingerspitzengefühl gefragt. Es kommt darauf an, dass du bei Kritik konkret wirst, »Ross und Reiter« nennst. Dass du Zahlen, Daten, Fakten weißt und die Kritik klar, fair, wertschätzend und wirksam formulierst!

Tipps für das Führen eines konstruktiven Kritikgespräches:

1. Schreibe dir auf, was Sache ist. Welche belastbaren, klaren Fakten liegen vor? Was hast du ggfs. selbst gesehen oder festgestellt, dass dich stört oder zu schlechten Ergebnissen führt?

2. Mache dir vorher klar, warum dir der Mitarbeiter als Mensch am Herzen liegt. Räum deinen emotionalen Rucksack vorher auf. Versetz dich in die Lage des Mitarbeiters – was hätte er anders machen können? Und warum hat er womöglich in der Weise gehandelt, die heute zur Kritik steht?

3. Führe das Kritikgespräch wenn möglich immer persönlich, nicht am Telefon und möglichst auch nicht im Videocall. Und schon gar nicht und niemals vor Dritten. Zeige Wertschätzung und Respekt.

4. Definiere das Gesprächsziel. Lege dir immer ein Maximum und ein Minimum des gewünschten Ergebnisses vorher zurecht. Damit vermeidest du, dass ihr nachher im Ergebnis vage bleibt. Und das Ganze nach kurzer Zeit so (schlecht) weitergeht, wie es angefangen hatte.

5. Bei sehr schwierigen Gesprächen kannst du auch auf einen neutralen, ruhigen Ort ausweichen, damit das Büro oder die Firma nicht »vergiftet« wird. Sind persönliche Aspekte betroffen, hilft auch schon mal ein gemeinsamer Spaziergang. Ist der Körper in Bewegung, ist der Geist in Bewegung. Physiologiewechsel ist Psychologiewechsel.

6. Achte auf den Gesprächstermin. Eher abends statt morgens, dann kann der Mitarbeiter sich über Nacht »fangen« und

Gedanken machen. Daher auch besser am Freitag als am Montag, dann steht meist ein Wochenende zur Beruhigung an.

7. Haltet zugesagte Änderungen oder Ansätze schriftlich fest. Trefft ein echtes Commitment.

VOM KNOW-HOW ZUM DO-HOW

Mit deiner Vorbereitung hast du bereits wichtige Weichen gestellt. Hier kannst du das Kritikgespräch selbst einüben:

Schritt 1: Baue bei der Begrüßung eine positive Atmosphäre auf. Gib dein Vertrauen zu erkennen, durch Händedruck, Augenkontakt, ein paar einleitende Worte.

Dein Wording: _____

Schritt 2: Schildere die Situation und die Fakten sofort, offen und einfach. Nicht herumwinden – du bist ja gut vorbereitet, und Herumwinden hilft keinem weiter. Drücke dein eigenes Empfinden dazu in Ich-Formulierungen wie »Mir ist aufgefallen, dass …«, »Ich bin irritiert, dass …«, »Mich wundert, mich stört ….«, »Ich bin etwas enttäuscht, weil …«.

Dein Wording: _____

Schritt 3: Gib dem Mitarbeiter Raum und Zeit, seine emotionale Reaktion – meist ist die erste ja eine innere Abwehr – zu durchleben. Fordere ihn dann auf, seine Sichtweise darzulegen – genau so nüchtern und sachbezogen, wie du das getan hast.

Dein Wording: _____

Schritt 4: Warte. Warte auf die Quittung. Du brauchst ein Rücksignal des Mitarbeiters. Was sieht er ein, was ggf. nicht. Welche Ziele strebt er jetzt ggf. neu und wie an, was traut er sich zu (zu ändern)? Kommt keine Antwort, musst du eine Reaktion fordern.

Dein Wording: _____

$\rightarrow$

Schritt 5: Fordere den Mitarbeiter auf, aktiv zu werden, um vereinbarte Ziele zu erreichen: »Was wollen Sie nun tun / ändern?«

Dein Wording: _____

Schritt 6: Achte auf eine positive Verabschiedung. Formuliere darin einen starken Appell, dass du daran glaubst, dass es gemeinsam jetzt besser weitergeht.

Dein Wording: _____

Schritt 7: Vereinbare direkt einen nächsten Gesprächstermin, damit ihr beide sehen könnt, was sich verändert. Und beide wisst, bis wann.

Dein Wording: _____

Drei Dinge noch: Achte auch auf dein eigenes Zustandsmanagement (→ **#Business_Hack_4**):

1. Frage dich: Wie geht es mir persönlich? Habe ich mein Gesprächsziel erreicht?

2. Lasse deinen Mitarbeiter notieren, was er selbst verstanden und gelernt hat.

3. Damit Kritikgespräche die gewünschte Wirkung erzielen, muss die Umsetzung der Ziele beobachtet werden. Sprich ggf. ein Lob aus, wenn du erste positive Veränderungen wahrnimmst. Wenn sich aber abzeichnen sollte, dass das vereinbarte Commitment nicht eingehalten wird, ist vielleicht ein weiteres Kritikgespräch nötig. Hier macht es die richtige Dosis. Wie immer.

#BUSINESS_HACK_49

Trennungsgespräch – Mitarbeiter verlieren, Herold gewinnen

»Herr Soundso, bitte begleiten Sie Herrn Y direkt zum Ausgang. Achten Sie darauf, dass er nur persönliche Dinge vom Arbeitsplatz mitnimmt und sammeln Sie insbesondere alle Datenträger, USB-Sticks, Portables wie den Laptop und das Smartphone von Herrn Y ein, bevor er den Arbeitsplatz verlässt.«

Unschöne Situation. Oftmals. Kommt aber sicher vor, und ist auch Teil der Führungsaufgabe in Unternehmen. Ich habe erlebt, dass in vielen Fällen eine Trennung im Nachgang von Beteiligten als positiv bewertet wurde. Dafür sind ein fairer Prozess und eine gute Gesprächsführung wichtig. Schon aus Prinzip. Mach dir bewusst: Es ändert sich nur die Arbeitsbeziehung, und die ist in den allermeisten Fällen ja eh nur temporär vereinbart worden.

Am Ende zeigen sich Charakter und Respekt

Topführungskräfte trennen sich von guten Leuten; sie wollen die besten im Team. Polarisierend? Ja! Kompromisslos? Ja! Nicht dein Ding? Entscheide! Wie auch immer: Am Ende einer Zusammenarbeit steht die Verabschiedung des Mitarbeiters und das damit verbundene Trennungsgespräch. Die Gründe für eine Trennung können vielfältig sein: der Mitarbeiter will sich beruflich verändern, verlagert seinen persönlichen Lebensmittelpunkt, geht in den Ruhestand oder muss betriebsbedingt gekündigt werden; oder aber seine Leistung oder Einstellung ist so mangelhaft, dass die Mitarbeitergespräche (→ **#Business_Hack_45**) und auch die Kritikgespräche (→ **#Business_Hack_48**) wenig bis nichts gebracht haben.

Trennungsgespräche sind wichtig. Sie geben dem Mitarbeiter noch einmal Feedback. Drücken Wertschätzung aus. Bilden die Basis für eine eventuelle spätere Zusammenarbeit. Denk dran: 1. Man weiß ja nie, wo man sich noch einmal begegnet! Und 2. Du setzt damit Signale. Denn für die verbleibenden Mitarbeiter ist der Umgang mit scheidenden Kollegen zudem ein Hinweis darauf, wie ehrlich es um deine Wertschätzung oder um die in der Firma propagierten Werte bestellt ist.

Räumst du dem scheidenden Kollegen keine Zeit für ein Gespräch oder einen freundlichen Abschied ein, kann dies in deinem Team zu Demotivation führen. Weil das Gefühl entsteht, nur als Angestellter wahrgenommen zu werden, nicht als Mensch. Nur dann wertgeschätzt zu werden, wenn man Leistung für die Firma erbringt.

Indes gibt es immer zwei Fälle zu bedenken. Fall A: Der Mitarbeiter kündigt bei euch, oder Fall B: Du musst dem Mitarbeiter kündigen. Schauen wir uns das im Folgenden an.

Fall A: Der Mitarbeiter kündigt

Häufig unterschätzt werden die Informationen, die ein Unternehmen aus dem Trennungsgespräch für sich gewinnen kann. Nimm dir deshalb Zeit für deinen Mitarbeiter. Rede mit ihm und höre ergebnisoffen zu. Das kann auch wehtun, denn ein bekannter Businessspruch lautet nicht ohne Grund: »Gute Mitarbeiter verlassen nicht die Firma, sie verlassen ihre Vorgesetzten / den Chef.« Das wird dann also vielleicht ein hartes Feedbackgespräch für dich – aber eines, aus dem du und die Firma nur lernen könnt.

Hier also der Ablauf, wie du ihn vorbereiten solltest:

1. Lege die Gesprächsteilnehmer fest: Redest du als Führungskraft allein mit dem Mitarbeiter? Oder kommt ein Mitarbeiter aus dem HR oder aus der Rechtsabteilung dazu?
2. Fixiere das Gesprächsziel: Welche Gründe hat die Kündigung des Mitarbeiters? Ist seine Entscheidung endgültig oder kann er eventuell noch umgestimmt werden?
3. Baue eine persönliche Beziehung zu dem Mitarbeiter auf, stelle Rapport her.
4. Sprich Anlass und Thema des Gesprächs an: »Wir sprechen heute miteinander, weil …«
5. Erfrage die Ursachen für die Kündigung: »Was hat Sie zu diesem Schritt veranlasst?« »Warum haben Sie gekündigt? Ich würde gern noch besser verstehen, was Sie zu diesem

Schritt geführt hat.« Höre dir die Sicht des Mitarbeiters an.

6. Stelle nun deine Sicht der Dinge dar, bedanke dich für die gemeinsamen Ziele, die ihr erreicht habt.
7. Formuliere ggf., was du dir für die Zukunft wünschst: Beispielsweise, dass der Mitarbeiter seinen Entschluss überdenkt? Mit dir in Kontakt bleibt? Oder dein Unternehmen auch in Zukunft als potenziellen Arbeitgeber sieht?
8. Beende das Gespräch herzlich, respektvoll, verbindlich.
9. Werte nach dem Gespräch deine Notizen aus: Wollt und könnt ihr den nächsten Schritt des Mitarbeiters begleiten?
10. Was kannst du selbst aus dem Gespräch mitnehmen? Für dich lernen? Wie kannst du besser werden?
11. Welche Schwachstellen im Unternehmen lassen sich lokalisieren?
12. Welche entsprechenden Maßnahmen willst du daraus veranlassen – organisatorisch, technisch oder personell?
13. Wenn das Ergebnis des Gespräches ist, dass der Mitarbeiter seinen Entschluss überdenkt, lege deine Notizen auf Wiedervorlage und vereinbare einen gemeinsamen Nachbesprechungstermin mit einem gewissen Zeitabstand. Möglicherweise hat sich die Situation im Unternehmen nach einiger Zeit geändert, sodass die Ursachen für die Kündigung nicht mehr gegeben sind. Und selbst wenn er dann immer noch kündigen möchte, habt ihr in der Zwischenzeit eine wertvolle Lektion für die Verbesserung eurer Firma gelernt – und im besten Fall schon umgesetzt. Und du hattest auch schon Zeit, nach Ersatz Ausschau zu halten, vielleicht interne »Nachrücker« zu qualifizieren. Schaden wird das nie!

Fall B: Du musst dem Mitarbeiter kündigen

Anders verläuft das Gespräch, wenn dem Mitarbeiter durch das Unternehmen gekündigt wird. Vor- und Nachbereitung entsprechen zwar dem Verabschiedungsgespräch, der Gesprächsverlauf selbst gestaltet sich jedoch anders.

1. Baue eine persönliche Beziehung zu dem Mitarbeiter auf, stelle Rapport her. Es ist immer noch ein Mensch, der dir gegenübersitzt.

2. Sprich Anlass und Thema des Gesprächs an: »Wir sitzen heute zusammen …
   … weil wir uns trennen müssen.«
   … um unsere Vertragsgrundlage, Arbeitsgrundlage aufzulösen.«
   … weil wir das Arbeitsverhältnis auflösen, da …«
   … weil die bisherigen Gespräche nicht den gewünschten Erfolg hatten. Deshalb wollen wir uns nun von Ihnen trennen …«
3. Gib eine (mündliche) Begründung für die Entscheidung. Achte dabei darauf, nicht gegen das AGG (Allgemeines Gleichstellungsgesetz) zu verstoßen und im gegebenen Fall alle Ratschläge eures Justiziariats zu berücksichtigen. (In der Konzernwelt entwickeln sich Kündigungen ja häufig zu strategischen Scharmützeln, bei denen es von Anfang an auf jeden Wortlaut ankommt.)
4. Bedanke (!) dich noch einmal ausdrücklich für die gemeinsame Zeit und schließe diese hiermit quasi ab. Wechsle dann die Perspektive auf die Zeit nach der Trennung:
5. Frage nach der Perspektive des Mitarbeiters. Gib – wenn möglich und, siehe Punkt 3, opportun – Anregungen und Motivation für die Zeit nach der Kündigung oder die Suche nach neuen (Job-)Möglichkeiten.
6. Finde einen positiven – auf jeden Fall wertschätzenden! – Abschluss des Gespräches.

VOM KNOW-HOW ZUM DO-HOW

Sich gut trennen können ist eine Kunst

Ich sage immer, die Richtigen zum Aufbau sind nicht immer die Richtigen zum Ausbau. Und auch Arbeitsbeziehungen haben ihre Zeit – das mögen beide Seiten so empfinden. Also muss eine Trennung nicht unbedingt aufgrund der (mangelnden) Leistungen des Mitarbeiters erfolgen, sondern kann auch betriebsbedingte Gründe haben. Vielleicht wird die Abteilung verkleinert, weil ein Auftrag weggebrochen ist. Oder es stehen andere Restrukturierungsmaßnahmen an. Eine neue Pandemie? Niemand will das und dennoch kommt es oft anders, als man denkt!

Wenn du mit dem Mitarbeiter gern und gut zusammengearbeitet hast (und er nicht gerade im Verdacht steht, Kundendaten zu kopieren wie beim Eingangsbeispiel), solltest du unbedingt dein Bedauern zum Ausdruck bringen. Sich gut trennen können, ist meistens schwierig und erfordert Fingerspitzengefühl. Es ist eine besondere Kunst! Und eine, die wichtig ist und nützlich sein kann. Denn zum einen mag es um deine Arbeitgebermarke gehen – so mancher im Zorn gegangene Mitarbeiter hat unter Nutzung von Fakeprofilen Bewertungsportale wie u. a. Kununu mit superschlechten Bewertungen vollgeschrieben (und ja, deine Firma kann das anfechten – aber das dauert!). Zum anderen mag es möglicherweise nach einiger Zeit eine freie Position geben, für die du genau diesen Mitarbeiter zurückgewinnen willst. Und zum dritten habe ich es schon oft erlebt, dass sich Unternehmen und Mitarbeiter so im Frieden getrennt haben, dass der Mitarbeiter sogar zum »Herold« wurde. Also sich auf dem Markt oder beim neuen Arbeitgeber so lobend äußerte, dass daraus Kooperationen zwischen den Firmen entstanden.

#BUSINESS_HACK_50

Intrinsische Motivation stärken

»Mann, der Müller aus der Marketingabteilung ist komplett beleidigt – ich weiß gar nicht, was ich dem getan habe.« »Jetzt hab ich's nur gut gemeint, indem ich das Aufgabenpaket von Frau Dr. Steinle reduziert habe, und was hat die für'n doofes Gesicht gezogen.« So oder ähnlich denken Menschen in Unternehmen oft übereinander. Und so denkt auch manche Führungskraft. Weil sie die inneren Motive, die Menschen antreiben, nicht kennt oder versteht. Die inneren Werte, die Menschen wirklich wichtig sind. Und so können diese Führungskräfte einer ihrer wichtigsten Aufgaben nicht gerecht werden: motivatorisch zu führen. Wenn man ehrlich ist, wäre es bei den meisten Führungskräften schon toll, wenn sie wenigstens nicht demotivieren würden!

Wenn du es besser machen willst, musst du dir der inneren Grundmotive und der treibenden Kräfte (»Driving Forces«) bewusst sein, die die Motivation und das Verhalten von Menschen bestimmen.

Man kann Menschen nicht von außen motivieren

Anerkannte Lehrmeinung heute ist: Wir können Menschen nicht motivieren. Aber wir können – du kannst – ihre innere, ihre intrinsische Motivation unterstützen. Und zwar dann, wenn du verstehst, welche Motive Menschen zum Handeln bringen, was ihnen im Inneren wichtig ist, was sie antreibt, wo sie verletzlich sind (und damit »leicht beleidigt«, wie im obigen Beispiel) und was sie glücklich macht. Und das lässt sich lernen. Die wenigsten Menschen – höchstens ausgeprägt empathische Menschen – verstehen intuitiv, welche Motive andere Menschen antreiben, wo sie also empfindlich oder motivatorisch empfänglich sind. Die restlichen, so wie vielleicht du und ich, müssen das lernen.

Wir wissen, dass das Leben häufig bipolar ausgerichtet ist: hell definiert sich gegen dunkel, laut definiert sich gegen leise, extrovertiert definiert sich gegen introvertiert, intellektuell definiert sich gegen pragmatisch, fürsorglich definiert sich gegen eigennützig. Die letzteren Vokabeln stammen aus einer Systematik – einem in vielen Unternehmen eingesetzten Tool, namens MSA® Motiv-Struktur-Analyse –, die sich mit diesen Motivatoren und ihren diversen Ausprägungen beschäftigt (und die auch wir bei Buhr & Team einsetzen – wenn du dich dafür interessierst, kontaktiere uns einfach unter info@buhr-team. com). »Die 18 Grundmotive der MSA® (…) wirken als dauerhafte Leistungsmotivatoren und ›Glücksbringer‹ im Berufs- und Privatleben. Mit der MSA® messen Sie die intrinsische Motivation und nutzen die Kraft der individuell ausgeprägten Motive für mehr Leistung, Engagement und Zufriedenheit im Berufs- und Privatleben«, heißt es auf der deutschen MSA-Website (www.msaprofil.com). Kurz zusammengefasst, untersucht die MSA®, wie ausgeprägt die motivatorischen Eigenschaften von Menschen sind, und zwar bezüglich der entscheidenden Motive: Wissen, Prinzipientreue, Macht, Status, Ordnung, Materielle Sicherheit, Freiheit, Beziehung, Hilfe / Fürsorge, Familie, Idealismus, Anerkennung, Wettkampf, Risiko, Essen, Körperliche Aktivität, Sinnlichkeit und Spiritualität.

Das Leben und der Mensch sind bipolar gebunden

Diese Motive sind messbar zwischen den beiden Polen (»bipolar«): intellektuell – pragmatisch, prinzipienorientiert – zweckorientiert, führend – geführt, elitär – bodenständig, strukturiert – flexibel, festhaltend – großzügig, eigenständig – teamorientiert, kontaktfreudig – distanziert, fürsorglich – eigennützig, familienorientiert – individuell, idealistisch – realistisch, sensibel – selbstsicher, kämpferisch – ausgleichend, risikofreudig – risikobewusst, genießerisch – genügsam, bewegungsfreudig – bequem, sinnlich – sachlich, sinnsuchend – rational.

Und es ist völlig egal, ob du ein solches System einsetzt oder nicht. Wichtig ist, dass du dir der sehr unterschiedlichen Motive *bewusst* bist, die Menschen antreiben: Ob das nun deine Mitarbeitenden, deine Kollegen, deine Vorgesetzten oder deine Kunden sind. Wenn dem so ist, kannst du nicht nur ihre Motivation in der Zusammenarbeit mit dir erhöhen, sondern auch deine eigene Motivation. Denn alles wird so viel leichter, wenn wir verstehen, warum andere Menschen so reagieren, wie sie reagieren – und wenn du selbst auch weißt, was dich antreibt und dir selbst im Innern wertvoll ist.

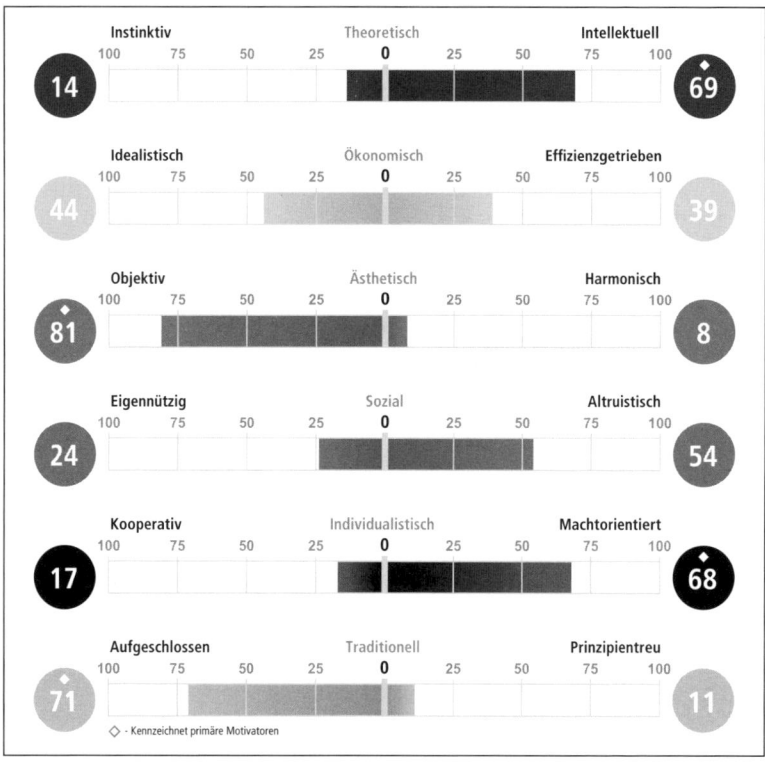

Instinktiv / Theoretisch / Intellektuell: 14 – 69 ◆

Idealistisch / Ökonomisch / Effizienzgetrieben: 44 – 39

Objektiv / Ästhetisch / Harmonisch: ◆ 81 – 8

Eigennützig / Sozial / Altruistisch: 24 – 54

Kooperativ / Individualistisch / Machtorientiert: 17 – 68 ◆

Aufgeschlossen / Traditionell / Prinzipientreu: ◆ 71 – 11

◇ - Kennzeichnet primäre Motivatoren

Six Driving Forces – sechs Antreiber

Anderes Beispiel, anderes Tool: Die Wichtigkeit dieser motivatorischen Antreiber wird beispielsweise auch in dem mit der bekannten Insights MDI®-Systematik verwandten TriMetrix herausgearbeitet. Hier bewegt sich das bipolare Messsystem zwischen den motivatorischen Polen instinktiv – intellektuell, uneigennützig – effizienzgetrieben, objektiv – harmonisch, eigennützig – altruistisch, gemeinschaftlich – beherrschend, aufgeschlossen – prinzipientreu, wie die Grafik anbei an einem Fallbeispiel eines fiktiven Vertriebsleiters auszugsweise zeigt.

Driving Forces von Anfang an berücksichtigen

Hier wird also auf sechs Antreiber, »Driving Forces«, zurückgegriffen. Das System wird meist schon im Recruitingverfahren eingesetzt (→ #Business_Hack_58), um von Anfang an die Mitarbeitenden zu finden, die gemäß ihrer Motiv- oder Treiberstruktur genau zum Unternehmen rsp. zur Abteilung passen.

Schauen wir uns näher an, was den Bewerber in diesem Modell auszeichnet – das wirkt sich direkt darauf aus, wie man diesen Mitarbeiter wird führen müssen, um ihn motivatorisch nach vorne zu bringen.

In der Musterauswertung heißt es: »Max Muster ist ein Selbststarter, im Allgemeinen kreativ und anpassungsfähig für viele Verkaufssituationen. Er empfindet den Verkaufsprozess selbst als viel reizvoller als die Arbeit mit dem damit verbundenen »Papierkram«. Er möchte neue oder außergewöhnliche Produkte oder Dienstleistungen verkaufen. Im Zusammenhang mit seinen vielfältigen Interessen bevorzugt er auch ein ständig wechselndes Arbeitsumfeld. Er ist bekannt dafür, dass er schwierige Verkaufssituationen gut bewältigen und zum erfolgreichen Abschluss bringen kann. Er kann sehr einfallsreich mit Widerständen umgehen. Er ist ein sehr guter Verkäufer bei Menschen, die ein ähnliches Verhalten haben wie er. Er neigt jedoch zu Ungeduld bei Käufern, die ein methodisches Vorgehen brauchen.

Max Muster möchte Befugnisse und Verantwortung, um seine Verkaufsziele zu erreichen. Manchmal tendiert er dazu, Befugnisse zu überschreiten, wenn dies seinem Ziel dient. Er setzt sich selbst hohe Verkaufsziele.

Manche glauben, dass er dabei zu hohe Risiken eingeht, er setzt auf seine Art zu siegen.

Max Muster verwendet möglicherweise zu wenig Fakten, um Einwänden zu begegnen. Ihn reizt einfach die Situation, und bei seinem Versuch, Einwände auszuräumen, ist es ihm egal, ob er alle Fakten hat oder nicht. Im Umgang mit Einwänden versucht er, um jeden Preis zu gewinnen. Manchmal kann diese Haltung den Verkauf verhindern. Er könnte Ungeduld zeigen, wenn der Käufer zu viele Einwände bringt. Er möchte den Verkauf abschließen und sich der nächsten Herausforderung stellen. Manche Käufer werden durch Max Musters Verhalten eingeschüchtert. Er tut dies nicht absichtlich, aber er ist in seiner Art einfach zu direkt und unverblümt. Max Musters Körpersprache könnte ihn zuweilen in Schwierigkeiten bringen. Er drückt einen so großen Sinn für Dringlichkeit aus, dass manche Kunden dies als eine mangelnde Bereitschaft interpretieren könnten, auf ihre Wünsche einzugehen.«

VOM KNOW-HOW ZUM DO-HOW

Übung:

Wie würdest du diesen Mitarbeiter Max Mustermann führen? Weißt du, wie du mit seinen Antreibern und Motiven umgehen und seine Motivation unterstützen kannst? (→ **#Business_Hack_43**) Notiere!

Reflexion:

Es gibt viele solcher Systematiken und Tools, die dir im Businessleben konkret weiterhelfen können. Einige findest du in diesem Business-Hack, andere in den Business-Hacks → **#Business_Hack_43**, → **#Business_Hack_79** und → **#Business_Hack_88**.

In dieser Reflexion geht es einfach darum, dass du im Bedarfsfall die passenden Tools recherchierst und dich damit auseinandersetzt. Denn eine Ahnung haben ist gut, wissen ist besser! Vor allem angesichts von Studien, die besagen, dass die allermeisten Führungskräfte immer noch nach Bauchgefühl agieren und nach Nasenfaktor einstellen. Das kannst du besser!

#BUSINESS_HACK_51

Agiles Management & Digital Leadership – adaptiv, schnell, zielorientiert

»Führung muss im New Work agil werden, Andreas«, sagte ein Business Consultant zu mir – und stieß damit auf meinen erbitterten Widerstand. Ich bin der Überzeugung, Führung – auch und gerade Digital Leadership – muss beständig, werteorientiert, verlässlich, »erwartbar« und vertrauenswürdig sein; eben nicht »agil«. Management, ja, das muss im Rahmen von Digital Leadership agil sein oder werden.

Was ich damit meine: Führung, also Leadership, gibt die Leitlinien vor, legt die richtigen und wichtigen Dinge fest, die zu tun sind, gibt Orientierung und Sicherheit. Digital Leadership hat diese Führungsaufgabe im digitalen Zeitalter, und das bedeutet, dass eine Führungskraft noch mehr können muss, noch mehr Kompetenzen haben, noch besser technisch bewandert sein muss als früher.

Im Gegensatz zu Führung bedeutet Management die prozessuale Umsetzung der Dinge, die richtig zu tun sind. Und ja, in Zeiten der digitalen Transformation ist agiles Management ein Treiber, denn es bedeutet, adaptiv, schnell und zielorientiert zu sein. In meiner Auffassung gibt es jedoch keine »agile Führung«, der wahre Business-Hack liegt im agilen Management – im Zusammenspiel mit digitaler Führung / Digital Leadership, die den Rahmen setzt.

Digital Leadership und agiles Management

Digital Leadership erfordert eine Vielzahl an relevanten Kompetenzen, Verhaltensweisen und Maßnahmen von dir, die in verschiedenen Studien als entscheidend für einen Digital Leader bezeichnet wurden (siehe auch: Buhr: Vertriebsführung, 2017):

- Veränderung der eigenen Führungskommunikation, vor allem auch im »Remote-Status« ohne direkten persönlichen Kontakt, wie die Pandemie es massiv erfordert (hat)

- stärkere Vernetzung mit Mitarbeitern, auch über Collaboration Tools, Messenger etc. (→ **#Business_Hack_62**)
- Verständnis der neuen Formen der Arbeitsgestaltung – New Work
- hierarchiefreies Denken und Verhalten (siehe den Infokasten unten)
- Aneignung neuer Führungskompetenzen – Führung im digitalen Wandel und unter Bedingungen der physischen Distanz, wie der deutliche Trend zum Homeoffice (auch dieser verstärkt durch die Pandemie) sie hervorruft
- Entwicklung und Umsetzung digitaler Geschäftsprozesse (→ **#Business_Hack_55**, → **#Business_Hack_56**, → **#Business_Hack_85**, → **#Business_Hack_91**; → **#Business_Hack_90**)
- aktive eigene Nutzung von sozialen Medien – Vorbildfunktion als Early Adopter und vor allem als kompetenter Bewerter
- Verstehen agiler Managementformen (siehe Infokasten unten)
- Zusammenstellen und Führen von effizienten agilen Teams
- Klingt ja alles schön, magst du jetzt denken – aber was heißt das konkret? Es bedeutet, dass du dir als Digital Leader einige neue Führungsinstrumente aneignen musst – Führungsinstrumente, die deine Führung agil, zukunftsorientiert und stimmig für die neuen Mitarbeiter machen sowie partizipativ und transparent sind.

Agiles Management

Agilität bedeutet zunächst einmal, als Individuum oder Unternehmen rasch auf Veränderungen reagieren zu können. Der Begriff »agiles Management« beruht auf dem ursprünglichen Konzept von »Agilität« aus der Softwareentwicklung, womit in erster Linie ein höchst anpassungsfähiges Projektmanagement gemeint war. Das gab es als Konzept schon in den 1950er-Jahren, erlebt in der aktuellen digitalen Transformation jedoch eine Blüte. Das Konzept der hohen Anpassungsfähigkeit bedeutet: Es wird mit kurzen Umsetzungszyklen gearbeitet, in denen schnell konkrete Ergebnisse, sogenannte Prototypes, erzielt werden sollen, die anschließend angepasst werden. Die Rahmenbedingungen werden dabei ständig analysiert und nach dem Motto »inspect and adapt« werden immer wieder Anpassungen vorgenommen. In der aktuellen Konnotation verweist das Konzept der agilen Führung auch auf eine Vertrauenskultur, die interdisziplinäres und

---

vernetztes Vorgehen sowie die Eigenverantwortung ihrer Mitarbeiter unterstützt. Es zeichnet sich durch kurze Planungszyklen, hohe Adaptivität, iteratives, also schrittweises Vorgehen nach dem Prinzip »Trial and Error« aus, und setzt auf laterale Führung.

Laterale Führung

Laterale Führung bedeutet wörtlich »Führung von der Seite« – und genau das ist auch gemeint: eine Führung ohne direkte Weisungsbefugnis. Das funktioniert auf Basis von Vertrauen, zugedachter Autorität für einen spezifischen Kompetenzbereich und der Schaffung eines gemeinsamen Projektrahmens, in dem die hierarchische Führung nicht wesentlich ist, um das Projekt zum Erfolg zu führen. (Fürstberger / Ineichen, 2016)

Scrum

Scrum (englisch: »Gedränge«) bezeichnet einen hoch empirischen und iterativen Ansatz des Projektmanagements, der auf der Erfahrung beruht, dass viele Projekte zu umfangreich und komplex sind, um sie von Anfang an durchstrukturieren zu können. Stattdessen werden Teilziele und Zwischenergebnisse definiert, die wiederum dazu dienen, den Projektplan immer weiter zu verfeinern. Ursprünglich ist Scrum eine Entwicklungstechnik im Rahmen der agilen Softwareentwicklung, um die Entwicklung von aufwendigen Produkten möglichst schnell und kostengünstig zu realisieren. Der Ansatz lässt sich aber auf jedwede Projektentwicklung übertragen. Dafür werden nicht wie bisher möglichst detaillierte Pflichtenhefte geschrieben, sondern es wird aus Anwender- / Kundensicht eine Vision entwickelt, was das Projekt leisten soll. Das ist das sogenannte Product Backlog, das in Sprint Backlogs, also Terminphasen, übersetzt wird. Wie genau diese Vision zu erreichen ist, entwickelt aber nicht der Kunde, sondern das Scrum Team nach agilen Prinzipien. Der Scrum Master, der Spielführer des agilen Teams, achtet auf Resultate und darauf, dass die Fristen und Regeln eingehalten werden. Zwischenschritte auf dem Weg dahin werden in sogenannten Sprints definiert. Die Teilergebnisse oder Teilprodukte werden dann ausgeliefert und im nächsten Schritt verbessert und weitergeführt. Dafür sind intern und extern je drei Rollen vorgesehen: Intern gibt es den Product Owner (das kannst beispielsweise du als Führungskraft oder Vertriebsleiter sein), das Entwicklungsteam und den Scrum Master – also den Projektleiter. Extern gibt es den Kunden, den Anwender und das Management. (Gloger / Margetisch, 2014)   →

Bottom up und Holacracy

Als »Bottom up«-Führung bezeichnet man die Übernahme von Führungs-
zielen von unten nach oben. Holacracy – im Deutschen auch »Holokratie«
genannt – geht noch einen Schritt weiter. Es ist ein System der kompletten
Selbstorganisation der Mitarbeiter eines Unternehmens. Dazu gibt es eine
»Holokratie-Verfassung« (Holacracy Constitution), die im Wesentlichen die
dynamische Steuerung nach Prinzipien der integrativen Entscheidungsfindung unterstützt. Entwickelt wurde Holocracy von dem US-Unternehmer
Brian Robertson (siehe auch www.holacracy.org und Robertson 2015) als
Systematik, um Entscheidungen über alle Ebenen hinweg transparent und
partizipativ zu halten.

Digital Leadership in einem agilen Umfeld

Transparenz und Partizipation, Schnelligkeit und höchste Adaptivität – das sind grundlegende Muster der neuen Führung. Klar ist: Die
Generation der Digital Natives, also der zwischen 1980 und 1995 Geborenen, die mit der digitalen Transformation, mit Smartphone und
Social Media aufgewachsen sind, hat in vielen Firmen bereits die erste
und zweite Führungsebene übernommen, und die Gen Z ist überall in
den Unternehmen angekommen. Die Generation Y bringt veränderte
Ideale mit und ist in Bezug auf Technologie anders sozialisiert als ältere
Führungskräfte. (Feltes, 2016)

Kurz und knapp: Die Ansprüche der Gen Y und Gen Z sind klar
werteorientiert – nach aktuellen Untersuchungen ist der Wertean-
satz bei den jungen Mitarbeiter*innen der Gen Z sogar noch deutlich
ausgeprägter. Freiheit schlägt Firmenwagen. Glück schlägt Geld. Und
Netzwerk schlägt Hierarchie. Feedback schlägt Anweisungen. Die jetzt
in die Führungsetagen drängenden jungen Führungskräfte sind nicht
ohne Weiteres bereit, Extrameilen zu gehen, Überstunden zu machen,
sich reinzuhängen. Schon gar nicht nur für Geld. Sie wollen Teil einer Story sein, sich einbringen, Verantwortung tragen und einer sinnvollen Tätigkeit nachgehen, die in Übereinstimmung mit den eigenen
Werten steht. Ist das nicht gegeben, kündigen sie. Auch ohne Plan B.
Und da Status als Motiv nicht mehr zieht (und in rsp. seit der Corona-

pandemie noch viel weniger), ist es anspruchsvoll, diese Generation feedbackstark, motivatorisch und »teil-remote« zu führen. Ohne Akzeptanz und ohne Respekt geht es nicht, und ohne Antworten auf das »Warum« (Purpose, Motivation) und das »Wozu« (Sinn, Mission) auch nicht.

VOM KNOW-HOW ZUM DO-HOW

Die folgenden Impulse laden dich ein, über deine Fähigkeiten als Digital Leader im agilen Umfeld zu reflektieren.

Ich definiere strategische Ziele größerer Bereiche und setze Leitlinien zur Umsetzung. Dafür stelle ich die notwendigen Ressourcen zur Verfügung und entwickle die Kompetenzen meiner Mitarbeiter im Hinblick auf die Operationalisierung der Ziele.	☐
Ich bin in der Lage, als Digital Leader auch »remote« zu führen, die Herausforderungen der physischen Distanz zu den Mitarbeitenden (Homeoffice) technisch und kommunikativ zu überwinden und Mitarbeiter zu motivieren.	☐
Ich nutze digitale Tools und bin mir diesbezüglich meiner Vorbildfunktion für meine Mitarbeiter der Gen Y und Gen Z bewusst.	☐
Ich verfüge über ein reichhaltiges Führungsrepertoire aufgrund meiner guten theoretischen Ausbildung und meiner umfangreichen Erfahrung. Ich kommuniziere Strategien und definiere erforderliche Prozesse.	☐
Ich habe mich in die Führungsmodelle und -tools der Digital Leadership eingearbeitet.	☐
Ich bin mir der Aspekte der vier Ebenen der Führung (Selbstführung, Mitarbeiterführung, Teamführung, Unternehmensführung) bewusst und erweitere mein theoretisches Wissen ständig, da ich meine Mitarbeiter zu Umsatzerfolg und persönlicher Zufriedenheit führen möchte.	☐
Ich entwickle eine Wachstumsstrategie entsprechend der definierten Unternehmensziele und auf Basis meines Wissens über die digitale Transformation (nach außen, nach innen), neue Märkte, neue Trends, neue Produkte und die aktuelle Wettbewerbssituation. Ich kümmere mich um die Ausweitung bestehender Märkte und versetze mein Team in die Lage, die Ziele operativ umzusetzen.	☐

→

Umsetzung von ethischen Werten und Schaffung von Sinn (Purpose) im Arbeitsumfeld sind mir wichtig.	❐
Ich unterstütze den Wachstumsprozess meines Unternehmens im Bereich der Zukunftsmärkte auch durch agile Managementmethoden.	❐
Ich bin kreativ in der Neudefinition von Prozessen und Verfahren. Ich habe keine Angst, bestehende Prozesse oder Machtverhältnisse im Unternehmen anzugreifen und dafür alternative Vorschläge zu erarbeiten. Am Veränderungsprozess des Unternehmens (Change Management) bin ich beteiligt.	❐

Führe dein Unternehmen zum Erfolg!

BUSINESS_HACK_52

OKR – das Effizienzmodell aus dem Silicon Valley

Im Herbst 2019 bereiste ich zum ersten Mal das Silicon Valley, um einen Einblick in die hippen aufstrebenden Unicorns (»Einhorn«-Firmen) zu erhalten. Ihre DNA kennenzulernen. Mit jungen supererfolgreichen Gründern zu diskutieren, wie sie ticken, wie sie ihre Vision entwickeln und – für mich als Vortragsredner und Trainer besonders interessant – wie sie führen und managen. Dabei bin ich auf eine interessante Managementmethode gestoßen: OKR. OKR wurde von Intel-Mitbegründer Andy Grove entwickelt und ist, kurz gesagt, das agile Management-Effizienzmodell aus dem Valley (→ **#Business_Hack_51**).

OKR: agile Methode mit einfachen Regeln

Google, LinkedIn, Intel, Westwing, Zalando, MyMuesli und Trivago setzen auf OKR, das sie als »Management-Framework« schnell, agil und adaptiv macht. OKR steht für »Objectives and Key Results« (»Ziele und Schlüsselergebnisse«) und versteht sich als (agile) Planungs- und Führungsmethode (→ **#Business_Hack_44**) zur Umsetzung von Strategien und der über allem stehenden Vision in Organisationen mit Ausrichtung auf die rasche und sichere Erreichung von Zielen. Damit soll die Umsetzung der Unternehmensstrategie für alle Mitarbeitenden verständlich und mittels abgeleiteter Kurzzeitziele machbar sein.

Im Wesentlichen teilt OKR die unternehmerischen Ziele in die qualitativen Objectives und die quantitativen Key Results auf. Die Objectives geben dabei eine inspirierende Stoßrichtung vor, zeigen das »Warum« und »Wohin« an. Die Key Results definieren das »Was« und »Wie« es getan werden muss, um die Ziele erreichen und messen zu können. Dabei sollen es für das jeweilige Unternehmen und je Team nicht mehr als vier Objectives und nur drei bis höchstens fünf Schlüsselresultate pro Objective sein. Das fördert Motivation und Reaktionsgeschwindigkeit des Unternehmens bezüglich aktueller Entwicklungen auf den Märkten, im Zuliefererbereich oder von Kundenwünschen. Darin liegt auch der Hauptunterschied zu den bekannten Key Performance Indicators (KPI, → **#Business_Hack_66**, → **#Business_Hack_67**): Während KPI zur Messung von mittel- bis langfristigen Zielen rsp. der Zielerreichung genutzt werden, werden OKR laufend adaptiert und geändert.

Innovativ, selbstwirksam, schnell

Das Rahmenwerk kann unterschiedlich ausgelegt werden: Entweder werden die Ziele (Objectives) vom C-Level aus top-down heruntergebrochen oder aber wenigstens in Teilen bottom-up entwickelt. Entscheidend und beiden Ansätzen gemein ist, dass die Ziele (Objectives) und Kennzahlen (Key Results) des Gesamtunternehmens auf jeder Ebene in eigene OKRs umgesetzt (vertikale Abstimmung) und auf der jeweiligen Ebene horizontal untereinander abgestimmt werden. Im Idealfall werden die OKR von allen Mitarbeitenden und Führungskräften für das ganze Unternehmen und anschließend von den Teams als OKR für ihre eigene Arbeit entwickelt. Damit kommt den Teams große Mitgestaltungskraft zu, denn sie entwickeln Ideen für das ganze Unternehmen, sind hoch motiviert und erleben sich als selbstwirksam und »mitgehört« (→ **#Business_Hack_41**). Im Gegensatz zu klassischen Planungsprozessen und -horizonten in Unternehmen, die sich meist auf ein Jahr und mehr beziehen, fokussiert OKR auf Planungszeiträume (»Zyklen«) von einem bis zu drei Monaten, was eine hohe Dynamik in die Firmen bringt. Teil der Methode ist (jedenfalls wenn ein starker bottom-up-orientierter Ansatz gewählt wird), dass zur Entwicklung der Unternehmens-Objectives alle Mitarbeitenden beitragen können, etwa in der Frage, welche Kernziele die Firma innerhalb des kommenden Quartals erreichen soll. Die OKR-Festlegungen, die bis zu 50 Prozent von den Teams für das Gesamtunternehmen bottom-up selbst entwickelt werden können, werden dann bereichs- und hierarchieübergreifend im ganzen Unternehmen veröffentlicht und in gemeinsamen Workshops diskutiert. So kennt jedes Team die Ziele der anderen, Zielkonflikte werden damit ausgeschlossen. Die Fortschritte werden auf (digitalen oder physischen) Statusboards angezeigt. Innerhalb der Teams werden in kurzen Meetings die eigenen Objectives und Key Results entwickelt rsp. abgeleitet und besprochen. Die Ressourcenplanung erfolgt rollierend, ebenso werden die benötigten Budgets rollierend freigegeben: Immer wenn ein Ziel erreicht ist, werden die Mittel für die nächsten Schritte freigegeben. Neben den Statusboards kann es auch wöchentliche Status-Updates geben, das wird in den Unternehmen unterschiedlich gehandhabt. Am Ende jedes Zyklus erfolgt ein Status-Meeting, in dem Erfolge und Learnings zusammengefasst werden und in die OKRs des nächsten Zyklus einfließen.

Damit stellt OKR den ständigen Lern- und Verbesserungsprozess in den Vordergrund sowie die schnelle Entwicklung und Erreichung von Zielen und Ergebnissen – und das verbunden mit hoher Motivation und Commitment der Mitarbeitenden. Daher werden die Zielerreichungen bei OKR klassischerweise auch nicht zur Mitarbeiterbewertung oder für Bonus-Malus-Systeme genutzt – die Stärke von OKR liegt in der Betonung der Selbstwirksamkeit und dem Bewerkstelligungsstolz der Mitarbeitenden und Teams.

VOM KNOW-HOW ZUM DO-HOW

Reflexion:

1. Wenn du an dieser Methode interessiert bist, findest du weiterführende Literatur im Literaturverzeichnis hinten in diesem Buch. In dem Fall notiere dir jetzt gleich, womit du dich beschäftigen willst:

2. OKR ist als »Management-Rahmenwerk« flexibel in der Ausgestaltung und dem Einsatz – es müssen nicht alle »Regeln« der genannten Form entsprechen, sondern sie können an das jeweilige Unternehmen angepasst werden. Welche der Ideen von OKR kannst du in deinem Unternehmen umsetzen? Was kannst du zur Diskussion vorschlagen (Vorschlagswesen)?

3. Wie würdest du, wie würde dein Unternehmen, dein Team, wie würden deine Kollegen konkret von OKR profitieren? Notiere mögliche Vorteile.

Hier geht's zu den Videos zu Teil III:

TEIL IV

VERTRIEB

GEHT HEUTE

ANDERS

#BUSINESS_HACK_53

Purpose – der tiefere Sinn jeder Customer Journey

Kennst du die Adidas-Krise? Dieses eigentlich hervorragende Traditionsunternehmen hat es zu Beginn der Coronakrise im März 2020 geschafft, sein Image, seinen Ruf, seine Glaubwürdigkeit als Firma zu pulverisieren. Und das nicht, weil es mit dem Aussetzen von spezifischen Mietzahlungen – darum ging es im faktischen Ton der öffentlichen Diskussion – Recht gebrochen hätte. Nein, weil es entgegen seinem Purpose-Versprechen agiert rsp. kommuniziert hat. Adidas steht für sportliche Fairness und Gemeinschaft – und dieses Versprechen hat es in den Augen seiner Kunden durch die angekündigten Mietaussetzungen gebrochen. Konsequenz: Demonstrationen enttäuschter Fans, die sich in Shitstorms in den Social Media entluden, Kaufverzicht, Kundenblockaden, massive Umsatzverluste.

Die Kommunikation deiner Werte

Das Beispiel Adidas zeigt: Die Customer Journey im Bereich B2P (»Business to Purchaser«), die »Erlebnisreise des Kunden«, beginnt lange vor dem ersten wirklichen Kontakt mit deinem Unternehmen oder dem konkreten Interesse an den Produkten oder Dienstleistungen. Die Customer Journey beginnt beim guten Ruf, beim Image, bei einer stringenten, glaubwürdigen Story. Und damit meine ich nicht eine erfundene, herbeigezwungene »Heldengeschichte«, quasi »Fake News« auf Firmenebene, sondern eine »Story« im Sinne einer belegbaren, gelebten, echten Geschichte, für die (d)ein Unternehmen mit seinen Produkten und Angeboten steht. Wir nennen das heute Purpose (→ #Business_Hack_53). Der Purpose deines Unternehmens ist die gelebte, nach außen gezeigte, bewiesene, kommunizierte Unternehmenskultur. Sie ist die Kommunikation eurer Werte.

Natürlich reicht Purpose alleine nicht. Die Produkte müssen top, die Kundenerfahrung belastbar sein und du im Vertrieb bzw. Verkauf musst deine Angebote in- und auswendig kennen. Aber all das würde verhallen, wenn es sich nicht in ein großes »Wohin« und »Wozu«, in eine glaubwürdige Story deines Unternehmens und seines Sinns und Zwecks einbetten würde. Denn diese Wertestory ist in unserer hochkommunikativen Zeit wichtiger denn je – und sie muss zu den Werten deiner Kunden, eurer Interessenten, passen. Dazu muss sie echt sein und sich in tatsächlichen Aktionen, Prozessen, Veränderungen und Produkten niederschlagen.

PS: Unter dem Titel »Sinnsalabim« listet das manager magazin in seiner Ausgabe vom Februar 2020 nicht nur einige Fails auf und beschreibt, wie Unternehmen mit Greenwashing oder falschen Purpose-Versprechen vor die Wand fuhren, sondern stellte damit auch die Relevanz von Purpose für das Überleben von Unternehmen, für Shareholder Value und Aktienkurs heraus.

Plastik, Menschenrechte, Zukunft: Wie wichtig ist Ethik im Konsum?

Natürlich ist die Globalisierung von Information ein wichtiger Treiber dieser Entwicklung. Für unsere Eltern war Russland noch weit weg, Amerika ein Traum, Asien beinah unerreichbar. Heute sind mehr als 70 Prozent der Menschen online aktiv. Damit sind auch die Menschen auf anderen Kontinenten nur noch einen Mausklick von uns entfernt. Wir holen sie zu uns nach Hause oder ins Büro – wenn auch nur virtuell. Und wir wissen mehr als alle Generationen vor uns darüber, wie sie leben und arbeiten. Aber wir wissen auch, mit welchen Umweltbelastungen die Produktion von Textilien, Autos oder Computern verbunden ist. Wir erfahren ziemlich rasch, wenn sich Arbeiter aufgrund ihrer schlechten Lebensbedingungen vom Dach stürzen – so geschehen bei Foxconn, der »chinesischen Bastelstube« für iPhone und iPad.

Das hat Folgen – für unser eigenes Konsumverhalten ebenso wie für Marketing und Vertrieb. Denn vor dem Hintergrund radikaler gesellschaftlicher und wirtschaftlicher Änderungen steigt in Deutschland und Europa die Angst vor der eigenen Zukunft. Vor Arbeitslosigkeit. Vor dem Karriereaus. Vor der Belanglosigkeit und davor, die (eigene) Welt nicht mehr aktiv mitgestalten zu können. Nicht mehr handlungsfähig zu sein angesichts neuer Bedrohungen wie weiteren Pandemien (mit möglicherweise tödlicheren Viren), Stromblackouts, Hackings nationaler Versorgungssysteme. Latent wissen wir, dass wir zu sorglos wirtschaften – als hätten wir einen Plan(et) B. Mit der Erfahrung der Coronakrise sind die Menschen, sind Führungskräfte, Gründer, Chefs, Mitarbeiter, Kunden, Käufer, nun noch mehr sensibilisiert. Mit Unsicherheit schauen sie auf die Fabriken in China und Malaysia, hören von Überseecontainern mit Textilien, die nur mit Atemmaske geöffnet werden dürfen. »Geiz ist geil« hat vor diesem Hintergrund Schmuddelcharakter bekommen. Geiz in Europa bedeutet Armut und Umweltverschmutzung in anderen Ländern – das wissen wir mittlerweile. Und Umweltprobleme, Giftwolken, Überschwemmungen und Virenexposition machen nicht an Grenzen halt. Der Klimawandel betrifft die ganze Welt. Wasserknappheit, Brandwellen, Versteppung, Hungersnöte, kriegerische Auseinandersetzungen aufgrund klimatischer Änderungen und, und, und … All dies sind menschengemachte Katastrophen. Und von vielen Menschen wird unserem Wirtschaftssystem und unseren Firmen die Hauptschuld daran gegeben.

Die Customer Journey beginnt heute beim (guten) Ruf eines Unternehmens

Lange vor Corona haben die Menschen in den hoch industrialisierten Staaten bereits angefangen, bewusster zu konsumieren: nachhaltige Produkte, hochwertige Verarbeitung, weniger Plastik, abbaubare Verpackungen, weniger Toxine, weniger Wasserverbrauch, höhere Reycelbarkeit. Statt Quantität zum Niedrigstpreis zählt zunehmend Qualität. Gerade die Coronakrise hat gezeigt, wie fragwürdig das Konzept des globalisierten Konsums, wie fragil und leicht (zer)störbar die Just-in-time-Lieferketten des Handels und B2B-Verkehrs, wie zerstörerisch der Weg des »billiger, bunter, schneller, mehr« ist.

Mag sein, dass kurz nach der Krise für die gecrashte Wirtschaft und für Firmeneinkäufer oder Konsumenten Preis und Verfügbarkeit für eine gewisse Zeit aus »Notgründen« entscheidende Kaufkriterien sein werden – auf Dauer aber, das kann ich prophezeien, wird das nicht der Fall sein. Denn die Lehren, die wir aus dieser Krise ziehen, werden tief, schmerzlich und dauerhaft sein. Und sie werden uns noch mehr hin zu einer »gesünderen Produktion«, robusteren Lieferketten, einer werteorientierteren Vermarktung und bewussterem Kauf und Konsum führen.

Der alte Spruch »Was nix kostet, taugt auch nix« hat eine neue Bedeutung bekommen: »Taugt nix« steht für die weltweiten Kollateralschäden von Billigproduktion. Die meisten Menschen wissen, dass sie nur dann Qualität erwarten können, wenn sie dafür zahlen. Dass nur dann nachhaltiger Konsum möglich ist, wenn bereits zu Beginn der Produktionskette auf ökologische, ökonomische und gesellschaftspolitische Folgen geachtet wird. Produkte mit Biosiegel sind keine Modeerscheinung, sondern Ausdruck einer Überzeugung, und dies unabhängig von Alter, Einkommen oder Bildung – klassischen Kriterien der Zielgruppenbestimmung. Die Grenzen zwischen Digital Natives (Menschen, die mit der Digitalisierung aufgewachsen sind), LOHAS (Lifestyle of Health and Sustainability), Best Agers und der neu entstehenden Generation 60/90 sind diesbezüglich offen. Der kritische Umgang mit dem Konsum und der Wille, die Welt aktiv zu gestalten, kennt kein Alter und keine sozialen Schichten.

Dies wirkt sich auch auf das Verbraucherverhalten der digitalen Kunden aus. Anders als in der klassischen Kundentypologie lässt sich der digitale Kunde nämlich keiner Generation, keiner Gesellschaftsschicht oder politischen Einstellung zuordnen. Er steht für sich selbst und für seine individuellen Einstellungen, die er gemeinsam mit Freunden, Familie und Kollegen auslebt. Er ist informiert, individualistisch, investigativ, ichbezogen, international, intuitiv und idealistisch. Und er ist zugleich auch »wirbezogen«. Als Mensch und Verbraucher repräsentiert er eine Lebensphilosophie, die von seinen individuellen Werten geprägt ist. Diese finden sich durchaus im Mainstream wieder: Umweltschutz, nachhaltige Produkte, faire Bezahlung von Arbeitskräften und das No-Go für Kinderarbeit sind nur einige Beispiele. Und dies kombiniert er mit genauen Vorstellungen hinsichtlich Design, Nutzerführung von technischen Geräten und der gewünschten Qualität.

Wer wo wie produziert – das erfährt der kritische Kunde aus den Medien. Das Netz, ausgesuchte Fernsehsendungen, Wirtschaftsmagazine und Blogs dienen als Informationsquellen. Dabei nimmt sich der digitale Kunde mehr Zeit, sich zu informieren, als Otto Normal in früheren Jahren. Kein Wunder, denn heute sind die Fakten, das Hintergrundwissen überall verfügbar. Das Fahren von Anbieter zu Anbieter fällt damit ebenso häufig weg wie langwierige Beratungsgespräche für Alltagsprodukte. Tesla übrigens hat das verstanden: Die begehrten Autos, wie das nachgefragte Mittelklasse-Modell »Typ Model 3«, werden gar nicht mehr nur über Stores verkauft – stattdessen z. B. über das

Internet (»Tesla setzt auf Online-Handel«; in: auto motor sport online) – und VW hat auch schon gemerkt, dass viel weniger Kfz direkt beim Händler vor Ort geordert werden. Die sind meist nur noch dafür gut, dass die Kunden Probefahrten machen können. Also muss der Konzern dem Trend gerecht werden (»VW will Autohändler zu Digitalisierungspartnern ummodeln«; manager magazin). Die weltweit führende Autobank Santander hatte zuvor eine Kooperation mit Lidl online gestartet, um Autos einer bestimmten Marke anzubieten. So wurden über 1000 Autos innerhalb weniger Stunden online gekauft und finanziert. Interessant dabei, dass hier der Trend hingeht zum Rundum-sorglos-Paket, welches dann höherpreisig angeboten wird.

Also: Der Digitale Kunde weiß, dass er alles im Netz finden und konfigurieren kann, wie es ihm passt, und er kauft, wo er das Angebot bekommt – vor Ort oder über das Internet.

Kunden beeinflussen das Verhalten von Unternehmen

Lange Zeit waren Privatkunden und Geschäftskunden aus Vertriebssicht Lichtjahre voneinander entfernt. Unternehmen entschieden vorgeblich nach klaren finanziellen Vorteilen über die Zusammenarbeit mit Dienstleistern und Geschäftspartnern. Gute persönliche Kontakte waren hilfreich, Einladungen, Präsente und vieles mehr selbstverständlich. Ausschreibungen wurden von der Fachabteilung gemeinsam mit dem Geschäftspartner formuliert. Und zwar so, dass ein anderer Anbieter keine Chance mehr hatte. Das alles ist passé. Denn zum einen taucht irgendwann in der Kette von Produktherstellung und Vertrieb der Privatkunde auf und schaut hinter die Kulissen. Zum anderen rücken Privatleben und Businesswelt immer näher aneinander.

Viele Unternehmen haben dies schon lange erkannt und appellieren mit entsprechenden Aktionen an Käufer und Verbraucher. Sie bieten Produkte aus der Region an oder haben ihr Angebot um Produkte mit einem »Herz für Erzeuger« erweitert. Zahlt der Kunde zehn Cent mehr als für ein vergleichbares Produkt, bleibt beim Produzenten entsprechend mehr, also zusätzlich zehn Cent mehr Gewinn, hängen. Noch deutlicher wird dies im Businessbereich: Unternehmen werden verstärkt von der Politik in Haftung genommen. Beispiel Logistik: Nicht der Zoll kontrolliert die Inhalte von Seecontainern und Päckchen, sondern diese Aufgabe wird auf den Transportdienstleister verlagert – und dabei wird auch die Verantwortung für die Sicherheit an den Dienstleister weitergegeben. Er muss dafür geradestehen, wenn explosive Päckchen auf die Reise gehen. Beispiel Export: Unternehmen, die Geschäftspartner in anderen Ländern haben, müssen vor jedem Export Güter und Empfänger mit Sanktionslisten abgleichen. Auch hier steht das Unternehmen dafür gerade, wenn Waren einen Empfänger erreichen, der auf einer dieser schwarzen Listen zu finden ist.

Compliance und Corporate Social Responsibility

Verantwortung zu übernehmen im Sinne der Corporate Social Responsibility (CSR) ist in vielen Unternehmensbereichen üblich geworden. Immer mehr Firmen haben sich Wertekataloge und Complianceregeln zugelegt, haben sich dazu verpflichtet, nachhaltig zu wirtschaften. Zum einen bekennen sich diese Unternehmen zu einem fairen Verhalten gegenüber ihren Mitarbeitern, Lieferanten und Geschäftspartnern sowie gegenüber der Gesellschaft. In ihren Selbstverpflichtungen steht, dass sie sich an die Gesetze halten, Bestechung nicht dulden und Kinderarbeit verabscheuen. Der andere Schwerpunkt liegt im ökologischen Bereich: Nachhaltig wirtschaftende Unternehmen belasten die Umwelt nicht stärker als nötig. Sie verpflichten sich dazu, entsprechende Gesetze einzuhalten, und geben sich darüber hinaus eigene Umweltschutzrichtlinien. Und sie wählen ihre Lieferanten und Dienstleister danach aus, ob auch sie sich an die gesetzlichen und unternehmenseigenen Regeln halten.

Procurementabteilungen und Profieinkäufer in Firmen achten zunehmend auf »Ethics«

Durch diese Entwicklungen hat in vielen Unternehmen der Einkauf an Macht gewonnen. Er prüft die Angebote auch hinsichtlich der eigenen Complianceregeln. Er lässt sich bestätigen, dass alle gültigen Gesetze eingehalten werden. Und er führt unternehmensinterne Befragungen zu den Geschäftspartnern, ihrem Verhalten und ihrer Zuverlässigkeit durch. So soll auch verhindert werden, dass Aufträge aus reiner Sympathie vergeben werden und dass persönliche Vorteile zu unvorteilhaften Beauftragungen führen.

Natürlich wird diese »neue Bewusstheit«, diese »neue Verantwortlichkeit« nicht ohne Eigennutz von den Unternehmen vorangetrieben. Denn die Art und Weise, wie ein Unternehmen agiert, entscheidet über sein Image – und damit in letzter Konsequenz über seinen Marktanteil. So haben 60 Prozent der Befragten einer Trendstudie der Otto Group angegeben, dass sie grüne, klimafreundliche und verantwortungsvoll handelnde Unternehmen als Gewinner sehen. Das sind Unternehmen, die Verantwortung als »Corporate Citizen«, als »verantwortungsvoller Bürger« übernehmen. Die ähnliche Wertvorstellungen vertreten und verfolgen wie der neue digitale Kunde. Dabei geht es längst nicht mehr nur um das Produkt, sondern um das gesamte Unternehmen. Das Unternehmensimage muss im Einklang mit Produktversprechen und -eigenschaften stehen, damit die Produkte Erfolg haben können. Dies umso mehr, da Marken heute quasi den Status von Religionen einnehmen – jedenfalls einnehmen können. Marken als »Sinngeber« und »Sinnvermittler« sind heute mehr denn je gefragt, sie geben ihren Käufern, Anhängern, Fans Orientierungsrahmen, Selbstbewusstsein, Wohlfühlheimat – sofern sie im Einklang mit deren Werten stehen.

Doch »Greenwashing« wird schnell durchschaut. Auch deshalb schauen Unternehmen bei ihren Zulieferern lieber zweimal hin. Denn deren Fehler schlagen auf ihr Image zurück.

Die neue Werteorientierung erhöht aber auch die Unsicherheit bei Privat- und Geschäftskunden. Wann ist die Entscheidung für ein Produkt richtig? Werden wirklich alle Complianceregeln eingehalten? Und wie lässt sich seriös prüfen, ob die Arbeitsbedingungen in Asien so toll sind, wie mir versichert wird? Trotz des Informationszeitalters: Hier ist Vertrauen gefragt. Vertrauen zum Vertriebsmitarbeiter, der auch Berater sein muss. Zum Verkäufer, der sein Produkt und die Marke kennt. Und zum Kunden – mitsamt seinen Ansprüchen. Denn dem ist nicht (mehr) egal, bei wem oder von wem er kauft. Dies gilt im Supermarkt wie im Geschäftsleben.

VOM KNOW-HOW ZUM DO-HOW

1. Wie können eure Kunden den Purpose direkt zu Beginn der Customer Journey spüren und erfahren?

2. Bleibt ihr über die gesamte Customer Journey euren Werten treu? Wie setzt ihr euren Purpose an allen Kundentouchpoints um? Notiere!

... in Claims und Slogans? _____

... bei Werbeaktionen? _____

... als Social Media Guidance? _____

... auf eurer Haupt-Website? _____

... in lizenzierten Webshops? _____

... in (lizenzierten) Shops / Outlets? _____

... im Vocational Commerce? _____

... bei Chat Bots? _____

... beim Storytelling? _____

... in der Produktgestaltung? _____

... in der Pressearbeit / den Pressemitteilungen? _____

... am Point of Sale? _____

... im persönlichen Kontakt mit Vertrieblern? _____

... im Service und Reklamationsmanagement? _____

#BUSINESS_HACK_54

Von Sprachanfragen mit Voice Applications profitieren

»Okay, Google, welcher BAV-Berater in München ist top bewertet worden?« »Hey, Siri, finde drei Büromöbel-Anbieter in meiner Nähe.« »Alexa, wo kann ich einen Leihwagen in meiner Nähe buchen?« »Okay, Google, welches Trainingsinstitut in Düsseldorf hat sich auf mehr Erfolg von Unternehmenskunden spezialisiert?« So oder ähnlich, in ganzen Sätzen und über diverse Spracheingabetools suchen heute Kunden. Auch B2B. Denn auch Procurementabteilungen von Unternehmen und Profieinkäufer (→ **#Business_Hack_57**) nutzen Anwendungen aus dem Conversational Commerce rsp. Voice Commerce.

Sprachverarbeitung wird den ganzen Vertriebsprozess unterstützen

Sprachanfragen machen aktuell einen stark wachsenden Teil an allen kaufvorbereitenden Produktrecherchen im Internet aus. Um dem gerecht zu werden, rüsten immer mehr Unternehmen ihr Marketing mit Voice Apps, z. B. als »Skills« oder »Actions« für Alexa (Amazon) oder Google, auf und investieren in das Sprachassistenten-Marketing. Aber es wäre zu kurz gefasst, wenn wir nur die Produktnachfrage oder den Kaufabschluss (»Alexa, bestelle …«) betrachten würden. Voice Commerce oder Vocational Commerce betrifft die komplette Customer Journey und wird sich künftig immer mehr im B2B-Vertrieb etablieren.

KI-unterstützte Bots, die die Verarbeitung natürlicher Sprache (NLP, Natural Language Processing) beherrschen, werden den kompletten Prozess (→ **#Business_Hack_57**) Aufmerksamkeit / Awareness – Abwägung / Consideration – Entscheidung / Decision – Kauf / Purchase und Kundenbindung / Loyalty – abdecken bzw. unterstützen. Denn natürlich wird es im B2B-Vertrieb – abgesehen von preissensitiven Verbrauchsgütern – noch längere Zeit nicht ohne die menschliche

Komponente gehen. Aber sie kommt erst viel später und nur an final kaufentscheidender Stelle (mehr dazu unten) ins Spiel. Für alle Prozesse der Produktdarstellung, -erläuterung und -steuerung genügen Voice Bots als »sprechende Chatbots« und produktbegleitende oder aufwertende Voice Apps, die der Interessent, Kunde, Anwender / Nutzer ganz einfach mit seiner Stimme steuern kann.

KI – künstliche Intelligenz

Unter dem Begriff KI, künstliche Intelligenz – auch AI oder A.I. für Artificial Intelligence –, werden im Wesentlichen Verfahren zur Automatisierung intelligenten Handelns in Verbindung mit maschinellem Lernen verstanden. Dabei wird zwischen schwacher und starker KI unterschieden. Schwache KI unterstützt Menschen bei technischen Anwendungen und konkreten Anwendungsproblemen quasi als »Simulation intelligenten Verhaltens« beispielsweise im Rahmen von Sprach- und Zeichenerkennung und -beantwortung, Expertensystemen, Korrektur- und Ergänzungsverfahren, Navigationssystem u. Ä.

Starke KI soll die gleichen intellektuell-kreativen Ergebnisse erzielen wie ein Mensch – oder gar darüber hinausgehen. Dabei muss starke KI nicht zwingend viele Gemeinsamkeiten mit dem menschlichen Denken haben, sondern kann auf eine andere Art komplexer Architektur aufsetzen. Womöglich wird starke KI dereinst in der Lage sein, menschliche Gefühle zu simulieren, jedoch wird sie diese nicht produzieren oder empfinden können. Über das logische Denken, Planungs- und Entscheidungsvermögen sowie kontinuierliches Lernen und Selbstverbesserung wird starke KI auch mit Begriffen wir Bewusstsein, Selbstwahrnehmung und Selbsterkenntnis in Verbindung gebracht (jedoch meist nur in der Science-Fiction).

Natural Language Processing muss komplexe Anforderungen lösen

Was sprachbasierte Kundenanfragen besonders und technisch anspruchsvoll macht: Sie sind in ganzen Sätzen formuliert, so wie sie dem Kunden natürlicherweise in den Kopf kommen und damit hochkomplex. Sie stellen also die Systeme automatisierter Verarbeitung von natürlicher Sprache vor große Herausforderungen, weil oft Parameter wie Rankings/Vergleichsergebnisse, Qualitätsstandards, Nähe/Ortkenntnis, Angebotsdetails, Preisinformationen und vieles Weitere in einem einzigen Anfragesatz verknüpft werden. Das bedeutet, dass sich Produktanbieter und Lieferanten technisch und prozessual gut vorbereiten müssen, um die wachsende Kundenschar über Voice zu erreichen. Was wiederum beispielsweise Vertrieb und Marketing vor die Herausforderung stellt, Voice Search SEO und Voice Assistant SEO zu betreiben, damit die Kunden und Neukundeninteressenten, die die direkte Spracheingabe nutzen, sie im Set der relevanten Anfrageergebnisse angezeigt bekommen. In der Conversionphase dann nimmt der potenzielle Kunde Kontakt mit dem Unternehmen auf und wird in der Regel durch Voice Bots weitergeführt. Entweder direkt bis zum Kauf oder aber zur Terminierung eines persönlichen Verkaufsgespräches rsp. eines Kontaktes mit einem »menschlichen Vertriebsmitarbeiter«.

Voice Commerce wird zu unserer Vertriebs-DNA werden

Zunehmend werden auch die Produkte selbst »voice-fähig«. Gegenstände lassen sich per Stimme steuern. So lassen sich beispielsweise Bürodrucker mittels Sprachbefehl von Farb- auf Schwarz-Weiß-Draft-Ausdruck umstellen oder sie schalten auf Sprachanfrage zusätzliche Funktionen zur Verfügung frei. Diese Entwicklung kennt nur eine Richtung und hat einen sich selbst verstärkenden Effekt: Die Kunden folgen der Convenience, der Bequemlichkeit. Und nichts entspricht uns Menschen mehr, als unsere Fragen einfach verbal zu formulieren. Dem Trend folgen immer mehr Anwendungen. Und immer mehr Voice-Anwendungen führen zu immer mehr Gewohnheit und Gewöhnung der Kunden daran. Diese Gewöhnung verstärkt die Erwartung der Kunden (auch B2B) so, dass sie die komplette Customer Journey via natürlicher Spracheingabe abwickeln rsp. erledigen möchten. Voice-Anwendungen liegen einfach in der Natur der Menschen, und sie werden daher über kurz oder lang in die DNA von Vertriebs- und Kundenbindungsprozessen einprogrammiert werden.

Intelligente Sprachverarbeitung wird die ganze Customer Journey bestimmen

Kurz: Voice Commerce oder Conversational Commerce kann als eine der wohl wichtigsten neuen Entwicklungen in Verkauf, Vertrieb und E-Commerce bezeichnet werden. Denn die Sprachverarbeitung kommt der menschlichen Neigung entgegen, es sich möglichst einfach zu machen. Interessenten können einfach frei formulieren, was sie gerne hätten und »jemand«, im Allgemeinen eine KI-Anwendung (»Schwache KI«), »hört« ihre Wünsche und erfüllt sie in der Konsequenz auch gleich, indem Vorschläge für die Erfüllung der genannten Wünsche als Antwort retourniert werden. Nehmen wir mal ein Beispiel aus dem Versicherungssektor: Die repräsentative Umfrage »So suchen deutsche Konsumenten ihre Versicherung aus« von yext[4] hat herausgefunden, welche Informationen Kunden rsp. potenzielle Neukunden gerne über Sprachassistenten, also mittels direkter Spracheingabe, erfragen. So interessiert 40 Prozent der Befragten, wo das nächste Versicherungsunternehmen rsp. der nächste Versicherungsvertreter zu finden ist, 37 Prozent erfragen, welche Arten von Versicherungen angeboten werden, und jeweils 36 Prozent wollen wissen, welches das / der beste Versicherungsunternehmen oder Versicherungsvertreter ist, rsp. wie die Topversicherungsunternehmen oder -versicherungsvertreter bewertet wurden. Jeder dritte informiert sich via Voice über Öffnungszeiten und eher technische Dinge. Damit sind das genau die Informationsfelder, auf die Versicherungsagenturen oder Versicherungsvertreter ihre Voice Search SEO und Voice Assistant SEO hin ausrichten müssen. Das ist keine Raketenwissenschaft: Voice-Kunden suchen über den bequemsten, bestmöglichen Weg Antworten auf die grundlegenden Fragen, um ins Handeln – und das heißt am Ende auch: Kaufen – zu kommen.

»Voice-Commerce-Kunden« sind kaufwillig und abschlussbereit

Von Vertriebsseite aus betrachtet, ist Voice ein massiver neuer Absatzkanal und beschert uns Traumkunden. Denn wie Studien zeigen, sind momentan rund 70 Prozent der Einkäufe via Spracheingabe Direktkäufe. Der Kunde, der via Voice einkauft, weiß also im Vorfeld bereits genau, was er will, und geht direkt in den Kaufvorgang. Analysten

(→ OC&C Strategy Consultants) erwarten daher einen enorm schnell wachsenden Markt, der bereits 2022 mit einem Volumen von rund 40 Mrd. Dollar alleine in den USA sowie rund fünf Mrd. Dollar im UK geschätzt wird. Noch sind es »nur« einige Millionen Haushalte deutschlandweit – und viele Millionen europaweit –, doch ist davon auszugehen, dass diese Zahlen post Corona explodieren werden (vor allem auch in Ländern, in denen weniger Datenschutzbedenken herrschen als in Deutschland). Und die Bandbreite an Geräten für Voice Commerce ist jetzt schon riesig: Apple Siri, Google Assistant, Samsung Bixby, Amazon Echo Dot, Amazon Echo und Echo Plus, Echo Spot, Echo Show – und das ist nur der Anfang. Klar scheint angesichts dieser Entwicklung, dass produzierende Unternehmen, Anbieter, Dienstleister jetzt aktiv werden müssen, um technisch und prozessual gerüstet zu sein und die noch bestehenden Wettbewerbsvorteile von Conversational und Voice Commerce für sich nutzen zu können.

VOM KNOW-HOW ZUM DO-HOW

Voice Search SEO und Voice Assistant SEO – es gibt immer was zu tun

Was bedeutet »aktiv werden« in diesem Zusammenhang?

- Sich jetzt mit den technischen und prozessualen Bedingungen zu beschäftigen, um sprachbasiert die komplette Customer Journey abbilden rsp. unterstützen zu können.

- Voice Search SEO und Voice Assistant SEO strategisch planen und umsetzen. Damit man als Anbieter mit seinen Suchbegriffen so relevant ist, dass das Angebot via Sprachassistent seitens des potenziellen Kunden auch gefunden werden kann.
  Notiere: Wer wird sich bei uns um Voice Search SEO und Voice Assistant SEO kümmern? Wie stimmen wir das zwischen Marketing und Vertrieb ab?

- Eine passende KI-gestützte Voice-Plattform zu recherchieren und zu nutzen, die die Sprachanfragen prozessieren kann – und auch Voice Bots verwalten, die Kundenanfragen beantworten und das erste Vertrauen des Interessenten herstellen. Eine solche Plattform, ein Cloud-Service, wird im Allgemeinen »angemietet«, um die Anfragen und Ergebnisse zu prozessieren und entsprechende Antworten zu generieren.

Notiere: Was hat unsere Anbieterrecherche ergeben? Zu welchen unserer technischen Systemen sollen die Tools passen/Schnittstellen haben? Wer setzt ein Pflichtenheft auf?

_____

_____

Eine attraktive App und natürlich die Erstellung modularer Antwortbausteine für die Voice Bots sowie eine differenzierte Aufschlüsselung des Nutzerführungsprozesses vervollständigen die »Vorbereitungsarbeiten«.
Notiere: Wer kümmert sich im Team um die Erstellung von Applications, Textbausteinen etc?

_____

_____

#BUSINESS_HACK_55

Plattformökonomie – der große Hebel

Die wichtigste strategische Frage in Vertrieb und Verkauf lautet immer: Wer beherrscht die Schnittstellen zum Kunden (→ **#Business_Hack_57**)? Habt ihr selbst über eure Vertriebsmannschaft und/oder über euren Onlineshop (→ **#Business_Hack_59**) oder über Direktverkäufe via Social-Media-Kanäle (→ **#Business_Hack_56**) den direkten Kundenkontakt? Oder verfügen Dritte über diese Schnittstellen und sind damit die Gatekeeper zu den Kunden – etwa Reseller, Vermittler, Franchisenehmer, externe Vertriebsorganisationen, Agenturen oder (digitale) Plattformen? Dann verfügt ihr womöglich mit Letzteren über ein Absatzpotenzial mit einem großen Hebel – aber auch mit bedeutsamen Risiken.

Digitales Wachstum

Damit sind wir bei einem digitalen Treiber, der wie kaum ein zweiter die Märkte, in denen wir uns mit unseren Firmen, Angeboten und Services bewegen, bestimmt: rasch wachsende digitale Plattformen, die nicht selten Monopolstatus anstreben und durch immer höher aggregierte Zusammenschlüsse kontinuierlich ihre Macht erweitern. Dabei geht es diesen Plattformbetreibern nicht »nur« um den jeweils größten Anteil an Handels- und Verkaufsvolumina, sondern sie bestimmen auch die (Richtung der) technologische(n) Entwicklung, des kulturellen Austauschs, vielleicht sogar soziopolitischer Strömungen weltweit. Was einmal als digitaler Marktplatz für »Bücher« (Amazon) und der Fast Moving Consumer Goods (FMCG) begann – und damals schon viele Einzelhändler und Shoppingmalls vernichtete – hat sich heute zu (nahezu) alternativlosen Ökosystemen ausgewachsen, deren Teil viele von uns sind.

Die Plattformökonomie ist das meines Erachtens vielleicht wichtigste Phänomen der Digitalisierung (→ **#Business_Hack_85**) mit vielfältigen Auswirkungen auf Vertrieb und Absatz. Denn sie bietet eminent wichtige Absatzkanäle und erschließt aus ihrer ökonomischen Logik heraus immer breitere Zielgruppen, führt sie gewissermaßen zu Purchaserströmen zusammen. Sie bildet zunehmend die Ökosysteme für Handel und Absatzwirtschaft. Und damit sind nicht nur die berühmten »GAFA« gemeint – Google, Amazon, Facebook und Apple –, sondern auch spezialisierte Branchenplattformen, über die mittlerweile Sales & Procurement abläuft. Ebenso im Blick haben sollte man die weltweit expandierenden Plattformen (rsp. die dahinterstehenden Unternehmen) wie Alibaba als größten (Verkaufs-)Plattform-Player aus China, Rakuten als Shop-Systemanbieter oder Tencent, das mit WeChat (»Weixin«) eine App (ähnlich Whatsapp) betreibt, über die jetzt schon halb Asien kommuniziert und seine Finanztransaktionen abwickelt.

Plattformen sind Gatekeeper

Plattformen besetzen nicht nur die Märkte, sondern beschränken auch den Zugang zu ihnen, sie sind »Gatekeeper«. Der Vertrieb vieler Unternehmen kommt nicht umhin, dort um jeden Preis mitzuspielen. Aber – er kann nichts mitgestalten. Plattformen kanalisieren die Zugänge zu den Kunden und greifen zusätzlich die Kundendaten und -profile der eigentlichen Anbieter und Lieferanten ab. Damit bauen sie ihre Marktmacht und ihre Unabdingbarkeit aus, während die Lieferanten mit ihren Kundendaten auch noch auf diese Macht einzahlen.

Dazu ein Beispiel aus der Amazon-Welt: das boomende Angebot »Amazon B2B«. Amazon identifiziert unter den Abermillionen von Kundenaccounts diejenigen, die als Unternehmen (Corporate) einkaufen. Und bietet diesen exklusive B2B-Leistungen und -Produkte der Firmenkundenlieferanten an. Wer nicht auf die Amazon-B2B-Lieferantenkonditionen eingeht, findet nicht statt.

Überdies ist es für den Vertrieb wichtig, die weitergehende Logik von Plattformen zu beobachten. Mit Alexa ($\rightarrow$ **#Business_Hack_54**) zum Beispiel steigt Amazon zur neuen Macht bei künstlicher Intelligenz auf, die schon vorab erkennen soll, was der Kunde denkt, und entsprechende Angebotsrankings erstellt. Denn die digitalen Assistenten werden vorprogrammiert auf Produktrankings wie Platz 1 bei Google oder »Amazon's Choice«, die dann mehr oder minder automatisch zur Bestellung führen. Und das heißt über kurz oder lang: Marken werden zugunsten des Marktplatzes kaputt gemacht: Marktplatz dominiert Marke! Brand Experience wird damit weitgehend hinfällig. Der Marktplatz ist das Wichtige, Markenführung ist schwieriger bis obsolet. Auf Dauer werden Marktplätze wie Amazon immer mehr Produkte selbst herstellen (lassen) und diese als »erste Wahl« verkaufen, damit halten sie dann alle Glieder der Wertschöpfungskette in der Hand.

Aggregatoren vereinen die Vertriebsmacht von Plattformen

Gehen wir noch eine Ebene höher, gelangen wir zu den sogenannten Aggregatoren, die Produkte, Leistungen und Angebote von mehreren Plattformen und Absatzkanälen zusammenführen und dem digitalen Kunden, dem »Purchaser« (→ **#Business_Hack_57**), (preis- oder leistungs-)vergleichend anbieten.

Wir müssen uns also die strategische Frage stellen, wie wir uns auf den neuen Kundentypus »Purchaser« einstellen. Wo müssen wir dabei sein, um nicht wie zahllose Firmen im digitalen Wettbewerb um den Kunden unterzugehen (→ **#Business_Hack_59**)? Es gibt durchaus erfolgreiche Beispiele von Unternehmen oder Lieferanten, die sich diesem mächtigen Ökosystem der Plattformen und Aggregatoren entzogen haben und auf die Attraktivität ihrer Marke setzen. Die Frage ist nur, wie lange sie durchhalten. Gerade die Coronakrise hat gezeigt, dass einerseits noch mehr Warenströme über die großen multinationalen Plattformen laufen, diese ihr Machtpotenzial noch weiter ausbauen können, andererseits immer mehr Anbieter wie Kunden dieses System hinterfragen und auf eine Vielzahl lokaler und regionaler sowie Themen-Plattformen ausweichen, um Amazon et al. Paroli zu bieten.

VOM KNOW-HOW ZUM DO-HOW

Welche speziellen Themen-/Branchen-/Markt-Plattformen könnten für dein Unternehmen interessante Partner sein? Hier einige Beispiele*:

- Für das Bauwesen gibt es unter anderem die Plattformen bauportal-deutschland.de oder heldenambau.de/deineregion

- Versicherungen und Finanzdienstleistungen werden beispielsweise über finanzausschreibung.de ausgeschrieben.

- TimoCom.de bündelt Transportaufträge und Frachtenbörsen.

- Logistikflächen werden auf lagerflaeche.de ausgeschrieben.

- Öffentliche Ausschreibungen:
  - https://www.dtad.com/de/module/oeffentliche-ausschreibungen
  - www.bund.de/DE/Ausschreibungen/ausschreibungen_node.html
  - www.evergabe-online.de (Vergabeplattform des Bundes)
  - www.deutsches-ausschreibungsblatt.de
  - www.dtvp.de (ein Gemeinschaftsunternehmen von Bundesanzeiger Verlag GmbH und cosinex GmbH)

- Plattformen dieser Art gibt es für internationale Aufträge und Lieferanten bzgl. Mode/Textilien, Handwerk, Restposten, Holz, Metall/Stahl etc.

- Nationale Händler-Plattformen für den internationalen Handel (»Cross Border«) sind z.B. hepsiburada.com (Türkei), bol.com und marktplaats.nl (Niederlande), asos.com rsp. marketplace.asos.com (GB, USA, EU, AUS), cdiscount.com (Frankreich) etc.

* Hinweis: Dies ist nur ein kurzer Auszug und zudem schnellem Wandel unterworfen. Ich kann keinerlei Gewährleistung für die Kompetenz, das Geschäftsmodell, die Seriosität oder das Weiterbestehen dieser Plattformen übernehmen und vor allem nicht für eventuelle Vertriebstätigkeiten leserseitig darüber. Zum Zeitpunkt der Recherche, Anfang 2020, waren dies vielgenutzte Portale – ihre Seriosität, Nachhaltigkeit, Geschäftstätigkeit etc. kann sich zwischenzeitlich geändert haben.

#BUSINESS_HACK_56

D2C – was kannst du von Vertical Brands lernen?

Horizn Studios, Bonobos, Kapten & Son, Lillydoo, Triangl, Warby Parker, Von Jungfeld und Allbirds – was diese Marken (und Firmen) eint, ist, dass sie sehr erfolgreiche sogenannte »Digital Native Vertical Brands« sind. Und Casper: Damit meine ich nicht den lustigen Comic-geist, sondern eines der (auch auf dem deutschsprachigen Markt) be-kanntesten Vertical Brands, das seit einigen Jahren den Markt auf-mischt. Und zwar den mit Matratzen. Casper hat es geschafft, sich große Anteile am hart umkämpften Markt der Schlafunterlage zu si-chern – und das, ohne sich in das »gemachte Bett« des Handels zu legen. Der Weg von Casper führt – wie bei allen Digital Native Vertical Brands – am Handel vorbei direkt zum Kunden: Casper ist eines der jungen Unternehmen, die direkt an den Endkunden verkaufen – Di-rect to Consumer. D2C ist einer der neuen Trends in Verkauf und Ver-trieb – und damit ist nicht das unter Salesleuten geläufige B2C – Busi-ness to Consumer – gemeint.

Was zeichnet Vertical Brands aus?

Hier einige Aspekte, die den Direct-to-Consumer-Ansatz der Vertical Brands auszeichnen – und meine Thesen und Gedanken dazu:

1. Digital Native Vertical Brands werden immer digital geboren. Sie verbreiten ihre Produktinfos, oft zusammen mit Coupons, Bonus-aktionen, Gewinnspielen und Wettbewerben, zunächst »nur« über zielgruppenspezifische Kanäle, oft über Social Media, und bauen dort eine massive Followerschaft auf, die die Marke und die Produkte liebt. Dieser Sog wird – via App oder Social Media – direkt in Käufe umgesetzt, und dies massenhaft.
2. Vertical Brands kontrollieren die Verkaufsstrecke zum Kunden, und sie halten sie kurz. Marketing gibt es nur in Form kunden-

zentrierter Kommunikation über die Abverkaufskanäle. Zwischenhandel gibt es nicht. Dass die Produkte nur über bestimmte Kanäle gekauft werden können, erzeugt eine Sogwirkung. Diese Marken halten ihre Produkte »pur« und veredeln sie durch die Verknappung der Kaufmöglichkeiten. Nur diejenigen, die »in« sind, die Follower sind, wissen, wie und wo sie die Produkte kaufen können. Und wann welche Sonderaktionen laufen.

3. Alle Vertical Brands legen extremen Wert auf die Kommunikation mit dem Kunden, NACHDEM er gekauft hat. Sie bieten höchst persönlichen und höchst individualisierten Service, machen die Kunden zu Fans und Followern und ziehen so viral neue Kundeninteressenten an.

4. Nach einem massiven digitalen Verkaufserfolg diversifizieren die Marken oft in den stationären Handel – so wie Casper mit den Dreamerys, Mr. Spex mit einer wachsenden Zahl an innerstädtischen Ladenlokalen oder auch Allbirds mit designstarken Stores wie u. a. in New York und Berlin, die eher an eine Galerie denn an einen Sneakershop erinnern. In den stationären »Ladenlokalen« geht es vor allem darum, die Brand Experience sehr cool, sehr persönlich, sehr liebevoll, sehr abgefahren erlebbar zu machen. So ist beispielsweise die prototypische Dreamery von Casper mitnichten ein Matratzenoutlet oder Showroom, sondern eine superstylische Location in New York mit kleinen, schön designten »Schlafkammern«, in die man sich via Internet mit »Schlafzeiten« oder einem Powernap einbuchen kann (https:// stores.casper.com/the-dreamery-by-casper-04752d315a5f). Der Weg der Produktausdeutung ist klar: Er geht zunächst in Richtung »Experte für das richtige Schlafen«, denn dies ist offenbar ein Riesenthema auf dem Markt (anscheinend kann niemand mehr richtig ein- oder durchschlafen). Im nächsten Schritt positioniert sich Casper als »Experte für das richtige, moderne Leben«: »Because when you snooze, you win«, so Casper auf der Dreamery-Website. Es geht also nicht nur um Matratzen, es geht um Lifestyle.

5. Direct to Consumer entwickelt sich – wie u. a. am Beispiel des Sockenlieferanten von Jungfeld aktuell schon zu erkennen ist – auch im B2B-Bereich. Das Wort »Consumer« bedeutet dabei nicht, dass es sich um Einzelkunden oder den Privatsektor handelt; in dieser Welt ist der Consumer der Purchaser.

6. D2C schließt damit an den → **#Business_Hack_57** (Dein digitaler Kunde ist B2P – Business to Purchase) an.
7. Gen Z (die heutigen Teenies) und Gen Alpha (die jetzigen Kids und bis Mitte der 2020er-Jahre Geborenen) wachsen – u.a. mit Instagram, YouTube und TikTok – in der Welt der Direct-to-Consumer-Marken und -Verkaufswege auf. Unabhängig davon, ob es diese Kanäle in zehn Jahren noch gibt oder wie sie sich ausdifferenziert haben: Diese Generationen werden über die konventionellen Vertriebskanäle und Verkaufsstrategien nicht mehr erreichbar sein. Sie sind in einer komplett anderen digitalen Direktvertriebswelt sozialisiert (worden). Und sie sind die Kunden und Firmenkunden der Zukunft.

Direct to Consumer Brands – schnell gegründet und schon Einhorn-Alarm

Aus ihrer Gründungshistorie heraus sind Digital Native Vertical Brands, die Direct to Consumer verkaufen, stets Digitalgründungen, Digitalshops, Digitalmarken. Was sie von üblichen E-Commerce-Anbietern unterscheidet, ist, dass sie keine Drittprodukte, sondern ausschließlich eigene Angebote vertreiben, die nicht selten aus einem im Dialog mit potenziellen Kunden, etwa via YouTube oder Instagram, heraus erkannten Need entstanden sind. Häufig starten solche Gründungen mit einem einzigen, schlau kalkulierten »Knaller-Produkt«. Das können zum Beispiel besagte Matratzen sein – »die« Matratze. Casper ist mit einem geschätzten Marktwert von 1,1 Milliarden Dollar Stand April 2020[5] schon in die Liga der Unicorns, der Einhörner, aufgestiegen. Oder sie bieten Socken im Abo an. Oder Rasierer mit Klingenabonnement. Oder, mittlerweile mit mehreren Anbietern sehr erfolgreich vertreten, Brillen. Warby Parker, Direct to Consumer Brand von Brillen, ist aus dem Stand heraus ebenfalls ein Einhorn geworden. Oder Herrenmode und -Unterwäsche, siehe Bonobos. Dito Schmuck. Dito Uhren. Oder weiche Schuhe wie die von Allbirds. Seit Fotos von Barack Obama und anderen Vorbildern mit diesen Schuhen an den Füßen über Instagram gelaufen sind, gehen die Verkäufe dieser Treter durch die Decke. Oder Tiernahrung – ein Riesenmarkt. Oder Sportkleidung, speziell Bikinis. Allein Triangl und Co. setzen über Instagram Produkte im Millionenbereich ab. Die Kombination aus Influencer und

Shopify scheint (zurzeit) eine Gelddruckmaschine zu sein. Da wundert es nicht, wenn erfolgreiche Blogger und Influencer selbst Produkte kreieren (und/oder in Kooperation fertigen lassen) und ohne Umschweife – und Handelsumwege – an die Follower absetzen. Immerhin orientieren sie sich direkt an den Wünschen und Bedürfnissen der Kunden – und verstehen es meisterhaft, die Verkäufe viral anzukurbeln. So hat es die Kosmetikmarke Glossier via Direct to Consumer schon im Jahr 2018 allein über Instagram auf einen Jahresumsatz von 100 Millionen Dollar gebracht[6].

VOM KNOW-HOW ZUM DO-HOW

Was können wir umsetzen?

Sag jetzt nicht: Für unsere Firma passt das nicht, wir sind viel zu klassisch aufgestellt. Oder: Wir arbeiten in einer Branche, die nach ganz anderen Regeln spielt. Es geht nicht darum, dass du – rsp. deine Firma – alle diese Ideen übernehmen solltest. Es geht darum, dass ihr querdenkt. Dass du das für dich adaptierst, was künftig passen könnte. Und dass du aktiv und zukunftsgerecht gestaltest.

Halte deine Ideen schriftlich fest, oder lass deiner Kreativität freien Lauf und zeichne sie auf!

Um es noch plastischer zu machen, hier noch ein paar Impulse: Interessant ist, dass große, traditionelle Unternehmen unter neuen, coolen Marken längst auf den Direct-to-Consumer-Zug aufgesprungen sind. Beispielsweise ist Bonobos der Digital-Native-Vertical-Brand-Ableger des US-Konzerns Walmart – wobei Walmart selbst die Produkte gar nicht in seinen Läden verkauft, sondern (nur) in den USA online über jet.com und stationär in smart aufgemachten sogenannten Guide Shops.

Weiteres Beispiel: Amazon, eigentlich ein Onlineversandhändler und Software-Riese, führt selbst rund 80 solcher durchaus erfolgreichen Marken[7], darunter Arabella Lingerie (Damenwäsche), 7 Goals (Sportkleidung für Frauen), A for Awesome (Kinderkleidung) und Beauty Bar (Kosmetik).

Also: Was fällt euch dazu ein, was wollt ihr, was kannst du daraus lernen oder entwickeln?

#BUSINESS_HACK_57

Dein digitaler Kunde ist B2P – Business to Purchaser

Die ökonomische Matrize, auf der Vertrieb stattfindet, ist heute eine andere: Globalisierung verändert die Warenströme und Märkte. Regulierung zieht in Zeiten aufkommender Handelskriege die Schrauben an. Demografischer Wandel wirkt sich auf den Nachwuchs im Vertrieb und gleichzeitig auf die Erwartungshorizonte der Kunden aus. Die digitale Transformation bestimmt immer stärker die Interaktion zwischen dem »Vertriebsmitarbeiter Mensch« und dem »Kunden = Käufer Mensch« – ob als Automated Procurement im B2B oder als Plattformökonomie im B2C. Dies wirkt sich auch auf das Kaufverhalten der digitalen Kunden aus: in einer Konvergenz zwischen den alten B2B- und B2C-Kategorien.

B2P und H2H

Anders als in der klassischen Kundentypologie lässt sich der digitale Kunde keiner Generation, keiner Gesellschaftsschicht oder politischen Einstellung zuordnen. Er steht für sich selbst und für seine individuellen Einstellungen, die er gemeinsam mit Freunden, Familie und Kollegen auslebt. Er ist informiert, individualistisch, investigativ, ichbezogen, international, intuitiv und idealistisch. Und er ist zugleich auch »wir-bezogen«. Als Mensch und Verbraucher repräsentiert er eine Lebensphilosophie, die von seinen individuellen Werten geprägt ist.

Die Unterscheidung zwischen privatem Kunden und Businesskunden wird immer stärker obsolet, denn auch der Businesskunde, der Einkäufer im Unternehmen, der Procurementleiter, der Firmenverhandler hat mindestens in seinem digital geprägten Leben als Privatmensch alle Tricks, Tools und Optionen erlernt, um genau denselben »digitalen Komfort«, den er als smarter Kunde gewohnt ist, auch in seiner geschäftlichen Einkäuferrolle zu erwarten, ja, mehr und mehr als selbstverständlich vorauszusetzen! Aus der Kundenperspektive – und nur diese ist in der Welt der Client Centricity (Kundenzentrierung) entscheidend – macht der Kunde beim »Purchasing« keine Unterscheidung mehr, ob er selbst B2B oder B2C ist. Er erwartet das bestmögliche Einkaufserlebnis und -ergebnis, er ist einfach »Einkäufer«, also B2P. Und er will eine perfekte Customer Experience entlang der Customer Journey – gerade so, wie er es als verwöhnter digitaler Konsument gewohnt ist.

Customer Centricity: auch Client Centricity oder Kundenzentrierung. Gemeint ist damit mehr als »nur« ein Vertriebskonzept, das die Kundenorientierung bzw. den Kundennutzen in den Vordergrund stellt. Gemeint ist vielmehr eine ganze Firmenkultur, eine Philosophie, die sich vollständig um die Bedürfnisse und Wünsche des Kunden dreht. Damit denkst du den Unternehmenszweck und alle Abteilungen (also nicht nur Vertrieb und Marketing) und Prozesse im Unternehmen aus der Perspektive des individuellen Kunden. Die Wünsche und Erwartungen des Kunden werden zum Leitbild.

Customer Journey: Die sogenannte »Kundenreise« bildet den (virtuellen) Weg ab, den ein Interessent von der ersten Information (z. B. Werbung, Empfehlung durch andere Kunden etc.) über den ersten Kontakt mit deinem Angebot oder Unternehmen bis zum letztendlichen Kauf und darüber hinaus dem Service zurücklegt. Die Customer Journey wird klassischerweise in die Phasen: Bewusstseinsweckung (für ein Produkt), Interessenverstärkung für jenes Produkt, Kaufwunschphase, konkrete Kaufabsicht und Kauf unterteilt. In jeder dieser Phasen erlebt der potenzielle Kunde dein Unternehmen und deine Produkte bzw. die Leistungen an verschiedenen Berührungspunkten, an denen seine Erfahrung, seine »Experience« möglichst positiv sein sollte.

Customer Experience: Diese »Kundenerfahrung« wird als die Gesamtheit aller Eindrücke verstanden, die ein Kunde entlang seiner »Customer Journey« mit einem Unternehmen oder Angebot sammelt. Die Customer Experience so positiv wie möglich zu gestalten zielt weniger auf den direkten Kaufabschluss ab, sondern vor allem auf die Herstellung von Kundenzufriedenheit, positive Bekanntheit einer Marke und kundenseitige Weitergabe (Rezensionen, Testimonials, Empfehlungen) von hervorragenden Erfahrungen mit Unternehmen, Produkt oder Dienstleistung sowie Service. Damit zielt das Customer Experience Management auf den Aufbau einer emotionalen Bindung des Kunden an Unternehmen oder Produkt.

Vertriebsperspektive: Wie adressieren wir den B2P?

Verschiedene Studien (wie Gebhardt / Handschuh, 2016) bestätigen meinen Ansatz, dass die früher eher getrennt betrachteten Strukturen B2B (Vertrieb an Unternehmen) und B2C (Verkauf an Privatpersonen) in Art und Abwicklung immer stärker zusammenwachsen. Das ergibt ebenfalls eine Studie von Roland Berger (2015, S.4): Neue digitale Player – meist aus dem B2C-Geschäft – beanspruchen schon Teile des B2B-Vertriebs für sich. Sie nutzen ihre Erfahrungen im Kundenhandling und operieren mit eigenen Geschäftsmodellen, zum Beispiel als Online-Only-Distributoren oder als Aggregatoren von Angeboten, wie im → **#Business_Hack_55** (Plattformökonomie – der große Hebel) beschrieben. Diese Studie bestärkt den Ansatz »Business to Purchaser«. Vergiss also den Unterschied zwischen B2C- und B2B-Kunde – oder vielmehr: Nimm das Beste von beiden Ansätzen, denn sie verschmelzen im B2P-Kunden, im »digitalen Purchaser«.

Wie also kannst du auf die rasanten Entwicklungen reagieren? Eine konkrete Lösungsidee sehe ich in der Strategie, einerseits auf »H2H (Human to Human)« zu setzen und andererseits dem Fakt Rechnung zu tragen, dass es immer weniger »B2B versus B2C« heißt, sondern – wie ich es nenne – B2P, also »Business to Purchaser«.

Was funktioniert künftig noch?

Meiner Meinung nach wird es in naher Zukunft im Wesentlichen nur noch zwei wirklich funktionierende Vertriebsausrichtungen geben:

1. **Digital-to-digital-Vertrieb**, also der digitalisierte oder digital vermittelte Verkauf an (ebenso) digital aufgestellte Einkäufer. Ganze Einkaufsabteilungen in großen Unternehmen stellen sich derzeit bereits auf »Digital Procurement« ein. Hier geht es beispielsweise um »No-frills-Lösungen«, also standardisierte Produkte und Leistungen »out of the shelf«. Die Entwicklung geht aber schon weiter: Nicht (mehr) nur Fast Moving Goods werden so abgewickelt, sondern sehr viel umfangreichere Bedarfe.
2. **Hybridvertrieb**, also vertriebliche Maßnahmen, die das Internet und die reale Welt verbinden (Mixed Reality). Schrittmacher hierfür ist der digitale Kunde, der sowohl offline als auch online

präsent ist, also hybrid handelt. Hierbei bleibt der Faktor Mensch absolut erfolgskritisch. Vertrieb wird noch persönlicher, noch menschlicher und noch individueller (vgl. Binckebanck / Buhr, 2017). Die letzte Entscheidung fällt dabei oft im menschlichen Kontakt, dem Human-to-Human: H2H.

VOM KNOW-HOW ZUM DO-HOW

Ein paar Überlegungen rsp. Übungen für dich im Vertrieb:

1. Stichwort »B2P«, Business to Purchaser: Wie sieht deine rsp. eure Strategie aus, den digitalen »Purchaser« zufriedenzustellen, der zwar für ein Unternehmen agiert (also einkauft oder beauftragt), aber Komfortansprüche an die digitale Rundumversorgung hat wie ein internetverwöhnter Endkunde?

2. Wie unterstützt dein Unternehmen dich oder andere Vertriebsmitarbeiter beim Human-to-Human-Ansatz? Was könntet ihr anders oder zusätzlich tun, um sowohl die »Workplace Experience« des Vertriebsmitarbeiters oder der Vertriebsmitarbeiterin als auch die »Customer Experiences« der Kund*innen zu verbessern?

3. Welche No-frills-Lösungen könnt ihr nutzen? Welche Produkte lassen sich beispielsweise stärker automatisiert vertreiben und bei welchen ist der Hebel im Human-to-Human-Ansatz künftig viel größer?

#BUSINESS_HACK_58

Vertriebsrecruiting: Du brauchst neue Narrative

Auch wenn man das in der Vertriebsführung, im Sales, in der Geschäftsführung nicht gerne hört: Vertrieb hat ein Rekrutierungsproblem. Das wird beispielsweise in der Finanzdienstleistung besonders deutlich. Dort ist seit Jahren die Anzahl der Vermittler rückläufig. Aber auch die Tech- und Softwareunternehmen, viele Start-ups oder produzierende Unternehmen suchen (vor, in und nach der Coronakrise) händeringend Vertriebsmitarbeiter. Warum ist das so? Und was kannst du tun, um dein Vertriebsrecruiting effizienter zu machen?

Mehr Wissen und besseres Image

Wir müssen es uns eingestehen: Von außen gesehen hat Vertrieb oft wenig Attraktion und immer noch kein gutes Image. Zumindest in Deutschland. Salesmanager und Vertriebsmitarbeiter finden sich regelmäßig auf dem letzten Platz in den Rankings der beliebtesten Berufe – immer noch. Leider. Das Bild vom windigen Vertriebler, vom überlasteten Klinkenputzer sitzt immer noch tief in vielen Köpfen. Und es kann mit dem Image des tüftelnden Forschers, des visionären Gründers, des produktverliebten Entwicklers oft nicht mithalten – auch weil Vertrieb immer noch viel zu wenig gelehrt wird. Weil viele junge Menschen zwar lernen, welche Befriedigung im Handwerk, in Design und Konstruktion von tollen Produkten, in der Entwicklung von spannenden Technologien liegt – aber nicht, dass es auch eines hervorragenden Vertriebs bedarf, um das Geld für Forschung und Entwicklung, für Design und Produktion, für das Unternehmen zu sichern. Und dass Unternehmen Steuern und Abgaben nur dann leisten können, der Gesellschaft nur dann dienen können, wenn sie ihre Angebote auch verkaufen. Damit gebührt dem Vertrieb ein essenzieller gesellschaftlicher Auftrag(→ **#Business_Hack_20**).

Du wirst fragen: Was könnte da helfen? Bessere Information, eine bessere Lehre über den Vertrieb, das Thema müsste früher in der schulischen Ausbildung auftauchen? Imagekampagnen vielleicht? Handwerk, Consulting, Mittelstand allgemein, Ingenieurswesen – das sind nur einige Beispiele, bei denen konzertierte Image- und auch Recruitingkampagnen bereits heute erfolgreich sind. Die Versicherungsbranche hat die #Insurancer-Kampagne aufgelegt, die junge Menschen umfassend und zielgruppengerecht anspricht und die die Vorteile der Vertriebstätigkeit in dieser Branche darlegt. Auch Vertrieb und Sales, Handelsvertreter und Direktvertrieb haben Verbände, solche Kampagnen fehlen aber wohl noch – vielleicht bist du der oder die Richtige, um das anzustoßen!

Starte deine eigene Kampagne!

Als Vertriebsverantwortlicher oder Führungskraft in einem vertriebsorientierten Unternehmen musst du nicht auf konzertierte (Verbands-) Imagekampagnen warten – auch wenn diese hilfreich sind oder wären.

Startet eure eigene Imagerevolution, eure eigene Imagekampagne für Vertrieb und Sales in eurem Unternehmen. Die Social Media bieten dafür genug Möglichkeiten. Du brauchst nur eine solide Idee, eine mittelfristige redaktionelle Planung und ein paar begeisterte Vertriebsleiter*innen oder Mitarbeiter*innen aus deinem Unternehmen, die als Corporate Influencer (→ **#Business_Hack_32**) von ihrem Arbeitsalltag berichten und Vertrieb menschlich, nahbar und erlebbar machen. Die authentische Geschichten von der »Vertriebsfront« erzählen, ehrlich und mit allen Schattenseiten, aber eben auch mit viel Licht und Erfolg. Wenn ihr das lange genug durchhaltet, entwickelt ihr einen enormen Sog für neue coole Bewerber*innen.

Bessere Narrative und besseres Storytelling müssen her

Vertrieb muss viel stärker die Sinn- oder Purpose-Erwartungen der Nachwuchskräfte adressieren, wenn du erfolgreich rekrutieren willst. Mit Recht fragen viele jungen Menschen der Gen Y, Gen Z und Gen Alpha, die gerade noch die Schulbank drücken, heute: »Was kann ich zum großen Ganzen beitragen? Wie kann ich das Leben von Menschen – auch meines – leichter oder besser machen? Wie stark ist der

Sinn meiner Tätigkeit, der mich morgens aufstehen und meine Arbeit mit Freude machen lässt?« ($\rightarrow$ **#Business_Hack_83**)

Da müssen neue Narrative her. Bleiben wir beim Beispiel Finanzdienstleistung: Wenn du in der Branche bist, erkennst du die Chancen, weißt das Thema Demografie als Schrittmacher der Branche zu interpretieren: Die Lebenserwartung steigt, der Alterslastenquotient entwickelt sich zuungunsten der Arbeitnehmer, die staatliche Rentenversicherung ist ein Vabanquespiel. Daher ist die Altersvorsorge ein Riesenthema, und es muss Menschen geben, die dazu professionell beraten. Das wissen aber nur die erfahrenen Makler und Finanzdienstleister, das erschließt sich den Leuten der nächsten Generation, die du vielleicht rekrutieren willst, nicht. Oder besser: nicht ohne das richtige Storytelling. Damit meine ich eine attraktive und spannende Selbstdarstellung in einem Narrativ, in Storys, die die Vorteile herausarbeiten. Diese Vorteile umfassen wichtige Bedürfnisse (Needs) der Generationen Y und Z, die diese überzeugen könnten, wie beispielsweise große Entscheidungsfreiräume und eigene Verantwortungsübernahme, der Purpose der Tätigkeit unter dem Motto »Sinn schlägt Status und Glück schlägt Geld« (obwohl viel Geld verdient werden kann) sowie eigene Gestaltungs- und Handlungsoptionen. Um all dies gut zu kommunizieren, braucht es eine neue Formensprache, erlebbare Storys, Emotion. Diese Kommunikation muss an den Wünschen der jungen Bewerber ansetzen, ihnen die Möglichkeiten und Erfolgsoptionen dieser Branche in authentischen, menschlichen Geschichten nahebringen. Und das zu entwickeln und darzustellen ist deine Aufgabe.

Besonders gefragt: soziale Kompetenzen

Wenn ich im Beratungs- und Trainingsalltag nach den Pros und Kons für eine Tätigkeit im Vertrieb frage, bekomme ich häufig zu hören, dass eine starke Arbeitsbelastung, hoher Zeitaufwand und starkes Wettbewerbs- und Konkurrenzdenken im Vertrieb herrschen und dies daher eher »harte Hunde« erfordere. Aber genau das ist nicht der Fall. Bereits unsere eigene Studie zur VertriebsIntelligenz® (und viele andere Umfragen und Studien seither) zeigt, dass ein ganzes Bündel an Kompetenzen notwendig sind, um sich im Vertrieb hervorragend zu behaupten – und die meisten davon sind intrapersonale und interpersonale Soft Skills. Zum Beispiel: umfassende kommunikative Kompetenzen, Begeisterungsfähigkeit, Empathie, Menschen »lesen können«, Konflikt- und Kompromissfähigkeit, Strukturiertheit, Zielsetzungs- und Lösungsorientierung und Kompetenzen des Beziehungsmanagements. Dazu kommen noch die intrapersonellen Faktoren wie Entwicklung von Selbstbewusstheit, Selbstvertrauen, Selbstwirksamkeit und persönliche Resilienz, guter Umgang mit sich selbst, Aufbau von inneren Ressourcen und einem guten Emotionsmanagement – um nur einige zu nennen. Ja, natürlich gibt es die »harten Jungs« im Vertrieb. Und genauso die »knallharten Frauen«. Aber gerade die »weichen«, mit den oben genannten Kompetenzen ausgestatteten Männer und Frauen sind erfolgreich im Vertrieb. Das haben mir meine 39 Jahre als aktiver, beratender und lehrender Vertriebler und Unternehmer immer und immer wieder gezeigt.

Mehr Diversity im Vertrieb!

Doch von Letzteren gibt es viel zu wenig! Vertrieb und Vertriebsrecruiting sind auf dem Gender-Auge und dem Diversity-Auge (→ **#Business_Hack_89**) oft noch blind. »All men, all white« heißt es da noch viel zu oft. Nutze diesen Gap als Chance, wenn du für dein Vertriebsteam rekrutieren willst. Seit Jahren stagniert der Anteil an Frauen im Salesbereich, vor allem in leitenden Vertriebsfunktionen. Dabei sind Frauen erwiesenermaßen in fast allen Bereichen den Männern im Vertrieb überlegen, gerade auch im beratungsintensiven High-Investment-Bereich und im B2B-Vertrieb. Laut Statista lag der Frauenanteil im Sales 2013 (die letzten veröffentlichten Zahlen) jedoch bei nur 38 Prozent, und die Säule wird nach oben, wird in Richtung Key Accounting oder Vertriebsführung, Vertriebsvorstand immer schmaler.

Jetzt ist es an der Zeit, die kostbare Ressource Diversity und Frauen im Vertrieb zu heben. Mit aktiver, persönlicher Ansprache im Recruiting beispielsweise. Mit besseren Angeboten: Was gebraucht wird, ist eine Kulturrevolution in den Köpfen und eine bessere Vereinbarkeit von Beruf und Familie. Gerade die Pandemiezeit mit all den digitalen Arbeits- und Kollaborationsmöglichkeiten (→ **#Business_Hack_62**) eröffnet dem Vertrieb große Chancen! Klar, das weißt du längst. Du und wir alle müssen nur auch diese neuen Wege gehen!

Recruitingerfolg: Direktansprache plus digitale Tools

Den größten Erfolg in der Vertriebsrekrutierung hast du jetzt, wenn du

- den richtigen Mix an Recruitingansätzen wählst (→ **#Business_Hack_37**),
- aktiv potenzielle Kandidaten aus einem breiteren Spektrum an Menschen ansprichst (→ **#Business_Hack_89**),
- dich gut im digitalen Recruiting (Social Media, Onlineplattformen, Digitale Jobbörsen, Video-Recruiting) aufstellst und
- in der Lage bist, potenzielle neue Mitarbeiter direkt und persönlich (auch mit digitalen Tools) anzusprechen.

VOM KNOW-HOW ZUM DO-HOW

Übung 1: Und damit bist du schon in der Umsetzung. Konzipiere deine neue Vertriebsrecruiting-Strategie! Dazu brauchst du

1. das Wissen um eine Sales-Influencer-Kampagne in den Social Media (→ **#Business_Hack_32**),
2. Ideen für die Ansprache neuer Kandidat*innen-Zielgruppen (→ **#Business_Hack_89**),
3. einen ansprechenden Sales- und Unternehmens-Pitch, den du richtig gut abliefern kannst (→ **#Business_Hack_38**),
4. eine probate Struktur für das Einstellungsgespräch, einen ausgebauten Recruitingprozess, um Interessenten nicht zwischendurch zu »verlieren« (→ **#Business_Hack_39**),
5. ein gutes Onboarding, weil es nicht damit getan ist, Jobinteressenten im Gespräch zu überzeugen, sondern sie auch entsprechend einzuarbeiten und zu entwickeln (→ **#Business_Hack_40**).

Übung 2: Fasse deine neue Vertriebsrecruiting-Strategie schriftlich zusammen.

#BUSINESS_HACK_59

Multichannel, Crosschannel, Omnichannel – Vertrieb geht heute anders

Das Konzept »Multichannel-Vertrieb« als Mix an Absatzkanälen ist an sich nicht neu, sondern mit den technologischen Möglichkeiten über die letzten Jahrzehnte gewachsen. Wir denken bei diesen Vertriebskanälen an den klassischen stationären Handel (Ladengeschäfte), den mobilen Verkauf (»fliegender Handel«), den Versandhandel, den Kataloghandel, das Onlineshopping (Shops) und Verkäufe über die großen Onlineplattformen (→ **#Business_Hack_55**), Teleshopping und natürlich das Mobile Shopping via Smartphone, Tablet und App. Aber Vertrieb geht heute anders – auch der Multichannel-Vertrieb.

Vertrieb im Wandel

1. Aus Multichannel wird Crosschannel: Beim Multichannel-Verkauf bleiben die Vertriebskanäle kaufmännisch, organisatorisch und logistisch getrennt. Beim Crosschannel-Vertrieb werden die Kanäle verknüpft – beispielsweise können Kunden die im Internetshop bestellten Waren in der lokalen Filiale eines Anbieters abholen und dort ggf. weitere Käufe tätigen oder Serviceleistungen wie auch Zusatzprodukte über Sonderaktionen erwerben.
2. Die Anforderungen, Wünsche und Erwartungen der Kundentypen verschmelzen: Aus B2B und B2C wird B2P und H2H. H2H meint Human-to-Human, denn im Vertrieb hochpreisiger Güter und Leistungen wird trotz oder wegen der zunehmenden Digitalisierung wieder stärker auf den persönlichen Kontakt gesetzt. B2P bedeutet Business to Purchaser, Geschäfte mit dem neuen digitalen Kunden (→ **#Business_Hack_57**).
3. In der Konsequenz werden Vertrieb und Marketing nicht länger als zwei getrennte Bereiche der Kundenkommunikation betrachtet, sondern verschmelzen immer stärker zu einer Einheit, die die Vielzahl der Channels steuert: Commerce is everywhere.

4. Da die Zahl der Vertriebskanäle – und auch der Gatekeeper – im Crosschannelvertrieb wächst, wird Kommunikation und werden Kommunikationskanäle vielfältiger. Das erhöht die Komplexität der Steuerung.

Große Chancen und viele Herausforderungen

Daraus ergeben sich positive Entwicklungen und Chancen für die Absatzförderung:
- Erschließung neuer Marktpotenziale und Kundengruppen,
- passgenaue Adressierung von Kundengruppen über deren spezifische und von diesen am meisten frequentierten Kanäle,
- Risikoreduktion durch Bespielen zusätzlicher Absatzwege,
- Nutzung von Synergieeffekten beispielsweise in der Warenwirtschaft.

Die daraus entstehenden Herausforderungen sind:
- Steuerung und Abstimmung einer Vielzahl an Multi- rsp. Crosschannels,
- konsistente Pricing-Modelle über die unterschiedlichen Kanäle und Plattformen hinweg, teilweise bis auf die Markenführung greifend,
- Abstimmung von Rabattaktionen und channelspezifischen Specials rsp. Sonderaktionen über die verschiedenen Angebotskanäle hinweg, zum Beispiel der Sozialen Medien (TikTok, Instagramm, Facebook), der Aktionsmarktplätze wie GroupOn, Ebay, Rakuten (→ **#Business_Hack_56**),
- Mehraufwand an Kommunikation mit Absatzmittlern,
- Probleme mit Werbe- und Sonderaktionen im Direkt- und Katalogmarketing sowie ggf. über Reseller.

Viele Softwareanbieter haben sich der mannigfachen Probleme und Herausforderung des Multichannel- rsp. Crosschannel-Vertriebs und -Marketings mittlerweile angenommen, die Zahl der Steuerungssysteme, der Software für Kampagnensteuerung, für aufgebohrte Warenwirtschaftssysteme und für einheitliche Sortimentsdarstellungen wächst. Aber die ganz wesentlichen Herausforderungen für Unternehmen liegen auf strategischer Ebene.

VOM KNOW-HOW ZUM DO-HOW

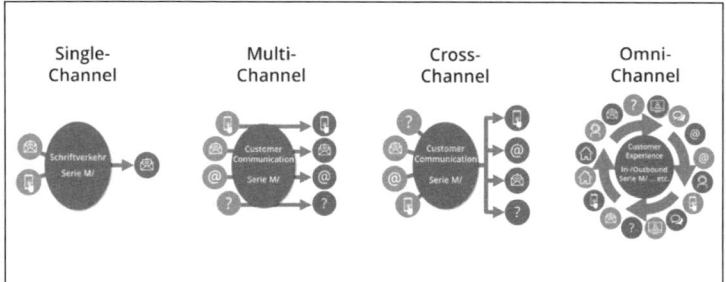

Single-Channel · Multi-Channel · Cross-Channel · Omni-Channel

Quelle: https://www.kwsoft.de/multi-channel-management/

Welche Channels nutzt ihr bereits und wie sind sie koordiniert? Welche Channel-Strategie verfolgt dein Unternehmen, wo kannst du euch einordnen: Single-, Multi-, Cross- oder Omnichannel?

CHANNEL	CHANNELMANAGEMENT (WER)	KOORDINIERUNG SCHNITTSTELLE (Produkte, Pricing, Prozesse, Werbeaktionen)

#BUSINESS_HACK_60

Der Sales Funnel – führe Kunden zielgerichtet durch den Trichter

Keine Frage, auch uns im Vertrieb hat die Coronakrise extrem getroffen, denn der direkte Kontakt zu unseren Kunden und Interessenten war massiv eingeschränkt – und der ist schon in guten Zeiten keine einfache Aufgabe. Im hochpreisigen B2B-Geschäft – von IT-Projekten über Maschinenbau bis hin zum Anlagenbau – geht gar nichts ohne die Verhandlung von Mensch zu Mensch, ohne das Vertrauen, das nur über persönliche Kontakte aufgebaut werden kann. Und selbst dann sind die Sales Cycles verdammt lang. Der Sales Funnel – der Tunnel von der Gewinnung eines Interessenten über seine Qualifizierung, Ansprache und Überzeugung bis zum Kundenabschluss – ist anspruchsvoll und hat viele Schleifen.

Realistische Konversionsraten im Sales Funnel

Schauen wir uns am Beispiel eines niedrig volumigen Geschäftes einmal an, wie die Lead-Gewinnung und der Sales Funnel in der Finanzbranche aussehen. Von zehn verabredeten Erstgesprächen finden in der Regel nicht mehr als drei bis höchstens fünf wirklich statt. Der Rest wird von den Kunden abgesagt. Anders überlegt, nicht aufgetaucht, nicht verstanden, wie wichtig die Finanzvorsorge wirklich ist, lieber mit einem Drink in der Abendsonne gesessen – es gibt viele Gründe, warum Erstgespräche seitens der Kunden nicht wahrgenommen werden. Und im Hinblick auf Krisenzeiten wie Corona gilt: Je schwieriger die Zeiten, desto unverbindlicher sind die Kunden. Das tut uns vielleicht weh, aber damit müssen wir klarkommen. Am besten, indem wir neue und effizientere Strategien entwickeln.

Da es im Beispiel Finanzbranche um ein sehr sensibles Thema geht – Geldanlage oder auch Vorsorge – steht im Mittelpunkt des Erstgespräches zunächst die Beratung. Haben wir den Kunden so weit überzeugt, dass er zumindest über unser Angebot nachdenken möchte, kommt es zum Zweitgespräch. Von zehn Erstgesprächen kommt es in 30 Prozent zu Zweitgesprächen. Von diesen 30 Prozent unterzeichnen zwischen 50 bis 80 Prozent die Verträge. Wenn wir berücksichtigen, dass wir für ein Erstgespräch immer zwei Termine brauchen, da etwa die Hälfte aus unterschiedlichen Gründen nicht stattfindet, benötigen wir also mindestens 20 Terminabsprachen, um mit zehn potenziellen Kunden zu sprechen, von denen etwa drei mit einem Zweitgespräch einverstanden sind. Von diesen drei Interessenten schließen dann einer bis zwei einen Vertrag mit uns ab.

Durchschnittliche Conversion Rates bestimmen deinen Sales Funnel

Ähnlich wie in der Finanzbranche geht es Unternehmen, die Messen für die Akquise nutzen. Stell dir vor, du führst auf einer internationalen Leitmesse mit einem Team insgesamt 120 Gespräche. Diese Kontakte werden gepflegt und regelmäßig kontaktiert. Bei 35 dieser Ansprechpartner hast du oder hat dein Team im Laufe der Zeit so viel Interesse erzeugt, dass euer Angebot wahrgenommen wird. 14 dieser Kontakte beschäftigen sich dann intensiver mit eurem Angebot, sodass es bei acht Ansprechpartnern zu konkreten Verhandlungen kommt. Diese führen bei fünf Kontakten zu einer positiven Entscheidung.

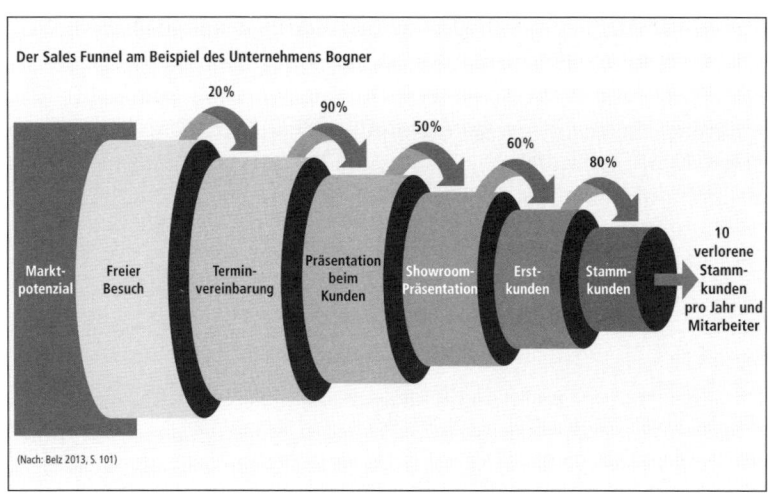

Der Sales Funnel am Beispiel des Unternehmens Bogner

(Nach: Belz 2013, S. 101)

Sales Funnel als Controlling-Tool nutzen

Nehmen wir das obige Beispiel (nach: Belz, 2013): Bogner geht so vor, dass zunächst ein Vertriebsmitarbeiter (klassischer »Vertreter«) das avisierte Kundenunternehmen besucht und eine Rückmeldung ans Back Office gibt, das sich im Eignungsfall um eine konkrete Terminvereinbarung beim Einkäufer / Entscheider des Kundenunternehmens bemüht. Die telefonische Terminvereinbarung hat in diesem Beispielfall eine sehr hohe Conversion, d. h. viele der zuvor besuchten Unternehmen stimmen einem Präsentationsbesuch des Vertriebsmitarbeiters beim Einkäufer / Entscheider zu. Durchschnittlich bei jedem zweiten Präsentationstermin wird eine Showroom-Präsentation erreicht. Durchschnittlich sechs von zehn Kunden tätigen einen Kaufabschluss. Und von diesen entwickeln sich durch entsprechende Ausgestaltung der Verträge und Kundenbindungsmaßnahmen wiederum 80 Prozent zu Stammkunden. Bogner untersucht zudem die »Negativ-Konversion«, was in diesem Fall bedeutet, dass durchschnittlich zehn Stammkunden pro Vertriebsmitarbeiter und Jahr den Vertrag auflösen werden. Dies wird dann für das nächste Jahr bei der Zielsetzung der Grundeinheit der zu besuchenden rsp. neu zu akquirierenden Unternehmen berücksichtigt.

Deutlich wird: Der Sales-Trichter und die jeweiligen Konversionsraten bilden damit wichtige Vertriebskennzahlen für dich ab. Mit den erhobenen Daten setzt du (rsp. setzt ihr in der Vertriebsabteilung) das Marktpotenzial für eure Produkte oder Dienstleistungen ins Verhältnis mit den Stufen eures Vertriebsprozesses von Kaltakquise, Terminvereinbarung, Erstbesuch, Zweitbesuch, Angebot, Angebot nachhaken, Abschluss, Neukunde zu Stammkunde oder wie auch immer ihr euren Vertriebsprozess im Unternehmen gemäß eurer spezifischen Kundenstruktur aufgebaut habt.

VOM KNOW-HOW ZUM DO-HOW

Der Sales Funnel und die durchschnittlichen Konversionsraten dienen jedoch nicht nur dem Controlling eures Vertriebsprozesses, sondern auch der Verbesserung dieser Conversions. Denn wenn ihr die Konversion messen könnt, könnt ihr sie auch evaluieren und als Richtschnur einsetzen, um sie zu verbessern!

Schlussendlich gibt die Konversationsrate natürlich auch Aufschluss über die Leistungen der einzelnen Vertriebsmitarbeiterinnen und Vertriebsmitarbeiter. An jeder Übergangsstelle des Funnels lassen sich im Mitarbeitergespräch (→ **#Business_Hack_45**) konkrete Verbesserungen respektive Zielvereinbarungen (→ **#Business_Hack_66**, → **#Business_Hack_67**) besprechen und festhalten.

To-dos

1. Wie viele Kontakte zum Kunden und wie viele Terminvereinbarungen sind in deinem Unternehmen nötig, um mit zehn potenziellen Kunden zu sprechen?

2. Wie viele von diesen zehn Kunden schließen bei euch ab?

3. Projiziert diese Zahlen auf die einzelnen Mitarbeiter. Weicht ein Teammitglied nach oben ab? Und wenn ja: Woran liegt das?

4. Nutzt dieses positive Beispiel als Best Practice. Fordert den betreffenden Mitarbeiter auf, seinem Team das Erfolgsgeheimnis mitzuteilen, Wissenstransfer zu betreiben.

5. Weicht ein Teammitglied nach unten ab, solltest du gemeinsam mit diesem Mitarbeiter die Ursachen ergründen. Liegt es am Vertriebsgebiet? Am Potenzial? An der Vorgehensweise des Mitarbeiters? Telefoniert er zu wenig, um Termine zu bekommen?

6. Hast du den oder die Gründe gefunden, vereinbare mit ihm entsprechende Ziele. Frage zwischendurch immer wieder nach der Entwicklung seiner Tätigkeit. Wird er das Ziel erreichen können? Wird er Schwierigkeiten damit haben? Wenn ja: Warum?

7. Wie kannst du ihn unterstützen?

#BUSINESS_HACK_61

Online Sales Funnels – richtig eingesetzt

Kürzlich berichtete mir der HR-Leiter eines großen Unternehmens eine prototypische Sales-Funnel-Story, und zwar eine positive. Er sei bei der Onlinesuche nach sinnvollen Maßnahmen zur Stressreduktion der Mitarbeiter auf eine Website gestoßen, die einen wirksamen Ansatz zum Erkennen und vor allem Lösen von organisationalen und persönlichen Stressoren versprach. Ein Ansatz, der ihm insbesondere in der disruptiven Coronazeit sehr wichtig erschien, da die vielen Hundert Mitarbeiterinnen und Mitarbeiter seines Callcenters unter extremem Stress standen.

Diese Website – oder besser: Landingpage – zeichnete sich schon durch einen Domainnamen aus, der ein Erfolgsversprechen enthielt, und beschäftigte sich monothematisch nur mit diesem einen Lösungsansatz. Gegen Eingabe seiner Mailadresse konnte der HR-Leite direkt kostenlose Infobooks zum Thema anfordern, die inhaltlich wirklich gut auf seine Problematik zugeschnitten waren. Ein Webinar mit weiterführenden Infos sowie FAQs konnte er ebenfalls kostenlos mitmachen und im Anschluss ein dort erwähntes Buch bestellen, das sich umfassend mit Lösungsmodellen und Tipps auseinandersetzt. Gegen eine überschaubare Gebühr habe er dann einen Onlineselbsttest durchgeführt, der ihm »vernünftig« und – soweit er dies beurteilen konnte – wissenschaftlich validiert erschien. Jedenfalls spiegelten die Ergebnisse dieses Tests sehr gut seine eigene Stresserfahrung wider. Mehr noch aber überzeugte ihn der »Beratungsteil« des Testergebnisses, da dort differenziert Gründe, Motivatoren und persönliche Trigger herausgearbeitet waren, die bei ihm persönlich Stress auslösten. Gleichzeitig wurden hilfreiche Ressourcen angerissen, sodass sich Lösungsansätze zeigten. Natürlich habe es am Ende der Testauswertung reichlich Werbung und direkte Kontakte zu den Anbietern dieses Testsystems gegeben – und die habe er auch genutzt. Mit einem Anruf beim Anbieter habe er diesem fast schon die Vertriebsarbeit abgenommen und die Brücke von der unpersönlichen Internetkommunikation zur (Kauf-) Beratung durch den trainierten Verkäufer selbst geschlagen. Sein ver-

blüfftes Fazit: Durch die überzeugende Art der Online-Kundenanspra-
che habe er sich im Grunde selbst zum Kunden gemacht. Heute setze
er jenes Stress-Diagnostik-und-Vermeidungs-Tool mit gutem Erfolg
konzernweit ein, die Führungskräfte und Mitarbeiter schätzen die
konkreten Messergebnisse des Tools und die vorgeschlagenen individuellen Maßnahmenpakete zur Stressreduktion.

Voraussetzungen für gute Online Sales Funnels

Hier hat ein Anbieter offenbar einen perfekten Online Sales Funnel
aufgebaut, der sich vor allem durch drei Aspekte auszeichnet: 1. Ein
echtes Problem wird beschrieben, das Bedürfnis adressiert, 2. eine
wirklich hilfreiche Lösung dafür wird angeboten, 3. eine neue Form
der Kundenansprache für das Thema / Produkt / Bedürfnis wird gewählt.

Liegen diese drei Kriterien vor, können Online Sales Funnel sehr gut
funktionieren, und zwar B2C, B2B und B2P (Business to Purchaser),
also Business zum digitalen Kunden, der zwar für ein Unternehmen
(Business) handelt oder einkauft, dabei aber wie ein digitaler Endkunde (Customer) recherchiert, vergleicht, vorgeht, und eben nicht gemäß
der »herkömmlichen Purchasing Prozesse« wie Ausschreibungen u. Ä.

Definiere deine Zielgruppe

Der klassische Sales Funnel (→ **#Business_Hack_60**) dient im Wesentlichen dazu, in jeder Phase des Verkaufsprozesses jene potenziellen
Kunden auszusieben, die entweder kein echtes Interesse oder kein
Budget für dein Angebot haben, um schlussendlich die wirklich
interessanten Leads zu qualifizieren und zum Abschluss zu führen.
Voraussetzung dafür ist, dass eine Grundeinheit an potenziellen Kunden bereits besteht. Beim Online Sales Funnel ist dies unnötig. Durch
massenattraktive und dennoch möglichst zielgruppenorientierte Angebote generierst du vielmehr eine Interessentengruppe. Der Ansatz
ist B2B wie B2C – also B2P (Business to Purchaser), wie du im Bericht
des HR-Leiters oben gesehen hast – prinzipiell der gleiche. Ich fasse ihn
für dich in zehn Schritten zusammen:

1. Du identifizierst einen dringenden Bedarf (»Need«) bei einer möglichst großen Grundeinheit an potenziellen Interessenten.

2. Für diese hast (oder entwickelst) du ein Produkt bzw. eine Dienstleistung, die diesen massiv vorkommenden »Schmerz heilen« würde – also eine wirklich funktionierende, wertvolle Lösung bietet.

3. Du entwickelst überdies eine Reihe von hilfreichen Informationsmedien und »Goodies« oder »Give Aways« für deine potenziellen Kunden, die ihnen beweisen, dass dein Produkt bzw. die Dienstleistung deiner Firma eine smarte und hilfreiche Lösung für ihren Bedarf bietet.

4. Du stellst eine oder mehrere spezialisierte Microsite(s) ins Internet, die diese definierten Kundenwünsche adressiert und deine Lösungen beschreibt.

5. Diese Microsites bewirbst du (oder bewirbt dein Unternehmen) im Netz oder auf den Onlinekanälen, auf denen sich deine / eure Kernzielgruppe häufig bewegt. Ein Weg sind Google Ads oder Branchenplattformen, klassische Medien, aber auch Kundenportale oder Social Media. Bei einigen dieser Onlinekanäle wie zum Beispiel Facebook lassen sich zielgruppenspezifische Anzeigen schalten, sodass dein Angebot auch tatsächlich die Menschen erreicht, die mit deinem Angebot korrelieren.

6. Damit ist der Trichter offen, in den neue Interessenten für dein Angebot einlaufen. Diesen bietest du zunächst möglichst viel kostenlosen, aber wertvollen Service. Tipps, die ihnen bei ihrer Problemlösung weiterhelfen. Anleitungen mit wertvollen Informationen, beispielsweise in Form eines E-Books (PDF). Deine Expertise, deine Unterstützung.

7. Schritt für Schritt bindest du die neuen Interessenten immer stärker an dich bzw. deine Firma. Du baust eine belastbare Verbindung auf, indem du dich als nützlicher Experte beweist. Du beantwortest Fragen, die immer wieder auftauchen, gibst Hilfestellung. Das kannst du beispielsweise durch »automatisierte

Systeme« wie Autoresponder-E-Mails, FAQ (Frequently Asked Questions, häufige Fragen) oder voraufgezeichnete Webinare bzw. automatisch ablaufende Videoaufzeichnungen tun.

Ein sogenannter »Tripwire« zeigt dir an, ob der Kunde wirklich interessiert ist. Der Tripwire ist ein erstes Produktangebot, das gegen kleinen Preis verkauft wird. In dieser Phase sortieren sich jene Anfrager aus, die nicht zum Angebot deines Unternehmens passen oder nicht das Budget dafür haben. Sie werden dem Trichter nicht weiter folgen, und das ist auch in Ordnung, weil sie auch später nicht kaufen werden. Dennoch hast du ihnen bisher eine gute Customer Experience verschafft, sie werden im Idealfall dein Angebot immer noch gut finden oder an andere weiterempfehlen.

8. Du machst keinen Hehl aus deiner Verkaufsabsicht – das würde später zu Enttäuschungen führen –, aber du beweist vor allem Zuverlässigkeit, Fachkompetenz und Vertrauenswürdigkeit. Insbesondere Vertrauen ist die Währung Nummer Eins im Vertrieb und Verkauf – und sie ist oftmals schwer zu erreichen. Denn heutzutage haben die Menschen gelernt, dass sie allen Aktivitäten zur Neukundengewinnung, aller Werbung, erst einmal misstrauen sollten.

9. Du bietest dem der Customer Journey bis hierher gefolgten Interessenten entweder kostengünstige Einsteigerprodukte oder den direkten Kontakt zu dir an. Nach der Reziprozitätsregel wird der potenzielle Neukunde schon jetzt das Bedürfnis haben, dir etwas »zurückzugeben«. Im Idealfall wird er kaufen oder dich direkt in die Firma einladen, damit du dort präsentieren oder dein Angebot abgeben kannst.

10. Du bist nun in der direkten Verkaufsverhandlung bzw. schließt den Verkauf ab.

Damit ist der Weg vom Aufstellen eines möglichst breiten Onlinetrichters über automatisierte Systeme bis zur Übernahme des Warmkontaktes durch den Vertrieb von Mensch zu Mensch erfolgreich beschritten. Der Weg von Marketing über Vertrieb zum Kauf, von Web zu Mensch, von digitaler Strategie zum persönlichen Abschluss.

VOM KNOW-HOW ZUM DO-HOW

1. Online Sales Funnels funktionieren B2C, B2B und B2P – dafür gibt es im Web unzählige Beispiele. Nutzt ihr dieses Tool bereits?
Welche Sales Funnel hast du installiert, die genau die »Kittelbrennfaktoren« eurer Kunden bzw. potenzieller Interessenten adressieren? Gelingt es euch, Interessenten via Funnel in Warmkontakte (Leads) zu wandeln und zur Kaufentscheidung zu führen?

2. Welche Produkte oder Leistungen aus deinem Portfolio würdest du deiner Social-Media-Community oder deiner Zielgruppe über eine Promotional Page im Internet anbieten?
Je klarer der Bedarf der Zielgruppe und je größer der Nutzen deines Produktes bzw. deiner Dienstleistung, desto einfacher (und erfolgreicher) wird dein Online Sales Funnel sein.

3. Welche Medien und kleine Geschenke (»Freebies«, »Free-plus-Shipping«) könnt ihr euch ausdenken, die peu à peu das Vertrauen von Neukunden in euch und eure Leistungen stärken und den kommunikativen Kontakt aktivieren können?
Was könnte ein Tripwire sein? Welches kostengünstige Produkt (out of the shelf, »fertig aus dem Regal«) würde sich eignen, um die Kaufwilligkeit zu testen und mit den potenziellen Kunden zu einem ersten kleinen Abschluss zu kommen und damit eine belastbarere Beziehung aufzubauen?

#BUSINESS_HACK_62

Digitale Tools für den Vertrieb

Die Digitalisierung in Vertrieb und Verkauf ist gekommen, um zu bleiben. Sie wird das Geschäft nie ganz übernehmen – auch wenn Interessenten heutzutage immer stärker an sich selbst verkaufen, weil sie sich selbst (in zunehmenden Teilen) der Produktgestaltung, der Informationen, des Kaufabschlusses und der Prozesse ermächtigen (→ **#Business_Hack_57**). Aber Vertrieb wird in wesentlichen Bereichen ein People Business bleiben, bei dem dich die Digitalisierung der Prozesse und digitale Tools zunehmend unterstützen werden.

So wirst du in der Vertriebsführung immer mehr zum Digital Leader werden. Aber was verstehen wir unter Digital Leadership? Ist es die Art, *wie* wir führen, oder beschreiben wir damit, *womit* wir führen, also den Einsatz von digitalen Tools inklusive Ausbau der individuellen und organisationalen digitalen Kompetenzen? Digital Leadership ist meiner Meinung nach vor allem eine Führungshaltung, die eng mit agiler Führung (→ **#Business_Hack_51**) und New Work zu tun hat, und die die Entwicklung von digitalen Kompetenzen erfordert und sich des Einsatzes digitaler Tools bedient.

Das bricht Digital Leadership immer wieder auf die prozessuale Ebene herunter – und über die musst du Bescheid wissen, wenn du deine Mitarbeitenden persönlich, nahbar und state-of-the-art führen willst. Und genau danach fragen mich die Zuhörer, Seminar- und Webinar-Teilnehmer meiner Vortragsreihen rsp. unserer Seminare und Trainings immer wieder.

Eine Vielzahl an Tools verlangt sinnvolle Auswahlkriterien

»Welche Tools setzt du im Vertrieb ein?«, »Welche neue App ist empfehlenswert, wenn ich xyz machen will?«, »Wie spielst du ein Vertriebswebinar an deine mittelständischen Kunden aus?«, »Was wird der nächste heiße SCH*** bei CRM?«, »Was ist mit der XYZ-Cloud-Lösung … KI-Bots?« usw. usf.

Diese Fragen sind unter Vertriebsleiterinnen und -experten bei jedem Treffen und selbst in unserer Mastermind-Gruppe (→ **#Business_**

Hack_11) immer wieder Thema – besonders wenn einer der Tech-Nerds in der Gruppe ein tolles neues Tool entdeckt hat, das seiner Ansicht nach natürlich einen globalen Siegeszug antreten wird ...

Du stellst dir vielleicht auch die Frage, welche Tools du konkret einsetzen kannst, um den Anforderungen der digitalen Transformation im Vertrieb gerecht zu werden – und zwar in der internen Vertriebsorganisation und an den äußeren Schnittstellen zum Kunden hin. Im Folgenden habe ich aus meinen aktuellen Erfahrungen in der Beratung und Analyse von vertriebsstarken Unternehmen eine Synopsis digitaler Tools erstellt. Damit ist ausdrücklich keinerlei Kaufempfehlung oder Schleichwerbung verbunden und sie kann selbstverständlich keinen Anspruch auf Vollständigkeit erheben und spiegelt nur den Erkenntnisstand zum Zeitpunkt der Drucklegung dieses Buches wider.

VOM KNOW-HOW ZUM DO-HOW

Tipp: Verschaffe dir selbst einen Überblick entsprechend deinen Bedürfnissen und Anforderungen deines Business.

Beispiele für den Einsatz digitaler Tools im Vertrieb		
Aufgabe	**Eher intern orientiert / nutzbar**	**Eher extern orientiert / nutzbar**
Messaging / Chat / Direkter kommunikativer Austausch	Anlage von Gruppenchats im Rahmen der Vertriebsorganisation in Messenger-Systemen (Apps) wie WhatsApp (Datenschutz-Problematik beachten), Threema, Wire, Telegram, Signal (Datenschutz: Wird zum jetzigen Zeitpunkt als eine der sichersten Messenger-Apps für Android und iOS bezeichnet).	Anlage von Interest Groups für die Kommunikation hin zu oder mit Kunden XING, LinkedIn, Facebook (auch die Unternehmensseiten / Events). Im B2C-Bereich zunehmend Telegram, Twitter, Instagram, Clubhouse TikTok (Marketing).
Projektmanagement	Termin- und Aufgabenplanung in Online-Organisations- und Projektmanagement-Tools wie MS Teams, Outlook, Trello, Wrike, Evernote	

Dokumentenverwaltung	Ablage und Verwaltung von Dokumenten, Präsentationen etc. in Cloud-Systemen, mobile Downloadmöglichkeit via Dropbox	Ablage und Verwaltung von gemeinsamen Dokumenten, kollaborativen Präsentationen etc. in Cloud-Systemen (soweit das Kundenunternehmen den Zugriff auf diese erlaubt, daher ist die individuelle Nachfrage erforderlich).
Collaboration	Digitale Zusammenarbeit im Team organisieren: Slack, Wrike, MS Teams, CollaBoard, Monday.com, asana.	
Kundenservice		Issue-Tracking (IST)- und Ticket-Systeme wie zendesk, TecArt, TickX, osTicket, Eventbrite, XING
Automatisierte Kommunikation	FAQ in der eigenen App oder im Intranet für die Klärung immer wiederkehrender Fragen; automatisierte Task-Erinnerungen u. Ä. mit Projektmanagement-/Collaborationstools (siehe oben)	Strukturierte Versendung von einfachen (wiederkehrenden) Kommunikationsblöcken mit Autoresponder-Systemen wie MailChimp, GetResponse, CleverReach, Klick Tipp, Sendeffect (→ **#Business_Hack_61** Online Sales Funnels) Der Vollständigkeit halber gehören in diese Kategorie Textbots/Chatbots (→ **#Business_Hack_54** Profitiert von Sprachanfragen mit Voice Applications)
CRM	Umfassende Kundendatensammlung und »Digging« (zusammenführen, vernetzen, analysieren, selektieren) von Big Data in aktuellen CRM-Systemen wie SalesForce, SAP CRM, Microsoft, CRMPATHY oder BSI CRM für Multichannel-Händler	→

Texting, Echtzeit	Getextete Echtzeit-Kommunikation: Chat-/Messenger-Systeme	Getextete Echtzeit-Kommunikation: Bots, ChatBots
Video-kommuni-kation	Videoconferencing/visuelle Echtzeit-Kommunikation mit Zoom, MS Teams, Skype, WhatsApp Videocall (Achtung: Datenproblematik)	Visuelle Echtzeit-Kommunikation mit Skype, Zoom, MS Teams
Push-Info	Aktuelle interne Informationsverbreitung: Intranet (als App z.B. Jostle, Vertriebsblog)	Vertriebsblog, Newsletter
Vertriebs-Weiter-bildung	Standortunabhängige Weiterbildung (Skills, Produkttrainings etc.) mittels Webinaren (u.a. MS Teams, Zoom, GoToMeeting, Webinarjam und viele weitere), Lernplattformen, Onlinekursen, live oder als Konserve	Standortunabhängige Weiterbildung (Skills, Produkttrainings etc.) des Kunden mittels Webinaren, Lernplattformen, Onlinekursen, live oder als Konserve
Business Intelligence	Business-Intelligence-Systeme, mit denen die Performance sämtlicher Unternehmens- und Vertriebsbereiche controllt werden kann wie etwa: Cubeware, Denzhorn BI, Oryalis, (komplett integriert:) Microsoft Dynamics 365	Vertriebliche Nutzung intermediärer digitaler Plattformen.

#BUSINESS_HACK_63

Vertriebskennzahlen – die unterschätzte Hilfe

»Ein Dollar, der am Markt verdient wird, erhöht den Unternehmenswert mehr als ein Dollar, der durch weniger Kosten den Gewinn erhöht.« – Dieser im amerikanischen Business häufig zitierte Spruch pointiert, wie wichtig der Vertrieb ist. Denn viele Unternehmen sind zwar schon kaputtgespart worden (gerade auch in Coronazeiten), aber kaputtverkauft worden ist noch keines.

Um einen guten Vertriebsjob zu machen, bedarf es einer vorausschauenden Vertriebssteuerung – und diese stützt sich auf die Arbeit mit belastbaren Zahlen. Vertriebskennzahlen. Wenn ich junge Startups berate oder Gründer trainiere, habe ich manchmal den Eindruck, Vertriebskennzahlen seien unnötig, das Zahlenwerk ergäbe sich schon. Zunächst ginge es darum, das Investorengeld einzusetzen, um möglichst schnell möglichst viele Kunden zu generieren – und dann habe man ja die Businesspläne, da stünden ja super Zahlen und Entwicklungen drin. Und der Exit sei dann schon in Sicht.

Mag sein.

Vertriebskennzahlen werden jedoch spätestens dann wichtig, wenn kein externes Geld mehr fließt und es nur noch einen Herrn im Hause gibt: den Kunden. Das ist der, der alles zahlt. Und weil dies so ist, steht er immer im Zentrum unserer Arbeit (→ **#Business_Hack_57**). Daher müssen wir uns im Vertrieb auch sehr im Klaren darüber sein, anhand welcher Zahlen und Benchmarks wir feststellen können, ob wir auf dem richtigen Weg sind. Ob wir die richtigen Kunden in richtiger Menge mit den richtigen Produkten zu den richtigen Preisen adressieren. Zudem geben dir die Zahlen die Macht, auch ein gescheites Controlling zu betreiben und nachzusteuern, wenn es notwendig wird.

Die Bedeutung von Vertriebskennzahlen

In der Vertriebssteuerung nutzen wir die Instrumente der Vertriebserfolgsrechnung, die die Beziehung zwischen Produkt und Markt analysieren, und die Vertriebskennzahlen, die Vorgaben (Sollzahlen) und Quoten sowie Werte (Istzahlen) für die einzelnen Vertriebsprozesse beschreiben.

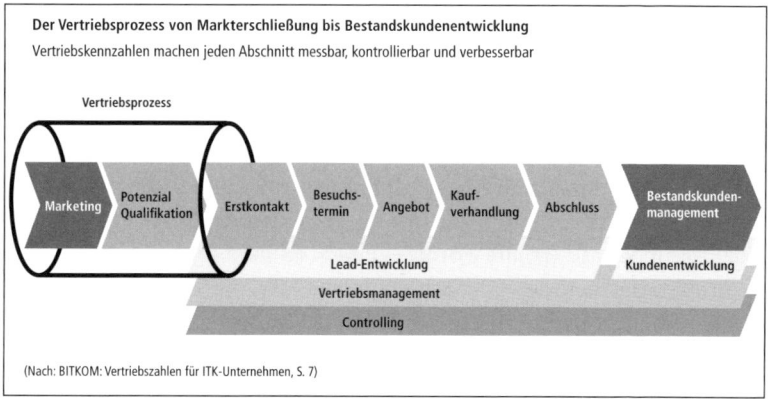

Der Vertriebsprozess von Markterschließung bis Bestandskundenentwicklung
Vertriebskennzahlen machen jeden Abschnitt messbar, kontrollierbar und verbesserbar

(Nach: BITKOM: Vertriebszahlen für ITK-Unternehmen, S. 7)

Vertriebskennzahlen erfüllen fünf wesentliche Funktionen:

1. Sie sind die Grundlage für die Vertriebsplanung und den Forecast.
2. Sie dienen dem Reporting und Controlling der Vertriebsentwicklung.
3. Sie können frühzeitig Trends und Marktbewegungen andeuten.
4. Sie dienen dem Risikomanagement, da sie Schwachstellen im Vertrieb rsp. in der Prozesskette aufdecken.
5. Sie unterstützen die Motivation der Mitarbeiter, da sie die Basis für die Berechnung der variablen Vergütungsanteile sind.

Vertriebskennzahlen sind Steuergrößen

Vertriebskennzahlen, auch Key Performance Indicators (KPI) oder Steuergrößen genannt, gibt es branchenunabhängig für sämtliche Bereiche des Verkaufs: vom Angebot bis zum After Sales, für Umsatz und Marktanteile, für die Zahl der potenziellen Kunden, für Leistung und Effizienz. Sie bilden sowohl planerische Zielsetzungen als auch operativ erreichte Ziele ab. Mit ihnen lassen sich die Erfolge in den unterschiedlichen Bereichen ablesen, Maßnahmen planen, Strategien entwickeln und korrigieren. Sie sind deine ständigen und wichtigen Begleiter im Vertrieb. Und sie gelten online wie offline, denn auch die (Vertriebs-)Welt ist hybrid (→ **#Business_Hack_59**) geworden.

Beispiel für mögliche Vertriebskennzahlen in deinem Unternehmen

Die folgende Matrix gibt dir in der Waagerechten Orientierung darüber, wie hoch der Umsatz ist, der in welcher Region (Verkaufsgebiet) von welchem Verkäufer mit welchem Produkt und mit welchen Kunden erzielt wurde. In der Senkrechten schlüsselst du die Ergebnisse nach Deckungsbeitrag, Angeboten etc. auf. Zudem findest du in dieser Matrix einen Vorschlag für die Priorisierung. Natürlich bilden wir solche Zahlen heutzutage in digitalen Tools ab (→ **#Business_Hack_62**), doch zur Entwicklung und Priorisierung ist eine solche Matrix erst mal hilfreich.

Beispiel für eine Übersichtsmatrix wichtiger Vertriebskennzahlen eines CSO (Chief Sales Officer)							
	Online	Region	Verkäufer	Produkt	Kunde	Umsatz	Ertrag
Deckungsbeitrag							
Angebotszahl							
Angebotssummen							
Auftragszahl							
Auftragssummen							
Angebotserfolgsquoten (Aeq)							
Besuchszahlen							
Neukunden							
Schlafende Kunden							
Anzahl der betreuten Kunden							
PLZ							
Umsatz							
Kunde							
Produkt							
Verkäufer							
Führungskraft							

Legende: ▓ 1. Prio ░ 2. Prio ☐ 3. Prio

Qualitative Kennzahlen werden in heutigen Zeiten wichtiger

Standen früher die »klassischen« Vertriebskennzahlen hinsichtlich Umsatz, Marktanteil und Deckungsbeitrag im Fokus, betrachten wir heute zahlreiche weitere – auch qualitative – Vertriebskennzahlen. Die Kennzahlen haben sich also genauso verändert wie der Vertrieb selbst. Mit dem neuen »digitalen Kunden« und seiner Erwartungshaltung an die Beratung haben beispielsweise Vertriebskennzahlen aus den Bereichen Kommunikation und Marketing enorm an Bedeutung gewonnen. Und auch Kennzahlen des Purpose und der Nachhaltigkeit (→ #Business_Hack_53) werden zukünftig immer wichtiger werden und immer mehr Auswirkung auf Vertrieb und Verkauf haben. Daher werden wir es uns nicht mehr leisten können, (nur) mit den klassischen Vertriebskennzahlen zu arbeiten.

Welche Vertriebskennzahlen wichtig sind, auf welche nicht verzichtet werden kann und welche nur nützliche, aber nicht wesentliche Informationen abbilden, hängt also von zahlreichen Aspekten ab: vom Geschäftsmodell, von der Marktposition, den Produkten. Und natürlich von der Geschäfts- und Vertriebsstrategie. Doch ganz gleich, in welcher Branche du arbeitest, welche Produkte du verkaufst, das System der Vertriebskennzahlen ist ein wertvolles und umfassendes Informationssystem für alle Absatz-, Kunden-, Wettbewerbs- und Marktsituationen. Dies macht sie für die tägliche Arbeit so unverzichtbar.

Welche Vertriebskennzahlen brauchst du?

Kein Unternehmen kann es sich leisten, die Markt- und Wettbewerbssituation bei der Vertriebsplanung zu ignorieren. Vertriebskennzahlen zum absoluten und relativen Marktanteil sind ein Muss. Genauso wie Vertriebskennzahlen zu Umsatz, Kunden, Leistung und Effizienz. Die Gewichtung dieser Zahlen ist jedoch von den jeweiligen Vertriebszielen abhängig. Wenn du das Ziel hast, den Umsatz zu erhöhen, rücken Umsatz und Marktanteil in den Vordergrund. Geht es darum, sich durch günstigere Preise am Markt zu etablieren, wirst du mehr Aufmerksamkeit auf die Vertriebskosten und das Pricing legen.

VOM KNOW-HOW ZUM DO-HOW

Praxistipp: Die wichtigsten Vertriebskennzahlen

Je nach Branche und Unternehmensgröße werden unterschiedliche Vertriebskennzahlen erhoben. Die wichtigsten Kennzahlen zur Vertriebssteuerung sind jedoch:

1. Umsatz (mit Bezugsrahmen / Gebiet / Sektor)

2. Deckungsbeitrag (DB)

3. Akquisitionsleistung: Neukunden-Umsatz und Neukunden-DB

4. Cross- und Up-Selling-Quoten

5. Bestandskundenentwicklung nach Umsatz, Sparten und DB

6. Aktivitätserfolge im Verhältnis: Anrufe / Termine, Ersttermine / Abschlusstermine, Angebote / Aufträge

7. Reklamationsquoten, Stornoquoten

8. Marktquoten: Marktausschöpfung, Marktanteile / relative Marktanteile

9. Durchschnittliche Bons (Consumerkauf), durchschnittlicher Umsatz / Quadratmeter (Ladengeschäft), Pro-Kopf-Umsätze, Produktivitäten

10. Je nach Vertriebsart können wichtige individuelle Vertriebskennzahlen hinzukommen wie zum Beispiel Telefonquoten: Zahl der ausgeführten Anrufe (Telefonversuche) – Zahl der erreichten Adressaten – Zahl der erreichten Ziele-1 (z.B. Qualifizierung des Ansprechpartners) und Ziele-2 (z.B. Terminvergabe). Oder Empfehlungsquoten und Up-/Cross-Selling-Potenziale.

Welche sind die wichtigsten Vertriebskennzahlen, die du erhebst rsp. erheben wirst? Notiere!

Tipp: Die Tabellengrafik und Formulare findest du zum Download und zum direkten Einsatz auch auf der Landingpage zum Buch unter https://andreas-buhr.com/bgha
Dort gibt es auch eine Reihe erläuternder Videos von mir (Vlog) zum Thema.

#BUSINESS_HACK_64

Branchenbenchmarks – good to know, hard to get

Eine Frage, die immer wieder gestellt wird und allen Vertrieblern und neuen Vertriebsführungskräften auf den Nägeln brennt, ist die nach den »Standards« von Vertriebskennzahlen in den unterschiedlichen Märkten oder Branchen. Zum Beispiel:

- »Wie hoch müsste meine Abschlussquote im Vergleich zum Durchschnitt der Firmen in meinem Sektor sein? Und wie hoch ist sie bei den besten?«
- »Wie viele Kaltakquise-Telefonate müssen wir denn im Durchschnitt führen, bis wir in dieser Kundenbranche einen Termin erzielen können?«
- »Wie sieht denn das durchschnittliche Verhältnis von Interessenten im Sales Funnel (→ **#Business_Hack_60**) zu Leads in diesem Marktsegment aus – woran können wir uns da orientieren?«
- »Wenn wir mal die besten Vertriebsorganisationen in meiner Branche zugrunde legen: Wie sieht das Verhältnis von Leads zu getätigten Abschlüssen da aus?«

Branchenbenchmarks: Vertriebskennzahlen B2B und B2C

Tja, das sind die Fragen nach den »Benchmarks«, den positiven (Erfolgs-)Standards, die sich Vertriebsleiter und Unternehmer gerne als Beispiel für ihre eigenen Zielsetzungen nehmen. Leider gehören solche Benchmarks zu den am besten gehüteten Geheimnissen in allen Unternehmen und Branchen.

Da sie jedoch tatsächlich sehr hilfreich sind und Orientierung geben, um beispielsweise Zielvereinbarungen (→ **#Business_Hack_68**) mit Vertriebsvereinbarungen zu treffen, zeige ich dir ein paar Möglichkeiten, um solche Benchmarks zu generieren.

So entwickelst du Benchmarks für eure Vertriebskennzahlen

1. **Interne Benchmarks deduzieren**
   Bedeutet, dass du die jeweils besten Werte oder Quoten, die bezüglich der dich interessierenden Vertriebskennzahlen in deinem Unternehmen jemals erzielt wurden, als Zielgröße ansetzt. Um interne Benchmarks zu erhalten, solltest du die besten Mitarbeiter genau beobachten. Außerdem sollten Standards regelmäßig neu (nach oben) angepasst werden, denn damit schaffst du neue Benchmarks.
2. **Aktualisieren**
   Bestehende / bekannte Benchmarks sind in regelmäßigen Abständen – etwa jährlich – zu erheben und zu aktualisieren. Nur so kann man den Markttrends Rechnung tragen.
3. **Interne Benchmarks indizieren**
   Dies bedeutet, dass du in der Vertriebsführung Wunschquoten oder -werte festlegst.
4. **Externe Benchmarks nutzen**
   Fest steht: Die Benchmarks unserer Wettbewerber sind interessant für uns. Und – Hand aufs Herz – glaubst du, dass deine neuen Vertriebsmitarbeiter alle Zahlen vergessen haben, mit denen sie bei ihren vorherigen Arbeitgebern gearbeitet haben? Ich denke, nicht: Also binde sie in deine Planung mit ein.
5. **Branchenbenchmarks**
   In vielen Branchen geben Verbände oder Forschungsinstitute Kompendien mit umfangreichen Datensammlungen zu Märkten, Umsatzentwicklungen, Vertriebsvolumina, Auftragswahrscheinlichkeiten, Wettbewerbssituationen etc. heraus, die wir nutzen sollten. Auch bei vielen Branchenveranstaltungen und Kongressen werden durchschnittliche Quoten und Benchmarks erörtert, die wir uns anschauen sollten.

Auf Dauer wirst du immer mehr Benchmarks aus deinem wachsenden Erfahrungswissen und den angesprochenen Informationsquellen schöpfen. Denn klar ist: Was nützt die schönste Quotenberechnung, wenn ich sie nicht in Relation zum Bestmöglichen setzen kann.

VOM KNOW-HOW ZUM DO-HOW

Viele Verbände und Institute geben nützliche Informationen heraus für die Erstellung rsp. Nutzung von Benchmarks:

Informationsquellen	Schon genutzt – ja/nein
Die Sparkassen erstellen aktualisierte Branchenreports, die frei zugänglich sind.	
Deutscher Vertriebsperformanceindex (dvpi): Trends und Performance im Vertrieb der ITK-Branche; wiederkehrende Untersuchung aus Sicht der Vertriebsbeauftragten	
Der Bundesverband der Deutschen Volks- und Raiffeisenbanken veröffentlicht halbjährlich Branchenberichte für die 100 wichtigsten Wirtschaftszweige.	
Handelskammern, Handwerkskammern, Institut für Handelsforschung	
Erfa-Gruppen des Handels, in denen sich Unternehmen austauschen, die nicht in einem direkten Wettbewerbsverhältnis stehen, aber über ähnliche Strukturen, Kennzahlen und Potenzialentwicklungen verfügen	
Internet? Quellen? Foren? Social Media? Youtube?	

Welche Quellen hast du, habt ihr schon genutzt? Notiere!

_____

Wie habt ihr die Benchmarks aufgestellt? Notiere!

_____

Werden sie jährlich aktualisiert? Notiere!

_____

#BUSINESS_HACK_65

Kennzahlen – diese musst du nutzen

Vertriebskennzahlen (→ **#Business_Hack_63**) sind in jeder Phase sinnvoll. In der Potenzialqualifizierung ebenso wie bei der Lead-Entwicklung, in der Angebotsphase und beim Auftragsabschluss. Sie ermöglichen ein schnelles Eingreifen, eine Korrektur oder die Aufstockung des Vertriebsteams. Gerade die Coronakrise hat uns vor Augen geführt, wie wichtig schnelles und passgenaues Reagieren ist.

Vertriebskennzahlen sind »umgerechnete Vertriebsziele«

Kennzahlen sollten als Grundlage für die Vertriebsstrategie und die Vertriebsziele dienen. Das Ziel, den Marktanteil zu erhöhen, ist zum Beispiel nur dann sinnvoll, wenn es auch ein entsprechendes Marktpotenzial gibt. Wenn die Wettbewerbssituation dir die Chance gibt, eurem Wettbewerber Anteile abzunehmen. Auch der Bedarf an künftigen Mitarbeiterinnen und Mitarbeitern im Vertrieb kann nicht ins Blaue hinein geplant werden – da geht es um Menschen, um ihre Jobs. Hier haben wir die Verpflichtung, präzise zu sein. Und dies gelingt uns nur auf der Basis von Kennzahlen.

Beispiel: Vertriebskennzahl »Potenzialqualifizierung«

Einmal erhoben, unterstützen Vertriebskennzahlen dich in vielen Detailplanungen. Beispiel Potenzialqualifizierung. Hier geht es um die Frage, wie viele potenzielle Kunden mit welchen Abnahmevolumina es für ein Produkt überhaupt gibt. Dieses Wissen ist Voraussetzung, um Details wie Vertriebsgebiete, Vertriebsziele, die Größe des Teams sowie die Vertriebskosten überhaupt planen zu können.

Bei der Potenzialqualifizierung betrachten wir Adressdaten, Detailinformationen zu den Ansprechpartnern bis hin zu den konkreten Bedarfssituationen. Die Ergebnisse werden dem Vertrieb über das CRM-

System zur Verfügung gestellt oder sogar direkt vom Vertrieb erarbeitet. Dieser kann dann die weitere Planung vornehmen, beispielsweise die Größe der Vertriebsgebiete so definieren, dass sie vom Außendienst beherrschbar und dass potenzielle Kunden gerecht verteilt sind, und andere Gebiete als irrelevant einstufen, weil dort zu wenig Potenzial ist. Häufig ist es sinnvoll, für diese Entscheidungen auch den absoluten Marktanteil des eigenen Unternehmens sowie die Wettbewerbssituation anzusehen. Die Vertriebskennzahl *Potenzialqualifizierung* kann zudem als Grundlage für die Budgetierung von Kommunikationsmaßnahmen, zur Personalbedarfsplanung und zur zeitlichen Planung von Vertriebsmaßnahmen genutzt werden.

Die Detailplanung betrifft übrigens auch den einzelnen Kunden. Dank der heutigen CRM-Systeme (→ **#Business_Hack_62**) wie Salesforce oder der Lösungen von SAP oder Oracle stehen dir rsp. euch im Verkauf zahlreiche Informationen zur Verfügung – sofern die Daten richtig gepflegt werden. So lässt sich nicht nur erkennen, welche Produkte der Kunde bereits gekauft hat – die Mitarbeiter können auch Cross-Selling- und Up-Selling-Potenziale erkennen.

Wie lässt sich die Vertriebskennzahl *Potenzialqualifizierung* in der Mitarbeiterführung nutzen? Je nach Vertriebsstrategie kannst du mit deinem Mitarbeiter Ziele vereinbaren.

Quantitative Ziele sind beispielsweise:

- definierte Anzahl von Terminvereinbarungen in einem bestimmten Zeitraum
- definierte Anzahl von Besuchen im definierten Zeitraum
- Steigerung der aktiven Kunden um xy Prozent
- Erhöhung des Umsatzes pro Kunde
- Erhöhung des Marktanteils in einem definierten Vertriebsgebiet um xy Prozent
- Umsatzerhöhung in einem definierten Vertriebsgebiet um xy Prozent

Qualitative Ziele sind beispielsweise:

- Neustrukturierung der Vertriebsgebiete
- Entwicklung einer Marketingstrategie für neue Vertriebsgebiete
- Entwicklung und Realisierung von Marketingmaßnahmen

Beispiel: Vertriebskennzahl »Lead-Generierung«

Eine weitere wesentliche Vertriebskennzahl ist die der Lead-Entwicklung. Genauer gesagt, geht es hier um mehrere Teilkennzahlen. Diese orientieren sich an den verschiedenen vertrieblichen Phasen vom Erstkontakt bis zum Abschluss. Nach Bedarf kann auch nach Branche, Produkt oder anderen Aspekten differenziert werden. Werden die einzelnen Kennzahlen dann gemeinsam analysiert, können entsprechende Maßnahmen zur Vertriebseigensteuerung abgeleitet werden, verschiedene Vorgehensweisen verglichen sowie Frühwarnsysteme für die Effizienz der Lead-Generierung eingeführt werden.

Mögliche Teilkennzahlen sind beispielsweise die Anzahl der Kontakte / Besuche pro Zeiteinheit / Mitarbeiter / Partner oder die Pro-Kopf-Umsätze. Sie geben Auskunft über die Besuchs- und Kontakthäufigkeit der Vertriebsmitarbeiter, lassen Vergleiche mit anderen Teammitgliedern zu und erlauben so, Kriterien für den Vertriebserfolg abzuleiten.

Teilkennzahl Nummer zwei sind die Interessenten. Sie definiert das Verhältnis der Zahl der zu bearbeitenden Leads, die eine hohe Abschlusswahrscheinlichkeit haben, mit den potenziellen Kunden / Interessenten im Sales Funnel. Diese Teilkennzahl dient der Steuerung von Akquisemaßnahmen. Die Kennzahlen werden regelmäßig erhoben und mit der prozentualen Auftragswahrscheinlichkeit sowie der Gesamtzahl der bearbeiteten Leads in Bezug gesetzt.

Wie sind die Interessenten auf das Produkt aufmerksam geworden? Damit beschäftigt sich die dritte Teilkennzahl. Mit ihr lässt sich die Wirksamkeit der eingesetzten Marketinginstrumente erkennen und steuern. Interessant ist dies vor allem für den Multichannel-Vertrieb (→ #Business_Hack_59). Um die Daten zu erfassen, bietet sich eine Kundenbefragung an, in der verschiedene Optionen abgefragt werden.

Der Forecast ist die vierte Teilkennzahl bei der Lead-Generierung. Sie dient dazu, Abweichungen vom Soll frühzeitig zu erkennen und entsprechende Maßnahmen einzuleiten. Beispielsweise indem Kosten-Umsatz- und Investitionsbudgets angepasst werden. Interessant sind die Teilkennzahlen im Vertrieb vor allem dann, wenn sie im Gesamtzusammenhang betrachtet werden. Eine Teilkennzahl alleine bringt dagegen nur wenig Erkenntnisgewinn.

Beispiel Vertriebskennzahl »Lead-Generierung«

Auch aus der Vertriebskennzahl *Lead-Generierung* lassen sich quantitative und qualitative Ziele für die Mitarbeiterführung ableiten. Quantitative Ziele sind beispielsweise:

- Anzahl der Kontakte / Besuche / Mitarbeiter im definierten Zeitraum um xy Prozent erhöhen
- Zahl der Besuche pro Mitarbeiter bei Stammkunden im definierten Zeitraum um xy Prozent erhöhen
- Anzahl der Leads mit hoher Abschlusswahrscheinlichkeit um xy Prozent im definierten Zeitraum erhöhen

Qualitative Ziele wären beispielsweise:

- Durchführung einer Kundenbefragung, um herauszufinden, wie Kunden auf das Unternehmen aufmerksam wurden
- Prüfung der Effizienz der Marketingmaßnahmen
- Einbindung aller Mitarbeiter
- Analyse der eingesetzten Kommunikationskanäle hinsichtlich ihrer Relevanz
- Entwicklung neuer Marketingmaßnahmen unter Berücksichtigung neuer Kanäle
- Optimierung der bestehenden Marketingmaßnahmen

Beispiel: Vertriebskennzahl »Angebote«

Auch im Bereich Angebot gibt es verschiedene Teilkennzahlen. Hier sind vor allem die Fragen interessant, in welcher Phase potenzielle Kunden aus welchen Branchen Angebote erhalten, über welche Kanäle sie angesprochen wurden und wie häufig sie bis zum Angebot kontaktiert wurden. Anhand dieser Kennzahlen lässt sich die Marktakzeptanz von Preis und Nutzen ebenso analysieren wie der Erfolg der Vertriebsstrategie und der einzelnen Maßnahmen. Sie können aber auch für die Mitarbeiterführung genutzt werden. Du könntest beispielsweise als Ziel vereinbaren, dass die Zahl der Kontaktaufnahmen bis zur Angebotserstellung in einem bestimmten Zeitraum zu reduzieren ist.

Ergänzt wird die Vertriebskennzahl *Angebote* durch die Teilkennzahl *Angebotserfolgsquote*. Diese Kennzahl definiert das Verhältnis von abgegebenen Angeboten zu abgeschlossenen oder konvertierten Aufträgen. Sie kann sowohl auf das gesamte Team als auch für einzelne Mitarbeiter erhoben werden. Da der Erfolg eines Angebots von vielen Aspekten abhängig ist, sagt diese Kennzahl isoliert betrachtet wenig aus. Sie sollte vielmehr als Einstieg in die weitere Analyse verstanden werden. Ergänzt werden kann sie beispielsweise durch die Kennzahl *Auftragsverlustanalyse*, mit der die Gründe für abgelehnte Aufträge erfasst werden. Diese geben Hinweise darauf, wie die Vertriebsstrategie optimiert werden kann.

Merke: Vertrieb ist immer auch Mathematik. Erfolgreiche Verkaufsleiter wissen genau, wie viele Kontakte (online oder offline), wie viele Termine und Gespräche, wie viele Angebote und in welcher Höhe notwendig sind, um ihre Ziele zu erreichen. Und sie kennen diese Zahlen für jeden Mitarbeiter, für das Team, für sich selbst und am Ende für das Unternehmen und hinsichtlich der Zielerreichung.

Aus der Vertriebskennzahl Angebot und den entsprechenden Teilkennzahlen lassen sich beispielsweise folgende Zielvereinbarungen für die Mitarbeiterführung ableiten:

- Reduzierung der Kontakte bis zur Angebotserstellung um x
- Erhöhung der Zahl der Kunden, die nach der ersten Kontaktaufnahme ein Angebot erhalten, um xy Prozent
- Erhöhung der Abschlussquote zwei Wochen nach Angebotsabgabe um x Prozent

Qualitative Ziele sind beispielsweise:

- Analyse der Vertriebskanäle, die eine besonders hohe Angebotsquote zur Folge haben
- Analyse der Vertriebskanäle, die eine besonders hohe Auftragsverlustquote aufweisen
- Optimierung der Kundenansprache, um höhere Auftragsquoten zu erhalten
- Optimierung der Verkaufsunterlagen
- Verbesserung und Optimierung der aktuellen Berufsvokabeln im Vertrieb. Online wie offline!

VOM KNOW-HOW ZUM DO-HOW

Die drei wichtigen Vertriebskennzahlen »Potenzialqualifizierung«, »Lead-Generierung« und »Angebot« haben wir nun gemeinsam erarbeitet. Jetzt ist es an dir, deine konkreten Planzahlen festzulegen.

#BUSINESS_HACK_66

Quantitative Vertriebsziele

Sicher auch bei dir: In eigentlich allen Unternehmen finden Jahresgespräche (→ **#Business_Hack_45**) statt, in denen Mitarbeiterinnen und Mitarbeiter Feedback bekommen und in denen (gemeinsam) die Jahresziele festgelegt werden. Das Problem: Im Alltag geraten die vereinbarten Ziele dann in der Folge gerne aus dem Blick und sind nicht immer und zwingend präsent. Das Ziel wird im Tagesgeschäft schlicht »vergessen« oder es wird ein Ballon mit heißer Luft daraus. Zielvereinbarungen (→ **#Business_Hack_68**) müssen konsequent in Einzelziele heruntergebrochen werden. Beispiel: Von einem Vertriebsmitarbeiter werden nicht 240 000 Euro mehr Umsatz im Jahr erwartet, sondern jeden Monat 20 000 Euro mehr, oder 5000 Euro Umsatz pro Woche. Das ist besser planbar und lässt sich leicht auf »soundsoviele online oder offline Leads«, Calls, Kundenbesuche und konkrete Aktionen mehr pro Woche umrechnen. Im Retail sind es oft schlichte Tagesziele. Hauptsache, es bleibt ein einfach messbares Vertriebsziel, das du mit deinem Mitarbeiter gemeinsam im Blick haben (controllen) kannst.

Klare Spielregeln für quantitative Vertriebsziele

Klassische quantitative Vertriebsziele sind beispielsweise:

- Abschlusszahlen bzw. Verkaufsvolumen (Stückzahlen oder Geldwert) (→ **#Business_Hack_65**)
- erzielte Umsätze in einem definierten Zeitraum
- Deckungsbeiträge
- Anzahl der Kundenbesuche bzw. Kundenkontakte
- Up-/Cross-/Down-Selling bei Bestandskunden
- Anzahl gewonnener Neukunden
- Anzahl reaktivierter Bestandskunden, Nullkunden, schlafender Kunden
- Personentage und Auslastung

All diese Ziele lassen sich relativ einfach messen. Dennoch reicht es nicht aus, nur eine Zahl (z. B. Umsatzsteigerung von 30 Prozent) vorzugeben. Vielmehr muss definiert werden,

- in welchem Produktsegment die Umsatzsteigerung erreicht werden soll,
- in welchem Zeitrahmen,
- mit welchem Kundensegment,
- welche Mittel dem Vertriebsmitarbeiter dafür zur Verfügung stehen, wie weit er – um einen Abschluss zu erreichen – dem Kunden entgegenkommen darf sowie
- welche Werte beachtet werden müssen.

Diese Eckdaten sind nötig, um die Erfolge wirklich messen zu können – und zwar sowohl auf betriebswirtschaftlicher als auch auf unternehmenskultureller Ebene. Andernfalls könnte ein Vertriebsmitarbeiter kontinuierlich Rabatte oder Sonderkonditionen gewähren, um über die Masse zu gehen und so die abgesprochenen Verkaufszahlen oder Umsatzziele zu erreichen. Die Folge wäre, dass die Verkaufspreise nicht mit den benötigten Deckungsbeträgen übereinstimmen würden und dein Unternehmen nicht rentabel wirtschaften würde. Dies würde langfristig dein Unternehmen gefährden – obwohl der Mitarbeiter seine Zielvorgaben erreicht hat.

Transparenz, Objektivität, Fairness

Stehen jedoch die Spielregeln und Rahmenbedingungen fest, können Mitarbeiterinnen und Mitarbeiter fair und objektiv gemäß ihren Leistungen beurteilt werden. Es ist messbar, ob sie die vereinbarten Ziele auch wirklich erreicht haben, ob sie knapp daneben lagen oder selbst von einer Annäherung nicht die Rede sein kann. In Folge kann man gemeinsam klären, weshalb es zu der Abweichung gekommen ist. Du kannst dann Maßnahmen wie Weiterbildungen vereinbaren, um die entsprechenden Mitarbeiter bei ihren nächsten Zielen zu unterstützen.

VOM KNOW-HOW ZUM DO-HOW

Nachfolgend einige Beispiele für klare Zielformulierungen.

Je konkreter eine Zielformulierung ist, umso eindeutiger weiß dein Mitarbeiter, was du von ihm erwartest. Du hingegen profitierst von einer objektiven Grundlage für die Bewertung der Mitarbeiterleistung. Klar ist auch, dass diese Ziele zunächst gemeinsam besprochen und dann festgehalten werden. Zielvorgaben sind beispielsweise:

- »Wir erwarten/wir wünschen uns von Ihnen, dass Sie bis zum 15.12. dieses Jahres Ihren Umsatz um 15 Prozent erhöhen. Dazu stellen wir Ihnen folgende Mittel zur Verfügung ...«

- »Wir haben im letzten Jahr in der Branche ›ABC‹ einen Umsatzrückgang hinnehmen müssen. Wir möchten deshalb, dass Sie bis zum 15.12. dieses Jahres drei Neukunden aus dieser Branche gewinnen. Hier die Zieldefinition: Diese sollten einen jährlichen Umsatz von xy Millionen machen sowie mindestens xyz Mitarbeiter beschäftigen. Potenzielle Kunden finden Sie unter anderem in unserem CRM-System ...«

- »Unser Wettbewerber X hat im vergangenen Jahr den Abstand zu uns auf y Prozent verringert. Wir müssen deshalb bis zum 15.12. unser Profil besser herausarbeiten. Wir erwarten von Ihnen, dass Sie sich die bestehende Produktpräsentation ansehen und sie überarbeiten. Bitte achten Sie vor allem darauf, dass unsere Vorteile für den Kunden (USPs) deutlicher werden, dass Sie die folgenden drei Zielgruppen berücksichtigen ... und dass die Präsentation digital unterstützt wird, sodass sie diese Zielgruppe A, B, C besser adressiert.«

#BUSINESS_HACK_67

Qualitative Vertriebsziele

Neben den quantitativen Vertriebszielen (→ #Business_Hack_66) haben gerade in Umbruchzeiten und disruptiven Entwicklungen wie Covid-19, Klimawandel und Globalisierung auch qualitative Ziele an Bedeutung gewonnen. Will heißen, auch soziale, Nachhaltigkeits-, Weiterbildungs- und Teamstärkungsmaßnahmen stehen im Vertrieb (und natürlich auch im Rest des Unternehmens) im Fokus.

Nachhaltigkeit, Bildung und Teamstärkung sind Erfolgsziele

Erfolgsziele müssen *smart* – also spezifisch, messbar, attraktiv, realistisch und terminiert – sein, das ist heute Common Sense. Aber was ist messbar? Die Umsatzsteigerung? Die Anzahl der Verkäufe? Die Zahl der neu gewonnenen Kunden? Freilich. Doch ganz so einfach ist es heute nicht mehr. Den Erfolg eines Vertriebsmitarbeiters ausschließlich an seinen Abschluss- und Umsatzzahlen abzulesen, wäre viel zu kurz gegriffen. Denn dies würde bedeuten, dass viele Aufgaben im Vertrieb brachliegen würden, weil sie bei der Beurteilung keine Rolle spielen.

Qualitative Vertriebsziele fokussieren immaterielle Werte

Seit einigen Jahren fließen zunehmend qualitative Vertriebsziele in die Zielvereinbarung, aber auch in die spätere Mitarbeiterbewertung ein. Qualitative Vertriebsziele betreffen beispielsweise die Weiterbildung oder Ausbildung von neuen Vertriebsmitarbeitern.

Ein Beispiel aus der Praxis: »Wir werden unser Team in diesem Jahr aufstocken und vier neue Vertriebsmitarbeiter einstellen. Für die Einarbeitung habe ich Sie und Herrn Hinz vorgesehen. Bitte stellen Sie sicher, dass die neuen Kollegen innerhalb von vier Wochen unsere Produkte und Vertriebswege kennenlernen, mit dem CRM-System umgehen können, die wichtigsten Ansprechpartner in den Abteilungen kennen und erste kleine Vertriebsaufgaben eigenständig gelöst haben. Gerne können Sie mir einen Zwischenbericht geben – beispielsweise, wenn sich die neuen Kollegen unerwartet schwertun. Dann können wir gemeinsam überlegen, wie wir damit umgehen. Unser Umsatz / Ertragsziel hierfür liegt bei xyz.«

Ob sich die neuen Mitarbeiter das gewünschte Wissen mithilfe der Kollegen angeeignet haben, lässt sich beispielsweise durch einen entsprechenden Test überprüfen. Werden die Erwartungen nicht erfüllt, muss genauer hingeschaut werden:

- Wie viel Mühe hat sich der Mitarbeiter bei der Einarbeitung der neuen Kollegen gegeben?
- Wo hat es gehakt?
- Haben ihm die neuen Mitarbeiter überhaupt die Chance gegeben, Wissen zu vermitteln?
- Hätte er sich melden sollen oder gar müssen?

Gerade wenn es um zwischenmenschliche Aspekte geht, ist Sensibilität bei den Bewertungen gefragt.

Qualitative Erfolgsziele können aber auch in der erhöhten Nachhaltigkeit von Produkten und Prozessen liegen. Gemeint sind damit die ökologische, ökonomische und soziale Nachhaltigkeit – denn wo und wie heute Güter gefertigt und unter welchem Ressourceneinsatz sie produziert, distribuiert und verkauft werden, ist inzwischen ein massives Entscheidungs- und Kaufkriterium für Kunden (→ **#Business_Hack_53**). Und dies nicht nur für private Consumer, sondern vor allem auch für Businesskunden, das belegen zahlreiche Untersuchungen (→ **#Business_Hack_33**). Die beste Stornoprophylaxe ist die Auswahl der richtigen Kunden, das Herausfinden der jeweiligen Bedarfe und das Stellen der besten Fragen, um dem Kunden zu seiner Entscheidung zu verhelfen: Kaufen lassen ist das neue Verkaufen.

Die qualitativen Erfolgsziele gilt es zu definieren, zu messen und zu kontrollieren.

VOM KNOW-HOW ZUM DO-HOW

Welche qualitativen Erfolgsziele (im Vertrieb) wirst du in deinem Unternehmen einführen rsp. nutzen?

Qualitatives Erfolgsziel-kriterium	Mögliche Zielgröße	Kontrollmöglichkeit/ Messung
1.		
2.		
3.		
4.		
5.		

#BUSINESS_HACK_68

Mit Zielvereinbarungen führen

Führung hat immer auch damit zu tun, Orientierung zu geben. Erfolgreiche Führung zeigt sich vor allem in schwierigen Situationen. Dies gilt auch und gerade für den Vertrieb. Peter F. Drucker hat deshalb in den 1970er-Jahren das Führen mit Zielvereinbarungen eingeführt, das heute gerade mit OKR (→ **#Business_Hack_52**) Erfolge in der agilen Unternehmenswelt feiert. Natürlich haben sich seitdem immer neue Managementsysteme und Führungsphilosophien etabliert – und diese haben absolut ihre Berechtigung (→ **#Business_Hack_44**). Dennoch haben besonders im Vertrieb Zielvereinbarungen weiterhin Bestand und werden bis heute branchenübergreifend eingesetzt.

Erfolgsziele gemeinsam festlegen

Zielvereinbarungen im Vertrieb helfen dir und deinem Team, die Arbeit auf die Unternehmensstrategie auszurichten und sich auf das Wesentliche zu konzentrieren, die Innovationskraft zu stärken, Erfolge systematisch zu kontrollieren und die Zusammenarbeit besser zu koordinieren. Sie sind die Basis für bessere Arbeitsergebnisse. Denn nur wenn ich weiß, was von mir in welchem Zeitrahmen erwartet wird, was ich konkret erreichen kann, mache ich mich auf den Weg zu Resultaten.

Ein wichtiger Aspekt für den Erfolg ist die Art und Weise, wie diese Ziele festgelegt werden. Dies geschieht nicht als autoritäre Anordnung von oben nach unten, als bestimmende Ansage, wer was bis wann zu erledigen hat, um das Unternehmensziel zu erreichen. Zielvereinbarungen im Vertrieb richten sich vielmehr am Mitarbeiter aus, am Potenzial des Verkaufsbereiches und an den Unternehmenszielen und werden deshalb von Mitarbeitern und Vorgesetzen gemeinsam entwickelt und vereinbart. Damit wird sichergestellt, dass der Mitarbeiter die Ziele annimmt, sie akzeptiert, sie zu seiner Sache macht, hinter ihnen steht und somit bereit ist, sich persönlich für diese Ziele zu engagieren.

Durch das Gespräch (→ **#Business_Hack_45**) und die Zielvereinbarung erhält ein Mitarbeiter zudem eine klare Vorstellung davon, was von ihm erwartet wird und welche Möglichkeiten ihm zur Verfügung stehen, um dieses Ziel zu erreichen. Gleichzeitig profitiert er von mehr Eigenverantwortung und der Einbindung in Entscheidungsprozesse. Er kann die Richtung seiner beruflichen Weiterentwicklung mitbestimmen. Dies alles wirkt sich auf seine Motivation, seine Identifikation mit dem Unternehmen und den Produkten und damit auch auf seine Zufriedenheit aus. Natürlich gibt es auch Mitarbeiter, die diese Art der Führung ablehnen. Die Zielvereinbarungen aus Angst vor Leistungsdruck, vor Überforderung oder einer so empfundenen zu hohen Verantwortung, die sie tragen müssen, mehr als skeptisch gegenüberstehen. Hinzu kommt die Angst vor dem Versagen – vor allem dann, wenn die Ziele an Prämien gekoppelt sind (→ **#Business_Hack_70** Provisionen, Boni und Prämien für Leistungsträger), also finanzielle Einbußen bei Nichterreichen drohen. Ob diese Leute in ein Team passen, will ich mal dahingestellt sein lassen. Deshalb ist es umso wichtiger, dass ihr die Branchenbenchmarks und -kennzahlen (→ **#Business_Hack_64**) kennt, damit sich jeder selbst verorten kann und sieht, wie andere Unternehmen oder »die Branche« arbeiten rsp. welche Ziele sie voraussetzen.

Als Führungskraft im Vertrieb profitierst du von einem Nebeneffekt: Ziele und Zielvereinbarungen sind auch eine gute Basis für die Beurteilung der erbrachten (Mitarbeiter- oder Team-)Leistung. Zumindest dann, wenn die Ziele (→ **#Business_Hack_66**, → **#Business_Hack_67**) konkret formuliert wurden.

VOM KNOW-HOW ZUM DO-HOW

Das ist kein Unternehmensbashing, sondern die erlebte Erfahrung vieler Berater und Trainer (so auch der von Buhr & Team): Immer wieder muss festgestellt werden, dass eine gewisse Ziellosigkeit, gerade auch in Zeiten von Corona, sich schon in der Unternehmensführung bemerkbar macht und sich auf den Vertrieb auswirkt. Viele Manager sind schlicht überfordert. Ich erlebe Führungskräfte, die sich zwar terminlich organisieren, aber dies eher reaktionsgetrieben auf Basis des Vorstandssitzungskalenders oder der Quartalszahlenbesprechungen tun. Sie treffen sich aus einer Mischung aus Unsicherheit, Routine, Selbstüberschätzung, etwas Wichtigtuerei und Alibi. Entsprechend sehen in solchen Fällen auch die Entscheidungen aus. Halbherzig, energielos, oft ohne Commitment. Natürlich wäre es sowohl wünschenswert als auch notwendig, Ziele und alle Maßnahmen vom Kundenbedürfnis und vom Markt herzuleiten. So bekommen Meetings mehr Sinn und Notwendigkeit. Für die Planung deiner Erfolge, für die Visualisierung eurer Ziele biete ich hier ein einfaches Musterformular an, das ihr selbst auf eure Situation anpassen könnt und das händisch oder auch online geführt werden kann. In der Praxis hat sich die Papierversion bewährt, zumindest wenn es um die gemeinsame Planung des Verkäufers mit dem Verkaufsleiter, der Führungskraft geht. Das Resultat des Planungsprozesses kann anschließend online und im CRM hinterlegt und für alle sichtbar geführt werden.

Einige CRM-Systeme können die Planungen auch (automatisiert) in eine grafische Darstellung »übersetzen« (→ **#Business_Hack_62**). Es ist dann ein Leichtes, die Planungen mit dem aktuellen Iststand abzugleichen. Solche Darstellungen sind zeitsparend, da Abweichungen sofort erkennbar sind, und können darüber hinaus auch hoch motivierend sein. Denn wer möchte den Tacho nicht in den grünen Bereich bringen?

Dazu findest du kostenlos Formular-Templates im Downloadbereich der Landingpage zu diesem Buch unter: https://andreas-buhr.com/bgha

#BUSINESS_HACK_69

Vertriebsforecast – in Szenarien planen

»Der Mensch macht einen Plan, und Gott lacht.« Diese alte Volksweisheit gilt – nach der Finanzkrise hat es auch die Coronapandemie wieder deutlich gezeigt – auch im Business. Leider auch im Vertrieb. Und durch den Kunden kommt nun einmal im Vertrieb das Geld rein, das das Unternehmen am Laufen hält, das die Zukunftsplanung der ganzen Firma ermöglicht. Diese Planung basiert auf sogenannten »vernünftigen und realistischen« Zukunftsannahmen – doch wieder einmal haben wir gelernt, dass selbst so ein weißer Schwan wie die Coronapandemie sämtliche »vernünftigen und realistischen« Zukunftsannahmen innerhalb von 24 Stunden ad absurdum führen kann. Ein weißer Schwan steht symbolisch für ein nicht unmittelbar vorhersehbares Ereignis, bei dem man dennoch davon ausgehen muss, dass dieses – wie eine Pandemie – irgendwann auftaucht, und daher bereits Risikobetrachtungen dafür entwickelt wurden. Was wird dann erst ein schwarzer Schwan – ein absolut unvorhersehbares Ereignis mit massiven Auswirkungen – anrichten? Das ist nicht nur eine Frage für die Risikomanager in deiner Firma. Das ist auch eine wichtige Frage für alle im Vertrieb, vor allem in der Vertriebsführung. Denn auf Basis deiner Annahmen erstellst du als Vertriebsführungskraft den Vertriebsforecast. Und dafür schlage ich vor: Plane in Szenarien und sei dir bewusst, dass künftig immer mehr Schwäne über dir schweben werden.

Vertriebsforecast – schon in »normalen Zeiten« eine Herausforderung

Die von dir erhobenen und berechneten Vertriebskennzahlen (→ #Business_Hack_63) nutzt du für das vertriebliche Forecasting, also die realistische Umsatzerwartungsrechnung für zukünftige Zeiträume. Leider läuft dies nach aller Erfahrung in vielen Firmen schon in »normalen Zeiten« nicht besonders gut. Als Berater stellen wir immer wieder fest, dass das Forecasting in den Unternehmen fehlerhaft, weil zu optimistisch ist, was ja noch ok ist. Aber häufig sind die KIPs auch schlicht zu wenig differenziert. Auf niedrigem Niveau ist eine hohe prozentuale Steigerung eben leichter darstellbar als auf hohem Vorjahresniveau. Hier wird ein wichtiger Warnmechanismus ausgehebelt, sodass am Ende des Umsatzes oft noch »zu viel Monat« übrig ist, bis die nächsten Umsätze fließen.

Worin liegen die Planungsfehler begründet? Oft schlicht in einer zu geringen aktuell vorliegenden und belastbaren Datenmenge, aus der die Quotierungen berechnet werden. Lass uns dazu ein Beispiel ansehen: Ist die Zahl der Key-Account-Sales noch recht klein, ist die Berechnung des durchschnittlichen Salescycles, also des Zeitraums zwischen Erstkontakt und Abschluss – und dieser kann sich bei hochvolumigen oder erklärungsbedürftigen Produkten oder Dienstleistungen über sehr lange Zeiträume hinziehen – womöglich nicht ganz zutreffend. Oder die Wahrscheinlichkeitsquoten für den Abschluss sind noch nicht konsolidiert. Oder die durchschnittlichen Quoten für Zahlungsausfälle sind noch nicht bedacht.

Hilfreich ist es, die Umsatzplanung prozentual zu gewichten. Also nicht nur den erwarteten Umsatz einzugeben, sondern auch anzugeben, wie wahrscheinlich dieser Umsatz wirklich ist.

In Szenarien planen – Umsätze unter Risikostufen kalkulieren

Bei der prozentualen Gewichtung und Wahrscheinlichkeitsbetrachtung plane in Szenarien:

Szenario 1, Best Case: Plane mit »normalen«, vernünftigen Annahmen über Marktentwicklungen, Produktzyklen, Infrastruktur, Kundenpotenzial.

Szenario 2, Bad Case: Plane mit plötzlich auftauchendem Marktdruck, beispielsweise einem (digitalen) Start-up, das disruptiv in deinen Markt eingreift, oder einer relevanten Innovation auf Produkt- oder Marketingseite, veränderten Annahmen über Lieferketten etc.

Szenario 3, Worst Case: Plane mit einem nicht unmittelbar vorhersehbaren Ereignis, bei dem man dennoch davon ausgehen muss, dass dieses – wie die Coronapandemie, 9/11, die Finanzkrise 2008 oder der Nuklearunfall in Fukushima – irgendwann auftaucht.

VOM KNOW-HOW ZUM DO-HOW

Ein paar Tipps für das »How-to«:

1. Das CRM-System hilft dir dabei, potenzielle Bedarfe bei aktiven und sogenannten schlafenden Kunden aufzudecken. Letztere sind Kunden, mit denen du länger als zwei Jahre kein Geschäft gemacht hast. Auch Kunden mit Potenzial, die bislang noch keinen Umsatz generiert haben, kannst du in das Forecasting einfließen lassen.

2. Für das Forecasting kannst du alle offenen Angebote mit den zu erwartenden Umsätzen, mit Deckungsbeiträgen und Zielfristen in euer CRM einpflegen. Für die Berechnung des Erwartungswertes setzt du die Auftragswahrscheinlichkeiten (Wahrscheinlichkeit Auftrag xy mal Umsatzsumme / Deckungsbeitrag Angebot xy) immer etwas konservativer an, als die aktuelle Vertriebskennzahl »Trefferquote« dies erlaubt. Meine Erfahrung ist: Gesteigertes Risikobewusstsein führt zur effizienteren Zielerreichung.

3. Erweitere deine Auftragspipeline um den »Weg zum Angebot«, die Geschäftschance (Opportunity). Ein gutes CRM-System (→ **#Business_Hack_62**) ermöglicht dies mit geringem Aufwand. Die Schritte vom Erstkontakt zum Angebot lassen sich analysieren und liefern z. B. wertvolle Erkenntnisse über die Dauer eines Vertriebszyklus. Ganz nebenbei kann solch ein System auch »stecken gebliebene Opportunities« ganz automatisch aufspüren. Damit gehören »vergessene Kundenaktivitäten« der Vergangenheit an. (Quelle: Salesforce)

4. Auch für die Abschlussphase des Vertriebsprozesses – die Auftragsvergabe oder den Kauf – gibt es entsprechende Vertriebskennzahlen (→ **#Business_Hack_63**) und Quoten. Sie geben über die individuelle Verkaufsleistung deiner Vertriebsmitarbeiter hinaus Auskunft über die Marktakzeptanz der Produkte und Konditionen oder auch über Marktanteilsentwicklungen sowie Marktausschöpfungen. Die Detailbetrachtungen berücksichtigen unterschiedliche Produktgruppen oder Produkte mit unterschiedlicher Marktreife oder Dauer am Markt (»Produktalterungszyklen«). Aus diesen Erkenntnissen wiederum werden Maßnahmen der Vertriebssteuerung für Marketing, Produktentwicklung etc. abgeleitet. Der Kreis schließt sich also wieder.

#BUSINESS_HACK_70

Provisionen, Boni und Prämien für Leistungsträger

Sinn. Selbstwirksamkeit. Eigene Entscheidungskompetenzen. Freundliches Team. Work-Life-Balance. Das können wesentliche (Glücks-)-Treiber für Mitarbeiter sein. Nicht nur für einige der Gen Y und Gen Z – sondern für Mitarbeiter aller Altersklassen und Geschlechter. Aber es gibt eben auch jene Menschen – gerade im Vertrieb –, die Provisionen (variable Zahlungen gemäß definierter Leistungserbringung wie z. B. fünf Prozent des erzielten Monatsumsatzes), Geld- und andere Prämien (als leistungsabhängige Zahlungen zu besonderen Anlässen wie Verkaufsaktionen), Sonderzahlungen oder Incentives (wie Reisen, Eintrittskarten o. Ä.) oder Boni (zusätzliche, festgelegte Geldpauschalen bei Erreichung definierter Ziele wie z. B. der Gewinnung von x neuen Großkunden im Geschäftsjahr) als zusätzliche Motivation triggert. Die auf Wettbewerb abfahren. Die sich als Leistungsträger sehen, die stets gewinnen wollen – und das soll sich bitte auch in barer Münze auszahlen. Für diese Mitarbeiter sind Provisionen als volatiler Gehaltsanteil sowie Boni und Prämien, gestaffelt nach Zielerreichungsquoten, wahre Business-Hacks und nützen damit auch dem Unternehmen.

Vertriebsziele als Instrument verstehen und nutzen

Dafür ist es grundlegend wichtig, dass die vereinbarten Ziele (→ #Business_Hack_68) klar definiert und festgehalten werden. Denn anhand der Vertriebsziele kann das Erreichte fair gemessen und bewertet, dem Mitarbeiter ein angemessenes Feedback gegeben werden (→ Business_Hack_45). Auch Maßnahmen, mit denen die Mitarbeiter gefördert werden können, lassen sich aus fixierten Zielvereinbarungen ableiten.

Bei der Formulierung der Vertriebsziele (→ #Business_Hack_66, → #Business_Hack_67) sollten verschiedene Aspekte berücksichtigt werden. Was will das Unternehmen insgesamt in den nächsten 12, 24, 36 Monaten erreichen? Welcher Umsatz soll erzielt werden? Welche neuen Märkte, welche Branchen sollen erschlossen werden? Welche Märkte schrumpfen, welche wachsen? Welche Produkte sollen neu auf den Markt gebracht, welche bestehenden forciert werden? Welche Marktanteile sollen erobert werden?

Zielvereinbarungen als Grundlage variabler Gehaltsbestandteile

Bei den variablen Vergütungen – also der Auszahlung eines fixierten Gehalts zuzüglich Leistungen wie Boni, Prämien und geldwerten Vorteilen – ist die Erreichung von Zielen dafür ausschlaggebend, welches Jahreseinkommen dein Mitarbeiter letzten Endes wirklich hat. Um Unruhe und das Gefühl von ungerechter Behandlung zu vermeiden, sollte deshalb von Anfang an festgelegt werden, welche Prämie in welcher Höhe bei der Erreichung welcher (Teil-)Ziele ausbezahlt wird. Diese Vereinbarung wird schriftlich festgelegt und von beiden Seiten unterschrieben.

VOM KNOW-HOW ZUM DO-HOW

Eine solche Zielvereinbarung kann wie folgt aussehen – du kannst sie für dich bzw. dein Unternehmen auch einfach anpassen:

Persönliche Zielvereinbarung für das Jahr 20__

Name des Mitarbeiters: _____

Verkäufernummer: _____

Name der Führungskraft: _____

Festgesetzte Ziele

Ziel 1 _____

Ziel 2 _____

Ziel 3 _____

Bei Erreichung der Ziele erhält der Mitarbeiter folgende Prämien:

Ziel 1   bei 150 % erreichtem Ziel: _____ Euro.
         bei 100 % erreichtem Ziel: _____ Euro.
         bei 80 % erreichtem Ziel: _____ Euro.
         bei 50 % erreichtem Ziel: _____ Euro.
         Unter 50 % wird keine Prämie ausgezahlt.

Dabei gelten folgende Kriterien:
Zu 150 % ist das Ziel erreicht, wenn _____
Zu 100 % ist das Ziel erreicht, wenn _____
Zu 80 % ist das Ziel erreicht, wenn _____

Ziel 2   bei 150 % erreichtem Ziel: _____ Euro.
         bei 100 % erreichtem Ziel: _____ Euro.
         bei 80 % erreichtem Ziel: _____ Euro.
         Unter 80 % wird keine Prämie ausgezahlt.

Dabei gelten folgende Kriterien:
Zu 150 % ist das Ziel erreicht, wenn _____
Zu 100 % ist das Ziel erreicht, wenn _____
Zu 80 % ist das Ziel erreicht, wenn _____

Ziel 3   bei 150 % erreichtem Ziel: _____ Euro.
         bei 100 % erreichtem Ziel: _____ Euro.
         bei 80 % erreichtem Ziel: _____ Euro.
         Unter 80 % wird keine Prämie ausgezahlt.

Dabei gelten folgende Kriterien:
Zu 150 % ist das Ziel erreicht, wenn _____
Zu 100 % ist das Ziel erreicht, wenn _____
Zu 80 % ist das Ziel erreicht, wenn _____

Datum   Unterschrift Mitarbeiter   Unterschrift Führungskraft

Bei der Auszahlung der Boni gibt es verschiedene Möglichkeiten. Beispielsweise kann der Bonus monatlich ausgezahlt werden, wenn ein Mitarbeiter das Ziel zu 100 Prozent oder mehr erreicht. Oder aber der Bonus wird am Jahresende festgestellt und festgefroren. Nach ein bis drei Jahren wird er dann multipliziert mit der Veränderung ausgekehrt.

#BUSINESS_HACK_71

Klare Prozesse und Zuständigkeiten im Vertrieb

Du weißt, was du von deinem (Vertriebs-)Team erwartest: effizientes, zielgerichtetes Vorgehen. Kompetente Beratung. Kein Verkauf um jeden Preis, keine Margenverschwendung, kein Hin-und-Her-Trudeln, keine Abstimmungsfehler, keine Übergriffigkeiten und vor allem keine Nachlässigkeit. In der Nachlässigkeit liegen übrigens die häufigsten Fehler begründet: Kunden werden nachlässig angesprochen, also nicht sauber qualifiziert, nicht nachgefasst, verärgert durch Verzögerung. Angebote werden schlampig erstellt, lieblos per copy and paste zusammengesetzt, nicht hypergenau auf Namensschreibweisen und Daten überprüft (und kaum etwas hassen Kunden so sehr, als wenn ihr Name oder die Firmenbezeichnung falsch geschrieben ist), lustlossimpel per Mail zugestellt – und dann im »Gesendete-Mails-Ordner« ohne automatische Wiedervorlage begraben.

Was du hingegen willst: Jederzeit konzentriertes, nachvollziehbares und replizierbares Vorgehen. Den Erfolg vom Zufall befreien.

Kundenführungs-Prozess durchdeklinieren

Hier helfen klare Prozesse. Was ist wann von wem zu tun? Wie werden potenzielle Kunden angesprochen? In welchen Zeitabständen werden Bestandskunden kontaktiert? Natürlich: Wie du diese Prozesse gestaltest, hängt stark von deiner Branche ab. Von deiner Kundenstruktur, deinen Produkten oder Dienstleistungen.

Zwei Punkte bleiben dabei konstant: Die Identifizierung attraktiver Kunden zu Beginn des Vertriebsprozesses. Und der Abschluss des Kaufvertrags am Ende. Je nach Branche erhält der potenzielle Kunde nach der ersten Kontaktaufnahme ein Angebot, das im Kundengespräch besprochen wird. Handelt es sich um komplexe Dienstleistungen oder Produkte, sind also maßgeschneiderte Angebote gefragt, werden diese auch nach einem ersten persönlichen Gespräch (→ **#Business_Hack_76**,

→ **#Business_Hack_75** und → **#Business_Hack_74**) erstellt. Und eventuell in einem zweiten Gespräch oder einem Telefonat besprochen.

Zehn Schritte für einen sauberen Vertriebsprozess

So definierst du einen sauberen Prozess für deinen / euren Vertrieb: Lege für deine Branche, deine Kundenstruktur, deine Teams einen verbindlichen Prozess fest. Halte alles konsequent im CRM nach. Immer. In Zeiten, in denen es kaum Geheimwissen gibt, in Zeiten, wo Individualisierung das Tagesgeschäft ist, muss das CRM die Quelle aller Aktivitäten sein. Offline wird das schlicht festgehalten. Online kannst du das automatisieren. Besucher der Website sind nachverfolgbar und landen automatisch auch im CRM. Hier ist der Prozess anhand der folgenden Fragen:

1. Wie identifizieren wir potenzielle Kunden?
2. Wie erfolgt der Erstkontakt?
3. Welche Informationen erhält der Kunde dabei?
4. Wann erstellen wir ein Angebot? Welche Grundlagen müssen dazu erfüllt sein?
5. Was gehört in ein Angebot? Wann ist ein Angebot für den Kunden annehmbar? Welche begleitenden Unterlagen werden beigefügt?
6. Wird das Angebot per Post oder per E-Mail verschickt? Wird es dem Kunden persönlich übergeben?
7. Wann oder bis wann wird der Kunde erneut kontaktiert, um über das Angebot zu sprechen?
8. Wie oft – und in welcher Form – haken wir nach, wenn der Kunde um Bedenkzeit bittet?
9. Wann oder bis wann wird ein potenzieller Kunde, der ein Angebot abgelehnt hat, erneut angesprochen?
10. Wie wird der Prozess hier sauber beendet? Welche Alternativen baust du auf?

Tipp: Es gibt zwei Möglichkeiten: Entweder durch einen dann doch noch folgenden Auftrag durch den Kunden oder mittels einer »Schade-Mail« durch dich. Diese liefert nach dem Motto »Schade, dass wir jetzt (noch) nicht zusammenkommen …« eine gute Basis für einen neuen Kontaktversuch in beispielsweise einem Jahr. Oder eine neue Preisverhandlung, da der Kunde gesehen hat, dass du bei übertriebener Preisverhandlung lieber auf den Auftrag verzichtest. Was nur für euch spricht – und so manchen Kunden später zur Rückkehr bewegt.

Klare Prozesse und Schnittstellenanalysen verhindern Konflikte

Sind die Vertriebsprozesse in dieser Art einmal komplett durchdekliniert und festgehalten, solltest du dich noch zusätzlich mit zwei weiteren Knackpunkten befassen:

1. Den Vertretungsregelungen. Denn diese haben im Vertrieb schon oft zu bösem Blut geführt, wenn Kundendaten dann mal »quergewandert« sind …
2. Den Schnittstellen. Denn hie und da wird es Übergaben vom Vertrieb ans Back Office, vom Vertrieb ans Marketing und zurück, vom Outbound-Callcenter an den Vertrieb etc. geben – und an diesen Schnittstellen kann es oftmals arg knirschen. Verzögerungen geben, Missverständnisse, ungeklärte Zuständigkeiten, gegenseitige Schuldzuweisungen.

Hier findest du übrigens die »Erste Hilfe« für diese Knackpunkte: → **#Business_Hack_72** (Teamkonflikte lösen) und → **#Business_Hack_47** (Konfliktgespräche); aber wenn du im Rahmen der Vertriebsprozess-Definition die Vertretungsregelungen sowie v. a. die Schnittstellen mit ihren Rollen, Aufgaben und Zielen gleich mit berücksichtigst, wird es von Anfang an geschmeidiger laufen.

VOM KNOW-HOW ZUM DO-HOW

Baue oder überprüfe deine Vertriebsprozesse entlang der o.a. folgenden 10 Fragepunkte:

1. Wie identifizieren wir potenzielle Kunden (Customer Journey)?

2. Wie erfolgt der Erstkontakt?

3. Welche Informationen erhält der Kunde dabei?

4. Wann erstellen wir ein Angebot? Welche Grundlagen müssen dazu erfüllt sein?

5. Was gehört in ein Angebot? Wann ist ein Angebot für den Kunden annehmbar? Welche begleitenden Unterlagen werden beigefügt?

6. Wird das Angebot per Post oder per E-Mail verschickt? Wird es dem Kunden persönlich übergeben?

7. Wann oder bis wann wird der Kunde erneut kontaktiert, um über das Angebot zu sprechen?

8. Wie oft – und wie – haken wir nach, wenn der Kunde um Bedenkzeit bittet?

9. Wann oder bis wann wird ein potenzieller Kunde, der ein Angebot abgelehnt hat, erneut angesprochen?

10. Wie wird der Prozess hier sauber beendet? Welche Alternativen baust du auf? Wie könnte deine »Schade-Mail« aussehen?

#BUSINESS_HACK_72

Teamkonflikte lösen – Zielvorgaben erreichen

Zielvereinbarungen (→ #Business_Hack_68, → #Business_Hack_66, → Business_Hack_67) sind ein machtvolles (Führungs-)Instrument für dich. Nicht nur im Vertrieb, sondern in jedem Bereich und Team.

Durch die konkrete Zielvorgabe kannst du einzelne Mitarbeiter zu Bestleistungen motivieren. Und innerhalb des Teams den Turbogang einlegen. Denn die Mitarbeitenden sind motiviert, weil sie wissen, welche Leistungen du ihnen zutraust. Weil du daran glaubst, dass sie sich steigern, sich weiterentwickeln können. Kurz: Das gibt Perspektive. Denn damit ist eine vertrauenswürdige Basis geschaffen – klare, nachvollziehbare Ziele sind das Gegenteil von Willkür. So weiß jede/-r, was von ihm oder ihr erwartet wird. Und kann sicher sein, dass er oder sie am Ende des Jahres, der vereinbarten Zeitspanne nicht an anderen Maßstäben gemessen werden.

Kommunikation in heterogenen Teams

So hilfreich Zielvereinbarungen für den Einzelnen sind – im Team können sie unter Umständen Konflikte hervorrufen. Gerade in Vertriebsteams, denn hier herrscht oft auch ein stärkerer interner Wettbewerb. Und da sind oft auch äußerst starke Charaktere unterwegs, die manchmal sehr auf sich selbst fokussiert sind. Sei es, weil ihr volatiler Gehaltsanteil an der Erreichung der Zielvereinbarungen hängt (→ #Business_Hack_70). Sei es, weil persönliche Interessen in den Vordergrund gestellt werden oder weil es unterschiedliche Interpretationen von Fakten gibt. Oder weil bei einzelnen Teammitgliedern der Rapport gestört ist, die »Chemie nicht stimmt«. Weil die Kommunikation untereinander nicht funktioniert (was sich übrigens in meinen mehr als 30 Jahren Beraterpraxis meist als der Grund des Problems erwiesen hat).

Konflikte sind in Vertriebsteams an der Tagesordnung

Also reden wir jetzt mal über Konflikte und Konfliktlösungen – denn das ist ein Business-Hack, den du auf jeden Fall irgendwann brauchen wirst (→ **#Business_Hack_44**, → **#Business_Hack_42**).

Klar: Je früher ein Konflikt erkannt wird, umso eher kannst du gegensteuern (→ **#Business_Hack_47**). Wie viel Konfliktpotenzial ein Team hat, liegt auch – aber nicht nur – an dir (als der Führungspersönlichkeit). An deinem Führungsstil, deinen Zielvorgaben. Daran, ob du einzelne Mitarbeiter bevorzugst. Ob du Anlass für Eifersüchteleien gibst. Oder (schwerer Führungsfehler) dazu ermunterst, über die vermeintlichen Fehler der Kollegen zu berichten. Ein solches Führungsverhalten schafft nicht nur Unruhe im Team – es macht dir auch das Leben unnötig schwer.

Konfliktpotenzial liegt aber auch in folgenden Situationen:

- unterschiedliche Fachkenntnisse im Team,
- unterschiedliche »Sprachen« und daraus resultierende Missverständnisse,
- unterschiedliche Arbeitsgewohnheiten/Arbeitstempi (→ **#Business_Hack_51**), die andere Teammitglieder als problematisch in Hinsicht Erfüllung der Zielvereinbarung empfinden,
- ausgeübter oder schlicht »nur« wahrgenommener Druck
- unpassender Persönlichkeitstyp für das Team (→ **#Business_Hack_43**),
- Dominanz von Alphatypen, die das Zusammenwachsen des Teams verhindern,
- Macht- und Konkurrenzdenken einzelner Teammitglieder,
- zu dominantes Auftreten neuer Teammitglieder, die sich ihre Anerkennung auf Kosten anderer erkämpfen möchten.

Konflikte entstehen in den vier Phasen der Teambildung

Also gehe davon aus: In jeder der vier Phasen der Teambildung kann es zu Konflikten kommen.

1. **Forming:** Das Team ist in seiner Zusammensetzung neu. Die Mitglieder lernen sich kennen. Klären, welche Erwartungen sie

haben. Welche Ziele sie erreichen wollen. Finden sich in ihre Rollen. Diese Phase kannst du als Führungskraft unterstützen: Durch klare Zielvorgaben. Eine offene Kommunikation. Freiraum für Gespräche. Gemeinsame Events zum Kennenlernen und für gemeinsame Erfahrungen.

2. **Storming:** Eigene Interessen werden selbstbewusster vorgetragen. Das Konfliktpotenzial nimmt zu. Du kannst gegensteuern, indem du Gemeinsamkeiten der Teammitglieder sowie die Stärken der einzelnen Mitarbeiter betonst. Lass Konflikte zu. Aber sorge dafür, dass diese geklärt werden.

3. **Norming:** Die Teammitglieder kennen und schätzen sich. Auch dank der Regeln und Prozesse, die du aufgestellt hast. Um das Wirgefühl zu stärken und die Leistungen zu verbessern, ist Selbstreflexion wichtig. Wie arbeitet das Team? Wie können Prozesse effizienter werden? Die Kommunikation verbessert werden? Integriere das Team in diese Überlegungen.

4. **Performing:** Das Team steht. Es arbeitet erfolgreich zusammen. Hat eigenen Teamspirit. Die Teammitglieder lernen voneinander. Unterstützen sich gegenseitig. Das Team reguliert sich quasi von selbst. In dieser Phase ist dein Feedback gefragt. Und das Feiern der Teamerfolge. Denn Zielvereinbarungen können im Wesentlichen nur gemeinsam erreicht werden.

Du kannst dich nicht wegducken

Die meisten Führungskräfte (oder auch Kolleginnen und Kollegen) ducken sich in Konfliktsituationen einfach weg. Nach dem Motto: »Jetzt bloß kein Öl ins Feuer gießen« oder »Das gibt sich schon wieder, einfach keine Energie darauf setzen«. Das ist aber nicht wahr, denn je länger ein Konflikt gärt, umso mehr verhärten sich die Fronten, wirkt sich der Konflikt auf die Motivation und die Leistungsfähigkeit eines oder mehrerer Mitarbeiter aus. Und klar ist auch, dass im Anschluss an jede »Performing-Phase« eine neue »Forming-Phase« kommt. Fluktuation und Rekrutierung sind Ursachen und immanente und logische Entwicklungen in jedem erfolgreichen Team! Also: Je eher du Konflikte erkennst – und an-erkennst, dass es sie gibt und dass Konflikte relativ normal, wenn auch schädlich, sind –, umso besser kannst du gegensteuern. Du kannst dich eben nicht wegducken. Was also tun?

VOM KNOW-HOW ZUM DO-HOW

Eine gute Prophylaxe sind klare Regeln, eine offene Kommunikation sowie gute Zusammenarbeit. Je besser sich das Team versteht, je mehr Vertrauen und Sicherheit herrscht, je offener Konflikte angesprochen werden können, umso weniger Reibungen gibt es.

1. Nimm es als deine Aufgabe an, dass du dich nicht wegducken kannst. Eine Führungspersönlichkeit muss konfliktfähig sein, muss den Stress aushalten können, sich wert- und seitenneutral einzumischen.

2. Wie kannst du Konflikte in Einzel- und Gruppengesprächen auflösen und wieder Speed ins Team bringen? Wenn du da unsicher bist, lies einfach → **#Business_Hack_47**.

3. Schaffe eine Atmosphäre der Konfliktprophylaxe, Offenheit und Kommunikation. Und verstärke den Kontakt der Kontrahenten untereinander. Und dies nicht nur im Büro oder in der Kaffeeküche, sondern auch beim Sport, beim Outdoorevent oder Teamkochen, auf der Incentivereise. Schaffe Gelegenheiten, bei denen die Mitarbeiter Kontakt haben. Etwas Gemeinsames erleben, an das sie sich positiv erinnern. Sich in Extremsituationen kennenlernen und dabei erfahren, dass sie sich aufeinander verlassen können. Das schafft Vertrauen. Nimmt Konflikten die Brisanz. Gerade wenn Zielvorgaben umgesetzt werden müssen, gerade wenn der Druck mal steigt.

#BUSINESS_HACK_73

Einstieg und Vertriebsfragen mittels Brainwriting entwickeln

»Äh, hallo, wir haben eine neue CRM-Software für mittelständische Firmen entwickelt. Darf ich Ihnen dazu mal unsere Präsentation vorführen, würde Sie das interessieren?« Das war eins zu eins der Wortlaut, den ich live auf einer Digitalmesse gehört und meinen Ohren nicht getraut habe. Und neulich rief mich das Callcenter eines großen Dienstleistungsunternehmens an: »Guten Tag, (mein Name als Ansprechpartner wurde gar nicht erst erwähnt), ich bin (eigener Name völlig unverständlich runtergerasselt) von der P...-AG, wir machen xy und wir haben gerade das Paket z im Angebot. Ich wollte fragen, ob wir Ihnen einfach mal eine Demoversion unverbindlich zuschicken können. Bei Nichtgefallen schicken Sie uns das einfach innerhalb von 14 Tagen wieder zurück.« Ich fürchte, auch du bist schon mehrfach so unprofessionell »angesprochen« worden. Wahrscheinlich hast du als »Kaltakquise-Opfer« den Vertriebler gleich direkt abgewimmelt oder das Telefonat beendet, ohne auch nur eine Sekunde über das Angebot nachzudenken. Wahnsinn! Und so schade ...

Allerdings sind solche untauglichen Akquiseversuche für mich auch eine Chance. Denn sie geben mir erstens Gelegenheit, viel über die Vertriebsschwäche des betreffenden Unternehmens zu erfahren und ein punktgenaues Trainingsangebot unserer Buhr & Team-Akademie zu platzieren. Zweitens machen mir solche peinlichen Versuche klar, wie viele Firmen immer noch mit vorgefertigten rsp. standardisierten Telefon- und Messeleitfäden arbeiten und ihre Vertriebler damit brutal scheitern lassen. Das ist angewandte, gelernte und festgeschriebene Hilf- und Ideenlosigkeit! Aber dagegen gibt es einen einfachen Business-Hack.

Leitfäden – ein Ziel, viele Ideen notwendig

Wenn ich mir Gedanken darüber mache, warum so viele Verkäufer und Vertriebsmitarbeiter schon direkt bei der Neukundenansprache scheitern, dann kann die Erklärung eigentlich nur lauten, dass sie das nicht trainieren. Oder dass sie das trainieren, aber falsch. Womöglich wurde einmal ein Telefonleitfaden, ein Direktanspracheleitfaden für die Messe oder (wenn überhaupt!) ein Leitfaden für die Kundenergründung (→ **#Business_Hack_75**) geschrieben, und den lernen dann Generationen von Mitarbeitende aus Vertrieb und Verkauf auswendig. Oder sie lesen ihn gleich ab. Was sie damit tun können: nachweisen, dass sie die Kontakte abtelefoniert haben. Striche machen. Kreuze zeichnen. Dokumentieren, dass sie nur Neins kassiert oder planlos und vergeblich irgendwelche Demopakete auf den Weg geschickt haben. Das sind traurige Fanale eines sich selbst vernichtenden Vertriebs. Niederschriften selbstzerstörerischen Aktionismus: Welchen Sinn macht es, die Waldwege zu teeren, während der Wald schon brennt? Aufwachen!

Brainwriting – simple Technik für ein Riesenarsenal an Einstiegen und Leitfadenfragen

Dabei gibt es eine Methode, die es dir leicht macht, eine Vielzahl an funktionierenden, den Angesprochenen positiv überraschenden und zielorientierten Einstiegen oder für dein Business und deine Kundenzielgruppen passenden Kundenergründungsfragen rsp. Fragen für Telefonleitfäden oder Wordings, Wortwendungen und Fragen für Kundengespräche oder Verhandlungen zu formulieren. Diese Methode heißt: Brainwriting.

Im Wesentlichen geht es darum, dass mehrere Mitarbeiter aus dem Bereich Verkauf oder Vertrieb in strukturierter Weise zusammenarbeiten und ihre besten Ideen und Erfahrungen zusammenbringen. Ich empfehle dafür ein Vorgehen, das sich von der »Methode 635« (→ **#Business_Hack_12**) ableitet und das du selbst so adaptieren kannst, dass es für deine oder eure Zwecke optimal ist. Ich beschreibe dir hier die Methode in einfachen Schritten, du kannst sie ganz leicht auf dein Team und deine Themen rsp. Ziele anpassen.

1. Ein Team von drei bis fünf Mitarbeitenden aus Verkauf / Vertrieb findet sich zum Brainwriting zu einem bestimmten Thema oder Ziel zusammen. Die Sitzanordnung ist eng und kreisförmig.
2. Das Thema – z.B. Einstieg in eine Direktansprache / Messe oder Entwicklung von individuellen und flexiblen Telefonleitfäden – wird festgelegt oder steht schon vorab fest. Festgehalten wird auch das Ziel, das am Ende erreicht werden soll, also z.B. die Generierung eines hoch belastbaren Leads / Messekunden. Mit hoch belastbar ist gemeint, dass der Angesprochene nicht nur reflexartig seine Visitenkarte abwirft, um möglichst schnell wieder in den Tiefen der Messehalle zu verschwinden, sondern dass konkrete Schritte / Kontaktaufnahmen / grobe Terminmöglichkeiten vereinbart werden. Beim zweiten Beispiel, dem Telefonleitfaden, könnte das Ziel eine konkrete Terminvereinbarung sein.
3. Notizbogen mit genügend Schreibfläche werden verteilt. Oben steht das festgelegte Thema / Ziel, darunter eine Tabelle mit (zwei bis) drei Spalten und zehn bis zwölf Zeilen.
4. Jeder Teilnehmer trägt nun in die oberste Zeile der Tabelle in jede Spalte seine »Aufschläge« ein. Nehmen wir als Beispiel die Direktansprache (Messe): In die oberste Zeile trägt jeder Teilnehmende in jede Spalte einen Spruch / ein Wording / eine Verhaltensweise / eine Idee ein, wie er Messepassanten ansprechen und ihr Interesse wecken würde.
5. Damit sind im ersten Schritt bei fünf Mitarbeitenden bereits 10 bis 15 funktionierende Beispiele notiert. Anschließend werden die Notizblätter reihum an den Sitznachbarn weitergereicht.
6. In die Spalten der nächsten Zeile schreiben die Teilnehmer nun übliche rsp. mögliche Kundenreaktionen auf die notierten Einstiegsformeln oder -wordings und reichen die Blätter anschließend wiederum im Uhrzeigersinn weiter. Das Notierte wird dabei nicht besprochen oder kommentiert.
7. Die Spalten der nächsten Zeile werden wiederum mit Wordings, Formulierungen oder Kundenergründungsfragen gefüllt, wie sie zu den Kundenreaktionen passen und mit denen der Mitarbeitende immer guten Erfolg erzielt. Wieder werden die Notizzettel weitergereicht.
8. Auch in dieser Runde werden erneut übliche oder mögliche

Kundenreaktionen notiert und nach dem Weitergeben wiederum eigene Formulierungen, Wordings und Fragen als Reaktionen notiert.

9. Die nächste Runde beschäftigt sich mit der Kundenergründung oder der Einwandbehandlung – je nachdem, welche Kundenreaktionen zuvor eingetragen wurden.

10. In den letzten Runden geht es final um die Zielerreichung, damit der ganze Prozess / Cycle durchgespielt wird. Je nach Zahl der »brainwritenden« Mitarbeitenden sowie der Spalten und Reihen ist damit ein großer Fundus an erprobten, positiven, überraschenden und funktionierenden Wortwendungen, Ideen und Fragen entstanden, der den teilnehmenden Mitarbeitern viele neue Impulse gibt und die weiter trainiert werden können.

Übrigens: Auch ein Abbruch des Prozesses kann ein Ergebnis sein. Wenn im Rahmen der Fragen zur Kundenergründung klar wird, dass die angesprochene Person definitiv kein zahlender Kunde werden kann, ist das eine wichtige Information, um den Prozess zu stoppen.

VOM KNOW-HOW ZUM DO-HOW

Diese Brainwriting-Methode kannst du ganz einfach auf verschiedene Themen und Zielsetzungen im Vertrieb anpassen. Und auch bzgl. der Anzahl der Teilnehmer, der Anzahl der unterschiedlichen Formulierungen / Fragen / Ideen je Runde (Spalten) und Runden (Zeilen) nach Belieben variieren. Hier ein einfaches Formular für den Notizzettel, das du auf deine Bedürfnisse anpassen kannst.

Brainwriting, Thema: Direktansprache Messebesucher Zielsetzung: Erzielung belastbarer Leads			
Erstansprache / Direktansprache	Formulierung / Frage / Idee 1	Formulierung / Frage / Idee 2	Formulierung / Frage / Idee 3
Kundenreaktion			
Vertrieb			
Kundenreaktion			
Vertrieb			
Kundenreaktion			
Vertrieb			
Kundenreaktion			
Vertrieb			

#BUSINESS_HACK_74

Produktfeatures wirklich überzeugend formulieren

Mit großer Wahrscheinlichkeit hast du eine tolle PowerPoint-Präsentation, die du bei deinem (potenziellen Neu-)Kunden vorführst. Oder auch eine App – womöglich mit Augmented-Reality-Features – und ggf. eine schicke 3D-Anwendung oder Modelle und Props (→ **#Business_Hack_80**), mit deren Hilfe die Nutzenvorteile und Features deines Produktes oder deiner Dienstleistung beim Kunden vorgestellt werden können. Und dennoch wird es im Sales vor Ort immer auf eines ankommen: auf dich. Auf deine Kompetenz als Vertriebsmitarbeiterin oder Verkäufer, denn nur du kannst das Produkt oder die Dienstleistung so emotionalisieren, dass dem potenziellen Käufer klar wird, was seine wahren Vorteile, was sein langfristiger Nutzen damit ist.

»Is it a Feature – or a Benefit?«

Apps, Modelle und PowerPoint-Folien können eines vielleicht ganz gut: Produktfeatures erklären. Aber sie können die Benefits nicht so emotional und überzeugend auf den Punkt und gemäß des Kundenbedarfes (→ **#Business_Hack_76**) darlegen, wie du das kannst. Dafür hier noch drei Techniken:

Technik 1 – MENSA:
- **M**erkmal beschreiben
- **E**rklären des Merkmals
- **N**utzen darlegen
- **S**ie-Standpunkt adressieren
- **A**nschlussfrage stellen

Gehen wir das am Beispiel durch: Dafür nehmen wir an, es geht um den Abschluss einer Rentenversicherung. Umgesetzt in MENSA-Technik lautet das:

- **M**erkmal beschreiben: monatliche Rente
- **E**rklären des Merkmals: regelmäßige Einnahmen
- **N**utzen darlegen: Lebensqualität erhöhen, keine Sorgen, Sicherheit
- **S**ie-Standpunkt adressieren: ... das bedeutet für Sie konkret, Herr / Frau Kunde
- **A**nschlussfrage stellen: Wie wollen wir nun verbleiben? Was schlagen Sie vor?

Technik 2 – die Minus-Plus-Liste:
Diese Technik der –/+ Liste haben wir von Buhr & Team entwickelt, um sachorientierte Kunden (→ **#Business_Hack_43**) zu führen.

Im ersten Gespräch beim Kunden legst du im Laufe des Gespräches / der Verhandlung eine Liste mit Minuspunkten an, die noch zu klären sind, und vereinbarst, diese Liste bis zum zweiten Gespräch abzuarbeiten. Damit hast du übrigens ganz nebenbei mit großer Sicherheit einen zweiten Kundentermin gewonnen.

Zum zweiten Gespräch bringst du die Liste mit den vorherigen »–« wieder mit und gehst sie gemeinsam mit dem Kunden durch. Dabei machst du vor seinen Augen aus jedem »–« ein »+«; das ist ein wirkmächtiges Tool.

So klärt ihr alle offenen Punkte und habt die Grundlage für den Deal.

Technik 3 – die Bilanztechnik:
Die Bilanztechnik geht (angeblich) auf Konrad Adenauer zurück, der sie wohl auch im politischen Tagesgeschäft, das ja letztlich auch nichts anderes als eine Kette von Verhandlungen ist, genutzt hat. Sie ist einfach, aber effektiv:

Du schreibst auf die linke Seite der Bilanz gemeinsam mit dem Kunden auf, was an dem Produkt oder der Dienstleistung an Features und späteren Auswirkungen (z. B. technische Marktführerschaft, finanzielle Sicherheit, einfachere Prozesse) für ihn negativ oder ein Nachteil ist. Dann haltet ihr auf der rechten Seite der Bilanz die positiven Dinge fest. Was genau ist der Nutzen, der Vorteil, was sind die Nuggets? Dann bilanziert ihr gemeinsam. Wenn die Plusseite dominiert, und das ist nahezu immer der Fall, dann hast du dem Kunden eindeutig und unter seiner Mitwirkung bewiesen: Dieser Kaufabschluss lohnt sich, die Vorteile überwiegen. Alles ist gut für ihn.

VOM KNOW-HOW ZUM DO-HOW

Jetzt ist es an dir: Finde dein eigenes Wording für den Einsatz dieser Techniken bei euren Kunden, denn es geht nicht ums Auswendiglernen, es geht um das situativ-passende Anwenden in euren eigenen Worten. Die Minus-Plus- und die Bilanztechnik wirst du im jeweiligen Fall live anwenden – die solltest du vorher nur üben. Für die MENSA-Technik solltest du dir vorher Wordings und Textbausteine zurechtlegen:

Meine Wordings für Produkt/Dienstleistung A in der MENSA-Technik:

_____

_____

Meine Wordings für Produkt B/Dienstleistung in der −/+ Technik:

_____

_____

#BUSINESS_HACK_75

Nutzenargumentation mit der SPINE-Technik

Nutzendarlegung und -argumentation sind das Rückgrat in Verkauf und Vertrieb. Und kaum etwas ist so schwierig. Denn überreden, Produktvorteile aufzählen oder die Dienstleistung beschreiben funktioniert an diesem Punkt nicht. Du musst den Kunden mitnehmen. Ihn dazu bringen, dass er selbst den Weg zum Abschluss geht. Dass er die richtige Lösung quasi an sich selbst verkauft. Dass er sich im Laufe des Prozesses selbst versichert, das richtige Produkt gefunden zu haben.

(siehe auch: → #Business_Hack_76, → #Business_Hack_74, → #Business_Hack_77, → #Business_Hack_81).

SPINE®

Die Lösung für diesen Weg heißt SPINE®. Diese Technik ist in Tausenden von Verkaufsgesprächen (nicht nur) durch unsere Vertriebsmannschaft evaluiert und erprobt worden – und funktioniert immer. Hier die einzelnen Schritte des Akronyms:

S wie Situation
»Wenn es um Ihre ... geht, welche Kriterien sind Ihnen hierbei besonders wichtig, worauf kommt es Ihnen dabei besonders an?«

P wie Problem
»Was genau ist das Problem in Ihrer Situation? Welche Themen stehen oben auf der Liste? Was sind die KBFs (Kittelbrennfaktoren)?«

I wie Implikation
»Welche wirtschaftlichen Konsequenzen hat es für Sie, wenn wir diese Entscheidung nicht treffen? Wie ändert sich Ihre Situation, wenn wir das Problem heute nicht lösen?«

N wie Nutzen
»Welche Ziele wollen Sie erreichen, welche Vorteile hat es, welchen Nutzen, wenn wir uns heute einig werden …?«

E wie Ergänzen oder erste Schritte
»Was ist jetzt zu tun? Was wollen Sie jetzt tun? Was schlagen Sie nun vor? Wie wollen wir verbleiben? …«

VOM KNOW-HOW ZUM DO-HOW

Wende die Schritte und Anwendungsbeispiele der SPINE-Technik jetzt mit deinen eigenen Worten auf deine Vertriebs-/Verkaufssituation an.

S wie Situation

_____

P wie Problem

_____

I wie Implikation

_____

N wie Nutzen

_____

E wie Ergänzen oder erste Schritte

_____

#BUSINESS_HACK_76

Einwandbehandlung mit der AUA-Technik

Wenn du im Vertrieb bist, kennst du das: Du hast mit dem Kunden diverse Runden gedreht. Hast Bedarf ermittelt. Rapport hergestellt. Eine gute Lösung entwickelt. Angeboten. Präsentiert. Argumentiert. Überzeugt. Die Nummer ist so gut wie gelaufen. Und dann kommt das altbekannte »zu teuer«. Bämm! Stoppschild. Raus. Heutzutage normal. Der Kunde ist informierter, denn er ist oft selbst Experte. Daher stell dich darauf ein.

Das AUA-Prinzip – eine im Wortsinn überzeugende Technik

Was du nun brauchst, ist erstens eine gute Technik, um zu unterscheiden, ob »zu teuer« ein echter Einwand oder nur ein Vorwand ist (→ #Business_Hack_76), und zweitens ein gutes Wording, um einen solchen Vorwand oder Einwand zu entkräften und den Kunden oder die Kundin doch noch zum Abschluss zu führen. Und das ist dein »Aua«. Die AUA-Technik des Vertrieblers.

Hier meine Wording-Vorschläge aus der Vertriebspraxis:

A wie Annehmen:
»Frau Kundin, ich kann gut verstehen, wenn Sie …«
»Gut, dass Sie das ansprechen …«
»Herzlichen Dank dafür, dass Sie so offen antworten …«
»Vollkommen klar, dass Sie das sagen, höre ich oft in letzter Zeit. Daher …«

U wie Umformulieren:
»Möglicherweise sind wir teuer und hochpreisig. Hochpreisig und wertvoll, wertvoll weil …«
»Mit welchem anderen Produkt vergleichen Sie unseren Preis?«
»Verstehe, was Sie meinen. Wir sind nicht die günstigsten Anbieter.

Es gibt billigere Anbieter, und die müssen vielleicht billiger sein. Wir gehören eher zum oberen Segment mit einem hohen Qualitätsanspruch hinsichtlich …«

A wie Argumentieren:
»Deshalb schlage ich Ihnen vor, dass …«
»Bestimmt ist es Ihnen auch wichtig, wenn wir …«
»Sicher legen Sie Wert darauf, wenn …«
Hinweis: Hier sollte von dir der Nutzen kommen. Nuggets, Nutzen, Vorteile. Schwerpunkt darauf, wie der Kunde von seiner Entscheidung profitiert.

VOM KNOW-HOW ZUM DO-HOW

Jede Branche hat andere Kunden, andere Bedarfe, etwas andere Schwerpunkte oder Wordings. Bedeutet in der Konsequenz: Deine Aufgabe ist es, die oben genannten Praxisbeispiele so anzupassen, dass du in jeder Situation richtig vorbereitet bist. Erstelle eine Liste von drei bis fünf Kunden-AUAs (→ **#Business_Hack_77**), die immer wieder als Einwände genannt werden. Geh diese durch und adaptiere deine AUA-Technik entsprechend.

Typisches Kunden-AUA Nummer 1: _____

Deine AUA-Technik dazu:

A wie Annehmen: _____
U wie Umformulieren: _____
A wie Argumentieren: _____

Typisches AUA Nummer 2: _____

Deine AUA-Technik dazu:

A wie Annehmen: _____
U wie Umformulieren: _____
A wie Argumentieren: _____

→

Typisches AUA Nummer 3: _____

Deine AUA-Technik dazu:

A wie Annehmen: _____
U wie Umformulieren: _____
A wie Argumentieren: _____

Tipps

- Bereite dich persönlich gut auf Gespräche vor und wisse genau, wer am Verhandlungstisch sitzt.
- Überlege dir, welcher Ort für das Gespräch gut geeignet ist.
- Lege vorab deinen Verhandlungsrahmen fest, und entscheide, wo deine Preisober- bzw. -untergrenze liegt.
- Werde dir klar darüber, wie die Interessen verteilt sind.
- Überlege, auf welchen Verhandlungsebenen (Einkauf, Entscheider, etc.) das Gespräch stattfinden wird / kann.
- Halte den Faktor Zeit im Blick.
- Gehe dein Angebotsverfahren durch: Prozess, Angebotsgestaltung, Vorgehen, Nachfass, Ablage, Wiedervorlage.
- Verinnerliche, was du wie und wem gegenüber kommunizieren willst: Berufsvokabeltraining, Nuggets, Pitches, Einwandbehandlung, Exit, Empfehlungen.
- Reflektiere und notiere schriftlich (im CRM), was du in der Praxis aktiv dazulernst.
- Halte das Wissen für das Unternehmen verfügbar fest.

#BUSINESS_HACK_77

Einwandbehandlung mit Return- & 180-Grad-Technik

Es geht einfach nicht ohne im Vertrieb: ohne die Einwandbehandlung, denn hier trennt sich in Vertrieb und Verkauf meist die Spreu vom Weizen. Als Vertriebsmitarbeiter/-in in der Kaltakquise (→ **#Business_Hack_60**) beginnt dies schon damit, einen Präsentations- oder Verhandlungstermin (→ ggf. **#Business_Hack_60**) beim neuen Kunden zu bekommen. Einfachster Vorwand des potenziellen neuen Kunden: »Wir haben schon unsere Lieferanten, kein Bedarf, kein Interesse, keine Zeit, kein Geld … wir brauchen kein Gespräch / keinen Termin mit Ihnen.« Ich nenne das hier »Vorwand«, obwohl es in der Sache durchaus stimmen kann. Meist wird der Satz direkt gezogen, um die als leidig empfundene Vertriebsansprache im Keim zu ersticken. Noch ehe du Fahrt aufgenommen hast, tritt der Kunde auf die Bremse. Wie du diese Bremsen lösen kannst? Mit der Return-Technik.

Return-Technik: postwendend eine schlagfertige Antwort geben

Kommen wir auf das Beispiel oben zurück: Du willst ein neues Unternehmen, einen Entscheider kalt akquirieren – also gab es keine Ausschreibung, keinen Pitch und auch keinen Warmkontakt durch eine Empfehlung (→ **#Business_Hack_82**). Der Einkaufsleiter, die Procurement-Abteilung, der Abteilungsleiter oder das Vorzimmer des Entscheiders empfinden es als ihre Pflicht, dich »abzuwimmeln«. Und das, obwohl es vielleicht durchaus im Sinne des Unternehmens sein könnte zu prüfen, ob es (mit dir) nicht doch einen günstigeren, zuverlässigeren oder qualitativ besseren Lieferanten gäbe. Und genau darauf zahlt die Return-Technik ein, die dich wie einen Gummiball in das Akquisegespräch zurückbringt.

Beispiel:
Kunde, den du akquirieren möchtest: »Wir haben dafür schon einen Lieferanten, kein Interesse.«

Du: »Genau deshalb, weil Sie im Moment schon eine Lieferantenbeziehung haben, ist es für Sie bestimmt interessant, einmal zu vergleichen, was Ihnen der Marktführer in diesem Segment bieten kann …«

Kunde: »Stimmt.«

Du: »Daher meine Frage: Wie wichtig ist eine stabile (kompetente), zweite Alternative in diesem Marktumfeld für Sie?«

Und du bist im Spiel!

180-Grad-Technik – mit drei Fragen vom »Ja, aber« zum »Ja«

Wenn du nun (z.B. mit der Return-Technik) also doch in die Verhandlung gekommen bist, wird es vielleicht wie folgt weitergehen: »Ja, wir sehen, dass Ihr Produkt / Ihre Dienstleistung doch sehr gut für uns geeignet wäre, aber (im Vergleich zum bisherigen Lieferanten / dem Wettbewerb) sind Sie zu teuer.«

Also kaum drin, schon wieder draußen? Nicht, wenn du die 180-Grad-Technik anwendest – denn sie kann mit drei smarten Fragen einen Kurswechsel von 180 Grad herbeiführen: vom »Ja, aber« des Kunden zu einem »Ja«!

Auch hierfür ein Beispiel:
Kunde, den du akquirieren möchtest: »Zu teuer.«

Du: »Wenn ich Sie richtig verstehe, dann geht es darum, dass Sie ein optimales Preis-Leistungs-Verhältnis erwarten. Dass Sie keinen Euro zu viel zahlen möchten. Habe ich Sie da richtig verstanden?«

Kunde: »Ja, aber …«

Du: »Das heißt, wenn Sie sich davon überzeugen können, dass das Produkt / die Leistung Ihnen über einen Zeitraum von 12 Monaten eine Einsparung von x bis y Prozent ermöglicht, dann wäre es schon interessant, hier eine Wirtschaftlichkeitsberechnung zu erstellen?«

Kunde: »Allerdings!«

Du (auf den direkten Abschluss zusteuernd): »Dann ist diese Überlegung in Ihren Augen also sinnvoll?« Oder: »Sollen wir das dann so machen, wie besprochen?«

Kunde: »Ja!«

VOM KNOW-HOW ZUM DO-HOW

Jetzt ist es an dir: Finde dein eigenes Wording für den Einsatz beider Techniken bei euren Kunden. Denn es geht nicht ums Auswendiglernen von Phrasen, es geht um das situativ passende Anwenden in deinen eigenen Worten.

Denk dran: Die Qualität deiner Fragen wird die Qualität der Ergebnisse entscheidend beeinflussen.

Meine Return-Technik: _____

_____

_____

_____

Meine drei Fragen der 180-Grad-Technik: _____

_____

_____

_____

#BUSINESS_HACK_78

Emotionen – die Trigger von Kunden kennen und nutzen

EVA ist wichtig für dich, für mich, für uns alle im Geschäftsleben. Denn EVA steuert am Ende des Tages viele Entscheidungen, auch die unserer Kunden. EVA ist der »Emotional Value Added«, also die emotionale Qualität, die emotionale Aufladung, der emotionale Zusatznutzen, den ein Produkt oder eine Leistung haben, und der den Kunden bewusst oder unbewusst anspricht und ihn zur Entscheidung, zum inneren »Nein« oder »Ja« führt. EVA macht Kunden deine Produkte und Leistungen sympathisch oder eben auch nicht. Diese emotionale Komponente hat neben rationalen Aspekten wie »Produkt entspricht den technischen Vorgaben« oder »Leistungspaket ist preisgünstiger als freigegebene Budgetallokation« in der Entscheidungsfindung ein nicht zu unterschätzendes Gewicht. Wir müssen diese emotionale Qualität also einschätzen und nutzen lernen, denn hier triggern wir die Kunden.

Emotionen: mehr im Hirn als in Herz und Bauch

Experten und Wissenschaftler wie u. a. Hans-Georg Häusel[8] haben schon vor Jahren darauf hingewiesen, dass Emotionen ihren Ursprung in unserem Gehirn haben, und zwar im limbischen System, einem phylogenetisch alten, aber wichtigen Bereich unseres Hirns. Relevant für uns ist bei diesen Betrachtungen, dass Emotionen offenbar großen Einfluss auf menschliche Entscheidungen haben und dies ein Prozess ist, der sehr viel schneller vonstatten geht als unsere »bewussten« oder »rationalen« Entscheidungen (→ #Business_Hack_10). Dabei laufen in unserem Gehirn drei Programme ab, die unsere Emotionen steuern: Balance, Dominanz und Stimulanz. Der Neuromarketing-Experte Hans-Georg Häusel nennt diese Programme »limbische Instruktionen«.

Die limbischen Instruktionen

- **Balance:** Hier geht es um Sicherheit, Risikovermeidung und Harmoniestreben. Veränderungen werden zugunsten von Stabilität vermieden. Ignorieren wir unser Balancesystem, geraten wir in Angst, Furcht und Panik. Räumen wir ihm zu viel Platz ein, lassen wir uns hemmen, da wir dann zu vorsichtig werden.
- **Dominanz:** Bei diesem System stehen Machtwille und Autonomiestreben im Mittelpunkt. »Sei besser als die anderen« und »Vergrößere deine Macht« lauten hier die Maximen. Ist unser Streben nach Dominanz erfolgreich, reagieren wir mit Stolz und dem Gefühl von Überlegenheit. Unterdrücken wir das Bestreben oder scheitern wir bei der Umsetzung, sind Unruhe und Ärger, Frustration, manchmal auch Wut die Folge.
- **Stimulanz:** Kreativität und Spontaneität sind für dieses Programm bestimmend. Ziele sind die Entdeckung von Neuem, die Suche nach Abwechslung und der Wunsch, sich von anderen zu unterscheiden. Ohne unser Stimulanzsystem hockten wir wahrscheinlich immer noch in Höhlen und hätten uns als Spezies kaum weiterentwickelt.

Neben diesen drei Instruktionen – oder Hauptsystemen – identifizierte das Forscherteam um Professor Häusel sogenannte limbische Module, die auch mit Blick auf Verkauf und Vertrieb und das Setzen von Kaufreizen wichtig sind. Sie beschreiben die emotionalen Trigger von Kunden – und du kannst daraus lernen, wie du diese bedienen oder »auslösen« kannst.

Die limbischen Module – Wie kannst du sie nutzen?

Schauen wir einmal genauer hin:

1. **Bindungs- und Fürsorgemodul:** Hier geht es darum, dass der Mensch zum Überleben eine soziale Gruppe, eine (Art) Familie braucht, die ihm Sicherheit gibt. Dieses Modul ist eng mit dem Balancesystem verbunden. Für Marketing und Vertrieb bedeutet dies: Kunden orientieren sich bei ihrer Entscheidung auch am Verbraucherverhalten ihrer »Familie«. Dies spielt beispielsweise

beim Empfehlungsmarketing eine Rolle oder beim »Gefällt mir«-Button in Facebook, Insta, Youtube, Linkedin.

Tipp: Argumentiere im Verkaufsgespräch daher mit anderen Kunden, die der Lebens- und Wertewelt deines Gesprächspartners entstammen. Erzähle, warum sich schon Herr Y oder Unternehmen Z für das vorgestellte Produkt entschieden haben.

2. **Spielmodul:** Begeisterung für (Glücks-)Spiele, technische Spielereien oder anderen spielerischen Schnickschnack wird durch das Spielmodul ausgelöst. Es gehört zum Stimulanzsystem und ist bei Kindern stärker ausgeprägt – und da natürlich auch mit anderen Schwerpunkten. Im Verkaufsgespräch kannst du mit diesem Modul »spielen«: Stecke deinen Gesprächspartner mit deiner eigenen Begeisterung an.

   Tipp: Lass ihn Produkte anfassen und nach Möglichkeit ausprobieren. Oder wie wäre es – bei komplexen, hochwertigen Produkten / Maschinen / Anlagen – mit einer Miniatur für den Schreibtisch? Eine Spielversion? Eine spielerische App rund um das Produkt?

3. **Jagd- und Beutemodul:** Es gibt Menschen, die ihrer EC- oder Kreditkarte den Namen »Beutekarte« gegeben haben. Genau diese Menschen findest du vor Saisonverkäufen überpünktlich vor den Kaufhäusern. Später, nach Einlass, an den Schnäppchentischen. Im B2B-Segment sind das die Kunden, die nach günstigeren Angeboten fahnden, die alles noch preiswerter haben möchten.

   Tipp: Genau da kannst du deine Kunden ansprechen: mit einem überzeugenden Preis-Leistungs-Verhältnis, dem höheren Preis beim Wettbewerber, dem kurzfristigen Angebot oder dem Versprechen, dass er einen Teil des Kaufpreises zurückbekommt, wenn er das gleiche Produkt woanders günstiger erhält.

4. **Raufmodul:** Hier geht es um aktives und passives Interesse am Wettkampf. In Vertriebsgesprächen kann dies zum Kräftemessen führen – auch in positiver Weise. Denn der »Gegner« muss nicht der Gesprächspartner sein.

   Tipp: Verlege den Wettkampf einfach auf den Markt: Dein Gegenüber möchte besser sein als der Wettbewerber? Na, dafür hast du ja die »Waffen«, sprich Produkte, Teilprodukte oder Dienstleistungen im Angebot!

5. **Appetit- und Ekelmodul:** Dieses Modul hindert uns daran, verdorbene oder schädliche Nahrung aufzunehmen. Bei Kaufentscheidungen wird es im übertragenen Sinne bei der Produktwahl umgesetzt: Wir greifen zu den Produkten, die (für uns) angenehm sind, also positiv riechen oder schmecken, deren Farben wir mit dem Gefühl von Wohlbefinden verbinden usw.
   Tipp: Nutze dies im Verkaufsgespräch, indem du deine Produkte oder Leistungen mit angenehmen Dingen aus dem Umfeld deines Verhandlungspartners vergleichst.
6. **Sexualmodul:** Wir alle möchten begehrenswert sein. Und wir setzen dazu Produkte ein – beispielsweise Statussymbole wie schnelle Autos, ein beeindruckendes Büro, einen großartigen Firmensitz. Im persönlichen Bereich alles, was unseren Körper in Shape bringt, was zeigt, wie sehr andere uns und unseren Lifestyle begehren und bewundern (Follower, Fans) wie tolle Reisen, perfekt Looks, trendy Kleidung, Kosmetika, Make-up etc.
   Tipp: Hilf deinen Kunden deshalb innerhalb des Verkaufsgesprächs ruhig »auf die Sprünge«. Flechte ein, welche VIPs, welche bekannten Unternehmen und Marken *genau dieses* Produkt nutzen, wer Testimonial oder Influencer für dieses Produkt ist.

Ratio filtert Emotion

Jedes dieser Programme und Module läuft unterbewusst ab; zusammen bestimmen sie unser Handeln zu 50 bis 70 Prozent (so ganz bis auf das letzte Prozent genau kann die Wissenschaft das natürlich nicht bestimmen). Die emotionale Filterung ist schneller als jede rationale Abwägung, und sie ist dieser vorgeschaltet. Allerdings bedeutet dies nicht, dass die Ratio komplett vernachlässigt werden darf: In einigen Fällen werden die Informationen nach der (emotionalen) Bewertung rational weiterverarbeitet. Dies umso mehr, wenn es sich um einen »blau strukturierten« Persönlichkeitstyp beim Kunden handelt (→ **#Business_Hack_43**), der aus seiner eigenen inneren Anlage heraus immer alle rationalen Aspekte bei einem Kauf oder jeder Art von Entscheidung heranziehen wird.

VOM KNOW-HOW ZUM DO-HOW

Mach dir »EVA«, den »Emotional Value Added« bewusst. Setz dich in dieser Reflexion mit den sechs oben genannten limbischen Modulen auseinander und finde deine eigenen Wordings für die Kommunikation mit Kunden und Entscheidern:

_____

_____

_____

_____

_____

_____

_____

#BUSINESS_HACK_79

A perfect Match – auf einer Wellenlänge mit dem Kunden

Vielleicht glaubst (auch) du, was viele denken: dass ein erfolgreicher Vertriebsmitarbeiter (m/w/d) ein echter »Held« oder eine »echte Heldin« sein muss, eloquent, selbstsicher, etwas draufgängerisch. In Wahrheit ist es aber so, dass es so viele erfolgreiche Vertriebler gibt, wie es Menschentypen, wie es Charaktere und wie es Kundentypen gibt. Im High-Investment-Bereich (»High Investment Selling«) oder im Verkauf erklärungsbedürftiger Produkte und Dienstleistungen kann der ruhige Beratertypus des Verkäufers extrem erfolgreich sein, im Verkauf von Kreativleistungen oder Luxusgütern kann ein begeisternder Inspirator Abschlusskönig werden und im Hausbausegment beispielsweise ein ruhiger Zahlen-Daten-Fakten-Vorrechner. Wirklich erfolgsentscheidend sind jedoch zwei andere Aspekte: 1. Du als Verkäufer musst dich absolut mit deinem Produkt rsp. deinen Produkten identifizieren können, musst ihre Features und Benefits in- und auswendig kennen (→ #Business_Hack_74) und einfach »glücklich« damit sein, diesen Job zu machen. Vertrieb ist meist Berufung und Beruf. Und 2. du musst dich selbst kennen, musst dir Klarheit über deine eigenen Stärken und charakterlichen oder persönlichen Ausprägungen verschaffen. Und diese dann so »managen«, dass du dich auf jeden Menschen einpegeln kannst, der dir als Kunde gegenübersitzt (→ #Business_Hack_43). Du lernst dann sehr schnell, einen Match zwischen dir und deinem Kunden zu finden – und es wird dir auch leichtfallen, Rapport herzustellen, also einen belastbaren vertrauensvollen Kontakt (→ #Business_Hack_26). Im Ergebnis macht dich beides als Verkäufer erfolgreich, denn du wirst dich auf jeden Fall viel weniger ärgern oder »quälen« müssen und einfach überzeugend und überzeugend einfach mit deinen Kunden kommunizieren.

Klarheit über die eigene Persönlichkeitsstruktur verschaffen

Was meine ich im vorigen Satz mit »ärgern« oder »quälen«? Den Frust, der bei Vertrieblern entsteht, die versuchen, alle Kunden mit ihrer stets selben Art zu überzeugen. Gut möglich, dass sie dies vielleicht selbst gar nicht merken, weil sie sich nicht richtig hinterfragen, ihre eigene Charakteristik nicht analysieren. Dann halten sie sich vielleicht für »unwiderstehlich überzeugend«, während sie bei vielen potenziellen Kunden »zu forsch« oder »überrumpelnd« ankommen. Oder sie begeistern sich an ihren eigenen guten Argumenten und ihrer Fachkompetenz, während in Wirklichkeit Folgendes passiert: »Fachidiot schlägt Kunde tot.«

Im Kundengespräch zählen in erster Linie deine fachliche Kompetenz und dein Verhalten gegenüber den Gesprächs- bzw. Verhandlungspartnern. Zu wissen, wie dein Gegenüber tickt, hilft dir weiter – und hierfür gibt es hervorragende Techniken, die du dir aneignen kannst (→ #Business_Hack_43). Erfolgreich bist du aber nur dann, wenn du authentisch und ehrlich bist – gegenüber deinem Gegenüber, deinem Gesprächspartner, deinem Kollegen, deinem Mitarbeiter, deinem Kunden und vor allem: gegenüber dir selbst! Deshalb solltest auch du dir die Frage stellen, was für ein Persönlichkeitstyp rsp. welche »Typenmischung in welcher Ausprägung« du selbst bist. Das ist zum einen wichtig, weil es dir selbst hilft, dich besser zu verstehen. Deine inneren Motivatoren zu erkennen, besser zu spüren, was dir wichtig ist und wo deine »Trigger« sind. Kurz: worüber du dich schnell ärgerst, was dich nervt, warum du vielleicht dein Gegenüber gerade unausstehlich findest, obwohl der Kunde doch eigentlich ganz professionell agiert; aber auch, wo deine Stärken liegen und wie du diese bei genau jenem Kunden ausspielen kannst. Um ein Match herzustellen, um auf eine Wellenlänge mit dem Kunden zu kommen. Das macht alles so viel leichter. Als Hilfsmittel für diese Selbsterkenntnis bietet sich die Persönlicheitsdiagnostik an wie beispielsweise Insights MDI®. Wie andere Modelle auch (es gibt eine große Zahl an bekannten Modellen) unterscheidet man dabei mehrere Grundtypen – bei Insights sind es vier – und eine Vielzahl von Mischtypen. Jeder Typ wird mit einer Farbe assoziiert und es werden ihm Eigenschaften zugeordnet:

1. Beispiel: Du bist ein eher »rot-dominanter« Persönlichkeitstyp

Als roter Typ zeichnest du dich durch Entschlossenheit, Willensstärke, Ehrgeiz und Zielorientierung aus. Das klassische Bild ist das des »selbstbewussten Machers« oder der »toughen Gestalterin«. Als solche/-r weißt du, was du willst, und bist gewohnt, führen bzw. schnell voranschreiten zu wollen. Und genauso wirkst du auch auf deine Kunden – das kann einerseits effizient sein, für viele aber auch schnell zu viel werden: Mit deinem Expertenwissen schüchterst du diesen vielleicht ein, überrollst ihn. Natürlich spürt der andere auch deine inhärente Ungeduld – beispielsweise durch das (mangelnde) Zuhören oder bei der Suche nach Alternativen. Beides gehört nicht zu deinen ausgewiesenen Stärken.

Tipp: Mitarbeitern, Kollegen, Kunden, die Wert auf eine menschlich-freundschaftliche Beziehung legen, fällt der Umgang mit dir dementsprechend schwer. Arbeite deshalb an deiner Fähigkeit, aktiv zuzuhören. Leite das Gespräch mit freundlichen Fragen, weniger mit Sagen oder »Ansagen«. Lerne, dich zurückzunehmen und »einzuschwingen«.

2. Beispiel: Du bist ein »gelb-beziehungsorientierter« Persönlichkeitstyp

Wenn du zum gelben Persönlichkeitstypus neigst, entspricht deine Stimmung oft dem Sommer-Sonnen-Wetter: gut gelaunt und umgänglich, enthusiastisch und freundlich. Mit dieser positiven Art kannst du schnell eine emotionale Beziehung aufbauen – vor allem natürlich zu Kunden, die ähnlich begeisterungsfähig und kommunikativ sind. Aber Sympathie ist nicht alles. Aufträge lassen sich nicht allein über eine freundschaftliche Beziehung zum Kunden gewinnen.

Tipp: Arbeite an deinem »blauen Anteil«, sei besonders präzise in der Produktpräsentation und der Fertigung von Unterlagen oder Verträgen und in der Einhaltung von After-Sales-Prozessen und dem gewissenhaften Nachbereiten. Stark »gelbe Typen« brillieren zwar oft im H2H-Verkauf in der direkten Verhandlungssituation, ich habe aber auch schon viele dann im Anschluss verlieren sehen, wenn sie nicht ordentlich nachgearbeitet haben oder schlicht »keinen Bock« auf das ganze Formularwerk und den »Bürokram« hatten. Umfangreiche Vorbereitung, kleinteilige Darstellung von Kundennutzen und die Ausarbeitung der Vorteile deiner Angebote sind wichtige Erfolgshelfer für dich, genauso wie die präzise Abarbeitung der Prozesse, eine gute

Dokumentation und ein sauber geführtes CRM, das dir Termine und Fristen auf Wiedervorlage legt. Denk dran, dass viele Kunden anders ticken als du und dass die Abschlussfreude und das Feuer der Begeisterung schnell wieder erlöschen, wenn du nicht sauber lieferst und auch ihren Bedürfnissen nach Zahlen, Daten, Fakten und zuverlässiger Termintreue nachkommst.

3. Beispiel: Du bist ein eher »grün-zurückhaltender« Persönlichkeitstyp
Beratung auf Augenhöhe – so beschreibe ich den Ansatz des grünen Verkäufertyps oft. Denn Verkäufer mit starkem »Grün-Anteil« brauchen das menschliche Gegenüber, sie sind bodenständig, verhalten sich ihrem Kunden gegenüber loyal, informieren sachlich und detailliert. Damit bist du oft mehr beliebter Kollege oder vielgefragter Berater als Verkäufer. Das schafft Vertrauen, hat aber auch Nachteile. Denn als »grüner Verkäufer« bist du im Verkaufsgespräch eher zurückhaltend, befürchtest schnell, dem Kunden »etwas aufzudrücken«. Die Initiative überlässt du dem Kunden und legst wenig Entscheidungsfreude an den Tag. Dies liegt unter anderem an deinem ausgeprägten Sicherheitsbedürfnis und deiner Angst vor Veränderungen. Beides führt dazu, dass du Abschlusschancen häufig verpasst. Bei dominanten Kunden fehlt es dir an Durchsetzungsstärke.

Tipp: Du kannst – ohne dich zu verbiegen – lernen, deine »roten und gelben Anteile« etwas stärker zu leben, selbstbewusster, aktiver und führungsfreudiger zu wirken. Gehe aktiver vor. Viele Kunden haben keine konkreten Vorstellungen. Sie wollen, ja müssen für eine gute Entscheidung beraten werden. Und sie möchten sich anstecken lassen von deiner Begeisterung: durch etwas mehr Enthusiasmus und Überzeugungskraft.

4. Beispiel: Du bist ein eher »blau-analytischer« Persönlichkeitstyp
Besonnen, sachlich, gewissenhaft und präzise – so lassen sich blaue Verkäufertypen beschreiben. Wenn du zu dieser Gruppe zählst, bist du sach- und aufgabenorientiert. Du verfährst nach dem Motto: »Erst nachdenken, dann prüfen und nochmals prüfen – und erst dann handeln.« Deine Kunden können sich darauf verlassen, dass du alles genau durchdenkst, bevor du ihnen einen Vorschlag unterbreitest. Das spricht für Kundenorientierung – kann aber schnell zur Entscheidungsschwäche führen.

Tipp: Verlasse dich nicht nur auf die faktengesättigte Analyse. Versetze dich öfter in deinen Kunden hinein – was braucht er, was wünscht er sich? Lerne, dem Kundennutzen mehr Platz einzuräumen. Überzeuge deine Kunden durch Fakten und Nutzen.

… und dann ein Match mit dem Gesprächspartner schaffen
Findest du dich in diesen Charakterisierungen wieder? In welcher der Typenbeschreibungen? Wahrscheinlich sind es mehrere, denn die meisten Menschen verkörpern Mischformen dieser Typen in unterschiedlich starken Ausprägungen. Aber mit Sicherheit geben dir solche Typologien – es gibt auch umfangreiche Testverfahren dazu (die kannst du gerne bei Buhr & Team anfordern) – viele gute Hinweise für deine Selbsterkenntnis. Und für das Erkennen deiner Gesprächspartner. Damit wird es dir künftig leichtfallen, »Matches zu finden«: Gemeinsamkeiten, Ansatzpunkte für eine gute Beziehung zwischen euch – von Anfang an. Denn natürlich hilft dir dieses Wissen zu verstehen, weshalb du beispielsweise mit dem einen Kunden, dem einen Mitarbeiter sofort eine gemeinsame Wellenlänge findest – und mit dem anderen eher nicht.

Gefühle verstehen und bewusster steuern lernen

Wenn du beide Seiten erkennen und verstehen kannst, wird es dir leichter fallen, auch auf die Menschen positiv zuzugehen, mit denen du zunächst keine gute »Wellenlänge« hast. Denn es gibt kein »besser« oder »schlechter«, es gibt nur ein So-Sein – auf beiden Seiten. Und wenn du die Motiv- und Wertelage verstehst, kannst du souverän mit anderen umgehen. Kannst auch deine aufkommenden Emotionen in einem Gespräch (denn als Vertriebler, Unternehmerin oder Unternehmer wirst du viele schwierige und herausfordernde Gespräche führen, die heftige Emotionen bei dir hervorrufen) verstehen und positiv einsetzen – und so das Gespräch aktiv steuern. Du sollst übrigens deine Gefühle in schwierigen Gesprächen oder Verhandlungen nicht unterdrücken oder dich verstellen, sondern deine Gefühle und Handlungsalternativen verstehen und damit bewusst steuern können.

Typologische Muster machen Verhandlungen und Verkaufen leichter

Fassen wir noch mal kurz zusammen: Was hast du davon, wenn du weißt, wie du selbst tickst und mit welchem Persönlichkeitstypen du es bei deinem Gegenüber zu tun hast? Eine ganze Menge: Du kannst gleichzeitig »ganz bei dir sein« und »ganz bei deinem Gesprächspartner«. Mit einem beiderseitigen Verständnis kannst du sehr leicht Rapport herstellen. Guter Rapport macht Verhandlungen leicht, Gespräche fröhlich, Verkaufsgespräche einfacher und effektiv. Bleiben wir bei diesem letzteren Beispiel: Zum ersten kannst du dich effektiver und effizienter auf das Verkaufsgespräch vorbereiten. Indem du beispielsweise besondere Fakten und Daten herausarbeitest, wenn du weißt, dass du es mit einem roten oder blauen Typus zu tun hast. Oder aber – Beispiel gelber Kundentyp – du schaust vor dem Gespräch noch einmal in das LinkedIn-, Instagram-, Facebook- oder Xing-Profil deines Gesprächspartners, um einen Aufhänger für den Small Talk zu finden. Small Talk ist diesem Kundentyp wichtig – und in den Social Media findest du immer jede Menge Hinweise darauf, um welchen Typus es sich bei deinem Kunden handelt: Wer sich mit Luxuskarossen ablichtet, tickt anders als der Outdoor-Freak, der ständig Fotos aus den Bergen postet. Beide sind aber super Aufhänger für das aufwärmende Gespräch.

Zum zweiten hilft dir die Beschäftigung mit der Persönlichkeit deines Gegenübers dabei, spezifische Angebote zu erstellen, die richtigen Produkte für deinen Kunden auszusuchen, über Modifikationen nachzudenken. Sprich mit einem Menschen mit ausgeprägtem Sicherheitsbedürfnis erst gar nicht von einer Absicherung *ohne* Risikozuschläge. Oder mit einem kreativen Kunden über eine 08/15-Lösung. Beide Verkaufsgespräche wären schnell vorbei, weil das Angebot für deinen Ansprechpartner (emotional) nicht relevant ist. Und weil dein Verhandlungspartner oder Kunde ganz schnell den Eindruck gewinnt, dass nicht er im Mittelpunkt steht, sondern dein Umsatz.

VOM KNOW-HOW ZUM DO-HOW

Gemeinsame Wellenlänge herstellen

Wenn du eine gute Vorstellung davon hast, wie du selbst »tickst« und wie dein Gegenüber, dein Kunde, dann gibt es einige Möglichkeiten, deine Kommunikation so auszugestalten, dass sie die »Denke« und Sprache deines Gegenübers oder Kunden trifft. Damit schwingt ihr euch auf eine gemeinsame Wellenlänge ein. Hier gebe ich dir zum Üben viele Beispiele, die du natürlich auf dein eigenes Wording und die jeweilige individuelle Situation anpassen wirst:

1. Gemeinsamkeiten hervorheben – vor allem bei grünen Kundentypen

- »Als Fortuna-Fan und Golfer haben wir gemeinsame Interessen.«
- »Oh, spannend. Ich sehe, Sie interessieren sich auch für …«
- »Tolle Atmosphäre haben Sie hier. Hier fühle ich mich auch wohl …«

Tipp: Du wirst sehen, Gemeinsamkeiten sorgen für ein positives Gesprächsklima.

Individuelle Anpassung: _____

2. Die Entscheidung delegieren – wichtig beim grünen und blauen Kundentyp

- »Ich überlasse Ihnen gerne, wann Sie sich bei uns melden, um zu erfahren, wie es steht. Wollen wir so verbleiben?«
- »Viele unserer Kunden nehmen sich die Zeit, um diese Vorteile genau zu prüfen.«
- » Lassen Sie die Informationen gern auf sich wirken. Viele unserer langjährigen Kunden kommen immer wieder auf uns zu. Wäre das auch für Sie in Ordnung?«

Tipp: Du zeigst dem Kunden, dass er selbst die Entscheidung fällt. Damit entstehen auf Kundenseite positive Gefühle.

Individuelle Anpassung: _____

3. Das Positive vorwegnehmen – bestätigt rote und gelbe Kundentypen

- »Sicher haben Sie schon eine genaue Vorstellung von dem, was am Ende herauskommen soll. Was ist Ihnen hierbei besonders wichtig?«
- »Was versprechen Sie sich vom Ergebnis unseres Gespräches heute?«
- »Wichtig, relevant ist sicher für Sie, wie das Resultat aussieht ...«

Tipp: Du solltest stets darauf achten, positiv zu formulieren. Dabei kannst du durchaus den positiven Entschluss für dein Angebot vorformulieren, um den Kunden so zu einem Ja zu bewegen.

Individuelle Anpassung: _____

4. Social Proof herstellen – holt gelbe und grüne Kunden ab

- »Die meisten unserer Kunden beginnen mit ... und erweitern / erhöhen später ...«
- »Erst letzte Woche wieder hat sich einer unserer engen Kunden dafür entschieden, dass ...«
- »Wir legen hohen Wert auf Zuverlässigkeit. Das kommt unserem Image nach außen zugute ...«

Tipp: So weckst du beim Gesprächspartner ein Gemeinschaftsgefühl mit anderen, obwohl er diese gar nicht kennt.

Individuelle Anpassung: _____

5. Zukunftsperspektive eröffnen – überzeugt alle Kundentypen

- »Können Sie sich vorstellen, was Sie in x Jahren rückblickend zu dieser Entscheidung sagen werden?«
- »Wenn Sie in x Jahren auf den heutigen Tag zurückschauen, können Sie sagen: Gut, dass ich das so gemacht habe / dass wir das so entschieden haben.«
- »Wir beide können gespannt sein, wie sich das auf Ihre Zukunft positiv auswirken wird.«

Tipp: An diesen Beispielen siehst du, wie gut sich bestimmte Formulierungen eignen, um ein emotionales Kopfkino auszulösen.

Individuelle Anpassung: _____

6. Nutzenformulierungen einbauen – überzeugt rote und blaue Kundentypen

- »Je früher Sie anfangen, desto mehr wird für Sie am Ende dabei herauskommen.«
- »Bei diesem Vorschlag sparen Sie 20 Prozent. Das bedeutet, dass Sie x Euro oder y Jahre Spar-/Preisvorteile haben.«
- »Der Faktor Zeit bringt den besten Zins: Wenn Sie bereits jetzt beginnen, Ihr Vermögen aufzubauen, heißt das für Sie, dass Sie entsprechend früher über eine hohe Summe verfügen können.«

Individuelle Anpassung: _____

7. Positive Gefühle vermitteln – gute Argumente für gelbe und grüne Kundentypen

- »Stellen Sie sich einmal vor, wie gut es für Ihre Familie wäre, derart sicher zu sein.«
- »Was glauben Sie, wie positiv sich diese Entscheidung auf Ihre Zukunft auswirken wird?«
- »Einmal angenommen, wir machen das heute/werden uns jetzt einig. Was meinen Sie, wie vorteilhaft sich das auswirken wird?«

Individuelle Anpassung: _____

#BUSINESS_HACK_80

Multisensorik – verkaufen mit allen Sinnen

Sehr erfolgreiche Unternehmen und Marketer wissen: Marken – ob Unternehmensmarken wie Harley Davidson oder Produktmarken wie Bahlsen-Kekse – müssen ganzheitlich mit allen Sinnen erfahrbar sein. Müssen quasi zu Persönlichkeiten werden. Dann werden ihre Käufer zu Fans (→ **#Business_Hack_78**). Sonst bleiben es nur platte Worthülsen mit aufgeklebtem Logo. Zum perfekten Markenerlebnis, mit dem du auch verkäuferisch weit vorne bist, gehört also, dass deine Marken sichtbar, fühlbar, hörbar, riechbar und ggf. zu schmecken sind. Dann kannst du mit allen Sinnen verkaufen.

Multisensorisches Marketing stimuliert alle Sinne

Hotels, Supermärkte, Automobilhersteller, Dienstleister und viele andere Anbieter nutzen Multisensorik, um ihre Aussagen zu verstärken: Bestimmte Eigenschaften senden ständig Zusatzbotschaften über Beschaffenheit und Qualität, über Wert und (den vermutlichen) Preis von Produkten oder Dienstleistungen. Sie erreichen alle unsere primären Sinne wie Seh-, Hör-, Geruchs-, Geschmacks- und Tastsinn sowie auch weitere Sinne wie Temperatursinn, Schmerzempfinden, Gleichgewichtssinn und Körperempfindung. Und sie stimulieren auch unsere innere Wahrnehmung und Empfindung, unsere Vorstellung und Repräsentation, unser Erleben, unser Gedächtnis und unsere Erinnerung und Reflexion.

Um dein Marketing multisensorisch zu gestalten, musst du definieren, wie die Eigenschaften (d)einer Marke oder (d)eines Produktes sinnlich umgesetzt werden können: Wie sieht unsere Marke aus, wie fühlt sie sich an, wie riecht sie, wie schmeckt sie, wie klingt sie? In der Umsetzung bedeutet dies: »Welche Farbe hat frisch, welche Temperatur hat fürsorglich, was ist der Duft von seriös? Oder, in anderen Attributen gesprochen: Wie bunt ist Freude, wie fühlt sich Kompetenz an, wie ist die Oberfläche von Erfolg gestaltet, wie schmeckt Tradition oder wie klingt Fernweh?« (Gierke / Nölke: Multisensorisches Marketing). Das ist deine Hauptaufgabe im multisensorischen Marketing.

Unterschiedliche Kundentypen reagieren auf unterschiedliche Stimuli

Du kannst dein Wissen über die verschiedenen Kundentypen (→ **#Business_Hack_43**) für den Einsatz multisensorischer Hilfsmittel nutzen – und du wirst feststellen, dass das multisensorische Marketing natürlich bei allen funktioniert. Beispielsweise ist es eine alte Weisheit in Vertrieb und Verkauf, Bilder, Tabellen, Grafiken einzusetzen: Mit diesen Hilfsmitteln kannst du deine Aussagen maximal untermauern. Das gilt nicht nur für die »blauen Typen«, die stark über ZDF (Zahlen, Daten, Fakten) angesprochen werden und die sich daher für lange Excel-Sheets und beeindruckende Berechnungen und Modellrechnungen begeistern. Sondern auch für die »roten Typen« – für diese müssen die Präsentationen nur anders aufgebaut sein: wenige, starke Worte, großartige Visualisierungen toller möglicher Ergebnisse, on point. Innovative Videopräsentationen mit Suspense (Spannungsaufbau) und spaßhaltigen, eventigen Aspekten begeistern wiederum die kreativen »gelben Typen«. Die sozial orientierten »grünen Typen« sprechen weiche, zukunftsorientierte Bilder an, garniert mit einem Wording, das auf Gemeinsamkeiten (»wir«, »uns«, »deine Familie« …) abhebt. Gleiches gilt im Wesentlichen für akustische, olfaktorische und haptische Signale. Das bedeutet schlussendlich, dass dir im Vertrieb ein großes Arsenal an »unbewusst wahrgenommenen Kommunikations- und Beeinflussungsmitteln« zur Verfügung steht, eine Vielzahl an Kanälen zum Kunden, die du professionell bespielen kannst. Das ist deine Aufgabe Nummer zwei im multisensorischen Marketing.

Optik, Akustik, Olfaktorik, Gustatorik, Haptik ... und mehr

Wo immer es sich machen lässt, solltest du deine Kunden riechen, tasten und schmecken lassen. Im Bereich der Printmedien können Papiermuster weiterhelfen und dir einen Eindruck von der vielfältigen Haptik und Optik und den Gerüchen von Papier vermitteln. Aber auch bei Finanzprodukten kann Papier als haptisches Erlebnis eine Rolle spielen: Stell dir vor, dein Finanzberater informiert dich über eine hochpreisige Investitionsmöglichkeit – beispielsweise in eine Immobilie. Die Informationen dazu erhältst du als billige Schwarz-Weiß-Kopie. Wie reagierst du? Wahrscheinlich eher »unterzeugt« als überzeugt. Und nun stell dir das Ganze vierfarbig gedruckt auf hochwertigem Papier vor – ergänzt durch einen QR-Code und animierten Film. Oder als Virtual-Reality-Darstellung, als virtuelles 3D-Modell. Oder als soliden Bausatz, der sich zu einer Immobilie aufbauen lässt. Und schließlich – im Luxussegment – als hochwertig ausgestattete Musterwohnung mit Blick bis zum Horizont. Was vermittelt mehr Vertrauenswürdigkeit? Wo verbinden sich Information und Emotion am besten? Was löst bei der spezifischen Kundenzielgruppe Kaufimpulse aus? Das muss ich dir gar nicht sagen, das weißt und das fühlst du selbst. Mach deinem Kunden also diese Freude – und schenk dir selbst die emotionale Leichtigkeit im Verkauf, die damit einhergeht.

Heutzutage lassen sich fast alle vorstellbaren Materialien auch beduften: Neuwagengeruch oder Meeresbrise, hochfeine Blütenmischungen oder kühle Waldluft, sonniger Strand oder pudriger Babyduft – es findet sich immer der genau passende Geruch, der bei Kunden Wohlgefühl, Kopfkino, positive Erinnerungen oder freudige Visionen weckt. Der Geruch, der ein Habenwollen auslöst. Kein Wunder, dass Supermärkte ihre Regalreihen mit leckerem Brötchenodeur, dass Hotels ihre Rezeptionen mit individuellen Signature-Düften, dass Boutiquen ihre Interieurs mit wertvollen Parfumkompositionen bestäuben – all das regt die Kauflust enorm an!

Be-Greifen heißt verstehen – und löst Besitzwunsch aus. Selbst mit Geschmacksträgern können Vertriebsmaterialien heute ausgestattet werden, die knusprige Werbesendung, die Werbepostkarte aus Schokolade sind da nur Beispiele. Du solltest alles, was sich erfühlen lässt – wie Gewicht, Oberflächenbeschaffenheit, Temperatur, Glätte – ganz besonders berücksichtigen! Lass deine Kunden Dinge berühren und greifen. Das rührt sie und lässt sie begreifen. »Begreifen« im Wortsinn heißt »verstehen«. Daher: Achte auf Haptik und Textur! Was sich solide, fest und teuer anfühlt, darf auch teuer sein. Was sich luftig oder labbrig anfühlt, funktioniert nicht für hochwertige Produkte. Verkaufst du Produkte, die sich mitnehmen lassen, drück deinem Kunden gleich ein Muster in die Hand.

VOM KNOW-HOW ZUM DO-HOW

Du kannst deine Werbe- und Verkaufsaussagen mit einfachen Mitteln nachdrücklich verstärken. Hirnforscher haben nachgewiesen, dass eine Botschaft, die über verschiedene Wahrnehmungskanäle in unser Gehirn dringt, sehr viel stärker wahrgenommen wird, als wenn nur einzelne Sinneseindrücke angesprochen werden. Je mehr Sinne deines Kunden du ansprichst, desto besser wird deine Botschaft also empfangen, desto stärker ist dein Appell. Dazu hier zwei Aufgaben, die ich oben im Text schon angerissen habe:

1. Übung: Erarbeite das multisensorische Profil für dein Produkt X:

Mein Produkt x ...
- ... Sieht so aus: _____
- ... Fühlt sich so an: _____
- ... Hat folgende Textur (Oberflächenbeschaffenheit): _____
- ... Hat das Gewicht / ist schwerer als: _____
- ... Hat folgende Materialqualität:_____
- ... Hört sich so an: _____
- ... Riecht wie: _____
- ... Hat folgenden Preis: _____

Reflexion 1: Spiegelt die Multisensorik auch die Preisgestaltung wider? Oder wirkt das Produkt billiger oder teurer, als ich es anbiete?

Reflexion 2: Falls ich es billiger oder teurer anbiete, als die multisensorische Anmutung ist: Was kann ich ändern, um Kongruenz herzustellen?

2. Übung: Wie könnten die multisensorischen Marketing- und Werbemaßnahmen für dein Produkt gestaltet sein? Greif einfach die Ideen aus diesem Business-Hack auf oder »fantasiere« erst mal. Bei einer darauf folgenden Internetrecherche wirst du feststellen, dass sich heute fast alles produzieren lässt oder schon von findigen Verpackungs- oder Kommunikationsdesignern und Werbemittelherstellern entwickelt wurde, was du dir ausgedacht hast oder wünschst.

_____

_____

#BUSINESS_HACK_81

Unwiderstehliche Formulierungen nutzen

Einige Redewendungen sind uns im Vertriebsalltag, in der Verkaufs-verhandlung wirklich gute »Helferlein«. Wir sollten sie uns aneignen, damit wir im richtigen Moment wissen, welches strategische Wording uns zum Erfolg verhilft. Du kannst diese Redewendungen sehr effektiv mit den Business-Hack-Techniken kombinieren: → **#Business_Hack_75** Nutzenargumentation mit der SPINE-Technik, → **#Business_Hack_76** Einwandbehandlung mit der AUA-Technik, → **#Business_Hack_74** Pro-duktfeatures wirklich überzeugend formulieren, → **#Business_Hack_77** Einwandbehandlung mit Return- und 180-Grad-Technik

Unwiderstehliche Ministrategien

Unwiderstehliche Wordings nenne ich Mini-Strategien, die sich in der Vertriebspraxis bewährt haben und mit denen du den Kunden sanft in der Verhandlung voranführen kannst. Hier eine Auswahl:

1. (Fremd-)Akquise-Technik
»Spreche ich mit Andreas Buhr persönlich? Darf ich bei Ihnen direkt zum Thema kommen? Ich möchte Sie heute als Kunde gewinnen, aber nur, wenn das für Sie wirklich Sinn macht. Einverstanden?«

2. Vorabschluss-Technik
»… sind wir uns bis hierhin grundsätzlich einig?«, »Wenn wir Wunsch X, Voraussetzung Y erfüllen, stimmen Sie hier im Prinzip zu?«, »Halten wir einmal fest, was wir bis hierher besprochen haben … abc. Passt das auch so für Sie? Was können, sollten wir ggf. jetzt (schon) noch ergänzen?«

3. Abschluss-Technik
»… starten wir zum 1.12. oder am 1.1.?« (Alternativfrage), »Sind Rechnungs- und Lieferadresse identisch?«, »Wohin soll die Lieferung

zum 1.1. erfolgen?«, »Wie wichtig ist es für Sie, jetzt direkt festzuhalten, was wir schon zusammen besprochen haben, worüber wir uns einig sind?«

4. NOA-Technik (Nur oder auch):
»… starten wir nur mit A oder nehmen wir auch B dazu?«, »Nehmen wir nur X oder direkt auch Y dazu? Nur A oder auch B?«

5. Annehmbare-Angebote-Technik
»… Was ist Ihnen besonders wichtig, was möchten Sie im Angebot drinstehen haben, damit Sie am Ende auch Ja dazu sagen können?«

6. Geplante-Spontanitäts-Technik:
»… letzte Woche ist uns bei der spontanen Durchsicht Ihrer Unterlagen aufgefallen, dass …«

7. Empfehlungstechnik
»… wem aus Ihrem geschäftlichen Umfeld würden Sie eine Zusammenarbeit mit uns ermöglichen?« (ausführlich dazu → **#Business_Hack_82**)

8. Exit-Strategie und Exit mit Joker
»… schade, wirklich sehr schade, wir hätten so gern mit Ihnen zusammengearbeitet.«

Joker: »… und in der Anlage finden Sie die Ideen A oder B für Sie – vielleicht passt das ja zu einem späteren Zeitpunkt … geben Sie uns gern ein Signal. Wir sind gern für Sie da.«

VOM KNOW-HOW ZUM DO-HOW

Welche der »unwiderstehlichen Wordings« willst du künftig nutzen?

Wie kannst du sie für dich und deine Kunden so anpassen, dass sie ihre Überzeugungskraft behalten?

#BUSINESS_HACK_82

B2B-Empfehlungen – Schnellstraße zu Neukunden

»Ich kann doch unmöglich den Neukunden schon nach einer Empfehlung fragen!«, »Empfehlungen gibt's doch nur im Gegenzug zu Sonderpreisen.«, »Nach Empfehlungen zu fragen ist mir eher peinlich!« Das sind die üblichen Einwände, wenn meine Trainingsmannschaft im Vertriebstraining gestandene Vertriebler und Vertrieblerinnen danach fragt, warum sie den Business-Hack B2B-Empfehlungen kaum (und manchmal gar nicht) nutzen. Puh!

Empfehlungen von heute sind die Kunden von morgen. Sie sind der Königsweg zu neuen Kunden.

Es gibt keinen einfacheren und besseren Weg, um an Neukunden zu gelangen (nicht mal den → **#Business_Hack_61**), als Bestandskunden um Empfehlungen zu bitten. Gemeint sind damit allerdings konkrete Empfehlungen, nicht Testimonials (B2B) oder Rezensionen (B2C). Diese sind zwar leichter zu erhalten, dienen aber eher dem Marketing als dem Vertrieb, da sie keinen konkreten Adressaten, keinen direkten Neukundenkontakt generieren. Empfehlungen (→ **Business_Hack_57**) sind der Königsweg zu neuen Kunden.

Und doch scheuen sich viele im Vertrieb davor, Empfehlungen einzuholen. Folgende Fragetechniken sind hilfreich:

B2C-Empfehlungen

Bei Geschäftsbeziehungen zwischen einem Unternehmen und einer Privatperson kannst du die »4-Fragen-Technik« anwenden:

1. »Was hat Ihnen besonders gut gefallen? Und was noch?«
2. »Denken Sie, was Ihnen gut gefällt, könnte auch anderen gefallen?«

3. »Wem könnte das gut gefallen, wer wäre für diesen Vorteil grundsätzlich offen?«
4. »Wer aus Ihrem Netzwerk (Bekanntenkreis / Freunde / Sportverein / Kollegen) könnte diesen Vorteil auch für sich nutzen?«

B2B-Empfehlungen

Bei Geschäftsbeziehung zwischen Unternehmen ist der Prozess für Empfehlungen in der Regel ausführlicher als im B2C. Da reicht es nicht, z. B. um eine 5-Sterne-Rezension auf Amazon zu bitten, dafür braucht es gute und eindrückliche Formulierungen. Hier ein Beispiel:

»Vielleicht wundern Sie sich darüber, dass wir nicht überall so präsent sind, wie Sie es vermuten. Nun, wir bei B&T legen nicht so viel Wert auf das Thema Marketing. Stattdessen ist es uns wichtig, lieber Geld und Energie zu investieren, um die Prozesse, die Produkte, die Dienstleistung zu qualifizieren und auf dem aktuellen Stand zu haben. Die meisten unserer Kunden finden dieses Vorgehen prima. Daher meine Frage auch an Sie: ›Wären auch Sie grundsätzlich bereit, uns bei dieser Strategie zu unterstützen? Könnten Sie sich grundsätzlich vorstellen, uns durch interne, diskrete Empfehlungen dabei zu helfen, künftig für Sie und unsere Kunden zum Vorteil / Nutzen aktiv zu sein?‹«

»Wer in Ihrem Netzwerk sollte durch eine Kooperation mit uns genauso profitieren wie Sie?«

Der richtige Zeitpunkt, nach Empfehlungen zu fragen

»Wer aus Ihrem Netzwerk würde durch dieses Produkt, diese Dienstleistung genauso (gleichermaßen) profitieren wie Sie?«

1. Der beste Zeitpunkt, um im B2B-Umfeld nach Empfehlungen zu fragen, ist direkt beim Abschluss oder zu Beginn der Zusammenarbeit! Denn es geht ja gar nicht darum, dass du ein super Lob für die erbrachte Leistung kassierst und dann womöglich als Bittsteller um eine Referenz bittest. – Es geht darum, dass direkt festgehalten wird, für wen im Umfeld eures Kunden eure Leistung noch in Frage kommt. Frag einfach! »Herr Kunde, mal

angenommen, Sie sind begeistert und profitieren durch unsere Entscheidung, wären Sie grundsätzlich bereit, auch eine Weiterempfehlung auszusprechen?« Warte nicht erst, bis die Leistung erbracht oder das Projekt abgeschlossen ist – sonst wird der Kunde vielleicht Gründe finden, dich noch einmal auf die Probe zu stellen.

2. Lass nicht zu, dass dein Kunde für eine Empfehlung Rabatte oder Sonderleistungen verlangt. Trenne das eine vom anderen. Lege die Unterlagen zur Seite, wechsle evtl. die Sitzposition (Separator), und beginne das Gespräch neu. Dann wird ein guter Kunde eine solche »Bezahlung« nicht fordern. Sollte dieser Kunde ein echter Referenzkunde sein, der dir den Proof of Concept in einer bestimmten Branche, Anwendung oder Unternehmensgröße ermöglicht, sind Sonderleistungen bedenkenswert.

3. Hilf dem Kunden auf die Sprünge, wenn du die Frage nach Empfehlungen stellst. Geschäftsführer kennen andere Geschäftsführer, HR-Leiter kennen andere HR-Leiter, Procurement-Leiter kennen andere Procurement-Leiter – frage konkret nach … sie werden dir eh nicht die direkten Wettbewerber nennen, sondern nachdenken, wer aus ihrem Netzwerk infrage kommt.

VOM KNOW-HOW ZUM DO-HOW

Mache dir eine Liste: Wen genau willst du wie ansprechen?

Neukundenempfehlung	Referenz/Testimonial

#BUSINESS_HACK_83

Produktentwicklung nutzt Vertriebskompetenz

Die Produktentwicklung in deinem Unternehmen steht momentan von allen Seiten unter Druck – und dieser wird zweifellos noch weiter steigen. Es wird nie mehr ein Zurück geben zu den Zeiten, als Produkte und Leistungen entlang den Kernkompetenzen rsp. technischen Fähigkeiten eines Unternehmens entwickelt werden konnten. Mit genügend Werbedruck und Marketingpower ließen sich die Dinge ehemals immer irgendwie in den Markt drücken.

Doch heute wissen wir, dass der neue digitale B2P-Kunde (→ **#Business_Hack_57**) viele Ansprüche an Produkte rsp. Produktneuentwicklungen stellt. Diese müssen

- echte Problemlöser,
- überraschend neu oder gar disruptiv,
- nachhaltig entwickelt und gefertigt (→ **#Business_Hack_90**),
- entweder sehr kostengünstig oder so exklusiv, dass sie Statusprodukte sind,
- womöglich individualisierbar (»Losgröße 1«),
- mit Sicherheit lieferbar (robuste Lieferketten),
- langlebig und/oder wertstabil und
- mit zusätzlichen digitalen Values/Apps oder persönlichen Services (E-Learning-Materialien/Selbstlern-Materialien, Zugang zu Hotlines/Bots oder Agents, After Sales) versehen sein.

Vom Kunden lernen

Demnach reicht es nicht aus, schöne Produkte zu haben, die gerade »in« sind. Dem Trend hinterherzurennen bringt nichts – dann müsste man schon sehr viel billigere »Me-too-Produkte« anbieten oder mit viel Investorengeld die schnelleren, aber kleineren Wettbewerber vom Markt drängen oder kaufen können. Du musst Trends mitgestalten.

Frage nicht »Was habe ich im Angebot oder was muss jetzt echt vom Lager?«, sondern »Was braucht mein Kunde wirklich? Welches Produkt könnte so modifiziert werden, dass es auch morgen noch passt?«. Bei dieser Fragestellung ist der Vertrieb des Unternehmens immer auch eine kostenneutrale Marktforschungsabteilung.

Das bedeutet: Tritt in den direkten Dialog mit deinen Kunden, online oder persönlich. Biete Foren zum Austausch über Produkte und Ideen an. Antworte stets auf Anregungen. Greife Ideen auf und spinne diese weiter – gern im Austausch mit dem Kunden. Bedenke, welche Standards heute gelten. Jeder vernünftige Onlineshop hat zum Beispiel eine Bewertungsfunktion und viele Testimonials. Sie dienen Kunden, die gern die Meinung der Community berücksichtigen, als wichtige Orientierungshilfe. Oder biete Weiterempfehlungen per E-Mail an, um zu erfahren, mit welchen Produkten deine Kunden hundertprozentig zufrieden sind. Starte schon in der Planungsphase für ein neues Produkt Umfragen. Biete ausgewählte Produkte und Dienstleistungen zunächst einer VIP-Gruppe an, bevor sie in das Standardprogramm aufgenommen werden, und hole dir deren Feedback. Günstiger kannst du Marktforschung nicht betreiben. Es lebe die Betaversion! Nichts ist schon zu Beginn perfekt. Also ist es sinnvoll, mit einer kleinen, ausgewählten Gruppe zu starten und diese VIPs zu Mitgestaltern zu machen. Stelle Testversionen eurer Produkte in einem geschützten Bereich auf der Website vor und lade ausgewählte Kunden zur Diskussion ein. Du wirst staunen, wie viele wertvolle Anregungen du erhältst.

Verkauf und Vertrieb sind am nächsten dran

Oftmals ungehobenes Potenzial für die Entwicklung neuer oder die Weiterentwicklung bestehender Produkte oder Leistungspakete bietet deine oder eure Vertriebs- oder Verkaufsmannschaft. Denn diese steht im direkten persönlichen Kontakt mit dem Kunden – ein Status, von dem Betreiber zahlreicher Onlineshops nur träumen können. Noch näher kannst du die Ohren nicht am Markt haben. Denn ganz gleich, ob du Finanzprodukte anbietest oder B2B-Lösungen für den Maschinenbau: Im Gespräch mit deinem Kunden erfahren die Vertriebler, wo diesen »der Schuh« drückt, welche neuen Herausforderungen auf ihn zukommen, welche »Kittelbrennfaktoren« gerade dran sind, vor welchen – ungeahnten? – Entscheidungen er in den nächsten Wochen steht, wo er sich geirrt hat, wo er zu vorsichtig war. Und natürlich auch, welche Pläne er aktuell schmiedet. Ihr bekommt außerdem ein direktes Feedback auf eure Produkte, somit eine kostenlose Marktforschung.

Vertrieb routinemäßig in die Produkt(weiter)entwicklung einbinden

Wie lassen sich diese Erkenntnisse und Informationen von der Vertriebsfront nun aktiv in die Produktentwicklung einbinden? Klassiker sind hier die strukturierte Erfassung und Bewertung der Kundenfeedbacks. Je besser diese ausgewertet werden, desto schneller und flexibler kannst du deine Produkte anpassen. Nutze dazu am besten Formulare für Gesprächsprotokolle, die ihr eurem Team zur Verfügung stellt. Je einfacher diese auszufüllen sind, umso eher werden sie genutzt!

In der Phase von Produktneuentwicklungen solltet ihr den Vertrieb bereits routinemäßig frühzeitig einbeziehen. Schafft eine Schnittstelle zwischen Vertrieb und F & E. Denn heute ist es immer noch oft so, dass die Vertriebler draußen beim Kunden im blinden Eifer, schnell Abverkäufe zu erzielen oder Prämien zu erhaschen, allerhand Versprechungen für Produkte oder Features von Leistungspaketen abgeben, die weder die F & E noch die Produktentwickler oder Projektleiter halten können oder wollen. Also: Bilde Arbeitsgruppen oder führe gemeinsame Workshops durch. Interviewe deine Topverkäufer. Überlegt gemeinsam, welche »Basisprodukte« du schaffst, die eure Kunden entsprechend ihren individuellen Wünschen modifizieren können, und wie ihr diese Produkte am besten vertreibt bzw. ausrollt. Je eher du den Vertrieb miteinbeziehst, umso treffsicherer wirst du Produkte entwickeln und verkaufen.

Tipp: Definiere mit deinem Team die Kunden, auf deren Meinung du Wert legst, und bitte deine Vertriebsmitarbeiter, diese Personen aktiv zu ihren Ansichten und Wünschen zu Neu- und Weiterentwicklungen zu befragen.

VOM KNOW-HOW ZUM DO-HOW

Der Kunde zählt mehr als das Produkt

Wenn du in der Produkt(weiter, -neu-)entwicklung stärker die Kompetenz des Vertriebs als direktem Draht zum Kunden nutzen willst, dann habe ich hier noch ein paar Anregungen zur kritischen Kundenbefragung für dich, die den Vertrieb, eure Produkte und Entwicklungen und auch die Zufriedenheit der Kunden voranbringen:

- Suche Kunden mit Umsatzpotenzial aus, um mehr Kenntnisse über die Schwächen und Stärken eurer Angebote zu erlangen. Frage die Kunden nach ihren Erfahrungen mit einem spezifischen Produkt / Produktklasse. Sind sie zufrieden? Stimmt das Preis-Leistungs-Verhältnis? Welche Modifikationen würden sie sich wünschen? Haben sie das Produkt schon weiterempfohlen? Wenn nicht, warum nicht? Wenn ja, unter welchen Umständen häufiger?

  Deine Punkte für den Fragebogen:

  _____

  _____

- Schaue mit diesem kritischen Kunden in die Zukunft: Kann er sich ein Update, eine Ergänzung des Produktes vorstellen? Welchen After-Sales-Service wünscht er sich? Gibt es neue Entwicklungen oder Rahmen-bedingungen, die berücksichtigt werden müssen? Beispielsweise neue Gesetze, technische Innovationen, Software-Umstellungen?

  Deine Punkte für den Fragebogen:

  _____

  _____

- Schlage Wege der Lösungsfindung vor, zum Beispiel Workshops für den intensiven Austausch gemeinsam mit Kunden und Produktentwicklern.

  Deine Ideen für Events mit Kunden, F & E und Vertrieb:

  _____

  _____

- Gib deinen Führungskräften und der Entwicklungsabteilung Feedback: Potenziale können nur genutzt werden, wenn sie bekannt sind. Spiele Informationen zurück ins Unternehmen und incentiviere den Vertrieb auch dafür. Es geht darum sicherzustellen, dass die Erkenntnisse aus dem Vertrieb auch wirklich im F & E landen und umgesetzt werden.

Deine Ideen, um den Vertrieb zu incentivieren:

_____

_____

Wichtig: Bleibe auch nach solch einer Aktion mit dem Kunden im Gespräch – persönlich, per E-Mail, in den sozialen Netzwerken. Kritische Kunden sind die besten Taktgeber, stärke also ihre Loyalität.

Tipp: Um Antworten auf die Fragen in dieser Übung zu finden, sind auch Kreativitätstechniken, besonders die 6-3-5-Kreativitätstechnik / Methode 635 und die Osborn-Checkliste hilfreich (→ **#Business_Hack_12**).

#BUSINESS_HACK_84

(Ver-)handeln in Ausnahmesituationen

Neuer-Markt-Krise, Wirtschaftskrise nach 9/11, Finanzkrise, Corona-krise – eigentlich ist immer (wieder) Krise. Und wenn nicht, steht die nächste Krise schon bevor. Die meisten Unternehmen versuchen, in akuten oder nachwirkenden Krisensituationen erst einmal selbst zu überleben, Kosten zu drücken und gleichzeitig Umsätze zu retten. Wenn du im B2B-Umfeld als Lieferant, Zulieferer, Dienstleister tätig bist, dann geschieht dies häufig zu deinen Lasten. Denn es bedeutet oft, dass zum Beispiel vertraglich fixierte Zahlungsziele nachträglich geändert oder Warenlieferungen reduziert werden sollen. Dann geht es darum, dass du das Verhandeln und Nachverhandeln in Ausnahme-situationen beherrschst.

Kunden aktiv auf Augenhöhe begegnen

Krisen sind geprägt von Unsicherheit und Unwägbarkeiten. Das be-deutet, dass immer auch Absprachen, Vereinbarungen und Verträge auf den Prüfstand gestellt werden. Es wird mit außerordentlichen Kündigungen gedroht, Stornos werden verschickt, um Verschiebung von Zahlungszielen gefeilscht, es werden Stundungen und Rabatte ge-fordert. Denn in den meisten Krisen sind nicht nur einige Unterneh-men betroffen, sondern viele, wenn nicht gar alle. In unserer vernetz-ten Welt wirken Krisen systemisch, alle sitzen in einem Boot. Um dich und dein Unternehmen gut durch diesen Sturm zu navigieren, gilt es, aktiv zu werden.

Nachverhandeln: Sieben Tipps zum richtigen Umgang mit Kunden

Für dich als Unternehmerin oder als Vertriebsleiter heißt das, dass du die- oder derjenige sein solltest, die/der vorangeht. Zeige Gestalter-kraft und beweise dich als Vorbild (→ #Business_Hack_27). Agiere, statt nur zu reagieren oder gar zu resignieren. Dafür hier sieben wichtige Tipps:

1. Verschiebe die Entscheidung

»Unsere Kosten sind gestiegen, ich hoffe, dass Sie sich daran beteiligen« oder »Aufgrund der aktuellen Situation müssen wir unsere Lieferanten um Mithilfe bitten und die Zahlungsziele verlängern« sind Aussagen, die viele Unternehmen in Krisensituationen gegenüber Dienstleistern und Lieferanten machen. Wenden sich Geschäftspartner mit solchen Forderungen an dich, solltest du nie sofort zusagen oder ablehnen. Ihr seid Partner. Aussagen wie diese aber sind Diktat und kein Verhandeln zwischen Partnern auf Augenhöhe.

Ein guter Austausch mit Kunden ist die notwendige Bedingung für langfristige Geschäftsbeziehungen, die auf gegenseitigem Vertrauen und Respekt beruhen. Gleichzeitig müssen wir nicht immer auf alles sofort eine Antwort parat haben. Lasse den anderen noch einmal auf dich zukommen. Spring nicht direkt über jedes Stöckchen, das man dir hinhält. Denn mit ein wenig Zeit und Abstand formuliert der Kunde seine Forderungen meist gemäßigter oder überlegt sich auch selbst Lösungsmodelle.

Ziel sollte trotzdem immer sein, ins Gespräch zu kommen. Kommt der Kunde kein zweites Mal auf dich zu, ergreife die Initiative: Am Telefon oder per Videokonferenz kannst du herausfinden, worum es genau geht und welche Optionen sich finden lassen. Erklärt der Kunde etwa, dass er von allen Lieferanten verlängerte Zahlungsziele verlangt, kannst du nachhaken: »Was muss passieren, was können wir konkret tun, damit Sie für uns eine Ausnahme machen?«

Regle in einem solchen Fall auch konkret, für wie lange die neuen Abmachungen gelten sollen: Es muss für alle Beteiligten unmissverständlich klar sein, dass dies eine einmalige Absprache ist und nicht zur Regel wird.

2. Frage dich, was dein Kunde für dich tun kann

Wenn du einem Kunden entgegenkommen willst, überlege dir schon vor dem Gespräch: »Gibt es etwas, das ich mir schon immer von diesem Firmenkunden gewünscht habe?« Jetzt ist die Gelegenheit, danach zu fragen. Das können beispielsweise hervorragende Referenzen und Testimonials für sein Marketing sein oder auch direkte B2B-Empfehlungen (→ **#Business_Hack_82**).

Wenn du mit deinem Kunden über die Verlängerung eines Zahlungsziels verhandelst, hat er viel zu gewinnen und du viel zu verlieren. Bringst du dagegen einen neuen Verhandlungsgegenstand auf den Tisch, kann die resultierende Absprache auch für dich und deine Firma ein Gewinn werden. Im Gespräch empfiehlt sich das Spiel über Bande: »Ich frage mich gerade, ob es auch für Sie möglich wäre, dass …« Meiner Erfahrung nach reagieren viele Verhandlungspartner positiv auf das Angebot eines Tauschgeschäfts.

3. Passe deine Leistungen an den nachverhandelten Preis an

Will ein Kunde den Preis für eine Leistung oder ein Produkt drücken, solltest du diese Forderung nie direkt akzeptieren. Würdest du darauf eingehen, könntest du auch später nur schwer zum alten Preis zurückkehren. Denn du hast deinem Kunden damit gezeigt, dass du die Leistung auch für einen günstigeren Preis realisieren kannst.

Daher ist es besser, wenn du vorab überlegst, wie du die zu liefernde Leistung so reduzieren kannst, dass sie auch zu dem niedrigeren Preis passt. Gut ist es, bei Angeboten immer drei Varianten zu erstellen: ein teures Premiumangebot, das einen Anker beim Kunden setzt (→ **#Business_Hack_70**), eine günstige Basisvariante mit stark reduzierten Leistungen und die Variante in der »goldenen Mitte«, die du am liebsten verkaufen möchtest.

Der Effekt, wenn Teures neben Günstigem platziert ist: Viele Kunden halten den mittleren Preis für den angemessenen. Sie orientieren sich gerne an dem Angebot, das weder zu teuer noch zu billig ist. Möchte ein Kunde also den Preis deines Angebotes senken, dann zeige ihm, dass dies auf jeden Fall möglich ist, aber auch, welche Leistungen damit aus dem bisherigen Angebot gestrichen werden müssen und was er damit verliert. Da die meisten Kunden keine Nachteile in Kauf nehmen mögen, lassen sich dann manchmal eben doch außerplanmäßige Finanzmittel lockermachen.

4. Gehe aktiv auf deine Kunden zu

Auch in der Krise solltest du analysieren, wer eigentlich zu deinen Lieblingskunden gehört, wer dein optimaler Kunde ist. Mit wem arbeitest du gerne zusammen? Mit wem läuft alles glatt? Überlege, wie du diese Kunden unterstützen kannst. Sie sind es wert.

Eine Möglichkeit ist, ihnen aktiv Hilfe anzubieten.

- Am besten mit einer offenen Frage:»Du liegst mir am Herzen, was kann ich in dieser schwierigen Situation für dich tun?«
- Weiterhin kannst du deinen Lieblingskunden anbieten, dass sie für einen begrenzten Zeitraum in Raten zahlen können. Füge hinzu: »Ich bitte darum, dass nur diejenigen von euch das Angebot in Anspruch nehmen, die es wirklich brauchen.« So wird aus dem Vorschlag der Ratenzahlung nicht nur eine neue Zahlungsmodalität, sondern ein konkretes Angebot zur Hilfe.
- Und wenn sich bei dir die Anfragen von Kunden häufen, die ihre Aufträge später bezahlen wollen? Dann wandele die Anfrage in einen Vorschlag um:»Gut, dass Sie fragen, wir haben uns für diesen Fall etwas überlegt. Allen guten Kunden bieten wir folgende Regelung an …«

Wir nennen das eine klassische Zeugenumlastung – der Kunde müsste bei deinem schon bewiesenen Entgegenkommen seinerseits erläutern, warum er dies nicht annehmen kann oder möchte.

5. Frage selbst nach Unterstützung

Wenn du zu Krisenzeiten selbst Unterstützung von Lieferanten brauchst, ist es gut, proaktiv und offen um Hilfe zu bitten und dabei auch mutig zu sein: Formuliere auch große Forderungen, frage nach Dingen, die du normalerweise nicht verlangen würdest. Wichtig ist, dass du jetzt deine Verhandlungsmasse erhöhst, wie oben unter Punkt 2 besprochen.

Überlege dir vor dem Gespräch, was du als Gegenleistung schon jetzt oder in der Zukunft anbieten kannst. Gehe auf jeden Lieferanten individuell zu und erkläre die Situation. Wenn du dabei ein Gegengeschäft in der Hinterhand hast, wirst du mit einer anderen Einstellung und Haltung in das Gespräch hineingehen. Du kommst dann nicht nur als Bittsteller, sondern als Geschäftspartner, der etwas mitbringt.

6. Bleib im Austausch

Ob du selbst auf Unterstützung angewiesen bist oder dein Kunde, wichtig ist es, in Kontakt miteinander zu bleiben. Mit den unter 3) und 4) getroffenen Regelungen habt ihr und der Kunde euch entschieden, die Situation gemeinsam anzugehen. Du zeigst deinem Kunden damit einerseits, dass du ein Interesse daran hast zu wissen, wie es um seine aktuelle Situation steht. Auf der anderen Seite zeigt ein aufrichtiges

Interesse deinerseits auch, dass du nicht nur erreichen möchtest, dass dein Umsatz sicher ist, sondern dass dir der Kunde und sein Unternehmen wichtig sind. Wenn du jetzt am Ball bleibst, hast du die Chance, diese Geschäftsbeziehung nicht nur zu erhalten, sondern auszubauen. Involvement schafft Identifikation – auf beiden Seiten!

7. Investiere in die Zukunft
Es ist nicht einfach, aber du musst gerade in toughen Zeiten in die Zukunft investieren (→ **#Business_Hack_31**). Musst auf die Entwicklungspotenziale neuer Märkte, neuer Kundenzielgruppen und vor allem neuer Produkte und Dienstleistungen setzen. Dazu wirst du dich ständig mit Vorhersagemodellen für Marktentwicklungen (→ **#Business_Hack_69**) beschäftigen und überlegen, wo du Innovation oder gar Disruption erzeugen kannst; welche Märkte möglicherweise reif für das Angreifen durch deine Firma, durch neue Geschäfts- oder Vermarktungsmodelle sind (→ **#Business_Hack_90**).

VOM KNOW-HOW ZUM DO-HOW

Entwickle für ernste Krisensituationen zwei mögliche Modelle:

1. Was genau wünschst du dir von den spezifischen Kunden? Was würdest du gerne – wie unter Punkt 2 beschrieben – ausverhandeln? Was wäre dir dies im Gegenzug wert?

2. Wie könnt ihr eure Leistungen so anpassen, dass ein geringerer Preis akzeptabel ist? Welche Teilleistungen oder -lieferungen kannst du ausschneiden? Wie kannst du kostengünstigere Produkte oder Leistungen anbieten, die das »teure Paket« nicht beschädigen?

Tipp: Du kannst für diese Überlegungen sehr gut die Technik der Osborn-Checkliste nutzen, die du im → **#Business_Hack_12** erläutert findest.

Hier geht's zu den Videos zu Teil IV:

TEIL V

ZUKUNFT

GEHT HEUTE

ANDERS

#BUSINESS_HACK_85

»Going digital« braucht mehr Humanität und Robustheit

Die Digitalisierung unserer Unternehmen, Produkte und Prozesse ist schon lange Realität. Industrie 4.0, Deep-Learning-Systeme und KI-unterstützte Robotik sind die Fließbandarbeiter von heute und morgen. Algorithmen berechnen Risiken, Chancen und Finanzierungen schneller und in besseren Szenarien als eine teure Analystentruppe. Digitalisierung ist mehr als »Remote Work« aus dem Homeoffice (→ Bonus-QR-Code), sie läutet den vollständigen Ersatz aller wiederkehrenden, in Algorithmen abbildbaren Tätigkeiten in Unternehmen ein. Das macht vielen Menschen Angst. Nicht nur wegen grenzenloser Kontrollierbarkeit, mangelndem Datenschutz, vollständigen Bewegungsprofilen oder außer Kontrolle geratenen KI-Systemen, sondern weil sie befürchten, an ihrem Arbeitsplatz nicht mehr klarzukommen. Sie haben Angst, dass ihre Jobanforderungen so umgebaut werden könnten, dass sie zum dümmsten Faktor in einem digitalisierten System werden – zur Fehlerquelle, zum »menschlichen Versagen«. Dennoch: Wir alle profitieren ja auch erheblich von den Vorteilen der Digitalisierung – als Anbieter, als Kunden, als Forscher, als Produktentwickler, als Marketingstrategen, als Vertriebler.

Was wichtig ist und künftig noch wichtiger werden wird, ist, dass wir als Führungskräfte die Menschen in den Unternehmen sehr viel stärker auf die Reise des »Going digital« mitnehmen müssen. Und – das zeigt eindrucksvoll die C-Pandemie – dass unsere Systeme sehr viel robuster ausgerüstet werden müssen.

Noch mehr Digitalisierungsdruck durch Corona

Mit der Digital und Social Economy hatte vor Jahren schon eine neue Ära begonnen. Vorbei die Zeit, in der Kunden sich gedulden mussten und Wochen, manchmal Monate darauf gewartet haben, dass die Maschinenteile oder die Büroausstattung lieferbar ist. Ganz zu schweigen von Produkten, die von Endkunden genutzt werden. Vorbei die Zeiten, in denen Kunden Kompromisse eingehen mussten, weil bestimmte Produkte eben nur in dieser Form oder jener Farbe erhältlich waren. In der sie sich – beinahe brav – danach richteten, wann der Verkäufer für sie Zeit hatte. Der Kunde ist König? Naja, regiert haben lange Zeit eher Produktentwicklung und Vertrieb. Doch inzwischen hat sich jenseits der klassischen Zielgruppendefinition, die sich nach Alter, Einkommen oder Bildungsniveau bemisst, ein neuer Kundentyp entwickelt – selbstbewusst und präsent. Der digitale Kunde geduldet sich nicht, er fordert. Er reagiert nicht, er agiert. Er ist oft selbst schon Experte. Und er erwartet ständig mehr. Neue Lösungen und Angebote für seine ebenfalls wachsenden Anforderungen in Business, Job oder Privatleben. Mehr Verantwortungsbewusstsein und Sinn- oder Zweckorientierung (→ **#Business_Hack_53**) seitens der Unternehmen. Coolere Produkte mit Zusatzfeatures wie Vernetzung, Datenaustausch, individuelle Services (auf Basis von Big Data), Nachhaltigkeit. Und das Ganze: schnell. Erst recht nach dem großen durch die Coronakrise ausgelösten Digitalisierungsschub. Denn die Coronakrise war wie ein Bootcamp für die industrielle und private Digitalisierung – und wir alle haben staunend erlebt: Es geht. Ganze Abteilungen sind in Remote Work gegangen, ganze Produktionszweige und -straßen wurden in Windeseile auf Automatisierung und Robotik umgestellt, ganze Unternehmen wurden aus Homeoffices heraus weitergeführt, Vertriebsmannschaften haben digital Kontakt zu ihren Kunden und Kundeninteressenten aufgebaut und gehalten. All das ging und hat gar nicht mal so schlecht funktioniert. Die Digitalisierung hat ihre Stärken ausgespielt und sich weiter etabliert.

Menschen müssen stärker mitgenommen und ausgebildet werden

Dennoch: Die Verunsicherung in vielen Firmen war bereits vor der Coronakrise so groß wie zuletzt während der Großen Depression. Kaum jemand in den Unternehmen wusste und weiß angesichts der rasanten Entwicklungen auf den Märkten und entlang der soziopolitischen Verwerfungen genau, wo die Reise hingeht. »Go digital« ist ein Schlagwort, das einerseits – siehe oben – Lösungsmodelle enthält. Das aber auch Ängste mit sich bringt, die in den Firmen noch viel zu wenig erkannt und adressiert werden: ausgelöst durch Überforderung, durch »zu viel und zu schnell«. Ständiger Change in der VUKA-Welt (→ **#Business_Hack_29**) macht die Menschen orientierungslos. Zu »Going digital« gesellten sich Virtualisierung, Flexibilisierung und Automatisierung. Das ist alles nicht neu. Was neu ist, das sind die Geschwindigkeit und die disruptive Kraft, mit der diese Entwicklungen den Markt und die Unternehmen aufmischen. Und auch die neuen Geschäftsmodelle, die daraus entwickelt wurden, haben keine Erfolgsgarantie. Auch hier drohen Unsicherheit und Jobverlust oder zumindest Anpassungsbedarf. Aber wenn sogar neue Businessmodelle wie die der Social und Sharing Economy kurzfristig vor die Wand gefahren werden können – was ist dann eine Vision noch wert?

Während der Coronapandemie wollte oder will niemand Dinge mit anderen »sharen«, kaum jemand mag in einen Uber einsteigen, weil der Fahrer husten könnte, digitale Plattformen zur Zimmer-, Übernachtungs-, Reisevermittlung versinken schneller in der Bedeutungslosigkeit, als man sich das je hätte vorstellen können. Und doch müssen wir diese Effekte als »Re-adjustment« betrachten, als Korrekturen an Geschäftsmodellen, die nicht so robust waren, wie sie schienen – obwohl sie digital gedacht und unterstützt waren. Was daraus folgt? Dass wir uns als Unternehmer, als Produktentwickler oder Project Owner die Frage stellen müssen, wie wir digitale Entwicklungen vorantreiben und noch robuster werden können. Digitales Risikomanagement hat eine neue Stoßrichtung bekommen: Was – welches Produkt, welche Dienstleistung – funktioniert, wenn mal keine Freizügigkeit da ist?. Keine Reisefreiheit. Kein Strom. Kein 5G. Weniger Wahlfreiheit. Andere Bedürfnisse. Was funktioniert dann noch verlässlich – und was hat dann noch Bestand? Wir müssen für die Zukunft offensichtlich deutlich mehr prozessuale Robustheit von digitalen Systemen fordern und deutlich mehr analoge, »humane« Anforderungen an digitale Systeme stellen. Und die »analogste Anforderung« von allen ist: Wir müssen den Menschen viel stärker gerecht werden. Dem Menschen IM Unternehmen, der oft die am wenigsten robuste Einheit ist. Das schwächste Glied der Lieferkette. Aber das wichtigste in der Wertschöpfungskette. Und auch wenn es bereits tausendmal gesagt oder geschrieben wurde – es darf kein Lippenbekenntnis bleiben: Der Mensch ist die zentrale Denk-, Ethik- und Handlungseinheit im Unternehmen. Die kostbarste. Wir müssen bei aller Technologiebegeisterung, bei allem Zukunftsdrive, bei allem »Going digital« sehr viel behutsamer mit den Menschen umgehen. Sehr viel mehr Augenmerk auf menschliche Führung mit Werten (→ **#Business_Hack_33**) legen, sehr viel mehr »gefühlte Sicherheit« (→ **#Business_Hack_29**) schaffen, sehr viel mehr Raum zum Aufbau von Ressourcen (→ **#Business_Hack_3**) lassen, sehr viel mehr Weiterbildung und Training anbieten, das den ganzen Menschen in diese Zukunft mitnimmt.

VOM KNOW-HOW ZUM DO-HOW

Reflexion:

1. Was sind deine konkreten Digitalisierungslearnings aus der Coronakrise?

2. Wie kannst du den Bedarf nach mehr Sicherheit, menschenorientierter Führung, mehr Behutsamkeit im Umgang mit den Mitarbeitenden und besserer, umfassender Weiterbildung im Unternehmen umsetzen, verstärken, ausbauen?

3. Wie kannst du oder kann dein Unternehmen den wachsenden Digitalisierungsdruck künftig strategisch nutzen?

4. Wie können Systeme, Produkte, Prozesse robuster gemacht werden – was hast du / habt ihr in dieser Hinsicht aus der Krise gelernt?

Bonus-QR-Code: So geht Homeoffice heute – Erfolgreiche (Team-)Arbeit von zu Hause

#BUSINESS_HACK_86

New Learning – so geht künftig Weiterbildung im New Normal

Leon zieht seine Virtual-Reality-Brille auf, mit integrierten Earpods für die vollständige Immersion, loggt sich in das digitale Learning-Metaversum (→ **#Business_Hack_91**) seines Unternehmens ein und findet sich direkt im Setting einer internationalen Messe in Mumbai wieder, wo er sein Business English, seine interkulturellen Kompetenzen und seine Verhandlungsskills in der »gefühlten Live«-Situation trainiert. Verschiedene Verhandlungspartner treten mit ihm in Kontakt und traktieren ihn mit Fragen, teils in einem abenteuerlich gefärbten Englisch, teils in Russisch, seiner zweiten Fremdsprache. Nun taucht auch seine Vertriebskollegin Abir auf und hält einen Salesvortrag am Messestand, natürlich mit 3D-Hologrammen statt PowerPoint-Präsentationen. Während Leon ihr mit halbem Auge und halbem Ohr folgt, stellen diverse Fachleute ihm knifflige Fragen zu den Dienstleistungen und technischen Entwicklungen seiner Firma. Leon ist beim maximalen Stresslevel und in der Überforderungszone angekommen. In dem Moment schaltet sich sein persönlicher Businesstrainer ins Metaversum ein und erscheint virtuell im Kongresszentrum in Mumbai. Er stoppt die Simulation und geht mit Leon alle problematischen Situationen noch mal durch, zeigt alternative Verhaltensweisen auf, hilft ihm beim Vokabular aus, verbessert seine Communication Skills und startet die Simulation dann von Neuem. Leon finalisiert die Session, nachdem er seine Learnings notiert hat – und macht sich dann fertig, um in die Firma zu fahren.

Das New Normal ist hybrid – das New Learning auch

So könnte Weiterbildung in nicht allzu ferner Zukunft aussehen – die Technologien dafür befinden sich alle in der Entwicklung. Die vollständige Immersion in das Geschehen wird für die Lernenden die Interaktion mit Trainern, Coachs und anderen Seminarteilnehmer*innen ermöglichen, denn auch diese werden sich (gleichzeitig) in den virtuellen Lernwelten so bewegen, dass »Training on the Job« möglich wird. Doch eines wird immer bleiben: Der Wunsch des Menschen, andere Menschen in haptischer Nähe zu haben, sich sozial auszutauschen, seine Lernerlebnisse zu verarbeiten. Auch in Zukunft bleibt das Leben und Lernen, das New Learning im New (Un-)Normal, hybrid.

- **E-Learning (Electronic Learning)** umfasst alle Formen des Lernens, die durch elektronische, technische und digitale Medien unterstützt werden. Dies bezieht sich auf alle Formen elektronischen Lernens. Dabei wird das selbstbestimmte Lernen mit digitalen Hilfsmitteln einbezogen. Das können viele verschiedene Formate wie Video, VR, Infografiken oder interaktive Übungen sein.

- **Live-Online-Training.** In einem Live-Online-Training treffen sich Referent(en) und Teilnehmende zeitgleich im virtuellen Raum. Ein Live-Onlineseminar ist gleichzusetzen mit einem Webinar, in dem die Teilnehmenden zeitsynchron und interaktiv trainieren. Der Referent oder Trainer ist Hauptprotagonist. Die Technik dazu kann Skype, MS Teams, Zoom, Webex, go to meeting oder auch WhatsApp-Gruppen-Videokonferenz sein.

- **Hybrides Lernen**, auch **Blended Learning** genannt, definieren wir hier als die Zusammensetzung klassischer Präsenztrainings, modernem E-Learning und persönlichem Präsenz- oder Live-Online-Training. Der Schwerpunkt liegt auf dem effektivsten Weg, den Lernenden Inhalte zu vermitteln. Hybrid bedeutet, dass die beiden Ebenen (Internet und Real) zusammen, alternierend oder auch parallel genutzt werden. Dadurch wird eine positive, nachhaltig wirkende und zielgruppenspezifische Learning Experience gestaltet.

Hybrides Lernen hat in der Pandemie massiv an Bedeutung gewonnen

Das hat Vorteile, denn hybrides Lernen ist, so die einhellige Meinung der Lernforscher, adaptiver hinsichtlich der individuellen Lernbedarfe und Lernvorlieben, schneller und nachhaltiger. Heute sieht Weiterbildung (noch) überwiegend so aus: Bevor du heute ein Businesstraining oder Seminar besuchst, machst du eventuell ein Onlineassessment als Vorabtest, mit dem du den Istzustand deiner Kompetenzen rsp. deines Wissens erhebst. Dann gibt es vielleicht ein virtuelles Kennenlernen mit dem Trainer und den anderen Weiterbildungshungrigen, z. B. über ein Videokonferenzsystem, und du bekommst im Anschluss das einführende Lernmaterial als E-Book per E-Mail oder es steht dir auf der Lernplattform im Firmenintranet zur Verfügung. Vielleicht formulierst du in einem im Collaboration Tool hinterlegten Fragebogen deine eigenen Ziele und Wünsche an die Veranstaltung. So ist der Trainer vorbereitet, wenn ihr im Präsenzseminar erscheint und einige Tage intensiv zusammenarbeitet; dort geht es um den Transfer des Gelernten. Meist verbinden sich die Lernenden untereinander über WhatsApp oder Slack oder ein firmeninternes Tool, und so kannst du sowohl mit deinem Trainer als auch mit deinen Kolleg*innen in Kontakt treten. Oft folgen weitere Videokonferenzen oder Onlinesessions, um Inhalte zu vertiefen, Fragen zu klären oder auch in Break-Out-Sessions in Gruppenarbeit zu gehen. Es gibt unendlich viele Möglichkeiten, hybride Lernwege aufzubauen. Das entspricht unserem Wunsch nach schneller und gehirngerechter Information in Learning Nuggets bei gleichzeitigem Training unserer physischen Fertigkeiten in der Kommunikation, in persönlichen Begegnungen bzw. Interaktionen, um den Transfer des Gelernten und die Nachhaltigkeit zu erhöhen.

Vorteil: Nachhaltigkeit und Effizienz

Der Mix der Formate hat Vorteile für dich, sowohl wenn du für die Weiterbildung in deinem Unternehmen verantwortlich bist, als auch für dich als Teilnehmer: Lerninhalte werden so beliebig wiederholbar und damit nachhaltiger verankert. Die Vorteile des Präsenztrainings liegen in Diskussion, Rollenspiel, Simulation, Übung, Feedback – dort entstehen hohe Lernintensität und Dynamik. In Onlinetrainings ist die zeitliche und örtliche Flexibilität der entscheidende Vorteil: Warst du bisher nicht zur rechten Zeit am rechten Ort, musstest du auf Lerninhalte verzichten. Lerninhalte, die dir von den jeweils Besten ihres Fachs vermittelt werden, geballtes Experten-Know-how also, zu denen dir erst E-Learning den Zugang verschafft. Branchenwissen und Industriekompetenz erhältst du so, wie es in einem Trainingsraum niemals angesiedelt werden kann. Weiterer Vorteil: deutlich geringere Reisekosten und ein Schritt auf dem Weg, CO_2 einzusparen. Der Teilnehmer kann zudem sein eigenes Tempo und sein eigenes Pensum bestimmen, und der Trainer ist stärker gefordert, gehirngerecht zu arbeiten, beispielsweise mit interaktiven Grafiken, Videos, Games, Augmented Learning. Der Mix aus diesen Multimediatools spricht die unterschiedlichen Gehirnregionen an und bereichert die Lernerfahrung, was zum einen die Lernfreude steigert und zum andern die Lernkurve oben hält.

VOM KNOW-HOW ZUM DO-HOW

Bei der Vielzahl an Trainingsformen und -formaten, die derzeit auf dem Markt sind, ist es wichtig, dass du einen für euch, für dein Unternehmen passenden Mix findest. Dafür hier Tipps und Übungen:

1. Werde dir über die Trainingsinhalte und späteren -fortschritte und -ergebnisse für die geplante Maßnahme klar. Erstelle ein detailliertes Briefing, das für euch als Auftraggeber im Unternehmen wichtig ist, aber auch für den Trainer, Experten, Coach, der / die später die Maßnahme durchführen soll rsp. mit seinem Konzept pitchen soll: Worauf kommt es euch an, welche Ziele will das Unternehmen erreichen, zu welchem Zweck und Sinn, was genau?

_____

_____

Das ist wirklich wichtig, denn wenn euer Briefing unvollständig oder missverständlich ist, wird jede spätere Maßnahme zum Scheitern oder Nachjustieren verurteilt sein. Und die Erfahrung zeigt, dass viele Unternehmen rsp. Trainingseinkäufer in Unternehmen das zu nachlässig tun, indem sie z. B. die Kategorien viel zu grob fassen (»ein Kommunikationstraining«) oder die gewünschten Ergebnisse nicht formuliert haben oder formulieren können.

2. Lege die Auswahl- oder Vergabekriterien fest, berücksichtige dabei folgende Punkte:

   • Nach welchen Kriterien werdet ihr die Vergabe des Trainingsauftrages entscheiden?

   $\rightarrow$

- Wer kommt auf die Shortlist? Interne Trainer (so vorhanden), externe Experten? Einzeltrainer und / oder Trainingsunternehmen, die über mehr Mitarbeiter und ggf. redundante Power verfügen?
- Wie soll die Shortlist zusammengestellt werden? Wie seid ihr aufmerksam geworden auf den Anbieter oder Trainer? Wer ist auf einer Longlist und könnte für den spezifischen Auftrag angefragt werden?
- Zum Verfahren: Ausschreibung? Pitch? Direktvergabe?
- Inhaltlicher Kriterienkatalog: Wie kann / soll der Anbieter oder Trainer die Qualifikation für das oben beschriebene Aufgabenfeld nachweisen? Referenzen? Fachabschlüsse / eigene Weiterbildungen? Wie schlüssig und professionell stellt der Trainer im Vorfeld seine Herangehensweise dar? Welche Praxiserfahrung rsp. Branchenkompetenz, welches Karrierelevel bzw. welche Seniorität muss der Anbieter / Trainer mitbringen?
- Wer entscheidet über die Auswahl? Wie gut kennt diese Person die Teilnehmer und deren Bedarfe tatsächlich?

3. Bereite dich auf die Fragen des Anbieters / Trainers vor, damit dieser wirklich in der Lage ist, eine Bedarfsermittlung zu machen. Ermögliche das Kennenlernen des Unternehmens von innen – unter Umständen durch vorbereitende Maßnahmen des Anbieters / Trainers wie Fragebogenerhebungen, Führungsgespräche, eine Praxisanalyse. PS: Erfolgen solche Maßnahmen vor der finalen Auftragsvergabe, damit der Anbieter / Trainer ein perfekt passendes Konzept erarbeiten kann, können diese honoriert werden. Darauf ist besonders zu achten, wenn du dich dann doch für ein anderes Angebot entscheidest. Werden sie als Analysephase dem Training in einer beauftragten Maßnahme vorgeschaltet, können diese oft berechnet werden.

4. In der Konzeptphase liegt deine Aufgabe darin, das vom beauftragten Trainer / Anbieter vorgeschlagene Trainingskonzept kritisch zu hinterfragen, beispielsweise anhand folgender Aspekte:

- Wie wird der Performancegap, also die Lücke zwischen dem Iststand der Kompetenz Trainingsteilnehmer vor und nach dem Training geschlossen werden? Welche Maßnahmen zahlen worauf ein?
- Wie werden individuelle Trainingsbedarfe erhoben? Denn jeder Trainingsteilnehmer wird sich natürlicherweise auf einem etwas abweichenden Iststand bei Beginn des Trainings einstellen müssen?
- Welche E-Learning und Collaborative Tools werden eingesetzt?

- Wie sieht der hybride Mix der Methoden und Anteile zwischen digitalen und persönlichen Ansätzen aus? Was umfassen die persönlichen Ansätze genau, z. B. Seminar, Einzelsessions, vertiefendes Coaching bei Bedarf etc.?
- Wie ist der hybride Trainingsansatz aufgebaut? Z. B. mit welchen Intervallen, über welchen Zeitraum?
- Was ist zur Erhöhung der Nachhaltigkeit der Weiterbildungsmaßnahme vorgesehen? Z. B. zeitsynchrone oder zeitasynchrone Kommunikations- und Austauschformen mit dem Trainer oder weitere E-Learning-Tools.
- Wie sieht das »Controlling« aus, also die Überprüfung des Performancefortschrittes am Ende der Maßnahme, wie der RoI (Return on Invest)?

5. Interne Kommunikation: wie du die Trainingsteilnehmer im eigenen Unternehmen informierst und motivierst.

- Leitstern und Nutzen für die Teilnehmer – bestenfalls durch eine gelungene Veranstaltung mit einer Keynote
- Vorgespräche mit den Teilnehmern durch die jeweiligen Führungskräfte (im Rahmen von Meetings etc.)
- Eine adäquate Abfrage der Erwartungshaltung der Teilnehmer
- Persönliche (schriftliche) Einladung – gemeinsam mit dem Trainer – mit Begründung der Notwendigkeit des Trainings
- Vermeidung des »Verordnet-Effekts« durch frühzeitige Einbindung der Zielgruppe
- Vorstellung der handelnden Personen und deren Expertise
- Die frühzeitige Terminierung des Projekts zählt auch zu einer – von Beginn an – wertschätzenden Vorgehensweise
- Information an die Teilnehmer, was die zu erwartenden Inhalte des Trainings sein werden (Ausnahme: Überraschung aus didaktischen Gründen) und wie sich der Teilnehmerkreis zusammensetzen wird

Noch ein Tipp: Du findest viele weitere Informationen im Whitepaper »Die Zukunft des Lernens ist hybrid! Learning Experience Report 2020«, das du kostenfrei bei Buhr & Team bestellen kannst: info@buhr-team.com

BUSINESS_HACK_87

Den Weg zum digitalen Unternehmen gehen

Ein grundlegender Ansatz, um dein Unternehmen für ein zunehmend volatiles, unsicheres, komplexes und ambiges Umfeld (→ **#Business_Hack_29**) fit zu machen, ist Resilienz (→ **#Business_Hack_31**). Das betrifft die Denkschule, deine Einstellung und Herangehensweise. Weiterhin sicherst du es für die Zukunft ab, indem du es zum digitalen Unternehmen machst. Das bedeutet, dass du die Entwicklungen des digitalen Zeitalters für dein Unternehmen nutzt und dort umsetzt.

In fünf Schritten zur Digitalisierung

Dafür haben wir bei Buhr & Team fünf Schritte entwickelt, die zu gehen für die Annäherung an dieses neue Denken notwendig sind.

Schritt 1: Reziproke Koordination

Was du beim »digitalen Umbau deines Unternehmens« brauchst, ist ein grundsätzlich anderes Denken. Und das leihen wir uns da aus, wo es bereits hervorragend funktioniert: in der Wissenschaft. Wir benötigen eine Richtung, wohin die Reise gehen soll, aber kein glasklar definiertes Endziel. Es ist mehr ein Umkreisen und Suchen, ausgehend von dem Problem, das es zu lösen gilt: der *Hypothese*. Man stellt eine These auf, die durch Beobachtungen und Daten im Vorfeld gestützt wird, aber noch nicht bewiesen ist. Wichtig ist: Eine Hypothese kann sich auch als falsch herausstellen. Das genau macht den Unterschied zur momentanen Übung in der Wirtschaft aus: Zu Beginn des Prozesses ist nicht klar, was am Ende herauskommen wird.

Silodenken auflösen

Damit der Diskurs beginnen kann, wirst du die Hypothese in einem einzigen, bewusst zugespitzten Satz formulieren rsp. lässt das tun. Beispielsweise stellt ein Unternehmer, der Kugelschreiber herstellt, folgende These auf: »Durch die massiv zunehmende digitale Kommunikation werden in Zukunft zum Schreiben keine Kugelschreiber mehr benötigt.« Nun sollten Menschen aus unterschiedlichsten Fachrichtungen gemeinsam darüber nachdenken, ob diese Hypothese stimmt. Ob dieser Prozess fruchtbar ist, hängt entscheidend davon ab, ob es sich dabei um eine wirklich heterogene Truppe handelt. Hierarchien dürfen keine Rolle spielen, das typische Silodenken in Unternehmen muss aufgebrochen werden. Frische Ideen müssen sich entfalten können, deswegen sind externe Teilnehmer so wichtig.

Iteratives Vorgehen in der Wissenschaft

Ist die Hypothese formuliert, setzt die reziproke Koordination ein. Das bedeutet, dass Wissenschaftler aus möglichst unterschiedlichen Disziplinen sich treffen und austauschen. Dabei sind die vielen verschiedenen und sich auch durchaus widersprechenden Meinungen keine Störfelder, sondern höchst willkommen. Sie helfen dabei, das Problem aus den unterschiedlichsten Perspektiven zu beleuchten Wir müssen also offen sein gegenüber den Meinungen und Ideen anderer Menschen. Das erfordert, dass wir das eigene Denken, Fühlen und Handeln nicht an die erste Stelle setzen, sondern uns professionell zurücknehmen und zuhören. Vor allem: neugierig sind und einfache Verständnisfragen stellen. Einfache Fragen sind immer die besten Fragen, sie treiben das Verstehen voran. Ziel ist es, so viele Perspektiven und Meinungen aufzusaugen wie nur eben möglich. Eine solche Vorgehensweise lebt von der Vielfalt, nicht von der Einseitigkeit und schon gar nicht von vorgefertigten Meinungen oder einer sterilen Monokultur. Es geht um die Erweiterung oder Änderung der eigenen Sichtweise auf das Problem oder die Aufgabenstellung durch Perspektivwechsel. Um in die Umsetzung zu kommen, findest du eine Reflexion und Übung am Ende dieses Business-Hacks.

Schritt 2: Young Leaders in die Chefetage!

In Schritt zwei musst du in puncto Organisation ans Eingemachte gehen: Digital Natives in die Chefetage holen. Nicht als Berater oder Trainee, sondern als diejenigen, die ab sofort mitreden und mitentscheiden. Denn es reicht nicht, auf der Mitarbeiterebene ein bisschen Digitales ins System reinzufummeln. Schließlich beginnt im Leben alle Realität, alle Änderungen im Kopf. Das ist bei Unternehmen nicht anders. Und der Kopf des Unternehmens ist die Geschäftsführungs- oder Vorstandsebene. Dieser Kopf muss mit neuen Ideen gefüttert werden, er muss wissen, wie der Kunde von morgen denkt, wie technologiegetriebene Entscheidungen mithilfe von Big Data gewonnen werden. Kurz: wie Führung von morgen aussieht. Die oder der Youngster an deiner Seite wird dir erzählen, wie diese Welt gebaut ist. Und du als Unternehmerin oder Unternehmer wirst lernen. Auch wenn du selbst jung sein solltest: Du wirst damit einen Challenger an deiner Seite haben, der dich herausfordert. Ständig Neues bringt.

Wenn du als Führungskraft oder Unternehmerin schon älter bist, hast du sogar einen Vorteil gegenüber den Young Leaders, denn du kennst beide Welten: die alten und die neuen Kunden, Entwicklungen, Märkte. Youngster werden wohl nicht mehr lernen, wie ältere Entscheider ticken und wie klassisches Business geht. Wichtige Märkte erschließen sich den Digital Natives daher schwerer. Die Seniorentscheider und -buyer werden auch in den nächsten Jahren immer noch wichtige Teile der Märkte dominieren. Die demografische Entwicklung zeigt, dass es sich dabei sogar um wachsende Märkte handelt, zumindest in Deutschland, Japan und den meisten hochindustrialisierten Ländern, da der relative Anteil der älteren Einwohner an der Gesamtbevölkerung steigt. Genau diese Kombination aus alter und neuer Welt brauchst du also, um mit deinem Unternehmen am Markt auch in Zukunft weiter in der ersten Liga zu spielen.

Schritt 3: Datengetriebene Entscheidungen – der Kunde ist wirklich König

In Schritt 3 lernen die älteren Unternehmer von den Young Leaders, wie diese ihre Entscheidungen bezüglich der Märkte und der Kunden treffen: nämlich auf Basis von Big Data, großen Datenmengen, die analysiert werden. Das Stichwort dazu lautet: Customer Centricity (→ #Business_Hack_57). Kundendaten werden über eine Vielzahl von Kundenkontaktpunkten, Touchpoints, offline und online gesammelt, stammen von Cookies und Algorithmen im Netz und laufen über Dutzende unterschiedliche Wege zusammen. Sie melden unmissverständlich, was Sache bei den Kunden ist. Die Big Player der Internetszene – Uber, Tesla, Amazon, Apple, Facebook und andere – vertrauen diesen Zahlen. Angefangen bei der Produktentwicklung bis hin zu den Marketing- und Werbekonzepten geht ohne Daten nichts mehr. Zum ersten Mal in der Geschichte steht der Kunde wirklich im Mittelpunkt. Was er will, geschieht. Ohne Wenn und Aber.

Schritt 4: Ambidextrie – Erschaffung einer digitalen Parallelwelt
Im vierten Schritt kreierst du (mit deinem Team) eine digitale Parallelwelt. Die im Folgenden von mir vorgeschlagene Vorgehensweise
ist angelehnt an die Ideen von zwei Personen: Jens Hansen, der von
einer analogen Parallelwelt spricht, dies aber auf ein Sicherheitsnetz
für eine voll digitalisierte Gesellschaft bezieht (Hansen, 2017), und an
Harvard-Professor John Kotter (Kotter, John P., 2012) mit seiner Idee
des zweiten Betriebssystems. Diese digitale Parallelwelt ist zu Beginn
des Prozesses ein geschützter Raum, in dem du mit deinen Teams ausgesuchte Projekte, die schnelle Erfolge versprechen, in Angriff nimmst.
Die raschen Erfolge sind wichtig, da die positiven Ergebnisse auf das
ganze Unternehmen ausstrahlen sollen. Aber stellen sich die Erfolge
nicht schnell genug ein, besteht die Gefahr, dass ein solches Unter-
fangen schnell als Fremdkörper im unternehmensinternen Getriebe
empfunden und abgekoppelt wird. Die Transformation wäre zu Ende,
bevor sie begonnen hätte.

Trotz dieses Erfolgsdrucks soll die digitale Parallelwelt ein Raum
sein, in dem ein Scheitern (→ **#Business_Hack_23**) erlaubt ist. Scheitern ist okay, damit die Lernprozesse in großen Schritten vorangehen.
Denn Ziel dieser digitalen Parallelwelt ist es, inspirierende, überzeugende, innovative Ergebnisse hervorzubringen, um das Unternehmen
mit diesen Ideen und ihrem Spirit zu infiltrieren.

Ambidextrie: das Beste aus zwei Welten
Während die digitale Parallelwelt ihre Arbeit aufnimmt, laufen die analogen Unternehmensprozesse zunächst wie gewohnt weiter. Abläufe,
Technik, Kunden – alles bleibt wie gehabt. Dieser parallele Ansatz wird
auch Ambidextrie (»Beidhändigkeit«) genannt und hat sich bereits
bei vielen Unternehmen in der Phase des Übergangs zum digitalen
Unternehmen bewährt (Brecke, 2019). In der digitalen Parallelwelt
gelten bereits die Gesetze der neuen Unternehmenskultur: Vertrauen,
Fehlertoleranz, Wertschätzung gegenüber den Mitmenschen, Respekt
vor der Freiheit der anderen und das aktive Einbinden der Mitarbeiter
in Strategien und Lösungen. Zwar wird zunächst nur *ein* Bereich und
nicht gleich *alles* in dieser Weise organisiert, doch dieser einzelne Bereich ist ganzheitlich nach den soeben vorgestellten Prinzipien strukturiert, denn sonst erschließen sich die Chancen des neuen digitalen
Lebens nicht. Du musst hier einen ganzheitlichen Ansatz wählen, der
es ermöglicht, dass deine Mitarbeiter Lust darauf haben, sich in die

neue digitale Parallelwelt einzubringen, positive Erfahrungen machen können. Diese Erfolgserlebnisse sind wichtig, damit die Motivation steigt. Nur ein bisschen Vertrauenskultur ohne Fehlerkultur einzuführen, hieße, das Projekt zum Scheitern zu verurteilen. Wenn du nur ein bisschen »digital herumdokterst«, erzeugst du im Unternehmen ungewollt negative Erfahrungen. Das aber wäre Gift für die Transformation. Der Weg zum digitalen Unternehmen muss über viele kleine Erfolgsetappen führen, sonst kann Transformation nicht gelingen.

Schritt 5: Wachsende Digitalisierung dank Cross Mentorship
Wenn du den Startschuss für die digitale Parallelwelt in deiner Firma gibst, empfiehlt es sich, diejenigen im Unternehmen zu versammeln, die neugierig und motiviert sind, in dieser digitalen Parallelwelt zu leben – oder die sich zumindest darin ausprobieren möchten. Als Transformator in diese Parallelwelt dient das »Cross Mentorship« (gegenseitige Mentorenschaft). Dahinter verbirgt sich die Idee, Mitarbeitern, die die digitale Kompetenz noch nicht haben, einen Digital Native zur Seite zu stellen, genau wie auf der Vorstands- oder Geschäftsführungsebene auch. Der Mentor ist also ein Digital Native, denn nicht das Alter, sondern die digitale Kompetenz ist entscheidend. Das Besondere bei dieser Zusammenarbeit ist, dass sie nicht als ein eindimensionaler Transfer, sondern im fortgeschrittenen Stadium als Austausch angelegt ist: Auch die Lernenden geben ihrem Mentor Feedback. Melden zurück, was sie gut finden, selektieren, was besser analog verbleibt, entwickeln gemeinsam Ideen, wie der Kundenservice neu organisiert werden kann, und so weiter. Herrscht in diesen Transformationsgruppen Vertrauen und Wertschätzung, werden sich die Erfolge einstellen, weil dann der Austausch zwischen analoger und digitaler Welt zu einem spezifischen Unternehmenswissen zusammenwächst.

Cross Mentorship in der ambidexteren Welt
Ist die erste Gruppe in der beschriebenen digitalen Weise unterwegs, funktionieren die analogen Strukturen ja weiter – parallel zu der wachsenden digitalen Welt im Unternehmen. Wenn du so vorgehst, schützt du dein Unternehmen vor dem digitalen Crash, der droht, sobald die Mitarbeiter überfordert sind. Die analoge Welt bleibt noch eine ganze Weile Rückzugsort. Während die digitale Welt im Unternehmen an Gewicht gewinnt, wird die analoge schrittweise zurückgebaut. In Schritt 5 werden dann immer mehr Menschen und Bereiche deines

Unternehmens in die digitale Transformation einbezogen. Es gibt zwei Methoden, wie du dies angehen kannst:

- Entweder bietest du den Mitarbeitern die digitale Parallelwelt nur in einem ausgesuchten Bereich an und dann wechseln die Mitarbeitenden in dieser Parallelwelt im rollierenden System, sodass jeder seine Erfahrungen sammeln kann.
- Oder du lässt immer mehr solcher »Planeten« in deinem Unternehmen entstehen, wobei auf jedem Planeten ein eigenes digitales Projekt verfolgt wird.

Dabei sind Erfolge als Anker ungemein wichtig: Alle Unternehmen und Unternehmer, die solche Transformationsprozesse bereits hinter sich haben, betonen, wie wichtig es ist, auch die kleinen Erfolge gebührend zu feiern. Damit wird deutlich, dass es schrittweise, teils voranirrend vorwärts geht, bis es funktioniert. Schließlich werden immer mehr Menschen in den Prozess eingebunden. Am Ende steht das digital agierende Unternehmen.

VOM KNOW-HOW ZUM DO-HOW

Der Weg zum digitalen und damit zukunftsfähigen Unternehmen ist ein langer, schwieriger und umfassender. Aber auch dieser beginnt, wie alles, mit dem ersten Schritt, der reziproken Koordination. Dafür biete ich dir hier als Übung eine Art Roadmap an, wie du diesen Schritt einleiten und planen kannst:

Für den Einstieg ist es empfehlenswert, sich mindestens zwei Tage Zeit zu nehmen und ein Thema auszusuchen, das für dein Unternehmen wichtig ist.

Übung: Zu dem ausgewählten Thema solltest du eine Hypothese formulieren.

Meine Hypothese: _____

_____

Dann empfiehlt es sich, zu dieser Diskursübung externe Personen einzuladen, die sich durch deutlich andere Kompetenzen auszeichnen, als du selbst sie hast. Vorteilhaft ist es zudem, wenn du einen erfahrenen Moderator hinzunimmst, der immer wieder eingreift, wenn in der reziproken Koordination die alten Verhaltensmuster zum Vorschein kommen.

Übung: Diese Menschen mit folgenden Kompetenzen und Skills lade ich dazu ein: _____

_____

Die Moderation könnte übernehmen: _____

oder _____

Wenn du das eigene Verhaltensrepertoire um die reziproke Koordination erweitert hast, holst du deine Mitarbeitenden hinzu. Auch an deren Diskussionsübungen solltest du teilnehmen, denn dadurch signalisierst du: Mir ist wichtig, was ihr hier macht! Eine Gruppe bis zu acht Personen ist ideal für diese Arbeit – und jede Gruppe braucht auch einen Moderator, denn diese Art, miteinander zu sprechen und Ergebnisse zu entwickeln, will gelernt sein.

Gegenstand der Gruppenarbeit können auch die anvisierten digitalen Veränderungen im Unternehmen sein: Denn irgendwann sollte definiert werden, welche Bereiche als Erstes für die digitale Transformation fokussiert werden. Kundenservice? Interne Prozesse? Produktentwicklung? Hierzu können sicher eine Menge Hypothesen aufgestellt werden, deren Einsatz im Diskurs zu spannenden Ergebnissen führen wird und zu Einsichten, die niemand im stillen Kämmerlein gewinnt.

Übung: Meine Kernthemen / Vorschläge für die Kernfragen in der Gruppenarbeit:

#BUSINESS_HACK_88

Vertrieb geht in Zukunft noch mal anders – so seid ihr dabei

Vertrieb geht heute anders, denn Kunden (→ **#Business_Hack_57**), Vertriebswege (→ **#Business_Hack_59**, → **#Business_Hack_55**, → **#Business_Hack_56**) und auch die Technologien (→ **#Business_Hack_62**) haben sich massiv geändert. Für das »Heute« und die nähere Zukunft findest du im gleichnamigen Buchteil »Vertrieb geht heute anders« viele gute Strategien und Hacks. Wenn wir aber über den Vertrieb in der ferneren Zukunft nachdenken, müssen wir in unterschiedliche Disziplinen hineinschauen, um mögliche Entwicklungen antizipieren und für uns und unsere Unternehmen Zukunftsszenarien aufstellen zu können. Hier einige Impulse für dich.

Vertrieb mit neuen Werten – 9 Levels

Wenn wir in die technologischen Disziplinen schauen, dann erkennen wir mit dem vermehrten Einsatz von Bots und KI (→ **#Business_Hack_54**) und dem Aufbau von Metaversen (→ **#Business_Hack_91**) zukünftige Entwicklungen. Wenn wir in die Psychologie schauen, so geht es dort um neue Wertesysteme oder -modelle, die menschliches Handeln, auch das im Vertrieb, künftig bestimmen könn(t)en. Ein Beispiel hierfür ist das 9-Levels-of-Value-System.

> Das Wertemodell der 9 Levels of Value Systems® beruht auf einer Theorie von Prof. Clare W. Graves und hat sich in der Wirtschaft als Analyseinstrument zur Erhebung der Werte und Kultur von Einzelpersonen, Teams und Organisationen etabliert. Es bietet die Möglichkeit, über Fragebogen »softe« Werte zahlenmäßig zu erheben und damit abbildbar und vergleichbar zu machen. Dahinter steht ein neunstufiges Wertekoordinatensystem, die Levels, die auch mit Farben gekennzeichnet werden:
>
> →

1. Level: Beige, 2. Level: Purpur, 3. Level: Rot, 4. Level: Blau, 5. Level: Orange, 6. Level: Grün, 7. Level: Gelb, 8. Level: Türkis, 9. Level: Koralle.

(→ Literaturverzeichnis und www.9-levels.de)

Ein kurzer Überblick: 9 Levels und Vertrieb 1970 bis heute

Wenn man die letzten 50 Jahre Vertrieb und Verkauf betrachtet, kann man zu dem Ergebnis kommen, dass nicht nur die gesellschaftliche Entwicklung, sondern mit ihr auch die Geschichte des Vertriebs von circa 1970 bis heute der 9-Levels-Dynamik folgt:

- **< 70er-Jahre = Level Purpur**
  Durchdachte Verkaufstechniken und -methoden sind in dieser Zeit noch keine vordergründigen Themen im Vertrieb. Ganz im Sinne der »Tante Emma-Laden-Mentalität« läuft der Verkauf über die persönliche Beziehung. Der Kunde kauft vor Ort regionale Produkte und unterstellt die Kompetenz beim Verkäufer und hinterfragt deren Preis oft nicht. Im Vertrieb des Levels Purpur verschwimmen die Grenzen zwischen Geschäfts- und Privatbeziehung. Auf dem Level Purpur ist der Vertrieb geprägt durch Werte wie *Tradition, Heimat, Zugehörigkeit, Bindung* und *Brauchtum*.

- **70er-Jahre = Level Rot**
  Kennzeichnend für die 70er-Jahre ist der Übergang von der Bedarfsdeckung zur Bedarfsweckung im Vertrieb. Neue Kommunikationstechniken wie zum Beispiel das Telefon ermöglichen neue gewinnversprechende Vertriebsstrategien. In dieser Zeit entwickelt sich auch der klassische Strukturvertrieb bzw. das Multi-Level-Marketing (MLM). Wichtiges Ziel ist neben dem Produktverkauf die Gewinnung von Verkäufern, die in der Hierarchie weiter unten stehen und für diejenigen, die über ihnen stehen, »mitverkaufen«. Auf dem Level Rot ist der Vertrieb geprägt durch Werte wie *Macht, Aggression, Stärke, Dominanz* und *Gewinn um jeden Preis*.

- **90er-Jahre = Level Blau**
  In den 90er- und 2000er-Jahren halten IT, Controlling und EDV Einzug in den Vertrieb. Neue, technische Dimensionen tun sich auf: Notebooks, Vertriebssoftware, E-Mail, PowerPoint und Excel-Tabellen, Blackberry, Customer-Relation-Management-Systeme. Zeitgleich verunsichert ein neuer Vertriebskanal den Verkauf: das Internet. Die Auswirkungen der Internetökonomie auf den Verkauf sind zu diesem Zeitpunkt noch nicht absehbar. Auf dem Level Blau ist der Vertrieb geprägt durch Werte wie *Ordnung, Regeln, Sicherheit, Kontrolle* und *Klarheit*.

- **2010 – < 2020 = Level Orange**
  Nicht mehr das Produkt, sondern die Ziele und Wünsche des Kunden stehen auf dem Level Orange im Fokus. Der Kunde kauft mittlerweile überall – online wie offline und je nach Lust, Laune und Bedarf. Seine Erwartungen an den Vertrieb sind deutlich: Er möchte als Individuum mit all seinen persönlichen Bedürfnissen und Wünschen wahrgenommen werden, daher kommen verstärkt maßgeschneiderte Individualisierungs- und Differenzierungsstrategien zum Tragen. Auf dem Level Orange ist der Vertrieb geprägt durch Werte wie *Gewinn-, Karriere- und Ergebnisorientierung, Leistung, Status* und *Produktivität*.

Wo stehen wir heute? Das grün-gelbe Level

Mittlerweile sind wir im Vertrieb auf dem grünen und teilweise gelben Level angelangt. Das Richtige richtig und zur richtigen Zeit tun. Echte, authentische Wertschätzung zeigen, Vorbild sein: Das sind *die* Voraussetzungen für das, was ich Clean Sales nenne. Das ist der »grün-gelbe Auftrag«, um den es heute in der Wirtschaft geht. Diese Wertschätzung muss echt, sie muss clean, »sauber« sein. Wertebewusstsein, Offenheit und transparente Kommunikation stehen heute in direktem Zusammenhang zu guten Ergebnissen, Wirtschaftlichkeit und Ertragsmaximierung. Denn der Kunde von heute ist ein Mensch auf dem grünen und gelben Level, und er setzt andere Maßstäbe. Er ist informiert, individualistisch, investigativ, international, intuitiv und idealistisch (→ **#Business_Hack_57**). Der Vertrieb auf dem gelben Level steckt bisher noch in den Kinderschuhen – nicht, weil er sich der prägenden Werte wie *Individualität, Multiperspektivität, Vision, Vernetzung* und *Autonomie* nicht annehmen *will,* sondern eher, weil er sich ihrer bisher nicht annehmen *muss.* Aktuell gibt es erst wenige gelb agierende Unternehmen, und auch der digitale Kunde ist noch nicht klar gelb, sondern durch grüne Werte geprägt. Dennoch lassen sich erste gelbe Tendenzen erkennen. Immer mehr Vertriebsmitarbeiter agieren projektbezogen und flexibel, um so das bestmögliche Ergebnis für den Kunden zu erzielen. Sie sind gut vernetzt und bringen Menschen zusammen, um Kompetenzen sinnvoll zu erweitern. Unabhängiges, autonomes und vernetztes Arbeiten ist so einfach wie nie: Die Kommunikation mit dem Kunden läuft häufig digital, Daten und Arbeitsergebnisse werden in Cloudlösungen geteilt. Wichtiger als die Aufrechnung von Leistung und Gegenleistung ist das Gefühl der Reziprozität (lateinisch *reciprocus*: ›aufeinander bezüglich‹, ›wechselseitig‹), Menschen vergelten Gutes mit Gutem.

Ausblick: Vertrieb und Verkauf in (fernerer) Zukunft

Sind die Farben der Zukunft des Vertriebs vielleicht Türkis oder Koralle, in den »oberen Wertelevels«? Mit seiner Wertetheorie ermöglicht uns Graves einen kleinen Ausblick in die Zukunft – und einiges scheint dafür zu sprechen, dass eine türkise Welt »mit grünen und gelben Streifen« gar nicht so abwegig ist. Neben seiner Forderung nach Wertschätzung und Wertebewusstsein denkt und handelt der Kunde von heute immer stärker holistisch-global und ökologisch. Er verlangt nach nachhaltigen Produkten und fordert gleichzeitig unternehmerische Verantwortung für die Gemeinschaft. Damit werden ethische Prinzipien im Konsum immer wichtiger (→ **#Business_Hack_33**).

Parallel zu dieser tiefgreifenden soziopolitischen Entwicklung läuft seit Jahren die anfangs beschriebene technologische Entwicklung. Fest steht: Wir können ihr nicht entfliehen, sondern müssen uns ihr stellen, damit uns die Maschinen nicht irgendwann »ausbooten«. Wir müssen uns fragen, wie wir uns die Technologie zunutze machen, und gleichzeitig den Kunden und seine Werte wertschätzen. Vielleicht sind die Antworten auf diese Fragen im noch undefinierten Level Koralle zu finden. Wir können aber jetzt schon die Erkenntnisse Graves' nutzen und uns im Vertrieb auf das, was kommen wird, einstellen. Denn es wird einen Paradigmenwechsel auch im Vertrieb geben!

VOM KNOW-HOW ZUM DO-HOW

Dazu die folgenden Reflexionsfragen für dich. Das können natürlich nur Denkanstöße sein – wenn du magst, kannst du einige der Kreativitätstools aus dem → #Business_Hack_12 nutzen, um darauf »herumzudenken«.

- Wie wird unser Leben, dein Leben künftig aussehen?

- Wie passt der menschliche Wertewandel mit der digitalen Transformation zusammen?

- Sind wir Menschen bald unmündig und zu eigenen Entscheidungen unfähig, weil Maschinen und Produkte (KI) sich über unsere Köpfe hinwegsetzen?

- Auf welchem Level spielt sich der Vertrieb der Zukunft ab?

#BUSINESS_HACK_89

Diversity – profitiert von der Vielfalt

»All men, all white« – das ist heute immer noch die traurige Realität, wenn wir in die Führungsetagen der Unternehmen schauen. Und das ist zu Coronazeiten noch mal deutlicher geworden, da wurde die Uhr sogar zurückgedreht, wie der Allbright-Bericht vom Oktober 2020 zeigt. Demnach sind im Frühjahr 2020 weniger als sieben Prozent der Mitglieder in den Geschäftsführungen aller Familienunternehmen Frauen. Wir hinken also nicht nur allen anderen westlichen Industrieländern meilenweit hinterher, wir berauben uns auch der vielen positiven Aspekte, die eine stärker weiblich bestimmte Wirtschaft mit sich bringt. Und dabei hört es ja nicht auf: Schau dir mal die Wirtschaftsmagazine, die Vertriebszeitschriften, die Businessjournale durch: kaum bis keine People of Color, kaum bis keine Inklusion, kaum Diversität.

Daher habe ich diesen Business-Hack zum Thema Diversity in den Buchteil »Zukunft geht heute anders« gestellt – auch wenn wir schon seit Jahrzehnten dafür kämpfen. Wir müssen dranbleiben, denn ohne Diversity werden wir in der globalen Welt nicht bestehen.

Diversity macht nachhaltig und nachdrücklich erfolgreicher

Eine Folge der Coronapandemie ist, dass viele Unternehmen ihre Führungsetagen umstrukturieren. Doch während weltweit die Vorstände weiblich besetzt werden, kommt die Stühle-Rochade in deutschen Unternehmen vor allem den Männern zugute. Der Frauenanteil auf Führungsebene der DAX-30-Unternehmen liegt bei gut 12 Prozent, in den meisten westlichen Industrienationen liegt er mindestens doppelt so hoch und höher – dort »werden in der Krise kontinuierlich vielfältigere Führungsteams aufgebaut, die komplexen Herausforderungen besser gewachsen sind«, heißt es im Allbright-Bericht (Oktober 2020). Ähnlich ist das Bild in den hundert größten Familienunternehmen Deutschlands: Stand 2020 sind weniger als sieben Prozent der Geschäftsführungsmitglieder weiblich, bei reinen Familienunternehmen nur 4,8 Prozent (Allbright, Juni 2020). Und das, obwohl Unternehmen mit Frauen in Führungspositionen nachweislich erfolgreicher sind, wie auch der aktuellste Bericht »The Business Case for Change« der International Labour Organization (Mai 2019) zeigt. Zahlen legt auch McKinsey in der Studie »Delivering Through Diversity« (McKinsey, 2018) vor und kommt zu dem Schluss, dass Unternehmen durch eine höhere Durchmischung von Männern und Frauen die Profitabilität um 25 Prozent erhöhen können, mit mehr internationalen Mitarbeitern um 36 Prozent! Kein Wunder, dass die hochrangig besetzte »The Shift Initative« mehr Vielfalt in den Unternehmen als Voraussetzung für nachhaltiges Wachstum des Wirtschaftsstandorts Deutschland bezeichnet und dies für die Zukunft fordert und unterstützt.

Mehr Diversity bedeutet auch: Mehr Förderung von Mitarbeitern und Talenten mit Migrationshintergrund, mehr People of Color und mehr Menschen mit besonderen Herausforderungen ins Unternehmen zu bringen. Und dann kommt es darauf an, »Inklusion auch zu leben«, da die Vielfalt von Meinungen und Kompetenzen zu ganz anderen Lösungen und Konzepten führen kann, wie es Michael Heinz, Vorstand und Arbeitsdirektor bei BASF, beim jüngsten »The Shift Summit« (Handelsblatt, 1.11.2020) zusammenfasst.

VOM KNOW-HOW ZUM DO-HOW

Ich habe hier einige Impulse für dich, die du reflektieren und für dich und / oder dein Unternehmen umsetzen kannst.

1. Sichtbar und laut(er) werden: als Frau, als Person of Color, als Mensch mit besonderen Herausforderungen, als Talent mit Migrationshintergrund und als Unternehmen. Diversity ist für alle von Vorteil. Aber es muss laut und deutlich kommuniziert werden.

2. Glaubenssätze ändern: zum Beispiel den weit verbreiteten Glaubenssatz, dass es schwierig sei, geeignete Frauen für Führungspositionen zu finden. Ein oft geäußertes »Aber«, das nicht stimmt, worauf z. B. auf dem jüngsten »The Shift Summit« Sigrid Nikutta, Vorstand Güterverkehr Deutsche Bahn und CEO der Tochter DB Cargo, hinwies, wo der Frauenanteil im Vorstand 50 Prozent beträgt.

→

3. Vorurteile revidieren: zum Beispiel das Vorurteil, dass Frauen nur über fest-gelegte Quoten Karriere machen und die Chefsessel erobern können. Die meisten Frauen lehnen diese Quoten ab – und nachhaltig erfolgreich sind sie sowieso wegen ihrer Ausbildung, ihrer Kompetenzen und ihrer Fähigkeiten.

4. Pro Diversity entscheiden: Wenn die (eigenen) Vorurteile ausgeräumt sind, sich tatsächlich einfach mal öfter stur für Bewerberinnen entscheiden. Frauen sind sehr oft die besten Vertrieblerinnen, und dass Banken Frauen lieber Gründerkredite geben als Männern, weil sie am meisten aufbauen und am wenigsten Unfug mit dem Geld anstellen, gilt weltweit.

5. Einer Initiative anschließen: zum Beispiel der Initiative »Beyond Gender Agenda« (Kampagne #FlaggefürVielfalt, »The Shift«) – du kannst dabei sein.

#BUSINESS_HACK_90

Cradle-to-Cradle & Circular Economy: neue Geschäftsmodelle mit Klimaschutz inside

Lange Zeit haben wir Deutschen gedacht, Weltmeister im Umweltschutz zu sein. In Wahrheit stagnieren wir – wie viele andere europäische Länder und Märkte – in einer Auffassung von Umweltschutz als »etwas weniger Zerstörung und etwas mehr Recycling«. Wir regen uns über Müllflüsse in Asien auf und klatschen Beifall-Likes auf Instagram und Facebook für Plastikmüllsauger-Aktionen auf den Weltmeeren. Doch im Wesentlichen halten wir am Produktdesign und -lifecycle, an unseren Konsumgewohnheiten, am Ressourceneinsatz bei der Produktentwicklung und dem »thermischen Recycling«, schlicht dem Verbrennen (Stichwort: Cradle to Grave, »Wiege zum Grab«), fest. Dabei wissen wir, dass die Ressourcen unseres wunderbaren Heimatplaneten begrenzt sind und ein »Weiter so« keine Option, gar keine Option ist. Geschäftsmodelle, die ständig nach neuen Ressourcen verlangen, sind schlicht nicht zukunftsfähig.

Die Zukunft gehört Geschäftsmodellen, die Wertschöpfung emissionsfrei, CO_2-neutral, (nahezu) frei vom Einsatz ursprünglicher Ressourcen und abfallfrei generieren können. Die vielleicht eine bessere Vision dieser Welt haben; gesünder, die Fehler der Industrialisierung, Umweltzerstörung heilend. Wichtige Stichworte: Cradle-to-Cradle (Wiege zu Wiege), Zero Waste (abfallfrei), Zero Emission (keine umweltschädlichen Emissionen im gesamten Lifecycle eines Produktes) und Circuit Economy (moderne Kreislaufwirtschaft).

Diese moderne Kreislaufwirtschaft ist ein wachsender Markt – und du solltest mit Ideen und Projekten, mit Produktdesign und Entwicklungen dabei sein! Denn es geht um sinnvolle und ressourcenschonende Produkte. Um disruptive Ideen und Modelle, unsre Welt zu schonen, die Umwelt, Menschen und Tiere zu schützen, natürliche Bedingungen wieder zu verbessern – und dennoch Dinge, Produkte und Leistungen anbieten zu können, die das Leben in Zukunft weiterhin schön und bequem machen. Dinge von Wert (→ **#Business_Hack_33**). Wertschöpfung mit Klimaschutz inside!

Circuit Economy: Umweltschonende Kreislaufwirtschaft – Milliardenmarkt der Zukunft

Jedes dynamische, auf Zukunft gerichtete Business zielt auf Veränderung. Veränderung von Kundenverhalten, Stichwort Innovation. Und Veränderung des eigenen Betriebs, Stichwort R&D. Beides zielt auf Perpetuierung und/oder Progression der eigenen Marktstellung. Nutzungsverhalten zusammenzuführen mit innovativen Techniken oder Anwendungen und dadurch Kundenverhalten zu verändern, war und ist schon immer der Antrieb erfolgreicher Unternehmen. Bunte Beispiele: Oberflächengeführte Computer, 9-Gang-Automatik-Schaltgetriebe bei Alltagsfahrzeugen, 3-D-Drucker oder Nespresso-Kaffeemaschinen haben das Nutzungsverhalten von Kunden (→ **#Business_ Hack_57**) grundlegend renoviert. Apropos Nespresso: Auch dort wird heute wegen der anfallenden Müllmengen umgedacht. Die Kapseln sollen ressourcenschonender, abfallneutraler hergestellt werden. Nur: Recycling geht heute anders – nicht nur ein bisschen schonender oder neutraler. Bisher hatten Produkte stets eine bestimmte Lebensdauer (»Cradle to Grave«), an deren Ende die Entsorgung stand oder steht – oder im besten Fall ein anteiliges Recycling oder ein werteerhaltendes Upcycling; eben diesen Weg geht Nespresso mit seinen Kapseln. In Zukunft werden Produkte einem permanenten Materialkreislauf (»Circuit«) für die Dauer der Nutzung entnommen und anschließend wieder hinzugefügt werden. »Zurück auf Los!« heißt die Losung und Übersetzung des »Cradle-to-Cradle«(C2C)-Prinzips.

Ansätze gibt es so viele, wie es Branchen und Produkte gibt – schauen wir nur mal in die Bauwirtschaft. Bauen ohne Müll ist ein Ansatz, Materialentnahme aus natürlichen Ressourcen ein anderer: Lehmhäuser der Frühzeit feiern heute ihr Comeback, appliziert werden Sekundärziegel und Recyclingbeton. Häuser der Zukunft werden Materiallager sein, die niemals der Abrissbirne zum Opfer fallen werden.

Leihen statt kaufen, sharen statt besitzen, virtualisieren statt sammeln

Verstehe, du kümmerst dich gerade nicht um ein Haus, aber möglicherweise um deine Fitness (→ **#Business_Hack_16**) und läufst jeden Morgen deine zehn Kilometer. Dafür brauchst du Laufschuhe. Diese kannst du dir nun leihen. Richtig verstanden: Du leihst dir die Schuhe, die nicht nur coole Laufschuhe sind, sondern auch aus dem Grundstoff Rizinusbohnen gefertigt, im Aboverfahren und gibst sie nach Abnutzung zurück. Dann fertigt der Hersteller daraus neue Schuhe (Cyclon[9]). Und du erhältst ebenfalls neue Leihschuhe, mit denen der Kreislauf – im wahrsten Sinne des Wortes – wieder beginnt.

Du kaufst also das Laufen, nicht die Schuhe dafür. Das widerspricht deinem bisherigen Nutzungsverhalten? Na, früher hast du Musik besessen, erinnerst du dich? Heute kaufst du das Hören, nicht mehr das Besitzen von Tonträgern. Sondern den Genuss deiner Lieblingssongs, überall, zu jeder Zeit: du virtualisierst, statt zu sammeln und aufzuhäufen. Früher hast du Videokassetten, DVDs, Berge von physikalischem Unterhaltungszeugs besessen, heute kaufst du mit dem flüchtigen Gaming oder Streaming nur noch das, um das es dir eigentlich geht: Sehen und Erleben (→ **#Business_Hack_91**).

C2C: Cradle-to-Cradle ist auf dem Vormarsch

C2C, also die Idee des perpetuierten Materialkreiskaufs, ist einst in Deutschland von Michael Braungart (Braungart/McDonough, 2014) entwickelt worden. Die Industrien Chinas und Indiens haben nun C2C zur Standardvorgabe in der Ressourcenanwendung festgeschrieben. Strenge Zertifikationsverfahren sind aktiviert, was die Nachhaltigkeit und die Glaubwürdigkeit des New-Age-Recyclings zementieren soll. Durch den Eintritt dieser Nationen in diese Technologie prosperiert C2C zu einem globalen Zukunftsbusiness mit unabsehbar gewaltigem Wachstumspotenzial. Denn über eines sind wir uns im Klaren: Höchst nachhaltiges Wirtschaften und das Umsetzen umweltschützender und ethischer Ideen darf (und wird) künftig nicht auf NGOs, engagierte einzelne Menschen oder kleiner Unternehmen beschränkt werden – erst wenn viele und große Unternehmen auch Geld in diesem Bereich verdienen können, wird sich mit großem Hebel und rasch etwas ändern, etwas verbessern.

Nature Based Solutions: ein weiterer Milliardenmarkt

In diesen Kontext gehören auch die »Nature Based Solutions« (NBS) oder auch »naturbasierten Lösungen«, die gemäß einer brandaktuellen Studie von Vivid Economics nicht nur im Sinne des »Carbon Removal«, also versus Kohlendioxidausstoß und Klimawandel, wirken, sondern auch einen gewaltigen Wirtschaftsfaktor darstellen werden: Die Studie geht von einem Wert von 1,2 Billionen Dollar (nach heutiger Kaufkraft) 2050 und 800 Milliarden Dollar Umsatz pro Jahr aus.

Reebok ist – neben beispielsweise Firmen, die Fleischersatz aus naturbasierten Grundstoffen entwickeln, ohne Tiere in unfassbarem Terror zu halten und sie dann zu töten – ein gutes Beispiel für die vielen Unternehmen, die gerade in Richtung auf diesen Markt entwickeln. Ähnlich wie beim obigen Beispiel bringt Reebok Running Shoes auf pflanzlicher Basis wie Bohnen, Algen, Eukalyptus und Naturkautschuk: den Forever Floatride Grow[10].

Kurz: Je eher du hier visionär und offensiv agierst, desto zukunftsfähiger ist dein Unternehmen. Und umso wertevoller. Gleich wertvoller.

VOM KNOW-HOW ZUM DO-HOW

Hier beispielsweise – das ist nur eine nicht vollständige Übersicht – kannst du weiter über das Thema reflektieren und eigene Visionen und Produktideen entwickeln:

- Cradle-to-Cradle-NGO mit vielen Studien, LAB Talk und Blog[11]
- Learninghub[12]
- Projekt-und-Strategie-Datenbank »European Circular Economy Stakeholder Platform« der Europäischen Union[13]
- Die Circular Economy Initiative Deutschland mit Studien und News[14]
- Circular Economy Pitches in Unternehmen[15]
- Der EU Circular Economy Action Plan als Teil des European Green Deal[16]
- Circular Hub aus / für USA[17]
- Zero Emissions Research and Initiatives[18]
- International Zero-Emission Vehicle Alliance (VEV Alliance) auf der Climate Initiatives Platform von UN und UNEP DTU[19]
- Die Plattform der Zero Waste International Alliance mit einem inkludierten Lerncenter[20]

In der Reflexion kannst du überlegen:

1. Cradle-to-Cradle, Zero Emissions, Zero Waste, Circuit Economy: Welche dieser vielen Ideen können wir in unserem Unternehmen (jetzt schon) umsetzen?

   _____

   _____

2. Welche Visionen, Ideen, Projekte und Produkte kommen dir in den Sinn, da die Welt künftig nicht mehr für neue Rohstoffe ausgebeutet werden kann und in Zukunft nur noch Geschäftsmodelle wertvoll sein können, die Klimaschutz, Mensch und Tier, ethischen Werten dienen?

   _____

   _____

Mein Tipp dazu: Arbeite an diesen Ideen mit einem Team, du kannst die Tools nutzen aus → **#Business_Hack_12** (Einfache Kreativitätstechniken – großer Output).

#BUSINESS_HACK_91

Heißer Scheiß? Die Metaversumstrategie

Metaversum, das wird, sagen Trendforscher, Tekkies, Investment-Newsletter und Fachforen, der neue »heiße Scheiß« in Sachen Internet und Wirtschaftsplattformen (→ #Business_Hack_55)! Doch vielleicht sagst du: Irgendwie war der Begriff doch schon mal da, wenn ich nur wüsste ... Ja, richtig, die frühen 3D-»Lebensplattformen« und virtuellen Welten wie Second Life®, aber auch einige der zwischenzeitlich zu virtuellen Lebens- und Handelsplattformen entwickelten Angebote der MMORGs (Massively Multiplayer Online Role Games) wie (früher) WoW oder heute Fortnite wurden teilweise als Metaversen bezeichnet (Gierke / Müller, 2008).

Mit noch umfassenderen Ansätzen – vor allem in Marketing, Verkauf, Vertrieb und Handel – ist das Metaversum jetzt wieder da: als das große Zukunftsversprechen für Konzerne, Unternehmen, Visionäre. Für die Wirtschaft und die Investoren.

Mit Vollgas in die Zukunft

Virtual Reality, Augmented Reality, Mixed Reality, Extended Reality sind einige der Begriffe, mit denen Trendforscher die Zukunft definieren. Wer sich im Internet bewegt, ist ja schon auf einer »metaphysischen Ebene« unterwegs, die mit der Realität gekoppelt ist. Klingt schwieriger, als es ist, denn beispielsweise Möbelhauskunden und Käufer einer Küche wissen das schon. Die neue Einrichtung haben sie nämlich vorab simulativ visualisiert und in digitalen Motion Rooms erfahren, bevor sie bei ihnen zu Hause realiter installiert wurde. PC-Gamer toben sich in fiktiven Welten aus, die der realen Welt sehr nahekommen – nur dass im Metaversum viel mehr möglich ist als im realen Universum. Sie alle bewegen sich in einem Playground der Kreativen und der Nerds: im Metaversum.

Der Begriff Metaversum stammt ursprünglich aus dem Buch »Snow Crash« (1992) von Neal Stephenson. Sergey Brin, Jeff Bezos und Mark

Zuckerberg geben an, von den Ideen dieses Buches nachhaltig beeindruckt zu sein. Google Earth ist eine erste, direkte Adaption einer Idee aus »Snow Crash«. Darüber hinaus investieren Facebook, Amazon und Google seit geraumer Zeit gewaltige Summen in den Aufbau von Metaversen. Elon Musk und Microsoft ziehen nach. Eine der Visionen: Kauferlebnisse in digitalen Welten realitätsidentisch erlebbar zu machen, indem umfassende Erlebenswelten virtuell geschaffen werden. Metaversen und Paraversen als bessere Informationsentwürfe der Gegenwart, mit ersten konkreten Anwendungen. Beispielsweise: Porsche steht kurz vor der Abschaffung der herkömmlichen Probefahrt mit einem Neuwagen. Der Kunde soll stattdessen die Probefahrt in variierenden Gegenden und unter divergierenden Bedingungen absolvieren und seine Wunschkonfiguration entsprechend anpassen. Analoge Probefahrten würden mehrere Tage in Anspruch nehmen. Wenn der Neuwagen dem Käufer übergeben wird, trifft er also »einen alten Bekannten«. Bedeutet: Wer das Leben im Metaversum für das reale Leben adaptiert, bringt seine Kunden in physischen Kontakt mit dem jeweiligen Produkt, teilt menschliche Erfahrung mit ihm und eröffnet ihm neue, bisher undenkbare digitale Aktivitäten. Das Metaversum boostet die Kreativität deines Unternehmens. Und schafft damit die Basis für innovatives Business. Das ist auch eine Frage nach deiner Multisensorik (→ **#Business_Hack_80**).

Konzerne wie Disney haben das schon lange begriffen und profitieren seit Corona noch mehr von der Aufmerksamkeit, die das Thema bekommt rsp. bekommen wird: Analysten prophezeien Disneys Metaversum durch den integrierten Ansatz wachsende Margen und damit einen steigenden Börsenwert (Stand Herbst 2020).

»The REAL Next Generation Internet«
Das Metaversum ist die Zukunft. The Next Generation of Internet wird damit spielerisch wie seriös agieren. Die Aktivität deines Unternehmens im Metaversum wird die Referenzgröße sein, von der Investoren, Banken, Shareholder und Venture Capitalists ihre Investitionen abhängig machen werden. So wie sie zuerst fragten: Was ist die Internetstrategie deiner Unternehmung / deines Unternehmens? Dann: Was ist die Appstrategie? Dann: Was ist die 4.0-Strategie? So wird ihre Frage künftig sein: Wie ist deine Metaversumstrategie?

Und diese Frage werden dir übrigens auch die jungen Talente, die qualifizierten Bewerber, die visionären Mitarbeiter bald stellen ...

VOM KNOW-HOW ZUM DO-HOW

In dieser Reflexion habe ich drei entscheidende Fragen für dich:

1. Wie wird die Metaversumstrategie deines Unternehmens sein?

_____

_____

2. Wann wirst du sie entwickeln?

_____

_____

3. Welche Produkte, Ideen, Visionen könnten sich dafür eignen?

_____

_____

Hier geht's zu den Videos zu Teil V:

Meine zehn Gebote für mehr Erfolg im Business

#1: Arbeite konsequent und diszipliniert

Keiner, der je vierzig Stunden in der Woche gearbeitet hat, hat die Welt enkeltauglich verändert. Wer hart, konsequent, intensiv dranbleibt, der schafft die vierzig Stunden locker zweimal in der Woche. Ich selbst stehe seit 25 Jahren morgens um fünf Uhr dreißig auf. Jeden Tag. Das schafft mir »mehr Zeit«, und da ich abends nie vor 23 Uhr schlafe, sind das eben etwa neunzig Minuten täglich, die ich für mein Weiterkommen nutzen kann. Macht gut vierzig Arbeitstage netto mehr pro Jahr. Da kommt in 25 Jahren einiges zusammen. Wichtig hierbei ist, dass du dieses Verhalten zu einer Routine entwickelst und fokussiert an deinen Themen dranbleibst. Das Geheimnis erfolgreicher Menschen ist immer auch Disziplin, Konsequenz und Kontinuität im Handeln. Übrigens gilt das für jede Generation, es ist keine Frage des Alters. Wer weiterkommen, wer erfolgreich werden will, der weiß, dass die Fleißigen die Talentierten um Längen schlagen. Immer!

#2: Entdecke deine Widerstandsfähigkeit

Die Fähigkeit, Visionen und klare Ziele zu entwickeln und diese gegen alle Widerstände zu verfolgen und auch umzusetzen, ist eine weitere Bedingung für mehr Erfolg im Business. Es sind niemals Teams, die die Welt verändern. Es sind Einzelpersonen. Wenn du der- oder diejenige bist, dann wirst du vermutlich von Zweiflern und Händelsuchern umgeben sein. Wenige werden verstehen, was du siehst, was du fühlst und was dir deine Vision oder deine Ziele bedeuten. Wohin du willst, wofür du das tust. »You have to create agreement!« Generiere eine Atmosphäre, in der es etwas Besonderes ist und bleibt, mit dir zu arbeiten. Halte selbst den Gegenwind und die Zweifel anderer aus. Wer sich in seine Ziele, in seine Resultate verliebt, dem schiebt sich der Weg unter die Füße. Wer nach vorn geht, wer führt, macht sich schuldig im

Sinne nachgelagerter Bewertungsorgien. Wer nach vorn geht, wer die Initiative ergreift, der führt. Und vom Ende her gedacht bedeutet das, dass an dem Erfolg immer viele andere beteiligt waren. Erfolge haben viele Väter und Mütter. Der Misserfolg ist ein Waisenkind. Nur wenn du starke Widerstände aushalten kannst, gewinnst du.

#3: Sometimes you have to break the pattern: Muster brechen

Wer Erfolg haben will, der stellt den Status quo in Frage. Der verändert, der stört, der gestaltet. Der hat den Anspruch, Dinge auf ein neues Level zu entwickeln. Dabei geht es nicht immer darum, etwas Neues zu schaffen. Es kann ein guter Weg sein, das Vorhandene neu, anders zu denken. »Was du ererbt von deinen Vätern, erwirb es, um es zu besitzen.« Apple erfindet das Smartphone neu, Amazon entdeckt Alexa, Zoom ermöglicht die Videofonie. Elon Musk entwickelt den Tesla und parallel die bemannte Raumfahrt. Fast immer kommen disruptive Entwicklungen eben nicht aus angestammten Industrien. Sie kommen plötzlich, unerwartet und aus anderen Wirtschaftszweigen. »Digitize or die« habe ich im Herbst 2019 im Silicon Valley auf der Bühne gelernt. Hier werden neue Geschäftsideen von Gründern gepitcht. Corona wirkt wie ein Katalysator auf die digitale Transformation ein. Überall. Musterbrecher sind immer Überzeugungstäter im positiven Sinn.

#4: Trends sind schon zu spät

Es gibt Menschen – einige davon sind damit sogar gut unterwegs –, die den Begriff »copy right« als »kopiere richtig« interpretieren. Die sich an anderen, am laufenden Trend orientieren. Wenn ich nicht Erster sein kann, dann wenigstens Zweiter oder Dritter. Mag ein Weg sein. Besser ist es, nach vorn zu schauen, auf sich selbst fokussiert zu sein, seinen eigenen Weg zu gehen. In 35 Jahren Unternehmertum war ich immer dann am besten, am erfolgreichsten, wenn ich auf mich selbst geachtet habe, meine eigene Vision verfolgt habe. Manchmal reicht es schon, einen Trend zu erkennen und diesen dann weiterzuentwickeln. Was ist der nächste Schritt hier? Wie kann die Welt in zehn Jahren aussehen? Wer Außergewöhnliches erreichen will, der muss auch außergewöhnlich sein. Der muss anders denken und handeln.

#5: Kundenfokus halten

Der Kunde ist der Einzige, der Geld in ein Unternehmen hineinbringt. Alles andere sind Kosten. Ein Unternehmen, das dauerhaft Kunden verliert, stirbt. Klar. Der gedankliche Weg des Unternehmers muss vom künftig denkbaren Bedürfnis des Kunden über die Produktentwicklung über die Marketingabteilung hin zum Design führen. Die Strenge der Finanzer und Steuerexperten, die Bedenken der Juristen in Ehren. Meistens kommen aus diesen Bereichen rückwärtsgewandte Verschlimmbesserungsideen. Wer eigene Verkäufer hat, sollte auf sie hören. Niemand im Unternehmen kennt die Kunden besser als sie. Die Verkäufer sind kostenlose Marktforscher. In Zeiten, in denen es kaum noch Geheimwissen gibt, in denen Kunden oft selbst schon zu Experten werden können, ändert sich die Rolle des Verkäufers dahin, dass er Kunden dabei hilft, seine Entscheidung zu treffen. Das setzt die Kunst des Fragens und die des aktiven Zuhörens voraus. Wenn jemand die künftig denkbaren Bedürfnisses des Kunden kennt, dann der Vertrieb. Kundenfokus ist Chefsache.

#6: Beherzt entscheiden und bewusst Risiken eingehen

Wer sich entscheidet, trennt sich von der zweitbesten Alternative. Er wählt den vermeintlich besseren, effizienteren, günstigeren Weg. Eine Entscheidung ist immer auch ein Abwägen von Preisen. Entscheider brauchen Mut. Denn Mut kommt meistens vor jeder Veränderung und damit auch vor jeder Entscheidung. Und da niemand die Zukunft kennt, gehen beherzte Entscheider sehenden Auges Risiken ein. Wenn etwas besser werden soll, dann muss es anders sein. Klar. Nur kann anders eben auch schlechter sein. Der beherzte Entscheider erkennt dieses Risiko und geht nach vorn. Wenn ein Wegfall von Ängsten kombiniert mit beherzter Entscheidungsfreude und Intelligenz zusammenkommt, dann kann Neues entstehen, dann wird Zukunft gestaltbar.

#7: Das höhere Ziel

Der Zweck oder das Ziel eines Unternehmens ist es nicht, Gewinn zu machen. Unternehmen sind dazu da, das Leben der Menschen, vorzugsweise der Kunden, zu einem besseren Ort zu machen oder die Zukunft zu verbessern. Entweder durch weniger Schmerz und Unbill oder eben durch mehr Freude und Qualität. Vielleicht klappt sogar beides. Das ist das höhere Ziel. Und um dieses zu erreichen, ist Gewinn, ist Geld ein notwendiger Faktor. Geld ist das Blut in den Adern der Wirtschaft, der Treibstoff für mehr Unternehmenserfolg. Genau wie der Treibstoff für ein Auto eben ein notwendiger Faktor ist, um mit dem Wagen (lustvoll, schnell, ökologisch) von A nach B zu kommen. Es ist kein Ziel, ein Auto zu besitzen, um es zu betanken. Um das höhere Ziel zu sehen, braucht es die Fähigkeit, vorbehaltlos staunen zu können, sich die Neugier zu erhalten. Und auf dem Weg der Umsetzung ist der kindliche Bewerkstelligungsstolz wie eine Zwischenmotivation. Erfolgreiche Macher streben höhere Ziele an.

#8: Attraktion für die besten Leute

Unternehmen bestehen aus drei Faktoren. Mechanics, Humanics und Informationen. Mechanics, also Hardware, Produkte oder DL und Informationen, sind austauschbar. Das Einzige, was unique ist, sind Humanics, ist der Mensch. Die Beziehungen, die Menschen, die Teams untereinander leben, machen ein Unternehmen besonders und einzigartig. Kaum kopierbar. »Culture eats strategy for breakfast«, hat Peter Drucker dazu schon früh geschrieben. Wenn die richtigen Leute mit der richtigen Einstellung zum passenden Zeitpunkt auf erfolgreiche Führungskräfte treffen, dann bildet sich eine Erfolgskultur. Der transformationale Führungsstil passt hier gut dazu. Das Einbeziehen der guten Leute in die Story, in das Definieren des Sinns eines Unternehmens, das Abgeben von Verantwortung sind wichtige Stilmittel. Erfolgreiche Menschen denken vom Ende her, sie finden Antworten auf noch nicht gestellte Fragen. Und so entsteht eine Attraktion für gute Leute. Als Trainer habe ich gelernt, dass gilt: Hire for attitude, training for skills. Wenn die Einstellung passt, wenn Menschen wirklich wollen, dann können sie alles schaffen. Erfolg ist meist nicht trainierbar. Der ist Teil des Charakters. Ehrgeiz ist die Triebfeder für Erfolge im Team. Und Erfolg generiert Erfolg. Und der zieht die besten Leute an.

#9: Feedbackkultur

Wenn ich Menschen frage, was ihnen gut gelungen ist, dann antworten sie gern mit eher kritischen, negativen Eigenschaften. Woran das liegt, weiß ich nicht. Vielleicht ist das typisch deutsch? Besonders die Amerikaner erlebe ich deutlich zweifelsbefreiter. Wenn es darum geht, dazuzulernen, so können wir das tun, indem wir Gedanken reflektieren (jetzt) oder einfach nachmachen (geht leicht), was andere uns zeigen. Oder wir machen eigene Erfahrungen (oft schmerzhaft) oder es sind schlichte Wiederholungen (notwendig). Für mich der eleganteste Weg, um zu lernen, ist das Feedback: »Good? Better? How?« Was ist dir gut gelungen, was noch und was noch? Und was könntest du besser gemacht haben? Und wie genau? Wer Menschen fragt, führt sie zu eigenen Antworten. Klingt vernünftig. Und wenn jetzt noch das Feedback der Führungskraft, des Kollegen, Kunden, Lieferanten, des Teams oder des Chefs dazukäme? Fantastische Idee, oder? Für mich ist eine gelebte Feedbackkultur notwendige Bedingung für nachhaltig steigenden Unternehmenserfolg. Feedback is breakfast for Champions!

#10: Perfektion schafft Aggression

Erfolgreiche Unternehmer und Führungskräfte werden täglich mit Problemen konfrontiert. Das ständige Üben, diese Probleme zu lösen, gehört zu der Entwicklung dazu. Oft gibt es dafür keine Vorlage. Wenn Unternehmen wachsen, dann tauchen ständig neue Schwierigkeiten auf einer anderen Ebene auf. Dabei passieren Fehler. Wir irren uns hier schrittweise voran. Wir lernen und wir scheitern. Und wir gehen weiter. Die schlichte Kunst ist es, trotz dieser Rückschläge immer weiterzumachen. Perfektion ist langweilig, sie lähmt uns. Der Lernprozess gehört für den Erfolg genauso dazu wie Disziplin. Disziplin bringt neuen Erfolg, und Erfolg wiederum gefährdet unsere Disziplin. Wenn Dinge für uns Relevanz haben, dann bleiben wir dran. Jede Karriere findet außerhalb der Komfortzone statt. Es braucht Menschen, die selbstbewusst, optimistisch, offen und lernbereit sind. Menschen, die bereit sind, notfalls an ihren eigenen hohen Ansprüchen zu scheitern. Und die genau dann aufstehen und weitermachen. Menschen, die das Beste wollen und sich für das höhere Ziel immer wieder strecken!

Anmerkungen

1 (KLCM, 2014, https://qingxingzou.wordpress.com/2014/10/06/leadership-communication-monitor/)
2 https://www.kfw.de/inlandsfoerderung/Unternehmen/Gr%C3%BCnden-Nachfolgen/
3 https://www.wooga.com/
4 https://www.yext.de/blog/2017/11/23/voice-search/
5 https://www.computerwoche.de/a/d2c-das-steckt-hinter-dem-buzzword,3336569
6 https://omr.com/de/bikinis-instagram-triangl/
7 https://www.businessinsider.com.au/amazon-owns-these-brands-list-2018-7
8 Think Limbic!, Haufe 2014; Brain View: Warum Kunden kaufen; Haufe, 2016; siehe ausführlich Literaturverzeichnis
9 https://www.on-running.com/de-de/cyclon
10 https://www.reebok.de/search?q=Forever%20Floatride%20Grow
11 https://c2c.ngo/
12 https://www.ellenmacarthurfoundation.org/explore
13 https://circulareconomy.europa.eu/platform/en/strategies
14 https://www.circular-economy-initiative.de/
15 https://www.ellenmacarthurfoundation.org/explore/make-a-circular-economy-pitch-in-your-organisation
16 https://ec.europa.eu/environment/circular-economy/index_en.htm
17 https://apply.hub.ki/circulareconomy/
18 http://www.zeri.org/
19 http://climateinitiativesplatform.org/index.php/International_Zero-Emission_Vehicle_Alliance_(ZEV_Alliance)
20 http://zwia.org/

Verzeichnis der verwendeten und der weiterführenden Literatur

Bücher (Monographien und Anthologien)

Berg, Insoo Kim / Jong, Peter de: Lösungen (er-)finden: Das Werkstatt-buch der lösungsorientierten Kurztherapie. verlag modernes lernen, 2014

Brecke, Jan: Singularity Leadership. Was Sie jetzt tun müssen, damit Ihr Unternehmen die digitale Revolution überlebt. Pragmatische Ambidextrie, Agile Organisationskultur, Sinn-volle Unternehmens-führung. Edition Corporate Culture, 2019

Braungart, Michael / McDonough, William: Cradle to Cradle. Einfach intelligent produzieren, 5. Aufl. 2019

Buhr, Andreas: Vertrieb geht heute anders. Das Ende des Verkaufens. GABAL, 9. Aufl. 2020

Buhr, Andreas: Sales Leadership: Building, Developing and Managing a Professional Sales Organisation. Edition SalesLeaders, 2. Aufl. 2018

Buhr, Andreas: Vermittler trifft Kunde. Wolters Kluwer, 2014

Buhr, Andreas: Erfolgsfaktor hybride Beratung. Wolters Kluwer, 2015

Buhr, Andreas: Vertriebsführung: Aufbau, Führung und Entwicklung einer professionellen Vertriebsorganisation. GABAL, 2017

Buhr, Andreas: Führungsprinzipien. GABAL, 2. Auflage 2016

Buhr, Andreas / Feltes, Florian: Revolution? Ja, bitte! Wenn Old-School-Führung auf New-Work-Leadership trifft. GABAL, 2018

Buhr, Andreas: Die Umsatz-Maschine. Wie Sie mit VertriebsIntelli-genz® Umsätze steigern. GABAL, 2. Auflage 2006

Buhr, Andreas: Training ist der Erfolg von morgen. go! Live Verlag, 2016

Buhr, Andreas: Agiere JETZT, go! Live Verlag, 5. Auflage 2020

Buhr, Andreas: Machen statt Meckern. Mit ©lean leadership zu mehr Erfolg in wirtschaftlich schwieriger Zeit. go! Live Verlag, 5., kom-plett aktual. Auflage 2021

Cialdini, Robert B.: Die Psychologie des Überzeugens. Verlag Hans Huber, Hogrefe AG, 2011

David, Susan: Emotionale Beweglichkeit: Für freie Entfaltung mit klarem Blick und offenem Geist. Unimedica, 2020

De Shazer, Steve / Dolan, Yvonne: Mehr als ein Wunder: Lösungs-fokussierte Kurzzeittherapie heute. Carl Auer, 2020

Doerr, John et al.: OKR: Objectives & Key Results: Wie Sie Ziele, auf die es wirklich ankommt, entwickeln, messen und umsetzen. Vahlen, 2018

Eyal, Nir: Hooked: Wie Sie Produkte erschaffen, die süchtig machen. Redline, 2014

Doidge, Norman: Neustart im Kopf: Wie sich unser Gehirn selbst repariert. Campus, 3. Aufl. 2017

Galloway, Scott: The Four: Die geheime DNA von Amazon, Apple, Facebook und Google. Plassen, 2017

Gierke, Christiane / Müller, Ralph: Unternehmen in Second Life®. Wie Sie Virtuelle Welten für Ihr reales Geschäft nutzen können. GABAL, 2008

Gierke, Christiane / Nölke, Stephan Vincent: Das 1 x 1 des multisensorischen Marketings. Multisensorisches Branding: Marketing mit allen Sinnen. Unwiderstehlich. Unvergesslich. Umfassend. EDITION comevis, 2011

Gitomer, Jeffrey: Das kleine rote Buch für erfolgreiches Verkaufen. Großartige Prinzipien für geniale Verkäufer. Redline, 2009

Göpel, Maja: Unsere Welt neu denken: Eine Einladung. Ullstein, 2020

Hahn, A. et al. (Hrsg.): Grünbuch 2020 des Zukunftsforums Öffentliche Sicherheit e.V. Berlin, 2020

Handschuh, Martin und Gebhardt, Christian: A.T. Kearney-Studie: The Future of B2B Sales. In: Sales Excellence. 1/2016

Hansen, Jens: Zukunft Digitalisierung. Warum wir eine neue Vision für Wirtschaft, Staat und Sicherheit brauchen. Seelze: Jens Hansen Consulting GmbH, 2017

Harari, Yuval Noah: 21 Lektionen für das 21. Jahrhundert. 7. durchgesehene Auflage. München: C.H. Beck, 2019

Häusel, Hans-Georg: Brain View: Warum Kunden kaufen. Haufe. 2016

Häusel, Hans-Georg: Emotional Boosting. Die hohe Kunst der Kaufverführung. Haufe, 2010

Häusel, Hans-Georg: Think Limbic! Die Macht des Unbewussten nutzen für Management und Verkauf. Haufe, 2019

Herger, Mario: Foresight Management – Wie das Silicon Valley die Zukunft designt und Trends und Geschäftsideen frühzeitig erkennt und bestimmt. Vahlen, 2019

Indset, Anders: Quantenwirtschaft. Was kommt nach der Digitalisierung? Econ, 2019

Janszky, Sven Gabor / Abicht, Lothar: Wie viel Mensch verträgt die Zukunft? 2b Ahead Publishing, 2018

Jodeleit, Bernhard: Social Media Relations. Leitfaden für erfolgreiche PR-Strategien und Öffentlichkeitsarbeit im Web 2.0. dpunkt.verlag, 2010

Klein, Naomi: Warum nur ein Green New Deal unseren Planeten retten kann. Hoffmann und Campe, 2019

Krumm, Rainer / Parstorfer, Benedikt: Clare W. Graves. Sein Leben, sein Werk: Die Theorie menschlicher Entwicklung. werdewelt, 2014

Kudernatsch, Daniela: Toolbox Objectives and Key Results: Transparente und agile Strategieumsetzung mit OKR. Schäffer-Poeschel, 2020

Lindstrom, Martin: BRAND sense: Sensory Secrets behind the Stuff We Buy: Build Powerful Brands through Touch, Taste, Smell, Sight and Sound. Free Press, Neuauflage 2010

Lobacher, Patrick / Jacob, Christian: Objectives & Key Results (OKR): Das agile Betriebssystem für moderne Organisationen. Independently published, 2020

Precht, Richard David: Künstliche Intelligenz und der Sinn des Lebens. Goldmann, 2020

Rohn, Jim: 7 Strategies for Wealth & Happiness: Power Ideas from America's Foremost Business Philosopher. Harmony, 2013

Rose, Nico: Führen mit Sinn – Wie Sie die Führungskraft werden, die Sie sich immer gewünscht haben. Haufe, 2020

Rosling, Hans et al.: Factfulness: Wie wir lernen, die Welt so zu sehen, wie sie wirklich ist. Ullstein, 10. Auflage 2018

Scheelen, Frank M.: So gewinnen Sie jeden Kunden. redline, Neuauflage 2011

Scheier, Christian / Bayaas-Linke, Dirk / Schneider, Johannes: Codes. Die geheime Sprache der Produkte. Haufe-Lexware, 2010

Schwartz, Shalom H.: Universals in the content and structure of values: Theoretical advances and empirical tests in 20 countries. In: Zanna, M. (Hrsg.): Advances in experimental social psychology. Academic Press, New York, 1992

Schwarz, Friedhelm: Konzentriert denken: Wie man die Gehirnleistung mit Neuroplastizität verbessert. Redline, 2018

Seiwert, Lothar J. / Küstenmacher, Werner Tiki: simplify your time: Einfach Zeit haben. Campus, 2010

Seiwert, Lothar J. / Sperling, Silvia: Die Intervall Woche. Arbeitest du noch oder lebst du schon? Der einfachste Weg zu New Work. Knaur, 2020

Simon, Hermann: Die Wirtschaftstrends der Zukunft. Campus, 2011

Simon, Hermann / Fassnacht, Martin: Preismanagement: Strategie – Analyse – Entscheidung – Umsetzung. Gabler, 3. Auflage 2008

Steffens, Dirk / Habekuss, Fritz: Über Leben. Penguin, 2020

Stephenson, Neal: Snow Crash. Penguin, 2011

Szeliga, Roman: Hirn mit Herz hat Hand und Fuß. Amalthea, 2020

Thelen, Frank: 10 x DNA: Das Mindset der Zukunft. Frank Thelen
  Media, 2020
Schirach, Ferdinand von / Kluge, Alexander: Trotzdem. Luchterhand
  Literaturverlag, 2020
Wittig, Sonja / Brand, Markus / Krumm, Rainer (Hg.): Werte messen –
  Change erfolgreich gestalten: 21 Praxisbeispiele mit den 9 Levels of
  Value Systems®. GABAL, 2020

Studien

Automating Society Report 2020, AlgorithmWatch / Bertelsmann Stif-
  tung (Hg.): Oktober 2020
Buhr, Andreas / Feltes, Florian / Universität Luxemburg: »Wie Social
  Media und das Internet das Führungsverhalten in Unternehmen
  beeinflussen«; Studie 2016; veröffentlicht als Whitepaper. go! Live-
  Verlag, 2017
Bundesministerium für Wirtschaft und Energie (Hrsg.): Autonomik für
  Industrie 4.0. Berlin 2016 (Zugriff im Juli 2019)
Burson-Marsteller: The Global Social Media Check-up 2010
Consumer Barometer. Fokusthema: Nachhaltigkeit; KPMG (Hg.), Janu-
  ar 2020
Creative 360: B2B Social Media in der Praxis (2010–2012), Highlights
  und Kernaussagen. Trends. Entwicklungen und Einblicke in B2B-
  Praxis. Stuttgart, 2010
Detecon International GmbH: Disruption in der Energiewirtschaft.
  Ist Blockchain die disruptive Technologie für das Utility 4.0?
  05.12.2018 (Zugriff im Juli 2019)
Deutscher Sonderweg. Frauenanteil in DAX-Vorständen sinkt in der
  Krise; AllBright Bericht, AllBright Stiftung, September 2020
Die deutschen Familienunternehmen: Traditionsreich und frauenarm;
  AllBright Bericht, AllBright Stiftung, Juni 2020
Energy Outlook 2020 Edition. bp (Hg); dokumentiert hier: https://
  www.bp.com/content/dam/bp/country-sites/de_de/germany/home/
  presse/energie-analysen/energy-outlook-2020/bp-energy-out-
  look-2020.pdf (Zugriff Oktober 2020)
HBG Hamburger Geschäftsberichte / Deep White: Die Wertekultur als
  Unternehmerischer Erfolgsfaktor, 2010
IFBG: #whatsnext2020 – Erfolgsfaktoren für gesundes Arbeiten in der
  digitalen Arbeitswelt, 2020
Institut für Marktorientierte Unternehmensführung: Effektives Verhal-

ten von Verkäufern im Kundenkontakt – Status Quo und Erfolgsfaktoren, 2009

International Labour Organization (ILO): Women in business and
management: the business case for change, 2019

Kearney, A. T.: Customer Energy – The empowered consumer is revolu-
tionizing customer relationships, Juli 2007

KEYLENS Management Consultants in Zusammenarbeit mit dem Lehr-
stuhl für Innovatives Markenmanagement (LiM) der Universität
Bremen: Customer Centricity – Ergebnissteigerung durch Kundenorientierung, 2010

Landor's 2011 trends forecast

Lewinski, K. / di Barros Fritz, R. / Biermeier, K.: Bestehende und künftige Regelungen des Einsatzes von Algorithmen im HR-Bereich,
Berlin, Oktober 2019

Megatrends Update. Understanding the Dynamics of Global Change.
z_punkt, 2018 (Zugriff im Juli 2019)

Oetting, Martin / Niesytto, Monika / Sievert, Jens / Dost, Florian: Positive
Mundpropaganda wirkt stärker als negative – weil sie hängen bleibt!
trnd Forschung – Mundpropaganda Monitor 01, München, September 2010

Otto Group Trendstudie 2009: Die Zukunft des ethischen Konsums

PC Penning Consulting: Führungsbarometer 2017, 2018

PricewaterhouseCoopers GmbH: Kunden begeistern – vom Einkauf
zum Erlebnis. 11.2018 (Zugriff im Juli 2019)

Schmäh, Marco / ESB Business School Reutlingen University /
go! Akademie für Führung und Vertrieb AG: Projektbericht:
Forschungsprojekt VertriebsIntelligenz®, 2010

Wertekommission – Initiative Werte Bewusste Führung / Management
Partner GmbH, ACE Allied Consultants Europe: Letztlich machen
Werte Strategien Wirksam. Studie über wertegetriebene Unterneh-
men in Europa, 2007

Wertekommission – Initiative Werte: Erfolg durch Werteorientierung.
Ergebnisse Führungskräftebefragung; http://www.wertekom-
mission.de/events/fuehrungskraeftebefragung-2015/ (Zugriff am
10.07.2020)

W&V Online / Brands & Values: Gesellschaftliche Verantwortung von
Werbungtreibenden, 2011 (Zugriff im Juli 2019)

YouGovPsychonomics AG: Social Media im Finanzdienstleistungsmarkt.
Köln, 2010

Zeitschriften, Zeitungen, Whitepapers (print & online)

An Investors Guide to Negative Emission Technologies and the Importance of Land Use; vivid economics, Oktober 2020

Bakir, Daniel: Studie zeigt: Amazon-Bewertungen widersprechen den Noten der Stiftung Warentest. In: Stern online (Zugriff am 14.01.2019)

Berg, Sebastian / Hubertus, Christoph: Die Zukunft des Lernens ist hybrid! Learning Experience Report 2020. Whitepaper. goLive!Verlag, 2020

Bertolero, Max / Bassett, Danielle S.: Das Netzwerk des Geistes; spektrum.de vom 19.02.2020 https://www.spektrum.de/magazin/das-gehirn-als-netzwerk/1701288 (Zugriff am 04.09.2020)

Beuth, Patrick: Studie zu Entscheidungen durch Software. Wenn Instagram einen Steuerbetrüger verraten soll; https://www.spiegel.de/netzwelt/web/wenn-instagram-einen-steuerbetrueger-verraten-soll-entscheidungen-durch-software-a-9856295f-75a4-4813-9d91-c4df9c19247b (Zugriff am 28.10.2020)

Buhr, Andreas: Vertrieb geht heute anders – Wertschätzung vor Wertschöpfung; in: Wittig, S. / Brand, M. / Krumm, R. (Hg): Werte messen – Change erfolgreich gestalten: 21 Praxisbeispiele mit den 9 Levels of Value Systems®. GABAL, 2020, S. 104–120

Chiusi, Fabio: Life in the automated society: How automated decision-making systems became mainstrem, and what to do about it; https://automatingsociety.algorithmwatch.org/ (Zugriff am 28.10.2020)

Customer Behaviour and Loyalty in Insurance: Global Edition 2017. Bain & Company (Hrsg.), 2017 (Zugriff im Juli 2019)

Der Handel gewinnt im sozialen Netz Kunden. In: Handelsblatt, 18.11.2010. S. 28

Dohms, Heinz-Roger: Hypo-Vereinsbank, ING Diba und Santander ziehen sich zurück. War's das mit Paydirekt? In: Finanz-Szene.de (Zugriff am 19.01.2019)

Dörpmund, Tim: Reebok: Premiere für Laufschuh aus Pflanzen; https://www.textilwirtschaft.de/business/sports/sneaker-aus-bohnen-algen-eukalyptus-reebok-bringt-laufschuh-aus-pflanzen-auf-den-markt-222855 (Zugriff 01.02.2020)

Dworschak, Manfred: Das Netz im Netz. In: Der Spiegel, 47/2010, S. 176f.

Eisenbrand, Roland: Metaverse – Das ist gerade eines der heißesten Buzzwords in der globalen Tech-Elite, https://omr.com/de/metaverse-fortnite-facebook-tencent/ (Zugriff am 1. September 2020)

Epley, Nicholas / Kumar, Amit: Das ethische Unternehmen; in: Harvard Business manager, https://www.manager-magazin.de/harvard/management/compliance-wie-sie-verstoessen-im-unternehmen-vorbeugen-koennen-a-00000000-0002-0001-0000-000170007756, 30.07.2020 (Zugriff am 03.08.2020)

Fasse, Markus / Höpner, Axel: Der angestellte Selbstständige. In: Handelsblatt, Silvesterausgabe 2010

Flinspach, Tobias / Schuffenhauer, Jens: OKRs für Management und Leadership; in: https://www.haufe.de/controlling/controllerpraxis/objectives-and-key-results-okr/okr-fuer-management-und-leadership_112_496024.html (Zugriff am 10.08.2020)

Froitzheim, Ulf J.: Mundpropaganda. In: Brandeins online (Zugriff am 14.01.2019)

Froitzheim, Ulf J.: Nette Bestercherli. In: impulse, November 2010

Gerber, Roland: Im Rausch des Tauschs. In: W&V, 46/2010, S. 32 f.

Gründel, Verena: Influencer-Richtlinie: Werbe- und PR-Verbände einigen sich; in: WuV online; https://www.wuv.de/digital/influencer_richtlinie_werbe_und_pr_verbaende_einigen_sich; Zugriff am 01.12.2018)

Hattern, Frank: Wachstum kommt von Wagen. In: Handelsblatt, Silvesterausgabe 2010, S. 18 f.

Hecking, Mirjam: Wie Amazon den Einzelhandel knacken will. In: Manager magazin online (Zugriff am 09.01.2019)

Herger, Mario: Corporate Foresight Thinking. Tools für den Weitblick. In: managerSeminare, 5/2020, S. 36–42

Hofer, Joachim: Die Fitness wird digital. In: Handelsblatt, 13.11.2010

Hulverscheidt, Claus: Die Vermessung des Kunden. In: Süddeutsche Zeitung online, 23.12.2018

Hunt, V. / Yee, L. / Prince, S. / Dixon-Fyle, S.: Delivering through Diversity; McKinsey (Hg.), Januar 2018

Hürther, Tobias: Effektiv ethisch handeln. Wie man Gutes berechnend besser tut; in: manager magazin, https://www.manager-magazin.de/lifestyle/stil/effektiver-altruismus-gutes-berechnend-tun-a-1135620.html, 24.02.2017 (Zugriff am 02.09.2020)

Jacobsen, Nils: Marketing-Guru Scott Galloway sieht den unaufhaltsamen Siegeszug von Amazon voraus. In: Absatzwirtschaft online (Zugriff am 14.01.2019)

Jacobsen, Nils: Warum Apples iPhone-Märchen zu Ende geht – und die neuen Modelle das Geld nicht wert sind. In: MEEDIA.de, 20.12.2018 (Zugriff im Juli 2019)

Keppler, Joachim: Künstliche Intelligenz im Fashion Retail: Was alles möglich ist. In: W&V online, 08.06.2018 (Zugriff am Juli 2019)

KI im Handel. Whitepaper, e-tailment. Das Digital Commerce Magazin von Der Handel, Deutscher Fachverlag GmbH, 2018

Koenen, Jens: Junge Führungskräfte. »Generation Wir« stellt die Führungsfrage. In: Handelsblatt, 05.05.2011

Kolbrück, Olaf: Besser als Amazon? Wie Alibaba und JD den Handel der Zukunft gestalten. In: e-tailment.de, 16.02.2018 (Zugriff im Juli 2019)

Kolbow, Berti: Wünsch' dir was: Online-Shopping für Individualisten. In: www.heise.de

Kotter, John P.: Die Kraft der zwei Systeme, Harvard Business Manager, 12/2012.

Kühl, Eike: Ein Neuralink für deine Gedanken; spektrum.de vom 03.09.2020. https://www.spektrum.de/news/was-kann-das-gehirn-implantat-von-neuralink-das-andere-nicht-koennen/1765066 (Zugriff am 05.09.2020)

Lamprecht, Stephan: So werden Händler mit Repricern zum Marktplatzkönig. In: e-tailment.de, 26.11.2018 (Zugriff im Juli 2019)

Lobe, Adrian: Arbeiten wir bald als Metaversum-Hausmeister?; https://www.spektrum.de/kolumne/arbeiten-wir-bald-als-metaversum-hausmeister/1751280 (Zugriff am 15.07.2020)

Mai, J. / Mügnes, C. / Rettig, D.: Das zweite Internet. In: Wirtschaftswoche, 15.11.2010, S. 84 ff.

manager magazin: Wenn die Dinge sprechen lernen. Die Vernetzung von physikalischer und virtueller Welt revolutioniert Wirtschaft und Gesellschaft. Heft 2/2011, S. 84 – 88

New, Steve: Die transparente Lieferkette. In: Harvard Business manager, https://www.manager-magazin.de/harvard/marketing/die-transparente-lieferkette-a-00000000-0002-0001-0000-000076948985, 22.09.2020 (Zugriff am 01.10.2020)

Online-Kaufverhalten im B2B-E-Commerce 2018. Ergebnisse einer Expertenbefragung von ibi research an der Universität Regensburg, Arithnea, Creditreform und SIX Payment Services. ibi research (Hrsg.), 2018

Ott, J. D. / Tjaden, L. M. / Raß, S. / Berger, J.: Wirtschaft und Gesellschaft im Metaversum. 2b Ahead ThinkTank GmbH, Leipzig, Oktober 2020

Palan, Dietmar / Rest, Jonas: Die Bezos-Doktrin. In: manager magazin, Januar 2019, S. 31 – 37

Raab,Klaus: »Marketing: Meine Lieben!«. In: Brand Eins online; https://www.brandeins.de/magazine/brand-eins-wirtschaftsma-

gazin/2018/naehe-und-distanz/marketing-meine-lieben?utm_
source=zeit&utm_medium=parkett (Zugriff am 12.12.2018)

Retail Technology. Whitepaper, e-tailment. Das Digital Commerce
Magazin von Der Handel, Deutscher Fachverlag GmbH, 2018

Richthofen, Dietrich von: Das Sofa auf dem i-Phone. In: acquisa,
11/2010

Schlösser, Martin: Web 2.0 als Marketingkanal. In: Creditreform,
1/2011, S. 47

Roberts, Brent W. / DelVecchio, Wendy F.: The Rank-Order Consistency
of Personality Traits From Childhood to Old Age: A Quantitative
Review of Longitudinal Studies. In: Psychological Bulletin by the
American Psychological Association, Nr. 1, 3-25, 2000, abgerufen
unter: http://jenni.uchicago.edu/Spencer_Conference/Representa-
tive%20Papers/Roberts%20&%20DelVecchio,%202000.pdf (Zugriff
am 10.06.2020)

Schnor, Pauline: Gekauft von Alibaba: Data-Artisans-Exit. In: Gruen-
derszene online (Zugriff am 10.01.2019)

Schnurr, Eva-Maria: Das Leben ist eine Baustelle. Interview mit Ursula
M. Staudinger, abgerufen unter www.spiegel.de/karriere/
persoenlichkeitsentwicklung-wie-sich-der-mensch-mit-der-zeit-
veraendert-a-915309.html (Zugriff am 30.08.2016)

Schrader, Christopher: Verzicht bringt Profit. In: Süddeutsche Zeitung
online (Zugriff am 16.07.2010)

Schwegler, Petra: Consumer Centricity: Wie wir 2025 einkaufen. In:
W&V online, 09.11.2018 (Zugriff im Juli 2019)

Seelig, Tina: The 5 Challenge. What would you do with $5 and
2 hours?. In: Psychology Today, 5. Aug 2009; dokumentiert:
https://www.psychologytoday.com/us/blog/creativityrulz/200908/
the-5-challenge (Zugriff im August 2020)

Seth, Anil K.: Unsere inneren Universen; spektrum.de vom 01.02.2020,
https://www.spektrum.de/news/unsere-inneren-universen/1696550
(Zugriff 09.10.2020)

Speech recognition is tech's next giant leap, says Google. In: The Guar-
dian online (Zugriff am 24.09.2018)

Studie: Korrelation von Unternehmenswerten und Erfolg; Autoren-
kürzel: bah. 21.03.2005. https://www.wiwi-treff.de/Fuehrung-and-
Strategie/Unternehmenskultur/Studie-Korrelation-von-Unterneh-
menswerten-und-Erfolg/Artikel-2234 (Zugriff am 30.09.2020)

Tenzer, Eva: Warum wir kaufen, was wir kaufen. In: Psychologie heute,
Mai 2010, S. 38 ff.

»The Shift Summit. Vielfalt wird zum Wettbewerbsfaktor«. In: Han-

delsblatt online, 01.11.2020; https://www.handelsblatt.com/
journalismus-live/the-shift-summit-vielfalt-wird-zum-wettbewerbs-
faktor/26579732.html?ticket=ST-5399127-vkhRzvrJ94C0gdLA-
BRd4-ap1 (Zugriff am 01.11.2020)

Think Act Beyond Mainstream. Die digitale Zukunft des B2B-Vertriebs.
Warum Industriegüterunternehmen sich auf veränderte Anforderungen ihrer Kunden einstellen müssen. Roland Berger (Hrsg.),
2015

Vernetzung für alle. Whitepaper, e-tailment. Das Digital Commerce
Magazin von Der Handel, Deutscher Fachverlag GmbH, 2018

Weddeling, Britta: Geheimwaffe Alexa – Amazon steigt zur neuen
Macht bei KI auf. In: Handelsblatt online (Zugriff am 24.09.2018)

Wetzel, Daniel: Peak Oil – BP ruft das Zeitalter von Solarenergie und
Windkraft aus; https://www.welt.de/wirtschaft/article215720936/
Peak-Oil-BP-ruft-das-Zeitalter-von-Solarenergie-und-Windkraft-
aus.html (Zugriff am 14.09.2020)

Wetzel, Daniel: So sollen Aral-Tankstellen den Wandel zur Elektromo-
bilität überleben; https://www.welt.de/wirtschaft/article218055520/
BP-Konzern-So-sollen-Aral-Tankstellen-den-Wandel-zur-Elektro-
mobilitaet-ueberleben.html (Zugriff am 18.10.2020)

Wunder Gehirn – Der kleine Unterschied, Spiegel Online vom
1. November 2013, abgerufen unter: www.spiegel.de/
spiegelspecial/a-272648.html (Zugriff am 20.07.2016)

Internetseiten

www5.azol.de/online-verlag//blaetterkatalog/3d/3D/blaetterkatalog/
(Zugriff im Juni 2018)

www.absatzwirtschaft.de/content/crm/text/potenzielle-kaeufer-wur-
den-ignoriert;72745 (Zugriff im Juli 2019)

www.adidas.com/de/micoach (Zugriff im Juli 2019)

www.areamobile.de/news/15220-cupidtino-dating-website-nur-fuer-
apple-kunden (Zugriff im Juli 2019)

www.asymco.com/2011/06/10/getting-to-one-billion-itunes-users/
(Zugriff im Juli 2019)

https://automatingsociety.algorithmwatch.org/ (Zugriff im September
2020)

https://blog.setzwein.com/2017/04/20/anstiftung-zum-querdenken-
nuetzliche-uebungen-fuer-anfaenger-und-fortgeschrittene/ (Zugriff
im August 2020)

https://www.capital.de/wirtschaft-politik/robuste-unternehmen-berappeln-sich-schneller, »Ist es zu stark, sind sie zu schwach.«

www.cash-online.de/berater/2010/ausbildung-was-der-nachwuchsmitbringen-muss/34972 (Zugriff im Juli 2019)

https://www.charta-der-vielfalt.de/aktivitaeten/kampagne-flaggefuervielfalt/

www.computerwoche.de/wittes-welt/2352694/

https://de.statista.com/statistik/daten/studie/226484/umfrage/frauenanteil-in-marketing-und-vertrieb-nach-funktionsbereichen/ (Zugriff im August 2020)

www.evertiq.de/news/9325 (Zugriff im Juli 2019)

http://www.focus.de/digital/internet/aufstand-auf-facebook-prilwettbewerb-ist-vorbei-der-protest-nicht_aid_629179.html (Zugriff im Juli 2019)

https://gorillacommunication.com/growth-loops/ (Zugriff im Oktober 2020)

www.handelsblatt.com/finanzen/recht-steuern/arbeitsrecht/wannfacebook-und-xing-den-job-kosten/3812754.html (Zugriff im Juli 2019)

www.ibusiness.de/aktuell/db/241878mah.html (Zugriff im Juli 2019)

www.inside-handy.de/news/20729-android-market-koennte-apples-app-store-in-2012-ueberholen (Zugriff im Juli 2019)

www.internetworld.de/Nachrichten/Medien/Medien-Portale/Viertes-Quartal-2010-bei-Google-ausgezeichnet-Umsatzwachstum-von-26-Prozent-53045.html (Zugriff im Juli 2019)

www.jade-hs.de/aktuelles/pressemeldungen/einzelansicht-pressemitteilungen/article/mangelhafte-kundenorientierung-undverkaufskompetenz/ (Zugriff im Juli 2019)

www.kundenkunde.de/2010/05/kundenservice-per-twitter-teil-1-telekom-andere-positivbeispiele/ (Zugriff im Juli 2019)

https://jobs.netflix.com/culture (Zugriff im September 2020)

https://werde-insurancer.de/ (Zugriff im August 2020)

http://www.manager-magazin.de/digitales/it/tech-buzzwords-imcheckwas-ist-2018-besser-geworden-a-1244161.html (Zugriff im Juli 2019)

http://meedia.de/details-topstory/article/warum-axel-springer-kaufdakauft-_100033533.html?tx_ttnews%5BbackPid%5D=911&cHash=3 a0ae7414d6a02d62908a527eb8697ef (Zugriff im Juli 2019)

www.millwardbrown.com/BRANDsense/research (Zugriff im Juli 2019)

www.mobilfunk-talk.de/news/32015-e-plus-2010-starkes-kundenundumsatzwachstum/ (Zugriff im Juli 2019) http://off-the-record.de/2010/03/10/augmented-reality-8-beispielemit-wow-moment/ (Zugriff im Juli 2019)

www.onetoone.de/Meiller-Direct-Fiat-nutzt-CLIC2C-18652.html (Zugriff im Juli 2019)

www.perspektive-mittelstand.de/Beschwerdemanagement-Bei-Reklamationen-den-Kunden-begeistern-/management-wissen/1850.html (Zugriff im Juli 2019)

https://www.plattform-lernende-systeme.de/ki-landkarte.html

www.sonova.com/de/Documents/MM_HY10_11_d_20101116.pdf (Zugriff im Juli 2019)

https://stores.casper.com/the-dreamery-by-casper-04752d315a5f

www.vertriebsintelligenz.com

www.wiwo.de/management-erfolg/wie-unternehmen-auf-facebookco-um-kunden-buhlen-429810/ (Zugriff im Juli 2019)

www.wuv.de/nachrichten/unternehmen/social_media_seife_dm_laesst_duschgel_auf_facebook_entwickeln (Zugriff im Juli 2019)

http://www.z-punkt.de/de/themen/artikel/megatrends (Zugriff im Juli 2019)

https://www.wuv.de/digital/influencer_richtlinie_werbe_und_pr_verbaende_einigen_sich; downl dok. 01.12.2018)

https://www.brandeins.de/magazine/brand-eins-wirtschaftsmagazin/2018/naehe-und-distanz/marketing-meine-lieben?utm_source=zeit&utm_medium=parkett; (downl. Dok. 12.12.2018)

Über den Autor

Andreas Buhr ist Unternehmer, Redner und Autor. Er ist Gründer und CEO der Buhr & Team AG mit Stammsitz in Düsseldorf, die europaweit mittelständische und große Unternehmen sowie internationale Konzerne für mehr Unternehmenserfolg trainiert. Bekannt ist Andreas Buhr auch als internationaler Speaker, als Trainer sowie als Herausgeber und Kolumnist.  Seit 2006 hat er mehr als 30 Bücher, Hörbücher und Anthologien für mehr Unternehmenserfolg veröffentlicht. Er gehört als vielfach ausgezeichneter Vortragsredner zu den wenigen internationalen Certified Speaking Professionals und wurde in die Hall of Fame der German Speakers Association aufgenommen.

www.buhr-team.com
www.andreas-buhr.com

Andreas Buhr	Buhr & Teams	Podcast	YouTube-Kanal

Stimmen zum Buch

»Wenn es in Zeiten von Corona und digitaler Transformation Ihre Aufgabe ist, den Unternehmenserfolg zu sichern oder zu steigern, dann ist *Business geht heute anders* das neue Standardwerk für Sie. Es bietet die Anleitung zu mehr Unternehmenserfolg. Mit Andreas Buhr können auch Sie die Herausforderungen der Zeit meistern. Ein absolut lesenswertes Buch!«
Lencke Wischhusen, *Fraktionsvorsitzende der FDP i. d. Bremischen Bürgerschaft und Unternehmerin*

»Es werden aus den Covid-Jahren 2020 / 2021 nicht die stärksten Unternehmen die Gewinner sein, sondern jene Unternehmen, die am flexibelsten agieren. Nicht diejenigen Unternehmen, die darauf warten, dass die Zeit vor Corona wieder zurückkommt, die kommt nicht mehr, es gibt nur noch eine Zeit mit Corona. Deshalb muss im Moment die Frage nach dem Wie an erster Stelle stehen. Wie schaffe ich Reichweite, Aufmerksamkeit im digitalen Raum, wie sieht die Customer Journey aus, wenn sich plötzlich alles nur noch im digitalen Raum abspielt, wie kann ich das neue Live gestalten. Erst wenn wir das Wie beantwortet haben, können wir wieder zum Warum zurückkehren – Corona macht gerade das Warum zum Wie. Andreas ist mit diesem neuen Werk einfach inspirierend. Top!«
Harald Kopeter, *Fresh Content & Story Telling Expert, Graz*

»Klimawandel, Urbanisierung, Mobilität und Digitalisierung sind die Megatrends, die eng mit dem Thema der Nachhaltigkeit verknüpft sind. Der eigene Bankbetrieb und ein zukünftig funktionierendes Geschäftsmodell von Banken wird durch Nachhaltigkeit geprägt sein müssen, um im gesellschaftlichen Dialog zu bestehen. Uns kommt als Bank also eine neue Rolle als Transformator zu, indem wir Anlagegeld zu nachhaltigen Finanzierungen und Investments für Unternehmen und Privatleute bringen. So leisten wir einen neuen gesellschaftlichen Beitrag für eine positive Entwicklung künftiger Generationen.«
Dirk Dombrowski, *Direktor, Leiter Privates Vermögensmanagement Heilbronn-Franken & Ostwürttemberg, Baden-Württembergische Bank*

»›Zukunft geht heute anders‹ bedeutet für mich als Leadership-Experte und Trainerin, all mein Wissen / Können / Nutzen / Lernen erneut an die bestehenden Herausforderungen anzupassen. (…) Mein Fokus ist jetzt, meinen Kunden beim Mindset zu unterstützen: Weiterbildung trotz(t) Krise! Leadership Training geht auch digital! Warum heule ich vor der Mattscheibe – glaube jedoch nicht an Emotionalität in der digitalen Welt? Agiles und emphatisches Arbeiten sind wichtiger denn je!«
Türkan Unsöld, *TUN – Training & Beratung GmbH*

»Informationen zählen als das Gold des 21. Jahrhunderts. In den Top 10 der wertvollsten Unternehmen weltweit haben sieben einen starken IT-Bezug. Demnach wird es auch in Zukunft wichtiger denn je, Informationen zu schützen (…).«
Florian Jörgens, *CISO Chief Information Secutiy Officer, Lancess Deuschland GmbH*

»Sowohl der Versandhandel als auch die Botendienste werden nicht erst mit der für 2022 geplanten Einführung des elektronisches Rezeptes noch mehr an Bedeutung gewinnen. Bereits zu Corona-Zeiten zeichnet sich deutlich ab, dass die Digitalisierung auch hier weiter voranschreitet und durch die Kunden immer mehr Online-Services im Apotheken-Bereich eingefordert und in steigendem Maße auch genutzt werden. (…) Natürlich bleiben auch das direkte Einkaufserlebnis und die kompetente, individuelle Beratung in der Apotheke vor Ort weiterhin als Alternative bestehen.«
Gero Altmann e.K., *Fachapotheker für Offizin-Pharmazie Naturheilverfahren u. Homöopathie*

»Wir kommen aus einer Branche, die nun wirklich eine enorme Veränderung mitmachen musste, nun durch Corona noch schneller und noch intensiver sich verändern muss. Heißt für uns als Unternehmen, völlig andere Skills bei den Führungskräften, ein völlig anderer Ansatz, den Markt zu bearbeiten. Die Schwerpunkte verlagern sich weg von Produkten, und nun heißt es auch, nicht mehr nur Lösungen zu verkaufen, sondern dem Kunden als wirklicher Partner zur Verfügung zu stehen. (…) Aber die ersten Erfahrungen zeigen: Die Kunden danken es einem.«
Bodo Svenson, *Geschäftsführer, Schlütersche Marketing Holding GmbH*

CLEANLEADER
MASTERCLASS

Ist es Ihr Ziel, Ihr Unternehmen **zum Erfolg zu führen?**

Sie wollen das volle Potenzial Ihres **Teams entfalten?**

Schnelle Märkte, globalisierte Warenströme, der Kunde von heute, die Generationen Y und Z im Unternehmen, agile Teams und interne Prozesse, Innovation und Disruption: Alles unterliegt ständigem Wandel. Umso dringender braucht es Führungskräfte, die diesen Anforderungen gewachsen sind. Die richtigen Fähigkeiten besitzen, ihre Teams gerade jetzt zum Erfolg zu führen. Werden Sie eine dieser außergewöhnlichen Führungskräfte: **Werden Sie ein echter** *Clean Leader*.

IHR NUTZEN

Sie richten Ihren Vertrieb auf die anspruchsvollen Anforderungen des smarten Kunden aus **um zusätzliche Umsatzpotenziale zu realisieren.**

Sie erweitern Ihren Führungsstil um die **wichtigsten Fähigkeiten einer Führungskraft in der digitalisierten Welt.**

Sie nutzen die Erkenntnisse über die Motive der Generation Y und Z **um die besten Talente für Ihr Unternehmen zu gewinnen.**

Sie erlernen die essentiellen Techniken von echten Bühnenprofis aus Wirtschaft, Politik und Film / Fernsehen um Ihre Mitarbeiter **für die anstehenden Veränderungen zu begeistern.**

JETZT **BEWERBEN**

▼

WWW.BUHR-TEAM.COM**/CL-MASTERCLASS**

Vertriebsführung: Aufbau, Führung und Entwicklung einer professionellen Vertriebsorganisation

Eine Vertriebsorganisation aufzubauen und langfristig erfolgreich zu machen, stellt heute hohe Anforderungen an die Führung. Im Zeitalter der Digitalisierung kommt es besonders auf zweierlei an: die sich ständig verändernden Regeln des Marktes und das Verhalten der informierten Kunden zu verstehen. Gleichzeitig ist es wichtig, eine passgenaue Vertriebsstruktur zu etablieren, um ebendiesen Herausforderungen auch künftig erfolgreich zu begegnen.

Mit Vertriebsführung liefert der Unternehmer und Bestseller-Autor Andreas Buhr ein sowohl vollständiges als auch auf das Wesentliche fokussiertes Grundlagenwerk für den professionellen Aufbau und die erfolgreiche Führung von Vertriebsorganisationen.

Gebundene Ausgabe
GABAL Verlag, 2017

3. Aufl., 336 Seiten

ISBN-10: 3869367911

EUR 29,90

Machen statt meckern!
Die 10 Prinzipien des Clean Leadership: Erfolgreich auf dem Weg zur Spitze

Andreas Buhr, der Experte für mehr Unternehmenserfolg, stellt in seinem Buch klar, wie wichtig Motivation und Werte wie Zuverlässigkeit, Authentizität und Nachhaltigkeit sind. Denn Sie sind die Basis für Clean Leadership, also wertvolle, saubere Führung – und ohne diese Führung läuft alles aus dem Ruder! Mit lockerer Schreibe und anschaulichen Beispielen gibt Andreas Buhr seine langjährige Erfahrung als Unternehmer, Keynote Speaker und Coach and Sie weiter.

Gebundene Ausgabe
go! Live Verlag, 2015

3. Aufl, 172 Seiten

ISBN: 978-3-981216196

EUR 19,95

Buhr, Andreas
Agiere Jetzt!
7 Aktionsgesetze für mehr Erfolg im Leben

Nie wurden mehr Motivation, Wissen, Können und Durchsetzungsvermögen im Beruf und im privaten Alltag von Ihnen gefordert als jetzt gerade. Und morgen? Dreht sich das Rad noch schneller. Damit brauchen Sie noch bessere Strategien, um die Ziele zu erreichen, die Ihnen wichtig sind. Um bei den richtigen Gelegenheiten Aktionskraft zu entwickeln. Um vom Opfer der Umstände zum mächtigen Gestalter des eigenen Lebens zu werden.

Hardcover
go! Live Verlag, 2021

5. Aufl., 190 Seiten

ISBN: 978-3-98182-201-4

EUR 19,90

Buhr, Andreas & Feltes, Florian
Revolution? Ja, bitte!
Wenn Old-School-Führung auf New-Work-Leadership trifft

Andreas Buhr und Florian Feltes haben fast fünf Jahre recherchiert, um zu verstehen, was es heißt, in digitalen Zeiten Menschen zu führen. Die Ergebnisse räumen mit Vorurteilen auf und öffnen den Blick für die Revolution, die auf die Unternehmer zukommt. Dabei diskutieren die beiden, der eine Babyboomer, der andere Digital Native, die Ergebnisse ihrer Recherchen höchst strittig miteinander. Gemeinsam haben sie einen neuen Führungskompass entwickelt, der Führungskräfte sicher durch den Digitalisierungsdschungel navigiert.

Gebundene Ausgabe
GABAL Verlag, 2018

3. Aufl., 304 Seiten

ISBN: 978-3-86936-862-7

EUR 32,90

Buhr, Andreas
Vertrieb geht heute anders:
Das Ende des Verkaufens

Andreas Buhr zeigt in der 8. Auflage seines Standardwerks auf Basis einer Vielzahl aktueller Studien, welche Werte, Ideen und Strategien den Vertrieb heute und morgen erfolgreich machen. Denn das Ende des Verkaufens ist nicht das Ende des Kaufens. Gekauft wird immer. Die Frage ist nur: Wer kauft wann und was bei wem?

Gebundene Ausgabe
GABAL Verlag, 2020

8. vollständig über-
arbeitete Neuauflage

240 Seiten

ISBN: 978-3-86936-937-2

EUR 29,90

Buhr, Andreas
Führungsprinzipen: Worauf es
bei Führung wirklich ankommt

Führung ist komplex – aber der Motor jeder unternehmerischer Entwicklung. Umso wichtiger sind Prinzipien, die Ihnen für jegliche Entscheidung ein solides Fundament bieten. Die zehn wichtigsten Führungsprinzipien bringt Erfolgsautor Andreas Buhr in seinem Praxisratgeber auf den Punkt. Schnörkellos, als Fazit seiner über 30-jährigen Führungserfah-rung, mit vielen Tipps und Übungen. Auch als E-Book für Kindle!

Gebundene Ausgabe
GABAL Verlag, 2016

160 Seiten

ISBN: 978-3-86936-702-6

EUR 19,90